区块链国产化

实践指南

基于 Fabric 2.0

王雅震◎编著

人民邮电出版社

北京

图书在版编目（CIP）数据

区块链国产化实践指南：基于Fabric 2.0 / 王雅震
编著. -- 北京：人民邮电出版社，2022.4
ISBN 978-7-115-58037-5

Ⅰ．①区… Ⅱ．①王… Ⅲ．①区块链技术－指南
Ⅳ．①TP311.135.9-62

中国版本图书馆CIP数据核字(2021)第241656号

内 容 提 要

　　本书以 Hyperledger Fabric 2.0 为蓝本，由浅入深地剖析底层源码，系统讲解 Fabric 2.0 的技术框架、各个模块实现以及背后所蕴含的技术思想，并结合区块链国产化的当前发展，分析 Fabric 技术的国产化实践。本书主要分为三个部分，第一部分（第 1～12 章）介绍区块链和 Fabric 技术相关概念、Fabric 2.0 底层源码；第二部分（第 13 章）讲述如何部署 Fabric 2.0，包括使用 Kubernetes 进行部署；第三部分（第 14～17 章）融合自主可控技术国产化趋势，结合"5G+物联网"等区块链国内应用场景，通过实际应用分析 Fabric 技术的国产化实践。

　　无论是对区块链感兴趣，想要入门 Fabric 技术的新手，还是初涉 Fabric 技术，需要通过源码深入理解并使用该技术的区块链行业从业者，抑或是对区块链国产化实践有需求，需要实践案例参考的区块链国产化践行者，都能从本书中获益。

◆ 编　著　王雅震
　　责任编辑　杨海玲
　　责任印制　王　郁　胡　南

◆ 人民邮电出版社出版发行　　北京市丰台区成寿寺路 11 号
　　邮编　100164　　电子邮件　315@ptpress.com.cn
　　网址　https://www.ptpress.com.cn
　　北京市艺辉印刷有限公司印刷

◆ 开本：800×1000　1/16
　　印张：22.25　　　　　　　　2022 年 4 月第 1 版
　　字数：474 千字　　　　　　　2022 年 4 月北京第 1 次印刷

定价：99.80 元

读者服务热线：(010)81055410　印装质量热线：(010)81055316
反盗版热线：(010)81055315
广告经营许可证：京东市监广登字 20170147 号

前　言

区块链作为一项可以改变互联网底层基础设施服务的分布式账本技术，已经是我国重点发展的战略性技术，它逐渐在我国各行业落地。在社会分工日益明细的趋势下，区块链的分布式技术可以在一定程度上解决由分工导致的生产要素在协同、整合方面出现的问题，提高社会生产的效率，为我国的全面深化改革、传统产业改造升级、大国"智"造等，注入新的技术能量。可以预见，区块链技术将对城市的发展和管理，以及我们的日常生活产生越来越大的影响。

区块链是一项较新的技术，各国区块链技术的发展基本处于同一起跑线，在奔跑的过程中，首先要做到"自立自强"，实现自主可控。在国际竞争环境下，自主可控的重要性不言而喻。其中，区块链技术的国产化是实现自主可控的重要途径之一。

本书以主流开源区块链技术 Hyperledger Fabric 2.0（文中简称 Fabric）为研究对象，研究思路是在研究现有技术的基础上，探究如何升级改造现有技术，使技术符合我国标准或主流需求，以实现国产化，进而达到自主可控的目的。全书共分为三个部分。

第一部分，第 1 章～第 12 章，从源码层面深入剖析 Fabric 的实现。第 1 章，从顶层视角，概述 Fabric 相关的概念、架构，目的是让读者对 Fabric 架构有初步的认识。第 2 章，述述 Fabric 的配置。第 3 章～第 5 章是小单元，均与 Fabric 区块链网络中的身份有关，按照对象包含与被包含的关系，从上层到下层，依次述述 MSP、BCCSP、身份对象的实现。策略的实现依赖于身份，在理解身份的基础上，第 6 章主要叙述策略模块的实现。第 7 章，述述账本模块的实现。可以说，述述第 3 章～第 7 章的各个模块，是为第 8 章～第 11 章叙述通道、通道服务和节点的内容打基础。第 12 章，专门述述链码的生命周期管理。

第二部分，第 13 章，讲述如何部署 Fabric，包括使用 Kubernetes 进行部署。

第三部分，第 14 章～第 17 章，叙述区块链技术在国内的发展和对 Fabric 进行国产化改造的实践，包括 4 个方向：国密改造、性能改造、BaaS 平台以及与物联网相结合。这些都是实践性的尝试，以抛砖引玉。国密改造、BaaS 平台的实现，主要以代码的形式呈现。性能改造的实现，主要以述述性能优化方案的形式呈现。与物联网相结合的实现，主要以实际部署操作的形式呈现。

其中，第一部分的大量内容是关于源码的引用、解析，可以称得上"密密麻麻"。过程性的内容均以代码清单的形式罗列，并存在前后章节内容的引用，在阅读上会造成一些不便。但没办法，Fabric 源码如此，"跳来跳去"，我思考再三，仍然认为代码清单的形式，是讲述源码最适当和清晰的方式。

如下罗列本书引用源码的规范，有助于读者顺利阅读。

（1）代码的引用、讲述，以代码重要程度为标准，即只引用、讲述重点功能、关键步骤、关键逻辑判断的实现。

例如，if err != nil {return nil, err}、defer txParams.TXSimulator.Done()、handler := &Handler {Invoker:cs, Keepalive:cs.Keepalive, ...}等"白话"代码，若无特别含义，将不引用或简洁引用。

例如，if err := recordHeightIfGreaterThanPreviousRecording(r.ledgerDir); err != nil {...}，若错误无须特殊说明，则此类判断错误的代码将被直接省略。

（2）描述源码调用过程的边界，最深至调用的标准库或第三方库。文中 Fabric 2.0 的源码和第三方库均托管于 GitHub 网站。

（3）由于源码的对象、服务存在大量交互，因此存在内容引用，引用格式如"参见 2.2 节"。

综上，阅读第一部分时，读者可以参考 Fabric 2.0 源码学习源码的原理与实现。阅读第二部分时，读者可以学习如何完成区块链网络的实际部署工作。阅读第三部分时，读者可以了解 Fabric 在国密改造、性能改造、BaaS 平台以及与物联网相结合方面的实践思路。本书将是读者学习 Fabric 源码、实现区块链网络部署和拓展实践思路时不错的辅助工具和参考资料。

王雅震

2021 年 3 月

目　　录

第1章

Fabric 概述

本章以鸟瞰的视角，站在高处，对 Fabric 进行整体概述。首先，本章介绍 Fabric 中出现的若干核心概念，这些概念会在本书中频繁地出现。然后，对 Fabric 区块链网络的架构进行描述，使读者对其有一个图像化的整体认知。在此基础上，简述 Fabric 区块链网络如何处理一笔交易，这个流程还会在之后的章节中详述。最后，我们初览 Fabric 源码目录，为之后深入讲解源码打下基础。

1.1 Fabric 核心概念

区块链网络（blockchain network）从参与者范围的角度定义，分为公有链、联盟链和私有链。公有链人人均可参与，如以太坊。联盟链将参与者的范围限制在联盟成员范围内。私有链则是单个组织或个人私有的，目前应用较少。本书中讨论的 Hyperledger Fabric 2.0（项目仓库为 hyperledger/fabric）属于联盟链。区块链网络本质上是基础设施，向外可以提供容错、共识、防篡改交易、分布式账本存储等服务。在 Fabric 区块链网络中，所有参与者各自提供一部分基础设施和资源，组成网络，并参与网络管理或交易服务。

联盟（consortium）表示若干个组织通过现实手段达成一定的协议，彼此作为"命运共同体"成员。在 Fabric 区块链网络中，联盟成员认可彼此的身份、权限配置、责任划分，成员依据相同的交易逻辑产生数据、依据相同的策略认可交易。

通道（channel）是 Fabric 区块链网络中隔离账本交易数据的逻辑主体。一个通道对应着一个联盟，一个通道也对应着一个账本。通道中的账本数据在联盟成员之间共享，但完全与另一个通道的数据隔离。这就让通道与通道之间具有私有数据集合的功能，但通道在 Fabric 区块链网络中是"较重"的资源，每个通道均需完整地运行一套交易服务、账本服务、共识服务等，因此在设计通道时需慎重对待。更多的情况下，如果是为了隔离业务数据，应使用私有数据集合功能。

组织（organization）是参与 Fabric 区块链网络、组成一个联盟的基本单位，也是一个逻辑主体。任何因一定的属性、目的而将多个单体编制成集合的主体，都可以是组织，如现实中的公司、行业协会、多个工厂同类产品的生产线等。

节点（peer）是组成组织的个体在 Fabric 区块链网络中运行的基础设施实体。在 Fabric 区块链网络中，节点在广义概念上的专用名词为 Peer。具体地，由于职责和功能的迥异，Fabric 区块链网络将主要的参与节点分为 orderer 和 peer，orderer 节点主要负责运行系统通道、共识排序服务，peer 节点负责背书、广播、散播等服务。但 orderer 节点和 peer 节点均可被视为区块链网络中广义概念上的节点，因而两者在配置上又存在很多类似的地方。

智能合约（smart contract）是使用编程语言实现的一种交易规则，以链码（chaincode）的形式部署在 Fabric 区块链网络中。智能合约属于通道，供联盟成员调用，产生交易数据。使用智能合约的目的是依托区块链网络赋予账本数据的可信性，在技术上完全地模拟实现商业交易规则，减少或消除人为干预合约履行的可能性。虽然智能合约支持 Go、Java 这样的高级语言，但在实际项目应用时，由于智能合约是依托区块链网络运行的，其在实用性、适用范围、效率、功能拓展等方面能力有限，因此 Fabric 官方也在积极探索拓展链码能力的途径。

账本（ledger）是 Fabric 区块链网络中数据存储的主体，用于以多种形式记录网络中所有发生的成功或失败的交易。具体地，账本使用 blockfile 存储区块，使用 LevelDB 或 CouchDB 存储来自区块的有效交易数据、区块索引、历史数据、私有交易数据。账本与通道是一对一的，账本与账本之间数据隔离，不产生任何关联。

区块（block）是区块链特性在数据存储方面的核心体现，也是 Fabric 区块链网络中账本数据存储的基本单位。区块的次序号由 0 开始，依次递增，前后块相互验证关联，形成一条不可篡改的链。一条链中区块的数量，也被称为高度（height）。一个通道的账本，可以视为一条区块链。

交易（transaction）是 Fabric 区块链网络的通道账本中组成区块的基本单位，主要描述了依据交易规则对应用通道中账本数据的读取、更改，以及对交易数据表示认可的背书主体。

私有数据集合（private data collection）是在 Fabric 区块链网络参与者之间隔离交易数据方面更细化的应用。通道与通道之间的交易数据是隔离的，但通道是"较重"的资源，而面对大量细化的交易数据隔离需求，通过通道实现数据隔离，显得过于"笨重"，因此设计了私有数据集合的概念。通道中，有不公开交易需求的若干参与者组成一个"小团体"，遵循一份私有数据集合定义，执行交易，产生的交易数据只在"小团体"范围内散播存储。

共识机制（consensus mechanism）保证了 Fabric 区块链网络的账本数据的可信、防篡改等特性。从技术上讲，Fabric 区块链网络运行的最终目的是产生所有参与者均认可的账本数据，即在交易数据方面达成共识。Fabric 区块链网络中的共识机制不单指某一共识算法（如 PoW、PoS、Raft、PBFT 等），而是基于交易处理流程的分阶段共识，并在分阶段共识的基础上，达成整个网络交易处理的共识。背书阶段，与交易相关的参与者已就链码定义（包括背书策略等）达成了共识，因而均认可链码产生的交易数据。排序阶段，由 Raft 算法主导确定每个交易在块和账本中的位置，参与者对此也达成共识。散播阶段，由 gossip 算法按已排序好的位置，将包含交易的块散播、存储至所有参与者节点本地的账本副本中，参与者对此也达成共识。在这些阶段共识的基础上，参与者对整个交易流程、结果可以达成共识。

1.2　Fabric 经典网络架构

结合 1.1 节介绍的 Fabric 核心概念，我们先来了解一下 Fabric 区块链网络。Fabric 官方文档中给出了一个 Fabric 区块链网络经典拓扑结构，如图 1-1 所示[①]。图 1-1 中，N 代表 Fabric 区块链网络（network），NC 代表网络配置（network configuration），C 代表应用通道（channel），CC 代表应用通道配置（channel configuration），L 代表账本副本（ledger eplica），S 代表智能合约（smart contract），R 代表组织（organization），P 代表 peer 节点，O 代表 orderer 节点，A 代表组织的应用客户端（application client），CA 代表组织的身份认证机构（certification authority）。1、2、3 等数字是多个同类主体的编号，其中对应主体间的编号保持一致，如账本与通道一一对应，则 L1 表示应用通道 C1 的账本副本。

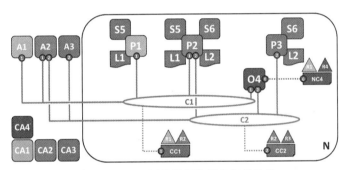

图 1-1　Fabric 区块链网络经典拓扑结构

4 个组织 R1、R2、R3、R4 订立协议，一同组建 Fabric 区块链网络 N。R4 是 orderer 组织，只有一个节点 O4，且约定只负责启动和管理 N，不参与具体商业交易。R1、R2、R3 为 peer 组织，各有一个应用客户端 A1、A2、A3，参与 N 中的商业交易，商业交易合约由 S5、S6 实现。R1 与 R2、R2 与 R3 之间存在隐藏双方交易的需求，因此 R1 与 R2 组成一个通道配置 CC1，一同属于通道 C1；R2 与 R3 组成一个通道配置 CC2，一同属于通道 C2。P1 是 R1 的节点，部署了 S5，维护了 L1。P2 是 R2 的节点，部署了 S5、S6，维护了 L1、L2。P3 是 R3 的节点，部署了 S6，维护了 L2。

在 N 由 O4 初始启动时，NC4 中只有 R4 有权限管理 N。R4 通过更新 NC4 配置（更新系统通道配置），添加 R1 并赋予相同的管理权限。R1 或 R4 通过更新 NC4 配置，可以继续添加 R2、R3，但只赋予非管理权限。之后，R1 或 R4 通过更新 NC4 配置，添加 R1 与 R2、R2 与 R3 两个联盟（也可称为"命运共同体"），对应 CC1、CC2。R1 或 R2 均有权限使用 CC1 创建 C1，R2 或 R3 均有权限使用 CC2 创建 C2。属于各组织的 P1、P2、P3 也可以加入组织所在的应用通道，并

---

① 引用自 Fabric 官方文档，版本为 release-2.0。

通过应用通道与 O4 通信。其中 P2 同时加入了 C1、C2。

在实际操作时，NC4 是创世纪块（genesis 块），通过 configtxgen 工具依据 configtx.yaml 生成，一般已经包含已授权的 R1、R2、R3、R4，不需要单独通过更新 NC4 进行添加、授权。赋予 R1 管理权限也是可选的。

S5 描述了在 C1 中 R1 与 R2 之间的商业交易逻辑，具体部署在 P1、P2。S6 描述了在 C2 中 R2 与 R3 之间的商业交易逻辑，具体部署在 P2、P3。从应用角度讲，Fabric 区块链网络是一个向应用客户端提供智能合约和账本服务的基础设施系统，外界通过 A1、A2、A3，调用 S5 或 S6，产生 N 的账本数据，再由各个 peer 节点复制。

1.3　Fabric 经典交易流程

在理解 Fabric 区块链网络拓扑结构的基础上，我们可以继续了解 Fabric 区块链网络处理一笔交易的经典流程，如图 1-2 所示。图中，N 代表 Fabric 网络。CA 代表网络身份认证服务节点，一般为 Fabric CA 或其他 CA 认证中心。P 代表 peer 节点，L、S、DB 分别代表一个 peer 节点所使用的账本副本、智能合约、状态数据库。SP、PR、ENV、BLK 分别代表不同阶段的交易数据。O 代表 orderer 节点，5 个 orderer 节点形成了一个 Raft 共识集群。

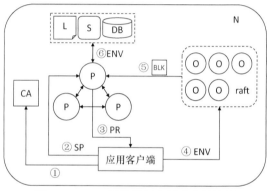

图 1-2　Fabric 区块链网络经典交易流程

Fabric 区块链网络经典交易流程描述如下。

（1）应用客户端向 CA（Fabric CA 或其他 CA）提交认证请求，验证用户或应用客户端自身的合法性。若验证有效，则继续之后的步骤。

（2）应用客户端（一般为 peer 命令行客户端、Fabric SDK 或第三方授权应用）收集交易参数，创建一笔背书签名申请 SP，并将 SP 发送给若干个背书节点。

（3）每个背书节点接收 SP，并依据 SP 调用智能合约 S。S 执行所实现的合约逻辑，模拟交易行为，产生模拟交易数据。背书节点代表组织，对模拟交易数据进行签名，形成一个背书应答 PR，返回给应用客户端。

（4）应用客户端收集各个背书节点返回的 PR，比较 PR 中的模拟交易数据是否一致，确认一致后，收集每个 PR 中各个背书节点的签名，创建一笔交易 ENV，然后将 ENV 发送至一个 orderer 节点。

（5）orderer 节点接收 ENV，按出块规则，将 ENV 放至一个块 BLK，然后将 BLK 发送至 orderer 节点所在的 Raft 集群中进行共识排序。确定 BLK 的序号后，BLK 被写入 orderer 节点的本地应用通道的账本中。每个 peer 组织中的 leader 节点，会从 orderer 节点账本中顺序索要新写入的 BLK。BLK 被发送至各个 peer 组织的 leader 节点。

（6）leader 节点收到 BLK 后，将 BLK 写入本地应用通道的账本，并从 BLK 中解析出 ENV，将 ENV 中的交易数据提交至状态数据库 DB。然后，leader 节点将 BLK 散播至同组织中的其他 peer 节点，或同通道中其他组织的 peer 节点，这些节点同样会写入 BLK 和提交 ENV 中的交易数据，然后尝试将 BLK 继续散播至其他 peer 节点。

1.4　Fabric 项目源码目录结构

接触一个项目的源码，能够了解该项目源码的目录结构以及重要文件的含义、主体和功能，这会是一个很好的开始。如图 1-3 所示，在 Fabric 项目源码的根目录下，我们可以将所有子目录分为 3 类：源码目录、工程目录、第三方库。

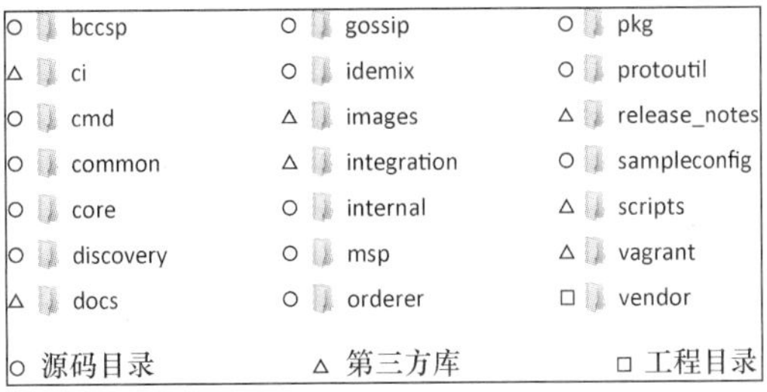

图 1-3　Fabric 源码的根目录结构

Fabric 项目源码目录的描述如表 1-1 所示。

表 1-1　Fabric 项目源码目录的描述

子目录	描述
bccsp	存放了以各种加解密算法、哈希算法为基础的 PKI 证书体系的工具，主要供 MSP 使用
cmd、internal	存放了 Fabric 中所有可生成二进制程序的 main 函数，如 peer 程序、configtxgen 工具
common	存放了 Fabric 项目各模块或子领域公用的逻辑代码
core	存放了 Fabric 项目的核心领域代码，包含各个核心子模块的核心逻辑代码
discovery	存放了 discovery 服务模块代码。该模块以 peer 节点为服务端，向外提供通道配置信息查询服务
gossip	存放了 gossip 服务模块代码
msp	存放了 MSP 服务模块代码，该模块在 Fabric 区块链网络中对所有参与者进行 MSP 身份体系管理、认证
idemix	存放了 Fabric 项目实现另一种基于零知识证明的身份体系的代码实现，该身份体系被纳入 MSP 的管理范围
orderer	存放了 orderer 节点所实现的功能，如系统通道服务、共识服务、Broadcast 服务、Deliver 服务
pkg	存放了部分公用接口和数据结构定义，如交易、状态数据。可作为 Fabric 库，供与 Fabric 交互的第三方应用引用
protoutil	汇总了处理 hyperledger 项目下的 fabric-protos-go 仓库中数据结构和服务的工具性函数

Fabric 项目引用的第三方库汇总在 vendor 目录下，其中由 Fabric 开发的第三方库，在 vendor 目录的 hyperledger 子目录下，如表 1-2 所示。

表 1-2　由 Fabric 开发的第三方库的描述

子目录	描述
fabric-protos fabric-protos-go	存放了供 Fabric 使用的 protobuf 数据结构、服务原型，以及由 protoc 工具编译生成的 Go 语言的数据结构和服务
fabric-chaincode-go	应用链码库，定义了应用链码的接口，实现了应用链码与背书节点通信的机制

Fabric 项目源码的工程目录，一般用于项目自身的测试、编译、集成、文档生成等，主要是开发者关注和使用的目录，如 docs 目录用于项目通过 Sphinx 工具进行一体化文档集成，ci 目录、integration 目录用于集成化测试，images 目录、scripts 目录用于存放编译所用的镜像配置和脚本，sampleconfig 目录用于存放配置示例。

在了解 Fabric 项目源码的目录结构后，我们可以了解一些 Fabric 项目在源码编写上的惯例。Fabric 项目的源码编写十分规范，在目录、文件、接口、方法、对象的命名和使用上，形成了一些惯例，如表 1-3 所示。了解这些惯例，有助于大家更好地理解源码。

表 1-3　Fabric 项目源码编写的部分惯例

惯例	描述
common 目录	存放了当级目录下公用的逻辑代码。如 core/common 目录存放了 core 目录下公用的逻辑代码
×××impl.go	接口定义与实现在源码文件上分离。×××一般为对象名称或缩写，×××.go 文件中定义接口，×××impl.go 文件中实现该接口，如 msp.go 与 mspimpl.go
×××Provider	复杂对象一般存在对应的提供者。×××一般为对象名称或缩写，×××Provider 则是用于创建该对象的提供者，如 DB 与 DBProvider
×××Manager	复杂对象一般存在对应的管理者。×××一般为对象名称或缩写，×××Manager 则是该对象的管理者，如 msp/msp.go 中，MSP 与 MSPManager
×××Support	复杂对象一般存在对应的支持者对象，让对象专注于自身逻辑，将其他的功能交由 Support 对象负责，如 core/endorser/plugin_endorser.go 中，PluginEndorser 的支持对象 PluginSupport
Legacy×××	遗留性质的函数或对象，用于兼容旧版本功能，×××一般为函数或对象名称，如 core/scc/lscc/lscc.go 中的 LegacySecurity
资源的聚合、继承	这里的资源指对象、函数等。A 负责功能 func1，B 负责功能 func2，C 聚合或继承 A 和 B。例如 orderer/common/multichannel/registrar.go 中的 ledgerResources

第2章

Fabric 中的配置

　　配置是使用一个系统或理解系统功能的基础。本章首先叙述 Fabric 的配置所涉及的形式，然后从大到小，详细叙述 Fabric 区块链网络、通道、节点、MSP 的配置。在后续章节讲述 Fabric 源码的过程中，将常常涉及配置，尤其是在初始化节点、子模块和对象的时候。

2.1　配置的形式

　　Fabric 项目涉及较多的技术领域，如 Go 语言、PKI 证书体系、Docker 容器等，因而配置来源有多种形式，归纳总结如下。

　　❑ 硬编码的默认配置。如 internal/peer/common/common.go 中的 const CmdRoot="core"，orderer/common/localconfig/config.go 中的 var Defaults=TopLevel{...}，在源码中常以全局变量或常量的形式存在。

　　❑ 隐藏的配置项。与硬编码的默认配置稍有区别，它是一种配置文件中通常没有明确显示，但源码在获取配置时使用的对应数据结构中存在的配置项。如 sampleconfig/core.yaml 中 peer.BCCSP.PKCS11 部分的配置，在源码中被读取时对应使用的是 bccsp/pkcs11/conf.go 中的 PKCS11Opts 结构体，该结构体中存在 SoftVerify、Immutable 这两个配置项，但 sampleconfig/core.yaml 中 peer.BCCSP.PKCS11 中并没有这两个配置项。此类配置较为边缘，但确实存在，一般使用默认值。

　　❑ 配置文件。以文件形式呈现的配置，包括 Fabric 区块链网络配置文件和节点配置文件。网络配置文件，如生成创世纪块、应用通道配置交易的 configtx.yaml。节点配置文件，如 orderer 节点启动时读取的 orderer.yaml、peer 节点启动时读取的 core.yaml。

　　❑ 环境变量。比较典型的为启动 Docker 容器时所配置的环境变量，如 FABRIC_CFG_PATH，定义了节点使用的配置文件的路径。

　　❑ 命令行参数。如执行 peer chaincode install -p 时，通过-p 指定链码源码路径。

　　Fabric 使用上述配置形式的配置，有如下两个特性。

- ❑ 配置的优先级和覆盖。当一个节点启动时，同一个配置项可能在多处均有配置，但优先级不一样。上述配置形式中，优先级从上到下递增，即命令行参数的配置值会覆盖环境变量的配置值，环境变量的配置值会覆盖配置文件的配置值，配置文件的配置值会覆盖代码中硬编码的默认配置值。
- ❑ 配置间的对应关系。节点（orderer 或 peer）是网络的组成部分，基于此，节点的配置值要服从网络的配置值。典型地，如 configtx.yaml 中定义了一个组织的 MSP ID，若一个节点属于该组织，其使用的 MSP ID 自然是 configtx.yaml 中已经定义好的值。

在具体部署时，节点一般以 Docker 容器的形式运行。在官方的默认镜像中，peer.yaml、orderer.yaml 分别在 peer 节点容器、orderer 节点容器中的 /etc/hyperledger/fabric 目录下。节点在配置文件的配置项和容器的环境变量是一一对应的，如 core.yaml 中 peer 下的 id 配置项，对应的环境变量为 CORE_PEER_ID。再如 orderer.yaml 中 General 下的 LedgerType 配置项，对应的环境变量为 ORDERER_GENERAL_LEDGERTYPE，依此类推。

提示

　　为释义清晰，本书在讲述源码的过程中，若涉及配置，也会以 A.B.C 的形式进行引用，如 core.peer.id，指 core.yaml 中 peer 下的 id 配置项。

在源码层面，Fabric 配置的管理主要使用第三方库 viper（项目仓库为 spf13/viper）实现。viper 可以对环境变量、YAML/JSON 等格式的配置文件，甚至是远程配置，进行读取和设置，是一个专用于处理配置的解决方案。viper 提供的配置具有优先级，由低到高为"硬编码的默认配置＜配置文件＜环境变量＜命令行参数＜viper.Set 函数"。此外，viper 对于配置项的大小写是不敏感的，在读取配置时，viper 均会将配置项转化为小写，如对于 3 个配置 abc=1、ABC=1 或 AbC=1，viper 均视为同一个配置项 abc。

viper 的典型用法，也是 Fabric 使用的方式，如代码清单 2-1 所示。

代码清单 2-1　viper 的典型用法

```
1.  //1.viper 读取环境变量
2.  viper.SetEnvPrefix("CORE")    //设置环境变量前缀，若为 core，会将 core 变为大写并设为前缀
3.  viper.AutomaticEnv()          //获取当前系统所有以 CORE 为前缀的环境变量
4.  replacer := strings.NewReplacer(".", "_")   //将环境变量名称中的 . 换成 _
5.  viper.SetEnvKeyReplacer(replacer)
6.  //2.viper 获取配置文件
7.  viper.SetConfigName("config_name")    //设置配置文件名，不包含后缀，viper 自动判断
8.  viper.AddConfigPath("/app/config/path")
9.  viper.AddConfigPath(".")        //设置查找配置文件的路径，可以有多个
10. viper.ReadInConfig()            //读取配置文件中的所有配置项
11. viper.Get("common.name")        //获取 common 下 name 项的值
12. viper.Set("common.name", "Bill")    //将 common 下 name 项的值设置为 Bill
```

2.2　网络配置

Fabric 区块链网络配置主要指系统通道（system channel）配置。系统通道配置主要定义了整个网络的所有联盟和 orderer 组织的信息，该配置作为第一个块，即创世纪块，在启动网络时被用作整个网络的基础配置。这里，我们从配置来源的角度讲述系统通道配置。生成系统通道配置的文件为 configtx.yaml，参见 sampleconfig/configtx.yaml，基本结构如图 2-1 所示。

```
1.   Organizations:
2.       - &SampleOrg...
3.   Capabilities:
4.       Channel: &ChannelCapabilities
5.           V2_0: true
6.   Application: &ApplicationDefaults
7.       ACLs: &ACLsDefault
8.       Organizations:
9.       Policies: &ApplicationDefaultPolicies
10.      Capabilities:
11.          <<: *ApplicationCapabilities
12.  Orderer: &OrdererDefaults
13.      BatchSize:
14.      EtcdRaft:
15.  Channel: &ChannelDefaults
16.  Profiles:
17.      SampleSingleMSPSolo:
18.          <<: *ChannelDefaults
19.          Orderer:
20.              Organizations:
21.                  - *SampleOrg
22.          Consortiums:
23.              SampleConsortium:
24.      SampleInsecureSolo:
```

图 2-1　系统通道配置文件基本结构

在图 2-1 中，要理解 configtx.yaml 文件，除需理解 YAML 的基础知识外，重点需要理解 configtx.yaml 文件中"锚节点和引用"的用法，如第 2 行和第 15 行，使用类似于 C 语言中的取地址符号"&"，定义了锚节点 SampleOrg、ChannelDefaults。引用锚节点共有两种方式，如第 18 行，在该处插入 ChannelDefaults 所有的下级配置项；如第 21 行，在该处直接插入 SampleOrg 配置项。

configtx.yaml 文件主要由 configtxgen 程序使用，该程序使用 Profiles 下的配置项。Profiles 下的配置项代表一个完整的通道配置，由 configtxgen -profile 指定。Profiles 下的配置项更多通过引用上文定义的各类配置，汇总成自己的配置。该文件中主要的配置项含义如下。

❑ Organizations，定义了联盟所有成员的配置，如名称、MSP ID、MSP 目录、组织策略、锚节点，包括 peer 组织、orderer 组织。

❑ Capabilities，定义了关于通道、节点的服务能力。Fabric 从 0.6.x 版本开始迭代，至现在的 2.0 版本，各版本在数据结构、服务流程的兼容性等方面存在一定问题。例如 A 企业所使用的节点版本是 1.4.x，而与之处于同一网络中的 B 企业所使用的节点版本则是 2.0，在这种情况下，由 Capabilities 规定通道或节点必须实现的对应版本的服务能力，如图 2-1 中第 4～5 行，定义了通道具有 Fabric 2.0 的服务能力。

❑ Application，定义了应用通道中的公用配置。例如图 2-1 中第 7 行，定义了应用通道的 ACL（Access Control List，访问控制列表）策略；第 8 行，定义了应用通道中的组织，由于每个通道的组织不一样，所以这里自然是空的，在下文使用的时候单独配置；第 9 行，定义了应用通道的基本策略；第 10 行，定义了应用通道的版本服务能力。

❑ Orderer，定义了系统通道中的公用配置。系统通道主要提供共识排序服务，辅以创建应用通道的职责。因此，这里主要定义了供共识排序服务使用的各种配置，如图 2-1 中第 13 行，定义了块的大小；第 14 行，定义了 etcdraft 类型的共识排序服务的配置。

❑ Channel，定义了通道的公共配置。这个通道配置可用于系统通道，也可用于应用通道。

❑ Profiles，利用已定义的各类配置，根据需要进行组合，形成一个完整的通道配置，并通过 configtxgen 工具生成对应配置文件。例如图 2-1 中第 17 行，用于生成一个联盟中只有一个 SampleOrg 组织的系统通道配置（创世纪块，启动 orderer 集群时使用）。系统通道配置和应用通道配置的区别，在于系统通道会定义联盟，如图 2-1 中第 22～23 行，定义了名为 SampleConsortium 的联盟的成员组成。

2.3 应用通道配置

应用通道配置定义了所使用的联盟和该联盟的参与者，原始数据也来自 configtx.yaml，但这里，我们从通道账本的角度讲述应用通道配置。configtxgen 工具依据 configtx.yaml 为创建应用通道生成的配置交易文件，为 Envelope 结构。创建时，应用通道会从已运行的系统通道中复制一部分系统通道配置，补充到自己的配置中，最终形成一个以配置为核心数据的区块，作为应用通道的第一个块，写入账本。

我们可以通过 peer channel fetch 0 命令，从应用通道获取第一个块，然后使用 configtxlator 工具，将区块转为可读的 JSON 格式，具体命令如下。

```
peer channel fetch config config_block.pb -o orderer.example.com:7050 -c mychann
el --tls --cafile /path/to/orderer_ca#获取 mychannel 通道的最新配置块，存入 config_block.pb
文件中。
configtxlator proto_decode --input config_block.pb --type common.Block | jq .data.
data[0].payload.data.config > config.json#使用 configtxlator 工具，从 config_block.pb 文件中
读取数据，将配置从区块转为可读的 JSON 格式，并使用 jq 工具获取其中的配置，存入 config.json 文件中。
```

一个典型的 JSON 格式应用通道配置如图 2-2 所示。

```
1.  {
2.    "config": {
3.      "channel_group": {
4.        "groups": {
5.          "Application": {
6.            "groups": {
7.              "Org1MSP": {
8.                "groups": {},
9.                "mod_policy": "Admins",
10.                "policies": {...},
11.                "values": {"AnchorPeers": {...},"MSP": {...}},
12.                "version": "1"
13.              },
14.              "Org2MSP": {...}
15.            },
16.            "mod_policy": "Admins",
17.            "policies": {
18.              "Admins": {..."policy": {...,"rule": "MAJORITY","sub_policy": "Admins"}},
19.              "Readers": {...},
20.              "Writers": {...}
21.            },
22.            "values": {"ACLs": {...},"Capabilities": {...}},
23.            "version": "1"
24.          },
25.          "Orderer": {"groups": {"OrdererMSP": {...}, "policies": {...}, ...}
26.        },
27.        "mod_policy": "Admins",
28.        "policies": {
29.          "Admins": {..."policy": {...,"rule": "MAJORITY","sub_policy": "Admins"}},
30.          "Readers": {...},
31.          "Writers": {...}
32.        },
33.        "values": {...},
34.        "version": "0"
35.      },
36.      "sequence": "3"
37.    },
38.    "last_update": {...}
39.  }
```

图 2-2　应用通道配置

从图 2-2 中，我们可以看出应用通道配置的如下特性。

包含系统通道配置。每一个应用通道配置都包含一个 Application 配置（第 5～24 行）和一个 Orderer 配置（第 25 行，在创建应用通道时，从系统通道配置中复制而来）。

递归性。配置的层级是递归的。顶层，即第 3 行的 channel_group，就是一个组（groups），作为整个 Fabric 区块链网络的配置对象，对应 fabric-protos-go 仓库下 common/ configtx.pb.go 中定义的 ConfigGroup。参见 ConfigGroup 的成员和对应的 JSON 标签，每一层配置都包含 groups、policies、values、mod_policy 和 version 这 5 个成员。

❑ 子组。groups 代表当前层级配置下的子组，也可称为当前层级下的参与者。这个参与者可以是一个通道，如第 5 行的 Application 所代表的应用通道，表示当前 Fabric 区块链网络中有应用通道 Application 的参与；也可以是一个组织，如第 7 行的 Application 通道下的组织 Org1MSP。

- 策略。policies 代表当前层级下的策略，一般有 Admins、Readers、Writers 这 3 个策略。例如第 10 行的 policies，指的是组织 Org1MSP 中的策略定义；第 17 行的 policies，则是 Application 这个通道的策略定义；第 28 行的 policies，则是顶层的 channel_group，即整个 Fabric 区块链网络的策略定义。

- 配置项。values 代表当前层级使用到的具体的配置项和值。例如第 11 行，是组织 Org1MSP 所使用的配置项和对应的值，里面有 Org1MSP 使用的锚节点 AnchorPeers、MSP；第 22 行，是应用通道 Application 所使用的配置项和对应的值，里面有指定应用通道的 ACL 策略和服务能力 Capabilities。

- 修改策略。mod_policy 是当前层级下的修改策略，即谁有权力修改当前层级下的任一配置。修改策略值一般为 Admins，即同层级下 policies 中所定义的 Admins 策略。例如第 16 行，设置了应用通道（第 5 行 Application）的修改策略为 Admins，即指应用通道下的 policies（第 17 行）中的 Admins 策略（第 18 行）。

- 版本号。version 是当前层级配置的版本号，当前层级配置每修改一次，版本号自增 1，但不影响上层级的版本号。版本号的值可用于比较配置的新旧。

💡提示

　　Fabric 中关于通道配置路径的表述有两种方式：经典路径方式和 JSON 路径方式。以图 2-2 中第 29 行所配置的区块链网络 Admins 策略为例，JSON 路径表示为 config.channel_groups. policies.Admins。经典路径则以简洁的标识组成，如 Channel 代表联盟网络根配置、Orderer 代表系统通道，Application 代表应用通道，经典路径表示为/Channel/Admins。

　　通道配置中的 groups、values、mod_policy、version，较易于理解。但是 policies 则需基于配置的递归进行理解。在 Fabric 2.0 中，定义了多种类型的策略，应用在 Fabric 区块链网络中的各种主体和行为之上，细节会在第 6 章详述，这里可以将策略简单地理解为：以修改通道配置为例，因为一般只有管理员才能修改配置，策略规定了在当前层级哪些参与者的管理员同意的情况下，配置才能被修改。

　　图 2-2 中第 29 行，定义了顶层整个 Fabric 区块链网络配置的 Admins 策略，值为 MAJORITY Admins，表示当层级（顶层）拥有 2 个子组参与者 Application（第 5 行）、Orderer（第 25 行）的情况下，必须有半数以上的参与者的管理员同意修改 Fabric 区块链网络的配置，才满足该 Admins 策略。2 的半数以上，即大于 1，那只能是 2 个，即 Application、Orderer 的管理员都要同意。此时，若要 Application 的管理员同意，就需要满足 Application 下的 Admins 策略；若要 Orderer 的管理员同意，就需要满足 Orderer 下的 Admins 策略。

　　图 2-2 中应用通道 Application 的 Admins 策略在第 18 行指定，值也为 MAJORITY Admins，

即若要满足 Application 的 Admins 策略，就需要 Application 的 2 个子组参与者的半数以上同意修改配置，即 Org1MSP（第 7 行）、Org2MSP（第 14 行）的管理员都要同意。此时，若要 Org1MSP 的管理员同意，就需要满足 Org1MSP 的 Admins 策略；若要 Org2MSP 的管理员同意，就需要满足 Org2MSP 的 Admins 策略。

如图 2-3 所示，Org1MSP 的 Admins 策略在第 6 行（图左）指定，为 Org1MSP.Admins，表示需要 Org1MSP 组织的管理员同意；Org2MSP 的 Admins 策略在第 7 行（图右）指定，为 Org2MSP.Admins，表示需要 Org2MSP 组织的管理员同意。

```
1.  "Application": {                                              1.  "Application": {
2.    "groups": {                                                 2.    "groups": {
3.      "Org1MSP": {                                              3.      "Org1MSP": {...}
4.        "groups": {},                                           4.      "Org2MSP": {
5.        "policies": {                                           5.        "groups": {},
6.          "Admins": {                                           6.        "policies": {
7.            "mod_policy": "Admins",                              7.          "Admins": {
8.            "policy": {                                          8.            "mod_policy": "Admins",
9.              "type": 1,                                         9.            "policy": {
10.             "value": {                                        10.             "type": 1,
11.               "identities": [{                                11.             "value": {
12.                 "principal": {"msp_identifier": "Org1MSP", "role": "ADMIN"},   12.               "identities": [{
15.                 "principal_classification": "ROLE"            13.                 "principal": {"msp_identifier": "Org2MSP", "role": "ADMIN"},
16.               }],                                             16.                 "principal_classification": "ROLE"
17.               "rule": {"n_out_of": { "n": 1, "rules": [{"signed_by": 0}] }},   17.               }],
20.               "version": 0                                    18.               "rule": {"n_out_of": { "n": 1, "rules": [{"signed_by": 0}] }},
21.             }                                                 21.               "version": 0
22.           }, ...                                              21.             }
23.       "Org2MSP": {...}                                        23.           }, ...
```

图 2-3　子组 Org1MSP（左）、Org2MSP（右）的 Admins 策略

系统通道 Orderer 下的 Admins 策略在图 2-2 中未显示，其设定值也为 MAJORITY Admins。遵循的规则与 Application 一致，Orderer 下只有一个参与者 OrdererMSP，最终只需 OrdererMSP 组织的管理员同意，即可满足 Orderer 下的 Admins 策略。

当递归至 Org1MSP、Org2MSP、OrdererMSP 的 Admins 策略时，策略已经递归至某参与者下的某个具体角色身份，即已递归到底。如此，总结一下，要满足图 2-2 中第 29 行定义的顶层整个 Fabric 区块链网络配置的 Admins 策略，经策略递归，最终需要 OrdererMSP、Org1MSP、Org2MSP 这 3 个组织的管理员同意。

💡提示

应用通道配置和系统通道配置在逻辑上是一致的，主要的不同点在于：系统通道中主要包含 Orderer、Consortiums 两个子组，应用通道中主要包含 Application、Orderer 两个子组。此外，第一次创建应用通道时，应用通道对应的联盟和联盟的参与者，必须是系统通道配置中已定义的。当应用通道启动后，可自行管理联盟的参与者，如添加新组织。

2.4　peer 节点配置

peer 节点的主要配置文件为 core.yaml。由于 peer 节点一般以 Docker 容器的方式运行，因而在容器设置了对应环境变量时，core.yaml 中的配置项会被覆盖。依据配置的优先级，覆盖动作

由 viper 工具实现。peer 节点的配置项过多，在此不一一列明，后续章节会根据需要，对涉及的配置进行引用和释义。参见 sampleconfig/core.yaml，core.yaml 的基础结构如图 2-4 所示。

```
1.  peer:
2.      id: jdoe ...
3.      gossip:
4.          bootstrap: 127.0.0.1:7051 ...
5.      tls:
6.          enabled:  false ...
7.      fileSystemPath: /var/hyperledger/production
8.      BCCSP:
9.          Default: SW ...
10.     mspConfigPath: msp ...
11.     localMspId: SampleOrg ...
12. vm:
13.     endpoint: unix:///var/run/docker.sock ...
14. chaincode:
15.     id: ...
16.     node:
17.         runtime: $(DOCKER_NS)/fabric-nodeenv:$(TWO_DIGIT_VERSION) ...
18. ledger:
19.     blockchain:
20.     state: ...
21. operations:
22.     listenAddress: 127.0.0.1:9443
23.     tls: ...
24. metrics:
25.     provider: disabled
26.     statsd:...
```

图 2-4   peer 节点配置示例

在图 2-4 中，第 1 行，peer 下是对 peer 节点的设置，多是与 peer 节点在 Fabric 区块链网络中进行交互时所使用的身份、服务认证相关的设置。

第 12 行，vm 下是对 peer 节点所使用的虚拟机信息以及与宿主机虚拟机程序进行交互的相关设置，peer 节点默认使用的虚拟机程序为 Docker 容器。

第 14 行，chaincode 下是与链码相关的配置，在 peer 节点部署链码时使用。其中，定义了系统链码的开关，默认全部开启。

第 18 行，ledger 下定义了 peer 节点在区块链网络中作为一个账本副本的记录者角色，对账本的类型、状态数据库、私有数据等方面进行设置。

第 21 行，operations 下定义了 peer 节点的 operations 服务。peer 节点作为服务端，这里主要设置了 peer 节点的监听地址、TLS（Transport Layer Security，传输层安全协议）连接配置。

第 24 行，metrics 下定义了 peer 节点监测指标数据的设置。由 provider 指定监测服务：prometheus、statsd 或 disable。前者使用 Prometheus 系统，peer 节点作为服务端提供 RESTful 接口，由 Prometheus 主动从 peer 节点拉取监测指标数据。后者则由 peer 节点主动将监测指标数据推送到 statsd 服务指定的地址和端口。disable 则表示不启用监测功能。

当启动一个 peer 节点容器时，一个典型的容器配置如图 2-5 所示。

```
1.   peer0.org1.example.com:
2.     container_name: peer0.org1.example.com
3.     image: hyperledger/fabric-peer:2.0
4.     environment:
5.       - GODEBUG=netdns=go
6.       - CORE_PEER_ID=peer0.org1.example.com
7.       - CORE_PEER_ADDRESS=peer0.org1.example.com:7051
8.       - CORE_PEER_LOCALMSPID=Org1MSP
9.       - ...
10.    working_dir: /opt/gopath/src/github.com/hyperledger/fabric/peer
11.    command: peer node start
12.    ports:
13.      - 7051:7051
```

图 2-5　peer 节点容器配置示例

在图 2-5 中，第 3 行，image 定义了 peer 节点使用的镜像为 hyperledger/fabric-peer:2.0。第 4 行，environment 下定义了启动 peer 节点容器后，容器运行环境中的环境变量，其中以 CORE 为前缀的环境变量的值将覆盖 core.yaml 文件中定义的对应配置值，如 CORE_PEER_ID=peer0.org1.example.com 将覆盖 core.yaml 文件中 peer 下的 id 配置项的值。

第 11 行，command 定义了 peer 节点容器启动时自动执行的命令。在这里是 peer node start 命令，即在 peer 节点容器启动后，自动执行 peer node start 命令，对 peer 节点容器所要承担的各项服务进行初始化。

peer CLI 执行命令时，以 peer channel 为例，读取配置的过程，如代码清单 2-2 所示。

代码清单 2-2　cmd/peer/main.go

```
1.   const CmdRoot = "core"                    //在 internal/peer/common/common.go 中定义
2.   var mainCmd = &cobra.Command{Use: "peer"}//根命令 peer
3.   func main() {
4.     viper.SetEnvPrefix(common.CmdRoot); viper.AutomaticEnv()
5.     replacer := strings.NewReplacer(".", "_"); viper.SetEnvKeyReplacer(replacer)
6.     mainFlags := mainCmd.PersistentFlags(); mainFlags.String("logging-level",...)
7.     mainCmd.AddCommand(channel.Cmd(nil))
8.     if mainCmd.Execute() != nil {os.Exit(1)}
9.   }
```

在代码清单 2-2 中，第 4～5 行，读取了所有以 core（对大小写不敏感）为前缀的环境变量，并把环境变量的键中的.替换成_。

第 6 行，根命令添加参数支持，这里添加了 logging-level，指定日志级别。

第 7 行，添加 channel 子命令，在 internal/peer/channel/channel.go 中实现，channel 子命令执行时，调用了代码清单 2-3 所示的函数。

代码清单 2-3　internal/peer/common/common.go

```
1.   const CmdRoot = "core"
2.   func InitCmd(cmd *cobra.Command, args []string) {
3.     err := InitConfig(CmdRoot)...   //调用下面的函数
4.   }
5.   func InitConfig(cmdRoot string) error {
6.     err := config.InitViper(nil, cmdRoot)
```

```
7.    err = viper.ReadInConfig()
8.  }
```

在代码清单 2-3 中，第 6 行，在 core/config/config.go 中实现，初始化了 viper 读取配置数据所需的两个关键项——配置文件所在路径和配置文件名。配置文件所在路径读取了环境变量 FABRIC_CFG_PATH，若值不为空，则将之作为配置文件所在路径；否则，将当前路径./和 /etc/hyperledger/fabric 作为配置文件所在路径。配置文件名为 core。

第 7 行，在配置文件所在路径下，搜索名为 core 的配置文件，并读取。该配置文件，一般为 peer 节点容器内部的/etc/hyperledger/fabric/core.yaml。

2.5　orderer 节点配置

orderer 节点的配置文件为 orderer.yaml，同 peer 节点一样，orderer 节点一般以 Docker 容器的方式启动，在这种情况下，orderer.yaml 中的对应配置一样会被环境变量所覆盖。参见 sampleconfig/ orderer.yaml，orderer.yaml 的基础结构如图 2-6 所示。

```
1.  General:
2.      ListenAddress: 127.0.0.1 ...
3.      TLS: ...
4.      Cluster: ...
5.      BootstrapFile:
6.      LocalMSPDir: msp
7.      LocalMSPID: SampleOrg ...
8.      BCCSP: ...
9.  FileLedger:
10.     Location: /var/hyperledger/production/orderer
11.     Prefix: hyperledger-fabric-ordererledger
12. Kafka: ...
13. Debug:
14.     BroadcastTraceDir:
15.     DeliverTraceDir:
16. operations: ...
17. metrics: ...
18. Consensus:
19.     WALDir: /var/hyperledger/production/orderer/etcdraft/wal
20.     SnapDir: /var/hyperledger/production/orderer/etcdraft/snapshot
```

图 2-6　orderer 节点配置示例

在图 2-6 中，第 1 行，General 下定义 orderer 节点的设置，多是与 orderer 节点在 Fabric 区块链网络中进行交互时所使用的身份和服务认证相关的设置。其中 General.Cluster 是 orderer 作为共识集群节点的设置。

第 9 行，FileLedger 下定义了 orderer 节点使用的账本的设置。

第 12 行，Kafka 下定义了 orderer 节点与 Kafka 集群交互的设置，如是否启用 TLS 连接、重试间隔和超时时间等，当 orderer 节点使用 Kafka 类型的共识排序服务时，orderer 节点为 Kafka 集群消息的生产者、消费者。

第 13 行，Debug 下定义了追踪 orderer 节点的 Broadcast、Deliver 服务调用的记录的存储目录。

第 16～17 行，operations、metrics 下定义了同 peer 节点一样的服务。

第 18 行，Consensus 下定义了 orderer 节点使用 etcdraft 类型的共识排序服务时，作为 etcdraft 共识网络节点，使用的两个数据目录——日志目录 WALDir 和快照目录 SnapDir。

当启动一个 orderer 节点容器时，一个典型的容器配置，与 peer 节点容器配置类似，如图 2-7 所示。

```
1.   orderer.example.com:
2.     container_name: orderer.example.com
3.     image: hyperledger/fabric-orderer:2.0
4.     environment:
5.       - ORDERER_GENERAL_LISTENADDRESS=0.0.0.0
6.       - ORDERER_GENERAL_BOOTSTRAPMETHOD=file
7.       - ORDERER_GENERAL_BOOTSTRAPFILE=/var/hyperledger/genesis.block
8.       - ORDERER_GENERAL_LOCALMSPID=OrdererMSP
9.       ...
10.    working_dir: /opt/gopath/src/github.com/hyperledger/fabric
11.    command: orderer
12.    ports:
13.      - 7050:7050
```

图 2-7　orderer 节点容器配置示例

orderer 节点启动时，执行了 orderer/common/server/main.go 中的 main 函数。其中，调用了代码清单 2-4 中的函数，读取了配置。

代码清单 2-4　orderer/common/localconfig/config.go

```
1.   type TopLevel struct {...}    //对应 orderer.yaml 中配置的结构
2.   var Defaults=TopLevel{...}    //默认配置
3.   func Load() (*TopLevel, error) {
4.     config := viper.New()
5.     coreconfig.InitViper(config, "orderer")
6.     config.SetEnvPrefix(Prefix)
7.     config.AutomaticEnv() //Prefix 值为 ORDERER
8.     replacer := strings.NewReplacer(".", "_")
9.     config.SetEnvKeyReplacer(replacer)
10.    if err := config.ReadInConfig(); err != nil {...}
11.    if err := viperutil.EnhancedExactUnmarshal(config, &uconf); err != nil {...}
12.    uconf.completeInitialization(filepath.Dir(config.ConfigFileUsed()))
13.  }
```

在代码清单 2-4 中，第 4～10 行，使用 viper 工具，读取以 ORDERER 为前缀的环境变量，替换 . 为 _。在配置文件所在路径下搜索名为 orderer 的配置文件，即 orderer.yaml，并读取该文件。

第 11 行，将读取的配置解析到 TopLevel 中。

第 12 行，对于环境变量、orderer.yaml 中未设置但又不能为空的配置项，使用 Defaults 中的默认值填补。

2.6　MSP 配置

MSP（Membership Service Provider，成员服务提供者）对应的是组织，由组织的节点持有并使用，在 Fabric 区块链网络交互过程中，用于表明自己身份，验证他人身份。peer 节点和 orderer

节点使用 MSP 的方式一样，这里以 peer 节点为例。在任一 peer 节点命令具体执行之前，在读取节点配置数据之后，会根据 MSP 的配置初始化本地的 MSP，过程如代码清单 2-5 所示。

代码清单 2-5   internal/peer/common/common.go

```
1.   func InitConfig(cmdRoot string) error {
2.     var mspMgrConfigDir=...;    var mspID=...;      var mspType=...
3.     err = InitCrypto(mspMgrConfigDir, mspID, mspType) //调用下面的函数
4.   }
5.   func InitCrypto(mspMgrConfigDir, localMSPID, localMSPType string) error {
6.     bccspConfig := factory.GetDefaultOpts()
7.     if config := viper.Get("peer.BCCSP"); config != nil {
8.       err = mapstructure.Decode(config, bccspConfig)...
9.     }
10.    err = mspmgmt.LoadLocalMspWithType(...,localMSPID,localMSPType)
11.  }
```

在代码清单 2-5 中，第 2 行，使用 viper 工具，从 peer 节点配置数据中读取 MSP 的 ID、路径、类型。

第 6～9 行，将从 peer 节点配置中获取的 BCCSP 配置，解析到 BCCSP 默认配置实例 bccspConfig 中。

第 10 行，使用 MSP 的路径、ID、类型、BCCSP 配置实例，初始化本地 MSP，具体过程在第 3 章中详述。但据此可知，MSP 的关键配置信息有 ID、路径、BCCSP 配置、类型。其中，ID 为 MSP 的 ID，具有唯一性，由 core.peer.localMspId 指定。路径指 MSP 目录所在路径，由 core.peer.mspConfigPath 指定。若值是绝对路径，则直接使用；若值是相对路径，则该相对路径将与 core.yaml 所在路径（FABRIC_CFG_PATH、./或/etc/hyperledger/fabric）拼接成一个完整路径。

MSP 目录下的证书，表示节点在网络中的身份和组织关系。参见 hyperledger 项目下 Fabric 官方示例仓库 fabric-samples 中的 first-network/crypto-config.yaml，crypto-config.yaml 的基本结构如图 2-8 所示。

在图 2-8 中，参见 sampleconfig/msp，执行 cryptogen generate --config=./crypto-config.yaml 命令，生成的 MSP 目录结构如表 2-1 所示。

```
1.   PeerOrgs:
2.   - Name: Org1
3.       Domain: org1.example.com
4.       EnableNodeOUs: true #是否开启NodeOUs验证
5.       Template:                #模板
6.         Count: 2               #生成节点数
7.       Users:
8.         Count: 1               #生成普通用户数
```

图 2-8   crypto-config.yaml 的基本结构

表 2-1   MSP 目录结构

子目录	描述
admincerts	组织的管理员证书
cacerts	CA 证书，即发行组织节点证书、管理员证书的根证书
intermediatecerts	签发节点证书的中间 CA 证书，可选
keystore	节点使用的身份证书对应的私钥
signcerts	节点使用的身份证书，pem 格式，代表节点的身份

续表

子目录	描述
tlscacerts	组织中节点 TLS 证书的根证书
tlsintermediatecerts	节点使用的 TLS 证书的中间 CA 证书，可选
crls	组织中因过期或注销而失效的节点签名证书，可选
operationcerts	专用于 operation 和 metrics 服务的证书，可选，示例中没有
config.yaml	节点组织角色验证功能的配置，可选。图 2-8 中，第 4 行，若开启了 NodeOUs 验证，则自动生成预定义的 config.yaml 文件

其中，config.yaml 文件如图 2-9 所示。

```
1.  OrganizationalUnitIdentifiers:             #证书OU验证
2.    - Certificate: "cacerts/cacert1.pem"     #不能为空，且为MSP目录的相对路径
3.      OrganizationalUnitIdentifier: "SYR"
4.    - Certificate: "cacerts/cacert2.pem"
5.      OrganizationalUnitIdentifier: "SYM"
6.  NodeOUs:            #NodeOUs验证
7.    Enable: true    #开启
8.    PeerOUIdentifier:
9.      Certificate: "cacerts/cacert.pem"      #可选，且为MSP目录的相对路径
10.     OrganizationalUnitIdentifier: "peer"   #默认值，可自定义
```

图 2-9　MSP 目录下 config.yaml 文件示例

在图 2-9 中，通过 config.yaml 的配置，MSP 可以利用 X.509 证书中的 OU（Organization Unit，组织单元）字段（如图 2-10 所示，第一个 OU 字段特指角色主体，其余 OU 字段为正常的 OU 主体），以实现对身份更自主、更细致地验证，验证包括如下两类。

```
1.  Certificate:
2.    Data:
3.        Version: 3 (0x2)
4.        Serial Number:
5.            d5:65:d9:f8:68:73:eb:ab:3f:48:f6:6f:c4:65:64:6b
6.    Signature Algorithm: ecdsa-with-SHA256
7.        Issuer: C=CHN, ST=Beijing, L=Beijing, O=org1, CN=ca.org1
8.        Validity
9.            Not Before: Dec 24 02:11:00 2020 GMT
10.           Not After : Dec 22 02:11:00 2030 GMT
11.       Subject: C=CHN, ST=Beijing, L=Beijing, OU=peer, OU=SYM, OU=SYR, CN=peer0.org1
12.       Subject Public Key Info:                       角色    组织单位
13.           Public Key Algorithm: id-ecPublicKey
14.           Public-Key: (256 bit)
15.           pub:
16.               04:e8:fb:70:86:9c:7a:0a:74:c2:2d:93:5e:b5:53:
```

图 2-10　X.509 证书

❑ 第一类，第 2～5 行，定义了两对组织标识和组织的（中间）CA 证书，表示一个身份证书，需由 cacert1.pem 或 cacert2.pem 签发，且证书的 OU 字段必须包含 SYM 或 SYR，才有效。

❑ 第二类，第 8～10 行，定义了一个 peer 角色的 OU 标识，表示一个 OU 字段值为 peer 角色的身份证书，需由第 9 行的（中间）CA 证书签发（若值为空，默认使用 MSP 目录中

cacerts 下的证书），才有效。

Fabric 2.0 中，预定义了 4 类角色 OU 标识：PeerOUIdentifier、OrdererOUIdentifier、ClientOUIdentifier、AdminOUIdentifier。合理情况下，各类角色职责如下。

- ❑ PeerOUIdentifier，默认标识为 peer，负责背书交易、提交交易。
- ❑ OrdererOUIdentifier，默认标识为 orderer，负责 orderer 集群的服务。
- ❑ ClientOUIdentifier，默认标识为 client，负责与上层应用交互，发起交易，如 Fabric SDK。
- ❑ AdminOUIdentifier，默认标识为 admin，负责网络管理工作。可替代 MSP 目录中 admincerts 下的管理员证书。

依据上述角色的分类和限定，我们可以更细致、自主地管理 Fabric 区块链网络的参与者。但这牵扯到整个系统的配置工作，如设定背书策略为 OR（Org1MSP.SYR），认定组织 Org1MSP 下的 SYR 负责背书交易，则需先通过 Fabric CA 或其他方法，签发一个 OU 字段值包含 SYR 的证书，并配置 config.yaml。

BCCSP 配置，指 core.peer.BCCSP 这部分的配置，用于初始化 MSP 使用的 BCCSP 实例。MSP 实现了对 Fabric 区块链网络参与者的身份管理，包括对参与者关系的维护、身份的认证、身份的使用等，所用到的技术工具，就是 BCCSP，如验证交易签名、计算交易数据哈希。关于 BCCSP，将在第 4 章详述。

MSP 有两种类型：BCCSP（默认）和 IDEMIX。BCCSP 为传统的以 PKI 证书的加解密技术为基础的身份认证方式，有软件方式的实现，如 SW，也有第三方插件或硬件的实现方式 PKCS11，如 SoftHSM 插件或 HSM 加密机。IDEMIX 则是以零知识证明理论为基础的身份认证方式。

第 **3** 章

成员服务提供者（MSP）

本章将对 MSP 进行详述。首先，厘清容易混淆的 MSP 相关概念和对象。然后根据 MSP 的分类，分别叙述本地 MSP、MSP 管理者对象如何初始化，并以典型的功能——签名和身份认证来说明如何使用 MSP。了解相关方法的实现，可以为后续理解更复杂的 Fabric 服务打下良好基础。本章与第 4、5、6 章关系紧密，在对象结构上存在嵌套关系，在功能实现上存在依赖关系，因此，在阅读时需要相互参照。

3.1 MSP 的类型和关联

MSP，一个用于描述身份与组织之间关系的对象，对应着联盟网络中的参与单位——组织。MSP 将每个成员由单纯的证书身份转换为在 Fabric 区块链网络中承载责任和权限的角色身份，并对之进行管理、验证。而成员通过 MSP，也可以识别组织和同组织中的其他身份。在此基础上，MSP 实现了策略验证功能。这些策略，本质是对参与到通道中每个成员所拥有权限的限定，等价于对每个成员身份的限定，因此，验证策略，其实就是验证身份。

首先，梳理一下 MSP、cachedMSP、BCCSP、IDEMIX、SW、PKCS11 这几个概念之间的关系，如图 3-1 所示。

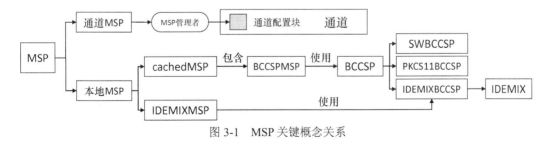

图 3-1　MSP 关键概念关系

在 Fabric 2.0 中，BCCSP 和 IDEMIX 是实现 MSP 所使用的两种不同加解密理论体系下的具体工具，因此，将 MSP 分成两种类型：BCCSPMSP（默认）和 IDEMIXMSP。前者是传统的椭圆曲线加解密算法理论下，以 X.509 证书和 PKCS11 体系为基础的身份、数据认证的实现；后者则以零知识证明为基础，实现身份、数据认证。BCCSP 的具体实现，也分为两种：SW 和 PKCS11。SW 是以软件为基础的实现，底层所依赖的加解密方式是 Go 语言的 crypto、encoding 等标准库；PKCS11 是以硬件为基础的实现，底层所依赖的加解密方式是安全硬件设备模块。因此，也将 BCCSP 分为 SWBCCSP 和 PKCS11BCCSP。最后，针对 BCCSPMSP，为了提升身份认证效率，又出现了 cachedMSP，可以这么理解：cachedMSP=MSP+缓存。

从整个联盟网络层级的角度来讲，MSP 又可以分为本地 MSP 和通道 MSP。

❑ 本地 MSP。对应的是参与到联盟网络中的节点，如 peer、orderer、client。当一个节点启动时，其会读取本地文件系统的 MSP 目录下的证书，在节点运行的内存中构建一个本节点使用的 MSP 对象，表示节点与组织之间的关系。

❑ 通道 MSP。对应的是 Fabric 区块链网络中的通道配置。在通道中，每个 MSP 均代表一个组织，作为基本的单元，相互之间地位平等地参与到通道之中。一旦参与到通道之中，表示该组织拥有参与通道管理的权力，即其可以通过是否在某一配置交易上签名的方式，来支持或否定通道中涉及自身的配置。这些 MSP 存在于通道配置中，或者说存在于系统通道的账本中（系统通道账本中的区块均是配置块），如图 3-2 所示。假设这是一个 ID 为 mychannel 的应用通道的配置块内容。其中第 10、18、31 行分别配置了通道中的 3 个 MSP，代表 3 个不同的组织。这些组织依据所在通道策略的定义，参与到应用通道（第 4 行）或系统通道（第 25 行）的管理。默认地，通道 MSP 的管理由每个组织的管理员负责。

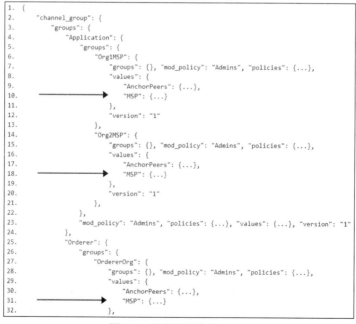

图 3-2　通道配置中的 MSP

注意

　　本书依据数据结构层级关系，从上到下，分章节讲解 MSP、BCCSP。但实际上两者有很多地方会重合在一条线上，例如，初始化 MSP 对象时，因为 BCCSP 是其重要成员，必然会涉及 BCCSP 的初始化，但这部分内容会放至第 4 章详述，而在本章直接简单略过。此外，对于 IDEMIX，由于其功能有较多限制，且使用较少，本书不深入探讨。

　　MSP 作为封装的"高层建筑"，从外表看是一个形态很简约的"玻璃大厦"，但其内部十分复杂和完备。万丈高楼平地起，我们需要知道，再复杂的建筑，也是由一块块"砖"所垒成的。所以在详细叙述 MSP 之前，我们先看一下 MSP 对象所依据的 PKI 体系。

　　我们经常看到的关于加密认证的元素，如 CA 证书、数字证书、申请证书、签名、吊销证书、公钥、私钥等，这些元素都可以纳入 PKI 体系当中。PKI 的全称为 Public Key Infrastructure，即公钥基础设施。PKI 是一种搭建可信任网络的参与者身份管理平台，更像是一种标准，其体系中必须存在的组件有数字证书（用户）、CA 认证中心、仓库、PKI 接口。这些组件应用于可信任网络之中，作为基础设施，形成了一套完备的、标准的网络参与者管理体系。PKI 体系针对的是非对称加解密技术，以公钥证书格式的不同，PKI 可分为 X.509、PGP 等模式。在 Fabric 中，所用的均是标准的 X.509 格式的公钥证书。

　　X.509 是一种证书格式和标准，规定了一个公钥证书中的字段信息和结构，如版本号、序列号、有效期、主题、公钥、公钥算法、身份、扩展信息等，并通过一种标准语言 ASN.1，将这些我们本可以看懂的信息"转译"存储，这也是证书的内容都是"天书"的原因。X.509 格式的证书有多种形式的后缀，如.pem、.cert、.crt、.der 等。除证书格式外，X.509 标准还提供证书吊销、列表功能和通过证书链对证书合法性进行核验的算法。扩展信息中，比较常用的字段有 SKI 和 AKI。SKI（Subject Key Identifier，主体密钥标识符）是证书中公钥内容的 SHA1 哈希值，是一个证书的标识，可代表这个证书。AKI（Authority Key Identifier，机构密钥标识符）与 SKI 相对，用于标识一个证书的授权证书，即一个上级证书的 SKI 是下级证书的 AKI。

　　在非对称加解密技术体系下，一个密钥表示一个合法的身份，另一个密钥则用于验证这个合法的身份。主流的非对称加解密算法有 RSA、ECC，以及通过 ECC 对 DSA 进行模拟所实现的专用于数字签名的 ECDSA 算法。非对称加密有如下性质。

　　❑ 使用其中一个密钥加密信息后，只有另一个密钥可以解密出该信息。

　　❑ 知道一个密钥，无法推导出另一个密钥。

　　❑ 效率太低，不适合对大体积的信息进行加密，如一个视频。

　　最后我们可以请出互联网世界中的"经典搭档"：Alice 和 Bob。Alice 要发送给 Bob 一条消息，Bob 收到之后，需要确认这条消息真的来自 Alice 且未被篡改，由此故事展开。

　　（1）Alice 有一对公钥和私钥，公钥在公共网站上，任何人都可以看到，包括 Bob。

（2）Alice 使用私钥将一条信息 "there is a rat, close the deal" 的哈希值 a925b98675c140f27c796 e63e8b3c59b 加密成 M，连同信息本身，组成一条消息并发给了 Bob。

（3）Bob 收到了一条加密的信息 M 和一条信息 "there is a rat, close the deal"。信箱显示这条消息来自 Alice，但由于这条消息的内容过于出乎意料，所以 Bob 不太确定，因为他怕是其他人冒充 Alice 给自己发的消息，或劫持并篡改了 Alice 发送的消息。所以 Bob 要验证消息和消息的来源。

（4）Bob 从公共网站上找到 Alice 的公钥，尝试着对 M 解密，解密出来的信息是 a925b98675c 140f27c796e63e8b3c59b，同时，他又计算了一下 "there is a rat, close the deal" 的哈希值，确实是 a925b98675c140f27c796e63e8b3c59b。

上面的故事中出现了哈希值，产生哈希值的哈希函数也叫散列函数，目前主流的哈希算法有 MD5、SHA 家族[①]。MD5 已经被破解，不再安全。SHA（Secure Hash Algorithm，安全哈希算法），家族包括 SHA0 至 SHA3。但 SHA0 发表后被撤回、SHA1 已被破解。SHA2 目前尚不存在有效的破解方法，但由于 SHA2 算法模型与 SHA1 相似，因此出现了与 SHA2 算法模型不一样的 SHA3。SHA2 系列最为丰富，包括 SHA-224、SHA-256、SHA-384、SHA-512、SHA-512/224、SHA-512/256。哈希函数有如下 3 条性质。

- ❑ 任何不同的值，产生的哈希值不一样。若一样，则称为产生了碰撞。对于未被破解的 SHA2 或 SHA3 来说，虽然有理论上产生碰撞的可能，但是这种概率在实际应用中足可忽略不计。
- ❑ 由哈希值无法倒推出原值。
- ❑ 任意长度的值，均能产生固定长度的哈希值。如 SHA-256 产生的哈希值长度是 64 位，SHA-512 产生的哈希值长度是 128 位。长度越长，产生碰撞的概率越低，哈希算法也就越安全，对应算法的效率也会越低，因而这些长度也代表哈希算法的安全等级。

根据哈希函数的特性，以及非对称加密的效率低、不适合加密特别大的信息的弱点，而 "there is a rat, close the deal" 就是这种特别 "重大" 的信息，所以对其进行哈希计算，产生固定长度的哈希值，然后用私钥进行加密。最后，Bob 使用同样的哈希算法，对明文计算出了同样的哈希值，进而确认了如下两点。

- ❑ 消息来自 Alice，因为使用 Alice 的公钥能将消息解密出来。
- ❑ Alice 发过来的消息未被篡改，因为解密出来的哈希值和明文的哈希值一致。

这些基础的非对称加解密算法、哈希算法，以及运用在安全认证领域的其他算法，就像是 MSP 这座高楼的一块块基石。而我们要做的，就是探看清楚这些基石是如何构建起高楼的。

3.2　本地 MSP

在节点使用 MSP 的过程中，存在一个重要的变量，即本地 MSP。以 peer 节点为例，为

---

① 参见 NIST 于 2015 年发布的 *Secure Hash Standard* (SHS) (*FIPS PUB 180-4*)。

msp/mgmt/mgmt.go 中的 var localMsp msp.MSP。一个节点启动后，在完成各种权限验证、背书签名等功能时，均使用此对象。

3.2.1　MSP 的初始化

参见 2.6 节，读取本地 MSP 配置之后，这里设定 MSP ID 为 Org1MSP、类型为 SW、MSP 路径为/etc/hyperledger/fabric/msp，初始化本地 MSP 的过程，如代码清单 3-1 所示。

代码清单 3-1　msp/mgmt/mgmt.go

```
1.  func LoadLocalMspWithType(dir string, bccspConfig..., mspID, mspType string)...{
2.    conf, err := msp.GetLocalMspConfigWithType(dir, bccspConfig, mspID, mspType)
3.    return GetLocalMSP(factory.GetDefault()).Setup(conf)
4.  }
5.  func GetLocalMSP(cryptoProvider bccsp.BCCSP) msp.MSP {
6.    if localMsp != nil { return localMsp } //若本地 MSP 已初始化，则直接返回
7.    localMsp = loadLocaMSP(cryptoProvider) //调用下面的函数
8.  }
9.  func loadLocaMSP(bccsp bccsp.BCCSP) msp.MSP {
10.   mspType:=viper.GetString("peer.localMspType")
11.   if mspType == ""{ msp.ProviderTypeToString(msp.FABRIC) }
12.   newOpts, found := msp.Options[mspType];  if !found {...Panic(...) }
13.   mspInst, err := msp.New(newOpts, bccsp)
14.   switch mspType {
15.   case msp.ProviderTypeToString(msp.FABRIC):
16.     mspInst, err = cache.New(mspInst)
17.   case msp.ProviderTypeToString(msp.IDEMIX):
18.   }
19. }
```

在代码清单 3-1 中，第 2 行，读取节点本地 MSP 配置实例，如代码清单 3-2 所示。

第 3 行，分为如下两部分。

第一部分，GetLocalMSP(factory.GetDefault())，创建一个默认的 MSP 实例，过程如下。

（1）第 10～12 行，查看是否支持配置指定的 MSP 类型。未配置时，默认使用 BCCSP 类型的 MSP。

（2）第 13 行，使用默认的 BCCSP 实例，创建一个默认的 BCCSPMSP 实例，如代码清单 3-3 所示。

（3）第 16 行，将默认的 BCCSPMSP 实例放入一个 cachedMSP。cachedMSP 在 msp/cache/cache.go 中定义，提供了用于缓存已经验证通过的身份的空间，当这些已经验证通过的身份再发来交易时，将直接验证通过，如此，提高了验证效率。这里使用的缓存算法是类似于 LRU（Least Recently Used，最近最少使用）的二次机会算法。LRU 是一种在一段缓存中每次淘汰掉被引用次数最少的缓存对象的算法，而二次机会算法则简化了一些：在一段 FIFO（First In First Out，先进先出）缓存中，只要一个缓存对象被引用过，则直接将其作为新对象再次放至缓存的尾部，若没有被引用过，则直接淘汰。

第二部分，Setup(conf)，将 MSP 配置实例填充到默认的 cachedMSP 实例中，如代码清单 3-4 所示。

代码清单 3-2   msp/configbuilder.go

```
1.  func GetLocalMspConfigWithType(dir, bccspConfig, ID, mspType)(*msp.MSPConfig,...){
2.    switch mspType {
3.      case ProviderTypeToString(FABRIC): return GetLocalMspConfig(dir,bccspConfig,ID)
4.      case ProviderTypeToString(IDEMIX): return GetIdemixMspConfig(...)//idemixmsp
5.    }
6.  }
7.  func GetLocalMspConfig(dir, bccspConfig, ID) (*msp.MSPConfig, error) {
8.    signcertDir:=...;
9.    keystoreDir:=...;
10.   bccspConfig = SetupBCCSPKeystoreConfig(...)
11.   err := factory.InitFactories(bccspConfig)
12.   signcert, err := getPemMaterialFromDir(signcertDir)
13.   sigid :=&msp.SigningIdentityInfo{PublicSigner:signcert[0], PrivateSigner:nil}
14.   return getMspConfig(dir, ID, sigid) //调用下面的方法
15.  }
16.  func getMspConfig(dir, ID, sigid *msp.SigningIdentityInfo) (*msp.MSPConfig,...) {
17.   cacertDir:=...;
18.   admincertDir:=...;
19.   ...
20.   tlscacertDir:=...;
21.   cacerts, err := getPemMaterialFromDir(cacertDir)
22.   ...//一系列读取证书的操作
23.   fmspconf := &msp.FabricMSPConfig{Admins: admincert,...}
24.   fmpsjs, _ := proto.Marshal(fmspconf)
25.   mspconf := &msp.MSPConfig{Config:fmpsjs, Type:int32(FABRIC)} //FABRIC值为bccsp
26.  }//读取 MSP 路径下的各种证书，创建 MSP 配置实例
```

在代码清单 3-2 中，第 8、9 行，获取 MSP 路径下的 signcerts 目录和 keystore 目录，分别作为节点身份证书、私钥的路径。

第 11 行，根据 BCCSP 配置，初始化 MSP 所使用的 BCCSP 对象。

第 12～13 行，读取 signcerts 目录下的证书，并只取第 1 个证书，作为节点的身份证书。

第 17～20 行，拼接 MSP 路径下的 cacerts、admincerts、tlscacerts 等证书目录。

第 21～23 行，一系列读取 MSP 路径下各类证书、config.yaml 配置文件的操作，并将这些数据存储到一个 FabricMSPConfig 实例中。

第 24、25 行，创建一个 BCCSP 类型的 MSP 配置实例。

代码清单 3-3   msp/

```
1.  func New(opts NewOpts, cryptoProvider bccsp.BCCSP) (MSP, error) {
2.    switch opts.(type) {
3.      case *BCCSPNewOpts:
4.      switch opts.GetVersion() { ... //版本
5.        case MSPv1_4_3: return newBccspMsp(MSPv1_4_3, cryptoProvider) ...
6.      }
7.      case *IdemixNewOpts:... //idemix 类型 MSP
8.    }
9.  }//在 factory.go 中实现，依据类型、版本创建 MSP 实例
```

```
10. func newBccspMsp(version MSPVersion, defaultBCCSP bccsp.BCCSP) (MSP, error) {
11.   theMsp := &bccspmsp{};
12.   theMsp.version = version;
13.   theMsp.bccsp = defaultBCCSP
14.   switch version {...
15.     case MSPv1_4_3:
16.       theMsp.internalSetupFunc = theMsp.setupV142 ...
17.       theMsp.internalSetupAdmin = theMsp.setupAdminsV142
18.   }
19. }//在 mspimpl.go 中实现
```

在代码清单 3-3 中，有两个需关注的因素：类型和版本。关注类型是因为有 BCCSP、IDEMIX 之分，关注版本是因为 Fabric 项目迭代过程中，不同版本间 MSP 配置的一些字段有所增删，进而 MSP 在功能实现上有所差别。这里以第 15～17 行的 1.4.3 版本为例，赋值了一系列初始化 BCCSPMSP 时使用的符合版本特征的工具函数。

代码清单 3-4　msp

```
1.  func (c *cachedMSP) Setup(config *pmsp.MSPConfig) error{ //在 cache/cache.go 中实现
2.    c.cleanCache()                    //以新建缓存的方式清理了旧缓存
3.    return c.MSP.Setup(config) //调用下面 BCCSPMSP 的方法
4.  }
5.  func (msp *bccspmsp) Setup(conf1 *m.MSPConfig) error {      //在 mspimpl.go 中实现
6.    conf := &m.FabricMSPConfig{}; err := proto.Unmarshal(conf1.Config, conf)
7.    return msp.internalSetupFunc(conf)
8.  }
9.  func (msp *bccspmsp) setupV142(conf *m.FabricMSPConfig)...{//在 mspimplsetup.go
      中实现
10.   err := msp.preSetupV142(conf) //验证配置，将配置转为适当的对象，转存到 BCCSPMSP 实例中
11.   err = msp.postSetupV142(conf) //调用下面的方法
12. }
13. func (msp *bccspmsp) preSetupV142(conf *m.FabricMSPConfig) error {
14.   if err := msp.setupCrypto(conf)...
15.   if err := msp.setupCAs(conf)...
16.   if err := msp.setupCRLs(conf)...
17.   if err := msp.finalizeSetupCAs()...
18.   if err := msp.setupSigningIdentity(conf)...
19.   if err := msp.setupTLSCAs(conf)...
20.   if err := msp.setupOUs(conf)...
21.   if err := msp.setupNodeOUsV142(conf)...
22.   if err := msp.setupAdmins(conf)...
23. }
24. func (msp *bccspmsp) postSetupV142(conf *m.FabricMSPConfig) error {
25.   if !msp.ouEnforcement{return msp.postSetupV1(conf)} //若 config.yaml 未开启 NodeOUs
26.   for i, admin := range msp.admins { //遍历管理员角色证书
27.     err1 :=msp.hasOURole(admin,m.._CLIENT); err2 :=msp.hasOURole(admin,m.._ADMIN)
28.     if err1 != nil && err2 != nil { return...}
29.   }
30. }
```

在代码清单 3-4 中，第 6 行，解析代码清单 3-2 生成的 MSP 配置实例。

第 7 行，参见代码清单 3-3，BCCSPMSP 的初始化工具函数被赋值为第 9 行的 setupV142 方法。

第 14 行，设置 BCCSPMSP 使用的哈希算法，支持 SHA2 或 SHA3，默认值为 SHA2 的 SHA-256。

第 15 行，读取 MSP 路径下的 cacerts、intermediatecerts 中的 CA 证书、中间 CA 证书，经整

理，创建对应的身份对象、证书池，分别存储至 msp.rootCerts、msp.intermediateCerts、msp.opts。

第 16 行，解析 MSP 路径下 crls 目录中的注销证书列表，存储至 msp.CRL。

第 17 行，最后验证处理一下 CA 证书、中间 CA 证书。对 CA 证书、中间 CA 证书进行两方面验证。

❑ 是否为 CA 证书。

❑ 获取证书的 SKI，并据之查看证书是否在 CRL 中。

如果需要额外验证、设置中间 CA 证书，则进行如下操作。

❑ 在证书池中，查找"中间 CA 证书→更上层的中间 CA 证书→……→根 CA 证书"之间的证书链，判断证书链是否只存在一条，即中间 CA 证书不能存在同时由多个 CA 签发的情况。

❑ 将每个中间 CA 证书的证书链上的所有父证书放至 msp.certificationTreeInternalNodesMap 这个 map 中，从而建立一个快捷检索的证书链路径，当 MSP 验证某证书是否存在于有效的证书链上时，直接查看证书是否在此 map 中即可。

第 18 行，使用代码清单 3-2 中读取的节点身份证书，查找对应的私钥，并创建签名身份，存储至 msp.signer。

第 19 行，同第 15 行的 setupCAs 类似，构建 TLS 中间 CA 证书、CA 证书的证书池，验证证书是否有效，并存储至 msp.tlsRootCerts、msp.tlsIntermediateCerts。

第 20 行，参见 sampleconfig/msp/config.yaml，在 MSP 路径下 config.yaml 中，若存在 Organizational-UnitIdentifiers 配置，则计算 Certificate（必须是 MSP 路径下 cacerts 或 intermediatecerts 中的证书）所在证书链的哈希值，作为证书标识，与 OU 标识映射存储至 msp.ouIdentifiers 中。

第 21 行，参见 sampleconfig/msp/config.yaml，在 MSP 路径下 config.yaml 中，若存在且开启了 NodeOUs 配置，如 NodeOUs.PeerOUIdentifier，则计算其下 Certificate（签发角色证书的 CA 证书或中间 CA 证书）所在证书链的哈希值，作为证书标识，与 OrganizationalUnitIdentifier（角色标识，如 peer）成对存储至 msp.clientOU、msp.peerOU、msp.adminOU、msp.ordererOU。

第 22 行，与第 15 行处理 CA 证书过程类似，这里处理 MSP 路径下 admincerts 中的管理员证书，并创建对应身份对象，存储至 msp.admins。其中，若 admincerts 中没有管理员证书，同时 config.yaml 中 NodeOUs 未开启或其下未配置管理员角色标识和相应的证书，则返回错误。

第 24～30 行，遍历所有管理员角色证书，若证书 OU 中既无 client，也无 admin 字段，则返回错误。

3.2.2　MSP 的使用

MSP 主要的功能是身份管理、身份认证、策略验证。其中，策略验证又可转为身份认证。参见 msp/msp.go 中对 MSP 的接口定义，众多 Get×××接口意思浅显，在此省略。与验证身份相关的接口，如 Validate、SatisfiesPrincipal 等方法，均与身份对象发生关联，在第 5 章详述。与策略验证相关的接口，在第 6 章详述。这里只以签名、验证身份两个典型功能为例。

1. 签名

BCCSPMSP 使用代表节点的签名身份，对消息摘要进行签名。以 peer CLI 向背书节点发送背书申请为例，peer CLI 会使用本地 MSP 的签名身份，对背书申请进行签名，如代码清单 3-5 所示。

代码清单 3-5　internal/peer/common/common.go

```
1.  func init() {
2.    GetDefaultSignerFnc = GetDefaultSigner   //初始化为下面的函数
3.  }
4.  func InitCrypto(mspMgrConfigDir, localMSPID, localMSPType string) error {...
5.    mspmgmt.LoadLocalMspWithType(msp..Dir,bccspConfig,localMSPID,localMSPType)
6.  }
7.  func GetDefaultSigner() (msp.SigningIdentity, error) {
8.    signer,.:=mspmgmt.GetLocalMSP(factory.GetDefault()).GetDefaultSigningIdentity()
9.  }
10. //该函数在 internal/peer/chaincode/invoke.go 中实现
11. func chaincodeInvoke(cmd, cf, cryptoProvider bccsp.BCCSP) ...{
12.   if cf == nil { cf,..= InitCmdFactory(cmd.Name(),true,true,cryptoProvider) }
13.   return chaincodeInvokeOrQuery(cmd, true, cf)
14. }
```

在代码清单 3-5 中，当执行 peer chaincode invoke 命令时，会调用第 4～6 行的函数。其中，第 5 行，初始化本地 MSP。

第 12～13 行，初始化命令工厂，发起背书申请，相关方法在 internal/peer/chaincode/common.go 中实现。其中，将使用第 8 行获取的签名身份，对背书申请签名。签名的具体步骤，在第 5 章详述。

2. 验证身份

本地 MSP 通过持有的组织关系，验证一个身份对象是否有效。有效的标准包括 3 方面。

❑ 该身份由本地 MSP 持有的 CA 证书、中间 CA 证书签发，即 msp.rootCerts、msp.intermediateCerts 下的根证书。

❑ 该身份未被注销，即不存在于 msp.CRL。

❑ 若启用 NodeOUs 配置，该身份（证书）的 OU 值符合 msp/config.yaml 中的约束。

这里设定有一身份 X，本地 MSP 验证 X 的过程如代码清单 3-6 所示。

代码清单 3-6　msp/

```
1.  func (c *cachedMSP) Validate(id msp.Identity) error { //在 cache/cache.go 中实现
2.    identifier := id.GetIdentifier()
3.    key := string(identifier.Mspid + ":" + identifier.Id)
4.    _, ok := c.validateIdentityCache.get(key);  if ok {return nil}
5.    err := c.MSP.Validate(id);
6.    if err == nil {
7.      c.validateIdentityCache.add(key, true)
8.    }
9.  }
10. func (msp *bccspmsp) Validate(id Identity) error {       //在 mspimpl.go 中实现
11.   switch id := id.(type) {
12.   case *identity: return msp.validateIdentity(id)        //身份对象，调用下面的方法
13.   }
```

```
14. }
15. func (msp *bccspmsp) validateIdentity(id *identity)...{ //在 mspimplvalidate.go
    中实现
16.    if id.validated { return id.validationErr }; id.validated = true
17.    validationChain, err := msp.getCertificationChainForBCCSPIdentity(id)
18.    err = msp.validateIdentityAgainstChain(id, validationChain)
19.    err = msp.internalValidateIdentityOusFunc(id)
20. }
```

在代码清单 3-6 中，第 2~4 行，获取 X 的标识，并从缓存中尝试获取，若 X 在 cachedMSP 的缓存中，说明 X 在本地 MSP 中已被验证且有效，直接返回。

第 5~8 行，调用第 10~14 行的方法，验证 X。若 X 有效，则加入 cachedMSP 的缓存中。

第 16 行，若 X 已被验证过（但未加入 cachedMSP 的缓存），说明之前验证 X 为无效，且无效原因记录在 id.validationErr 中，直接返回。否则，设置 id.validated 为 true，标识 X 已被本次验证。

第 17 行，在 msp/mspimpl.go 中实现，获取 X 的证书在 BCCSPMSP 中有效的证书链，以此来证明 X 的证书是由本地 MSP 代表的组织签发。

第 18 行，验证 X 的证书是否已经被注销。

第 19 行，若启用 NodeOUs 配置，则验证 X 的证书中的 OU 字段是否符合$FABRIC_CFG_PATH/msp/config.yaml 中组织单元标识的限定条件。如果 X 的证书中有值为 peer 的 OU 字段，则需通过比较证书标识的方式，验证该证书是否由 config.yaml 中 NodeOUs.PeerOUIdentifier.Certificate 签发。

3.3　多通道下的 MSP 管理者

虽然 MSP 对应的是组织，但使用本地 MSP 的实体是网络中具体的节点。在一个通道中，一般情况下会存在多个组织，因此存在多个 MSP，这些组织在通道内并非各自孤立，相互之间会进行通信。这就牵涉到 MSP 之间身份的相互认证，而承载实现组织间认证的主体，依然是网络中的一个个节点。也因此，节点中需要对所在通道配置中的多个 MSP 进行管理。

Fabric 2.0 中 MSP 管理者的接口 MSPManager 定义在 msp/msp.go 中，实现如代码清单 3-7 所示。

代码清单 3-7　msp/

```
1.  type mspManagerImpl struct{    //在 mspmgrimpl.go 中定义
2.    mspsMap map[string]MSP...
3.  }
4.  type mspMgmtMgr struct{         //在 mgmt/mgmt.go 中定义
5.    msp.MSPManager
6.    up bool
7.  }
8.  func (mgr *mspManagerImpl) DeserializeIdentity(serializedID []byte)(Identity,..){
9.    sId := &msp.SerializedIdentity{}; err :=proto.Unmarshal(serializedID, sId)
10.   msp := mgr.mspsMap[sId.Mspid]    //从管理工具中找到指定 ID 的 MSP 实例
11.   switch t := msp.(type)          //将身份数据反序列化为身份对象
12.   case *bccspmsp: return t.deserializeIdentityInternal(sId.IdBytes)
13.   }
14. }//MSP 管理者负责序列化身份数据
```

　　这里设定应用通道 mychannel 中存在 org1、org2 两个组织。peer CLI 以 peer0.org1 的身份执行 peer chaincode invoke...--peerAddresses peer0.org1:7051...--peerAddresses peer0.org2:7051...命令，创建背书申请，对其签名，这里标记为 SP1。然后将 SP1 发送至 peer0.org1、peer0.org2 两个背书节点。背书时，peer0.org1 验证自身身份自然有效。但当 peer0.org2 验证 peer0.org1 的身份时，peer0.org2 中的 MSP 管理者需要提供 peer0.org1 的 MSP 实例，以验证 peer0.org1 的身份。

　　当 peer0.org2 节点启动时，执行 internal/peer/node/start.go 的 serve 函数，会创建背书服务对象 serverEndorser 和通道对象获取工具 endorserChannelAdapter。endorserChannelAdapter 返回 core/peer/channel.go 中定义的通道对象 Channel，从该对象所持有的通道配置中可获取 mychannel 的 MSP 管理者，如代码清单 3-8 所示。

代码清单 3-8　core/endorser/endorser.go

```
1.  func (e *Endorser) ProcessProposal(ctx, signedProp *pb.SignedProposal)(...) {
2.    up, err := UnpackProposal(signedProp) //解析签名背书申请，方便后续使用
3.    if up.ChannelID()!=""{ channel=e.ChannelFetcher.Channel(up.ChannelID())} else...
4.    err = e.preProcess(up, channel)          //调用下面的方法
5.  }
6.  func (e *Endorser) preProcess(up *UnpackedProposal, channel *Channel) error {
7.    err:=up.Validate(channel.IdentityDeserializer)//调用下面的方法，验证背书申请中的签名
8.  }
9.  func (up *UnpackedProposal) Validate(idDeserializer...) error {...
10.   creator,...:= idDeserializer.DeserializeIdentity(up.SignatureHeader.Creator)
11.   err = creator.Validate()
12.   err = creator.Verify(up.SignedProposal.ProposalBytes, up...Signature)
13. }//在 msgvalidation.go 中实现
```

在代码清单 3-8 中，peer0.org2 接收到 SP1，第 3 行，SP1 属于 mychannel 的背书交易，这里使用 endorserChannelAdapter 获取 mychannel 的通道对象。

　　第 7 行，调用第 9～13 行的方法，使用通道对象中的身份反序列化工具（由 MSP 管理者承担），验证 SP1 中 peer0.org1 身份、签名的有效性，过程如下。

　　（1）第 10 行，使用身份反序列化工具，解析出 SP1 创建者 peer0.org1 的身份对象，如代码清单 3-7 所示。此时，peer0.org1 的身份对象中，包含 peer0.org1 的 MSP 实例。

　　（2）第 11 行，使用 peer0.org1 的 MSP 实例，验证 peer0.org1 身份的有效性，如代码清单 3-6 所示。

　　（3）第 12 行，验证 peer0.org1 对 SP1 的签名，查看 SP1 是否被篡改。

第 4 章

加密服务提供者（BCCSP）

BCCSP（Blockchain Cryptographic Service Provider，区块链加密服务提供者）本质上是一个用于加密、解密、处理密钥等的工具箱，直接服务 MSP。可以简单地说：MSP 存储身份相关的证书数据，并使用 BCCSP 处理这些数据。所以，继第 3 章讲解了 MSP，本章将详述 MSP 的重要成员 BCCSP，依然先从 BCCSP 的类型说起，然后分别叙述 SWBCCSP、PKCS11BCCSP 的初始化过程，最后以 SWBCCSP 为例，叙述 BCCSP 的典型功能：签名和验签。

BCCSP 有 3 种类型实现：PKCS11、SW 和 IDEMIX。其中，PKCS11、SW 均以传统 X.509 证书和 PKCS 体系为基础，IDEMIX 则以较新颖的零知识证明理论为基础。

SW 类型。SW 是以软件为基础的实现，底层是利用 Go 语言的各种标准库，如 crypto、encoding，实现 bccsp 加解密相关功能服务，是默认的实现。该类型的 BCCSP 实例，可称为 SWBCCSP。

PKCS11 类型。PKCS11 是以硬件为基础的实现，以 miekg/pkcs11 库为基础。PKCS11 是一套 RSA 主导的公钥加密标准。这里所说的硬件一般指 HSM（Hardware Security Module，硬件安全模块）。如市场上存在专用于加解密的硬件设备，这类硬件模块接入操作系统后，一般会在系统中安装可被调用的驱动（动态库），该动态库可控制使用硬件设备。只要该 HSM 的实现遵循 PKCS，即可通过 miekg/pkcs11 调用该 HSM 动态库的方式，赋予 BCCSP 加解密的功能。当然，也有很多模拟 HSM 的软件，如 OpenDNSSEC 项目中的 SoftHSM，其动态库（/usr/lib/softhsm/libsofthsm.so）也可以作为 HSM 被调用。该类型的 BCCSP 实例，可称为 PKCS11BCCSP。

IDEMIX 类型。IDEMIX 是以零知识证明理论为基础的实现，以软硬件角度区分，属于软件实现，但其主要依赖于 hyperledger 项目下的 fabric-amcl/amcl 第三方库。amcl 实现了 IDEMIX 在零知识证明的加密构造上所需的大数、大随机数、椭圆曲线、有限域、椭圆曲线点等元素和相关的计算。该类型的 BCCSP 实例，可称为 IDEMIXBCCSP。

由于 PKCS11BCCSP 和 IDEMIXBCCSP 均存在不同程度的不兼容、功能不完备问题，因而两者在具体实现上都持有一个 swbccsp 作为功能上的"保底"或补充。

4.1　BCCSP 初始化

4.1.1　BCCSP 的条件编译

针对 SWBCCSP 和 PKCS11BCCSP 这两种实现，Fabric 采用条件编译的方法。在 bccsp/factory 目录下，多个源码文件中存在条件编译的标签 "// +build !pkcs11" "// +build pkcs11"，分别用于编译 SWBCCSP、PKCS11BCCSP。如代码清单 4-1 所示，当执行 make peer 命令编译 peer 节点时，将执行第 3 行的 go install -tags 命令，因 GO_TAGS 默认为空值，则编译时参数-tags 的值实为 "// +build !pkcs11"，即默认编译 SWBCCSP。

代码清单 4-1　Makefile
```
1.  GO_TAGS ?=    #值默认为空
2.  $(BUILD_DIR)/bin/%: ...
3.    GOBIN=$(abspath $(@D)) go install -tags "$(GO_TAGS)" -ldflags ...
```

4.1.2　默认类型 SWBCCSP

参见 3.2.1 节，在 BCCSPMSP 实例的初始化过程中，初始化了 SWBCCSP。BCCSP 使用了抽象工厂模式，在 bccsp/factory/nopkcs11.go 中，先依据配置创建了 SWFactory 对象，然后通过 SWFactory 的 Get 方法对 SWBCCSP 实例进行了初始化，如代码清单 4-2 所示。

代码清单 4-2　bccsp/factory/swfactory.go
```
1.  type SWFactory struct{}  //SWBCCSP 工厂
2.  func (f *SWFactory) Get(config *FactoryOpts) (bccsp.BCCSP, error) {
3.    swOpts := config.SwOpts;  var ks bccsp.KeyStore
4.    switch {
5.    case swOpts.Ephemeral: ks = sw.NewDummyKeyStore()
6.    case swOpts.FileKeystore != nil:
7.      fks,...:=sw.NewFileBasedKeyStore(nil,swOpts...KeyStorePath,false); ks = fks
8.    case swOpts.InmemKeystore != nil: ks = sw.NewInMemoryKeyStore()
9.    }
10.   return sw.NewWithParams(swOpts.SecLevel, swOpts.HashFamily, ks)
11. }
```
在代码清单 4-2 中，第 4～9 行，根据配置，创建一个指定类型的 KeyStore，用于读取、存储或缓存 bccsp 的密钥。

第 10 行，根据配置指定的安全等级（默认为 256）、哈希家族（默认为 SHA2）、KeyStore，创建 SWBCCSP 实例，如代码清单 4-3 所示。

代码清单 4-3　bccsp/sw/new.go
```
1.  func NewWithParams(securityLevel, hashFamily, keyStore...) (bccsp.BCCSP,...) {
2.    conf := &config{}; err := conf.setSecurityLevel(securityLevel, hashFamily)
3.    swbccsp, err := New(keyStore)  //在 bccsp/sw/impl.go 中实现
4.    swbccsp.AddWrapper(reflect.TypeOf(&aesPrivateKey{}), &aescbcpkcs7Encryptor{})
5.    ...//一系列 swbccsp.AddWrapper(...)添加工具的操作
6.  }
```

在代码清单 4-3 中，第 2 行，在 bccsp/sw/conf.go 中实现，依据安全等级、哈希家族，设置加密时使用的曲线类型（P-256、P-384）、哈希算法（SHA2 和 SHA3 系列）、加密长度（长度为 32位），作为 SWBCCSP 实例中各个工具集内部使用的配置。

第 3~5 行，创建 SWBCCSP 实例，通过一系列 AddWrapper 操作，在工具集中添加工具，如表 4-1 所示。

表 4-1   BCCSP 工具集

工具集	描述
KeyGenerators	密钥生成工具集，服务于 KeyGen 方法，根据 KeyGenOpts 选项，选择合适的工具生成密钥。如 bccsp/opts.go 中的选项 ECDSAKeyGenOpts，对应 bccsp/sw/keygen.go 中的工具 ecdsaKeyGenerator。当 SWBCCSP 需生成一对公钥、私钥时，传给 SWBCCSP 的 KeyGen 方法一个 ECDSAKeyGenOpts，SWBCCSP 会找到工具 ecdsaKeyGenerator，由此工具生成一个基于 ECDSA 签名算法的 ecdsaPrivateKey 私钥（包含公钥）。其余工具的使用逻辑一样
KeyDerivers	密钥派生工具集，服务于 KeyDeriv 方法，根据密钥类型，选择合适的派生工具派生新的密钥。如 ecdsaPrivateKey，对应工具 ecdsaPrivateKeyKeyDeriver
KeyImporters	密钥导入转化工具集，服务于 KeyImport 方法，根据 KeyImportOpts 选项，选择合适的导入工具将导入的原始数据转为 SWBCCSP 使用的密钥对象。例如 ECDSAPrivateKeyImportOpts，对应工具 ecdsaPrivateKeyImportOptsKeyImporter
Encryptors	加密工具集，服务于 Encrypt 方法，根据密钥类型，选择合适的加密工具将一段富文本加密。SWBCCSP 中只有一种加密工具，即 aesPrivateKey 对应的工具 aescbcpkcs7Encryptor
Decryptors	解密工具集，服务于 Decrypt 方法。对应加密工具集，SWBCCSP 中只有一种对应 aesPrivateKey 的解密工具 aescbcpkcs7Decryptor
Signers	签名工具集，服务于 Sign 方法，根据密钥类型，选择合适的签名工具对指纹信息（或称为摘要）进行签名。SWBCCSP 中只有一种签名工具，即 ecdsaPrivateKey 对应的基于椭圆曲线签名算法的工具 ecdsaSigner
Verifiers	验证签名工具集，服务于 Verify 方法，对应签名工具集。ECDSA 签名算法中，一般的逻辑为私钥签名、公钥验证。又因为 X.509 的私钥中实质上也包含公钥数据，所以在 SWBCCSP 中有两种验证工具：ecdsaPublicKeyKeyVerifier 和 ecdsaPrivateKeyVerifier
Hashers	哈希工具集，服务于 Hash 方法，根据 HashOpts 选项，选择合适的哈希工具对原始数据进行哈希计算。如 SHA256Opts，对应工具 sha256.New（标准库 crypto/sha256 中的 New 函数，被包含在 hasher 对象中）
KeyStore	密钥存储工具，共有如下 3 种。（1）bccsp/sw/dummyks.go 中的 dummyKeyStore，一种实际上不加载、不存储密钥，名义上的 KeyStore。（2）bccsp/sw/fileks.go 中的 fileBasedKeyStore，默认类型，从目录或文件中读取并持久化保存密钥的 KeyStore。此时 BCCSP 使用的密钥均保存在 core.peer.BCCSP.SW.FileKeyStore.KeyStore 所指定的目录下，若此配置项为空，则默认保存在 $FABRIC_CFG_PATH/msp/keystore 下。可以指定只读属性，如果 fileBasedKeyStore 只读，则不允许存储密钥。（3）bccsp/sw/inmemoryks.go 中的 inmemoryKeyStore，将 BCCSP 使用的密钥保存在内存中，即节点重启，这些保存的密钥将丢失

4.1.3   公钥加密标准类型 PKCS11BCCSP

PKCS11BCCSP 的初始化过程与 SWBCCSP 类似，在 bccsp/factory/pkcs11factory.go 中，由 PKCS11Factory 的 Get 方法创建一个 PKCS11BCCSP 实例，创建过程如代码清单 4-4 所示。

代码清单 4-4   bccsp/pkcs11/impl.go

```
1.  func New(opts PKCS11Opts, keyStore bccsp.KeyStore) (bccsp.BCCSP, error) {
```

```
2.    conf := &config{}; err := conf.setSecurityLevel(opts.SecLevel, opts.HashFamily)
3.    swCSP, err := sw.NewWithParams(opts.SecLevel, opts.HashFamily, keyStore)
4.    lib := opts.Library; pin := opts.Pin; label := opts.Label
5.    ctx, slot, session, err := loadLib(lib, pin, label)
6.    csp :=&impl{swCSP,conf,ctx,sessions,slot,lib,opts.SoftVerify,opts.Immutable}
7.    csp.returnSession(*session)
8.  }
```

在代码清单 4-4 中，第 2 行，在 bccsp/pkcs11/conf.go 中实现，创建一个配置对象，与 SWBCCSP 一致。

第 3 行，根据 core.peer.BCCSP.PKCS11 配置中的安全等级、哈希家族，创建一个 SWBCCSP 实例。PKCS11BCCSP 实例中包含一个 SWBCCSP 实例。在 PKCS11BCCSP 本身的功能出现问题或不支持某个功能时，将使用 SWBCCSP。换句话说，SWBCCSP 是在为 PKCS11BCCSP 的功能"保底"。

第 4～5 行，根据 core.peer.BCCSP.PKCS11 配置的 HSM 动态库路径、会话令牌、会话标签，建立与 HSM 动态库的会话，返回会话上下文对象、会话槽、会话 ID，如代码清单 4-5 所示。

第 6 行，创建一个 PKCS11BCCSP 实例。

第 7 行，把第 5 行生成的会话 ID 存放在 PKCS11BCCSP 的会话缓存 session 中。

代码清单 4-5　bccsp/pkcs11/pkcs11.go

```
1.  func loadLib(lib, pin, label string) (*pkcs11.Ctx,uint,*pkcs11.SessionHandle,...){
2.    ctx := pkcs11.New(lib);  ctx.Initialize()
3.    slots, err := ctx.GetSlotList(true)
4.    for _, s := range slots {
5.      info, errToken := ctx.GetTokenInfo(s); if errToken != nil {continue}
6.      if label == info.Label { found = true; slot = s; break }
7.    }
8.    if !found { return...} //若未找到期望的 HSM 设备，则返回
9.    for i := 0; i < 10; i++ {
10.     session,..=ctx.OpenSession(slot, pkcs11.CKF...SESSION|pkcs11.CKF_RW_SESSION)
11.     if err != nil {...} else { break }
12.   }
13.   err = ctx.Login(session, pkcs11.CKU_USER, pin)
14. }
```

在代码清单 4-5 中，主要使用了第三方库 miekg/pkcs11，创建连接 HSM 的上下文、会话槽、会话 ID。第 2 行，根据动态库路径，创建使用 HSM 动态库的会话上下文 ctx，并按照 PKCS11 初始化这个上下文。

第 3 行，获取当前系统所有的会话槽。槽是一种 Linux 设备上的概念，简单地讲，如 USB，在 Linux 操作系统中存在一个 USB 总线，在总线上连接着每个具体的计算机硬件 USB 接口，每个接口都算一个有唯一编号的槽。HSM 如果是通过某服务器的 USB 接口接入操作系统的（想一想银行的 U 盾），则可以通过遍历所有的 USB 槽，来找到这个硬件设备。

第 4～7 行，遍历每一个槽，首先获取槽对应硬件模块的令牌（token）信息。令牌是一个会话标签，用于区别与不同硬件的会话，如不同的 USB 设备的数据或指令汇集到 USB 总线上，再从总线到达操作系统中实际运行的各个进程，这个过程中，需通过令牌对不同设备的会话进行区分。然后比较令牌信息，也就是与 core.peer.BCCSP.PKCS11.Label 设定的标签进行比较，找到

PKCS11BCCSP 期望使用的 HSM 的槽。

第 9～12 行，尝试 10 次，根据槽，打开对应的 HSM，建立与 HSM 的会话，得到一个会话 ID。此会话 ID 在操作系统的用户空间被使用，如一个文件，可以被同时打开两次，每次打开都与此文件建立一个会话，每个会话都有唯一编号，以供操作系统进行区分。硬件设备也是如此。

第 13 行，使用 pin 作为密码，登录设备。成功登录后，PKCS11BCCSP 正式可以使用 HSM。

4.2　BCCSP 的使用

PKCS11BCCSP 的实现很多地方以 SWBCCSP 作为补充，因此，这里以 SWBCCSP 为例。参见 3.2.2 节，这里依然以签名、验签功能为例，来描述 SWBCCSP 的使用。

4.2.1　签名方法

这里设定输入参数如下。

❑ 参数一：读取$FABRIC_CFG_PATH/msp/keystore 下的私钥，构建 ecdsaPrivateKey{privKey: &ecdsa.PrivateKey{...}}。

❑ 参数二：待签名消息摘要[]byte{1,2,3}。

❑ 参数三：ecdsa 私钥签名选项 nil。

❑ 使用 SWBCCSP 签名的过程如代码清单 4-6 所示。

代码清单 4-6　bccsp/sw/impl.go

```
1.  func (csp *CSP) Sign(k, digest, opts...) (signature []byte,...) {
2.    if k == nil {...}; if len(digest) == 0 {...}
3.    keyType:=reflect.TypeOf(k); signer,found :=csp.Signers[keyType]; if !found{...}
4.    signature, err = signer.Sign(k, digest, opts)
5.  }
```

在代码清单 4-6 中，第 3 行，依据参数一的类型，从 SWBCCSP 的签名工具集中选择对应的工具，这里是 bccsp/sw/ecdsa.go 中定义的 ecdsaSigner。

第 4 行，直接使用 ecdsaSigner 对消息进行签名，如代码清单 4-7 所示。

代码清单 4-7　bccsp/sw/ecdsa.go

```
1.  func (s *ecdsaSigner) Sign(k, digest, opts) ([]byte, error) {
2.    return signECDSA(k.(*ecdsaPrivateKey).privKey, digest, opts)
3.  }
4.  func signECDSA(k *ecdsa.PrivateKey, digest []byte, opts..)([]byte,..){
5.    r, s, err := ecdsa.Sign(rand.Reader, k, digest)
6.    s, _, err = utils.ToLowS(&k.PublicKey, s)
7.    return utils.MarshalECDSASignature(r, s)
8.  }
```

在代码清单 4-7 中，第 5 行，调用 ecdsa 标准库，使用参数一中的 *privKey* 对参数二[]byte {1,2,3}签名。签名的原始结果 r、s 是两个大数，即用数学上的特征值来表示签名结果。

第 6 行，遵循 ECDSA 签名算法的 "Low S values in signatures" 规则，调整 s。该规则为：S 值

必须处于 0x1 至 0x7FFFFFFF FFFFFFFF FFFFFFFF FFFFFFFF 5D576E73 57A4501D DFE92F46 681B20A0 范围内，即 Low S。若 S 的值高于此范围的最大值，则存在签名被篡改而依然有效的漏洞，进而导致交易数据签名有效性、可信性的缺失。解决的途径为，当 S 的值高于此范围的最大值时，计算 Low S= 0xFFFFFFFF FFFFFFFF FFFFFFFF FFFFFFFE BAAEDCE6 AF48A03B BFD25E8C D0364141 − S，并用 Low S 替换 S。

第 7 行，在 bccsp/utils/ecdsa.go 中实现，使用 r 和 s，调用标准库函数 asn1.Marshal(ECDSA Signature{r, s})，将之序列化成[]byte 格式（若再将[]byte 数据转为十六进制字符串，即字符串签名）。

4.2.2　验签方法

这里设定输入参数如下。

- ❑ 参数一：读取$FABRIC_CFG_PATH/msp/signcerts 下证书中的公钥信息，即 Sign 方法签名所用私钥对应的公钥 ecdsaPublicKey{pubKey: &ecdsa.PublicKey{…}}。
- ❑ 参数二：Sign 方法生成的签名 signature。
- ❑ 参数三：Sign 方法所签的原始消息摘要[]byte{1,2,3}。
- ❑ 参数四：ecdsa 公钥签名选项 nil。

使用 SWBCCSP 验签的过程如代码清单 4-8 所示。

代码清单 4-8　bccsp/sw/impl.go

```
1.  func (csp *CSP) Verify(k, signature, digest, opts) (valid bool,...) {
2.    if k == nil{...};  if len(signature)==0{...};  if len(digest)==0{...}
3.    verifier, found := csp.Verifiers[reflect.TypeOf(k)];  if !found {return...}
4.    valid, err = verifier.Verify(k, signature, digest, opts)
5.  }
```

在代码清单 4-8 中，第 3 行，依据参数一的类型，从 SWBCCSP 的验证工具集中选择对应的工具，这里是 bccsp/sw/ecdsa.go 中定义的 ecdsaPublicKeyKeyVerifier。

第 4 行，直接使用 ecdsaPublicKeyKeyVerifier 对签名进行验证，如代码清单 4-9 所示。

代码清单 4-9　bccsp/sw/ecdsa.go

```
1.  func (v *ecdsaPublicKeyKeyVerifier) Verify(k, signature, digest, opts)(bool,..){
2.    return verifyECDSA(k.(*ecdsaPublicKey).pubKey, signature, digest, opts)
3.  }
4.  func verifyECDSA(k *ecdsa.PublicKey, signature, digest, opts) (bool,...) {
5.    r, s, err := utils.UnmarshalECDSASignature(signature)
6.    lowS, err := utils.IsLowS(k, s); if !lowS {return...}
7.    return ecdsa.Verify(k, digest, r, s), nil
8.  }
```

代码清单 4-9，对应代码清单 4-7，是一个反向的过程。第 5 行，在 bccsp/utils/ecdsa.go 中实现，将[]byte 格式的签名反序列化成 ECDSASignature{r, s}，并返回其中的 r、s 值。

第 6 行，验证 s 值是否是 Low S，如果不是，则说明签名有问题。

第 7 行，调用 ecdsa 标准库，使用参数一中的 pubKey、原始消息摘要、r 和 s 值，验证签名的有效性。

第 **5** 章

身份对象

本章分别从初始化和使用两方面，详述 Fabric 中存在的 3 类身份对象。身份对象是底层的一个"小对象"，但与 MSP 关系紧密，也是后续第 6 章所述策略内容的基础之一。

在 Fabric 2.0 中，身份背后是一张 X.509 证书或证书。接口定义在 msp/msp.go 中。根据所持有的证书性质、功能的不同，身份又分为公开身份和签名身份，与非对称加密算法的公钥、私钥相对应，且签名身份中直接包含公开身份。身份有如下 3 种实现。

- ❑ 公开身份。在 msp/identities.go 中定义的 identity，基于 X.509 v3 证书。
- ❑ 签名身份。在 msp/identities.go 中定义的 signingidentity，基于私钥证书。
- ❑ 序列化身份。在 fabric-protos-go 仓库下的 msp/identities.pb.go 中定义的 SerializedIdentity，是在 Fabric 区块链网络节点间通信时所使用的身份结构。

5.1 身份对象的初始化

5.1.1 公开身份对象

参见 3.2.1 节，在 BCCSPMSP 初始化时，分别读取了 $FABRIC_CFG_PATH/msp 目录下 cacerts、signcerts、admincerts 下的 CA 证书，节点身份、组织管理员身份的 pem 证书，然后将证书转化为身份对象，作为公开身份，如代码清单 5-1 所示。

代码清单 5-1　msp

```
1.  func (msp *bccspmsp) getIdentityFromConf(idBytes []byte)(Identity,bccsp.Key,...){
2.    cert, err := msp.getCertFromPem(idBytes)
3.    certPubK,...:=msp.bccsp.KeyImport(cert,..X509PublicKeyImportOpts{Temp...:true})
4.    mspId, err := newIdentity(cert, certPubK, msp)
5.    return mspId, certPubK, nil
6.  } //在 mspimpl.go 中实现
7.  func newIdentity(cert *x509.Certificate,pk bccsp.Key,msp *bccspmsp)(Identity...){
8.    cert, err := msp.sanitizeCert(cert)
9.    hashOpt,...:=bccsp.GetHashOpt(msp.cryptoConfig.IdentityIdentifierHashFunction)
10.   digest, err := msp.bccsp.Hash(cert.Raw, hashOpt)
11.   id :=&IdentityIdentifier{Mspid: msp.name, Id: hex.EncodeToString(digest)}
```

```
12.    return &identity{id: id, cert: cert, pk: pk, msp: msp}, nil
13. } //在 identities.go 中实现
```

在代码清单 5-1 中，第 2 行，读取 pem 证书原始数据，将之转为标准库 x509.Certificate 证书对象。

第 3 行，依据导入选项，使用 SWBCCSP 的导入工具，将证书数据转为身份公钥 ecdsa-PublicKey。

第 4 行，调用第 7～13 行的方法，创建身份对象，过程如下。

（1）第 8 行，在 msp/mspimpl.go 中实现，整理证书。整理过程遵循 ECDSA 签名算法的"Low S values in signatures"规则，在需要的情况下，调整原 cert 中的 S 值，生成新 cert。

（2）第 9～10 行，依据 MSP 配置中的哈希算法，如 SHA-256，从 SWBCCSP 中获取对应的哈希工具，然后计算证书原始数据 cert.Raw 的哈希值。

（3）第 11 行，使用 MSP ID、证书原始数据的哈希值十六进制字符串，作为身份的 ID。

（4）第 12 行，使用身份 ID、身份证书 cert、身份公钥 pk、BCCSPMSP 实例，创建一个身份对象，在 Fabric 区块链网络中，表示一个节点的身份。

5.1.2 签名身份对象

签名身份，也可以叫作私钥身份，可以代表一个身份进行签名。它与公开身份的关系，类似于 ecdsa 标准库中 PrivateKey 与 PublicKey 之间的关系，单独出现，意义不大。参见 3.2.1 节，在 BCCSPMSP 初始化时，一个签名身份的初始化过程如代码清单 5-2 所示。

代码清单 5-2 msp
```
1.  func (msp *bccspmsp) getSigningIdentityFromConf(sidInfo...) (SigningIdentity,...){
2.    idPub, pubKey, err := msp.getIdentityFromConf(sidInfo.PublicSigner)
3.    privKey, err := msp.bccsp.GetKey(pubKey.SKI())
4.    if err != nil {
5.      if sidInfo.PrivateSigner==nil || sidInfo...KeyMaterial==nil {return...}
6.      pemKey, _ := pem.Decode(sidInfo.PrivateSigner.KeyMaterial)
7.      privKey,...=...KeyImport(pemKey.Bytes,...ECDSAPrivateKeyImportOpts{Temp...
        :true})
8.    }
9.    peerSigner, err := signer.New(msp.bccsp, privKey)
10.   return newSigningIdentity(idPub.(...).cert, idPub.(...).pk, peerSigner, msp)
11. } //在 mspimpl.go 中实现
12. func newSigningIdentity(cert, pk, signer, msp) (SigningIdentity, error) {
13.   mspId, err := newIdentity(cert, pk, msp)
14.   return &signingidentity{identity: identity{...}, signer: signer}...
15. } //在 identities.go 中实现
```

在代码清单 5-2 中，第 2 行，参见代码清单 5-1，获取$FABRIC_CFG_PATH/msp/signcerts 下节点身份证书，并创建对应的身份对象 idPub 和身份公钥 pubKey。

第 3 行，在 bccsp/sw/fileks.go 中实现，获取公钥中的 SKI，并依据 SKI 从 BCCSP 的 KeyStore 中获取身份私钥 ecdsaPrivateKey。

第 4～8 行，若依据公钥 SKI 从本地目录获取对应私钥失败，则尝试使用参数中（可能）携带的原始私钥数据，创建身份私钥。

第 9 行，在 bccsp/signer/signer.go 中实现，创建身份的签名工具。

第 10 行，调用第 12～15 行的方法，创建一个签名身份对象。可看出，签名身份对象=身份对象+签名工具。

5.1.3　序列化身份对象

现在，我们站在更高的层级来看身份。身份表示 Fabric 区块链网络中的一个节点，节点间通信时，需将身份通过网络发送给对方，供对方的 MSP 验证。这时，使用的是序列化身份对象 SerializedIdentity，携带一个具体的身份（证书），在网络各节点、SDK 之间"穿梭"。序列化身份对象主要有如下两个成员。

❑ Mspid，携带的身份所属的 MSP ID。

❑ IdBytes，携带的身份的二进制数据，一般是证书原始数据按 DER 编码的 ASN.1 结构。

我们看到的身份证书、公钥或私钥证书，一般为如下格式。

```
-----BEGIN Type-----
Headers
base64-encoded Bytes
------END Type------
```

对应 Go 标准库中的 pem.Block，也可称为 PEM 块。其中 base64-encoded Bytes 部分，即证书按照 DER 编码的 ASN.1 结构，是证书的核心数据，也是 SerializedIdentity 中可以代表身份的数据。

5.2　身份对象的使用

5.2.1　公开身份的使用

对于公开身份的使用，非常重要的就是验证身份的有效性，如身份所用证书的有效期、身份是否符合某一 MSP 主体。公开身份自身只如实提供自身的信息，至于有效性验证，则通过其持有的 BCCSPMSP 实例来实现。参见 5.1.1 节所述身份对象的初始化过程，在实例化一个 identity 对象时，将 BCCSPMSP 实例也放入自身持有。这里简述身份对象主要的方法实现，如代码清单 5-3 所示。

代码清单 5-3　msp/identities.go

```
1.  func (id *identity) ExpiresAt() time.Time {
2.    return id.cert.NotAfter
3.  }
4.  func (id *identity) SatisfiesPrincipal(principal *msp.MSPPrincipal) error {
5.    return id.msp.SatisfiesPrincipal(id, principal)
6.  }
7.  func (id *identity) Verify(msg []byte, sig []byte) error {
8.    hashOpt, err := id.getHashOpt(id.msp.cryptoConfig.SignatureHashFamily)
9.    digest, err := id.msp.bccsp.Hash(msg, hashOpt)
```

```
10.     valid, err := id.msp.bccsp.Verify(id.pk, sig, digest, nil)
11.  }
12.  func (id *identity) Validate() error { return id.msp.Validate(id) }
13.  func (id *identity) Anonymous() bool { return false }
14.  func (id *identity) Serialize() ([]byte, error) {
15.     pb :=&pem.Block{Bytes:id.cert.Raw,..}; pemBytes := pem.EncodeToMemory(pb)
16.     sId := &msp.SerializedIdentity{Mspid: id.id.Mspid, IdBytes: pemBytes}
17.     idBytes, err := proto.Marshal(sId); return idBytes, nil
18.  }
```

在代码清单 5-3 中，第 1～3 行，返回身份所对应的过期时间，一般是 x509.Certificate.NotAfter。

第 4～6 行，验证身份对象自身是否符合 MSP 主体，这将在第 6 章详述。

第 7～11 行，验证对 msg 的签名 sig 是否来自身份对象对应的签名身份，类似于使用公钥，验证私钥的签名。其中，第 8～9 行，使用 SWBCCSP 中的哈希工具，计算 msg 的哈希值；第 10 行，参见 4.2.2 节所述 SWBCCSP 的验签方法，验证签名。

第 12 行，参见 3.2.2 节所述 BCCSPMSP 的验证方法，验证身份的有效性。

第 13 行，返回身份是否是匿名身份的标识，identity 自然不是，直接返回 false。

第 14～18 行，将身份对象序列化为 SerializedIdentity，在节点间通信时使用。

5.2.2　签名身份的使用

签名身份包含身份对象，除拥有身份对象的功能外，非常重要的是签名功能，如代码清单 5-4 所示。

代码清单 5-4　msp/identities.go

```
1.  func (id *signingidentity) Sign(msg []byte) ([]byte, error) {
2.     hashOpt, err := id.getHashOpt(id.msp.cryptoConfig.SignatureHashFamily)
3.     digest, err := id.msp.bccsp.Hash(msg, hashOpt)
4.     return id.signer.Sign(rand.Reader, digest, nil)
5.  }
```

在代码清单 5-4 中，第 2～3 行，获取指定的哈希选项 hashOpt，如 SHA256Opts，然后使用 SWBCCSP 中对应的哈希工具，计算消息 msg 的哈希值 digest。

第 4 行，使用签名身份中的签名工具，对 digest 签名。参见 4.2.1 节所述 SWBCCSP 的签名功能。

5.2.3　序列化身份的使用

序列化身份对象主要用于 MSP 和 MSPManager 的 DeserializeIdentity 接口，使用序列化身份中携带的身份数据创建身份对象 identity，是 identity 的 Serialize 接口实现的反向过程，如代码清单 5-5 所示。

代码清单 5-5　msp/mspimpl.go

```
1.  func (msp *bccspmsp) DeserializeIdentity(serializedID []byte) (Identity,...) {
2.     sId := &m.SerializedIdentity{}; err:= proto.Unmarshal(serializedID, sId)
3.     if sId.Mspid != msp.name {return...} //检查传入的身份是否属于当前的 BCCSPMSP
```

```
4.      return msp.deserializeIdentityInternal(sId.IdBytes)
5.   }
6.  func (msp *bccspmsp) deserializeIdentityInternal(serializedIdentity []byte)(...){
7.    bl, _ := pem.Decode(serializedIdentity); if bl == nil {return...}
8.    cert, err := x509.ParseCertificate(bl.Bytes)
9.    pub,...:=msp.bccsp.KeyImport(cert,&bccsp.X509PublicKeyImportOpts{Temp...:true})
10.   return newIdentity(cert, pub, msp)
11. }
```

在代码清单 5-5 中，第 2 行，解析序列化身份。

第 4 行，调用第 6～11 行的方法，使用序列化身份中携带的身份数据创建身份对象，过程如下。

（1）第 7 行，身份数据必须是按 DER 编码的 ASN.1 结构，这里将之解析为 PEM 块。

（2）第 8 行，将 PEM 块解析为一个 x509.Certificate 证书。

（3）第 9 行，使用 SWBCCSP 的导入方法，从证书中抽取身份公钥 ecdsaPublicKey。

（4）第 10 行，参见 5.1.1 节，使用身份证书、身份公钥、BCCSPMSP 实例，创建一个身份对象。

第**6**章

策略

本章按从小模块到大模块、从对象到功能的顺序，详述策略。首先叙述策略定义的基本单位——MSP 主体。然后从原型数据的角度，叙述两种类型的策略：签名策略、隐式元策略。接着，从数据过渡至功能，详述两类策略对象的功能实现，以及实现中涉及的各类工具，如策略分析器、策略评估员、策略管理员等。最后，我们站在 Fabric 区块链网络的角度，以示例的形式，叙述策略与通道配置的联系，以及策略在各个层级上的具体应用。

在 Fabric 中，策略（policy）是一个非常重要的逻辑概念。参见 sampleconfig/configtx.yaml 和图 2-2，一个通道的配置中，很大一部分内容就是对 Fabric 区块链网络参与者的权限的限定，这些权限的限定，均是通过策略实现。策略可以引申为一种规则、一个参与者，只有符合某个特定的规则，才能在 Fabric 区块链网络中做对应的事情。根据这些特征，策略涉及两个重要方面：一、配置，即策略管理着整个 Fabric 区块链网络中各个参与者的权限；二、策略的满足，这又涉及满足的条件和对象、检查策略的工具，等等。

在 Fabric 2.0 中，关于策略的源码，主要涉及以下目录。

❑ common/policies。

❑ common/cauthdls。

❑ core/policy。

❑ core/handlers/validation/api/policies。

❑ fabric-protos-go 仓库下的 peer/policies.pb.go。

6.1 MSP 主体

MSP 主体 MSPPrincipal，是密码学范畴内身份的一个泛化概念，表示 MSP 中同类型身份组成的身份集合。例如一个人的角色，在家中是父亲，在车上是乘客，在公司中是员工。这里的"父亲""乘客""员工"就是一个个主体，代表的是符合相应特征的群体。MSP 对应着组织，从不同的维度去分类，可以将组织中的所有成员划分成多个主体。MSP 主体在 fabric-protos-go 仓库下的 msp/msp_principal.pb.go 中定义。按不同的维度，划分为如下 5 类主体。

❑ 角色主体 MSPRole，按照角色的维度进行分类，分为 MSPRole_MEMBER、MSPRole_ADMIN、MSPRole_CLIENT、MSPRole_PEER、MSPRole_ORDERER。角色一般可通过身份证书中的 OU 字段携带。

❑ OU 主体 OrganizationUnit，按照身份所属组织单元 OU 的维度进行分类。

❑ 身份主体 SerializedIdentity，按照身份的维度进行分类，而组织中任一身份都是自成一体的，所以此类型的实质是指定某一特定身份。

❑ 匿名与否主体 MSPIdentityAnonymity，按照是否匿名的维度进行分类。

❑ 组合主体 CombinedPrincipal，按照组合的维度进行分类。组合主体是一个 MSP 主体数组，不同类型的若干个主体可以组合成一个组合主体。

由于策略的目的是制定 Fabric 区块链网络参与者的权限，规定哪些参与者可以做哪些事，因此，需对网络参与者进行分类。也因此，在策略配置、验证方面，具有分类特性的 MSP 主体就承担了主要任务，即 MSP 主体是权限配置的基本单位。配置、验证参与者的权限，实质是配置、验证 MSP 主体可以做哪些事情。

如此，判断一个具体身份在 Fabric 区块链网络中是否能做某一件事情，实质是判断该身份是否属于通道配置中该事件所对应策略指定的 MSP 主体。比如，Fabric 区块链网络中有一个 A 事件，通道策略指定，A 事件只能由 MSP 主体 P 去做，那么此时当一个具体身份 X 尝试去执行 A 事件时，策略会验证 X 是否属于 P，来判定 X 执行 A 事件是否"师出有名"。

以公开身份为例，存在一个 SatisfiesPrincipal 接口，在 msp/mspimpl.go 中实现，用于检验身份自身是否属于参数输入的 MSP 主体。若 MSP 主体是角色主体，会比较身份证书中的第一个 OU 字段（参见图 2-10）。若 MSP 主体是 OU 主体，会比较身份证书中的其余 OU 字段。若 MSP 主体是身份主体，则直接比较身份证书的数据。

6.2 策略的类型

策略的 proto 原型在 fabric-protos-go 仓库下的 common/policies.pb.go 中定义。根据验证方法的不同，主要分为如下两类策略。

❑ 签名策略 Policy_SIGNATURE，策略值为 SignaturePolicyEnvelope。通过对比签名，确定是否满足策略。

❑ 隐式元策略 Policy_IMPLICIT_META，策略值为 ImplicitMetaPolicy。称之为隐式，是因为其具体的规则依赖于其子策略数量，与通道配置紧密相关，是非明确的规则表达方式。如 MAJORITY Admins 规则，当子策略有 3 个时，规则实质指满足其中 2 个，当子策略有 5 个时，规则实质指满足其中 3 个。称之为元策略，是因为其结果依赖于对比子策略的结果，其自身只是被用来观察和分析子策略的元工具。

6.2.1　签名策略

签名策略（Signature Policy）原型为在 fabric-protos-go 仓库下的 common/policies.pb.go 中定义的结构体 SignaturePolicyEnvelope，是一种通过对比签名来确定是否满足规则的一种策略，包含了一整套互相之间配合使用、互相存在联系的"组件"。签名策略主要有如下成员。

❏ Version，策略的版本号，在升级配置中的策略时会用到。

❏ Rule，签名规则，即指定如何签名，才能满足此签名策略。

❏ Identities，MSP 主体列表，是一个数组，集中了 Rule 所涉及的所有 MSP 主体。

其中的 Rule 为一个结构体 SignaturePolicy，使用一种轻量级的 DSL（Domain Specific Lanauage，特定领域语言），作为原始规则的描述。关键操作符号为 AND 和 OR，如 OR(A,B)或 OR(OR(A,B),AND(C,D))，可根据需要递归地组合规则。这些 DSL 规则均可以转化为 N out of M，如 OR(A,B)可转为 1 out of [A,B]，OR(OR(A,B),AND(C,D))可转化为 1 out of [1 out of [A,B], 2 out of [C,D]]。SignaturePolicy 具体分为如下两类签名方式。

❏ SignaturePolicy_SignedBy。表示必须由特定位置的 MSP 主体成员进行签名，这个位置为 Identities 数组的索引。此类型较少单独使用，一般配合 SignaturePolicy_NOutOf，作为 SignaturePolicy_NOutOf 递归至最底层的策略。当原始规则只涉及一个主体时，通常单独使用此类型，其 SignedBy 为 0。

❏ SignaturePolicy_NOutOf。NOutOf 表示必须有 N 个或多于 N 个 Identities 数组中的 MSP 主体成员进行签名。同时，SignaturePolicy_NOutOf 是一个嵌套递归结构，其又嵌套包含一个 SignaturePolicy 数组，递归至最深处，这些 SignaturePolicy 均是 SignaturePolicy_SignedBy 类型的，指定由 Identities 数组中的哪一位来签名。如此，SignaturePolicy_NOutOf 可以轻松表达类似于 OR(OR(A,B),AND(C,D))这样的嵌套规则。

> 💡注意
>
> SignaturePolicy_NOutOf 实际是包含在 SignaturePolicy_NOutOf_ 中供 SignaturePolicy 使用的，但为叙述简便，这里直接使用前者代替。

举个例子

Fabric 区块链网络中有一个请假事件，小明想请假。针对请假事件，原始 DSL 规则描述为 OR(OR(F,G),AND(P,Q))，表示小明只有拿到 F 或 G 的签名（F 为总经理级别高管、G 为副总经理级别高管），或 P 和 Q 两人的签名（P 为部门经理级别领导、Q 为项目经理级别领导），才被允许休假，则通道策略配置为 1 out of [1 out of [F,G], 2 out of [P,Q]]。

这里，我们使用 SignaturePolicyEnvelope 对象 SPE 来配置。可以将 SPE 看作一个携有 MSP 主体列表的"策略树"，如图 6-1 所示。SignaturePolicy_SignedBy 为叶节点，SignaturePolicy_NOutOf

为拥有子节点的节点。

SPE 使用 1 个 SignaturePolicy 对象 SP，3 个 SignaturePolicy_NOutOf 对象 SP_FGPQ、SP_FG、SP_PQ，4 个 SignaturePolicy_SignedBy 对象 SP_F、SP_G、SP_P、SP_Q，进行组合嵌套，各个对象的值如下。

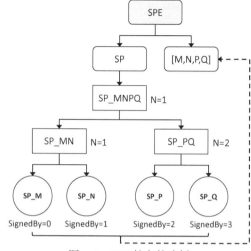

图 6-1   SPE 签名策略树

❑ SPE.Identities=[F,G,P,Q]，策略涉及 4 个 MSP 主体：F、G、P、Q。

❑ SPE.Rule=SP，SP 是一个 SignaturePolicy。

❑ SP.Type=SP_FGPQ，SP_FGPQ 是一个 SignaturePolicy_NOutOf 类型的 SignaturePolicy。

❑ SP_FGPQ.N=1，表示签名来自 SP_FGPQ.Rules 中任意 1 个即可，SP_FGPQ.Rules=[SP_FG, SP_PQ]。

❑ SP_FG.N=1，表示签名来自 SP_FG.Rules 中任意 1 个即可，SP_FG.Rules=[SP_F, SP_G]。

❑ SP_PQ.N=2，表示签名需来自 SP_PQ.Rules 中 2 个，SP_PQ.Rules=[SP_P, SP_Q]。

❑ SP_F.SignedBy=0，表示需要由 SPE.Identities[0]签名，即签名来自主体 F。

❑ SP_G.SignedBy=1，表示需要由 SPE.Identities[1]签名，即签名来自主体 G。

❑ SP_P.SignedBy=2，表示需要由 SPE.Identities[2]签名，即签名来自主体 P。

❑ SP_Q.SignedBy=3，表示需要由 SPE.Identities[3]签名，即签名来自主体 Q。

6.2.2　隐式元策略

隐式元策略原型在 fabric-protos-go 仓库下的 common/policies.pb.go 中定义，是一种隐晦、非明确表达的元策略，只在通道配置的上下文中使用，其自身的策略规则、结果递归式地取决于子策略。隐式元策略的子策略递归至最底层，每个子策略均为一个签名策略。隐式元策略主要有如下成员。

❑ SubPolicy，依赖的子策略的名称。这里的子策略，指通道当级配置的子组中的策略。如 SubPolicy 为 Admins，则指当级配置的子组中的 Policies 中的 Admins 策略。

❑ Rule，策略规则。有如下 3 种类型：ImplicitMetaPolicy_ANY，表示满足任一子策略即可；ImplicitMetaPolicy_ALL，表示必须满足所有子策略；ImplicitMetaPolicy_MAJORITY，表示必须满足超过半数的子策略。当子策略的总数是偶数时，也必须超过半数。如子策略只有 2 个，则超过半数的话，需要满足 2 个子策略。

ImplicitMetaPolicy 只在通道配置上下文中才有意义。参见 2.3 节所述通道配置内容，通道的配置对象为 fabric-protos-go 仓库下的 common/configtx.pb.go 中定义的结构体 Config。一个通道配置由 Config.ChannelGroup 指定，而 ChannelGroup 是 ConfigGroup 类型的，为一个典型的递归结构：每一层级都包含 Version、Groups、Values、Policies 和 ModPolicy 这 5 个成员。

 举个例子

Fabric 区块链网络中存在一个应用通道，包含 2 个组织，一个投票事件——公司是否发放年终奖，一个隐式元策略 Admins。小明在通道中发起投票，发放年终奖的条件是赞成票需满足通道的 Admins 策略。通道配置大致如图 6-2 所示。

```
1.   Config.ChannelGroup={
2.       Groups={
3.           "Org1": ConfigGroup{
4.               Groups={},
5.   [2]-------> Policies={
6.   [3]-----------> "Admins": SignaturePolicyEnvelope{…},
7.                   "Readers": …,
8.                   "Writers": …
9.               },
10.              …
11.          },
12.          "Org2": ConfigGroup{
13.              Groups={},
14.  [4]-------> Policies={
15.  [5]-----------> "Admins": SignaturePolicyEnvelope{…},
16.                  "Readers": …,
17.                  "Writers": …
18.              },
19.              …
20.          }
21.      },
22.      Policies={
23.  [1]---> "Admins": ImplicitMetaPolicy{SubPolicy:"Admins",Rule: MAJORITY},
24.          "Readers": …,
25.          "Writers": …
26.      },
27.      …
28.  }
```

图 6-2　通道配置

在图 6-2 中，[1]处为通道配置中的 Admins 策略，为隐式元策略，规则为 MAJORITY Admins，表示要满足[1]，就需要满足大多数子策略的 Admins 策略。[1]的子策略指，与[1]所在 Policies（第 22 行）同级的 Groups（第 2 行）中成员（也称为子组）的 Policies，即 Org1 和 Org2 中的 Policies（[2]和[4]两处的 Policies）。[2]和[4]的 Admins 策略，即[3]和[5]，共 2 个，均为签名策略。需要在 2 个子策略中满足超过半数，也就是 2 个。因此要满足策略[1]，需同时满足[3]和[5]两个子 Admins 策略。[1]自身不去验证，而是依赖于[3]和[5]去验证，[1]只收集[3]和[5]的验证结果。当小明尝试发起投票事件时，会根据通道配置中的[1]去验证投票结果，进而用[3]和[5]去验证投票结果，[1]依据[3]和[5]的验证结果来判定是否发放年终奖。

根据此例子，可以看出，隐式元策略的验证实现依赖于通道配置的上下文，因此只在通道配

置中使用。隐式元策略自身只是一个元工具，依托分析子策略的验证结果。隐式元策略的子策略依赖具有递归属性，比如，[1]依赖于[3]和[5]的验证，但若[3]自身依旧是一个隐式元策略且具体规则为 ANY Admins，则对[3]的验证来说，[3]自身会再依托其所在的 Policies（第 5 行）同级的 Groups（第 4 行）中的任一成员的 Policies 中的 Admins 策略，可标注其为[7]。在这种情况下，[1]将依赖于[7]和[5]的验证。

6.3　策略对象

6.2 节中的签名策略、隐式元策略，均为策略的 proto 原型，属于"数据性"的策略对象。在 Fabric 中，策略作为一个逻辑主体，在通道配置、交易验证等过程中被使用，其自身需要在持有 proto 原型策略的情况下，承担一部分诸如验证的功能，这就需要额外定义"功能性"的策略对象。功能性的策略对象接口为定义在 common/policies/policy.go 中的 Policy，主要有如下 2 个接口。

- ❑ EvaluateSignedData(signatureSet []*protoutil.SignedData) error，在一组数据的签名均有效的前提下，验证这组签名所代表的身份是否都满足策略自身的规则。
- ❑ EvaluateIdentities(identities []mspi.Identity) error，验证一组身份是否满足策略自身的规则。对应不同类型的策略，Policy 的具体实现主要有如下 2 个对象。
- ❑ policy，在 common/cauthdsl/policy.go 中定义，表示一个签名策略。
- ❑ ImplicitMetaPolicy，在 common/policies/implicitmeta.go 中定义，表示一个隐式元策略。

6.4　签名策略对象

签名策略对象通过 common/cauthdsl/policy.go 中的 NewPolicy 函数创建并提供给外界使用。该函数使用签名策略编译器（compiler），将一个由签名策略分析器（parser）生成的"数据性"签名策略，编译成一个可以用于验证身份是否符合签名策略的评估员（evaluator）；然后使用签名策略评估员、身份反序列化工具（deserializer）、"数据性"签名策略，创建一个"功能性"的签名策略对象。

6.4.1　签名策略分析器

签名策略分析器为 common/cauthdsl/policyparser.go 中的 FromString 函数，接收一个策略字符串，并依之生成一个"数据性"签名策略。策略字符串是一个与若干个 MSP 角色主体相关的逻辑表达式，分析器支持如下两种格式的策略字符串。

- ❑ GATE(P[, P])格式。如 OR('A.member', AND('B.member', 'C.member'))。这种格式因为其关键字 AND、OR 简单易懂，更接近自然语言，所以在操作时，如定义通道策略、背书策略时，一般使用此种格式。
- ❑ OutOf 格式。如 outof(1, 'A.member', 'B.member')，outof 中的内容是一个策略参数数组，分为两部分。第一部分（第一个参数），是一个数字，表示若要满足此策略，则需要多少个属于第二部分中的 MSP 主体进行签名。除第一个参数外的剩余部分，均为 MSP 主体，表示该签名策略所涉及的 MSP 主体。

FromString 使用中间函数 firstPass、secondPass，进而调用底层工具函数 outof、and、or，对策略字符串进行解析。若策略字符串是 GATE(P[, P])格式，则先将之转为 OutOf 格式，再依据 OutOf 格式的策略字符串，创建一个 SignaturePolicyEnvelope。这个分析过程，重点在于对 SignaturePolicy_NOutOf 中 N 值的确定和对 SignaturePolicy_SignedBy 中 SignedBy 值的确定。

6.4.2　签名策略评估员

签名策略评估员格式：func([]msp.Identity, []bool) bool。它接收一组身份、一组 bool 标识，返回一个布尔值，直接告诉你验证结果。第二个参数，是一组 bool 标识，传入时必须是一组值为 false 的标识，用于在验证过程中标识第一个参数中哪个身份已经被使用。这组 bool 标识无实际意义，单纯在多层递归之间对第一个参数的使用情况进行记录，避免对同一身份进行重复验证。

签名策略评估员由 common/cauthdsl/cauthdsl.go 中的 compile 函数编译生成。因为签名策略存在子策略的嵌套组合，所以自然地，compile 是一个递归函数。compile 所要做的，就是像 Go 编译器编译源码一样，将一个签名规则和对应的一组 MSP 主体（一般来自 SignaturePolicyEnvelope 中的 Rule 和 Identities），编译成可调用执行的函数。因此，签名策略评估员是一个针对某个签名策略的评估函数，里面制定了一套与签名策略相符的评估流程，可以评估一组身份是否符合这个签名策略。

 举个例子

参见图 6-1，以依据 OR(OR(F,G),AND(P,Q))构建的 SPE 为例，SPE.Rule 为第一个参数，SPE.Identities（值为[F, G, P, Q]）为第二个参数，传入 compile 函数，compile 函数将 SPE 编译为一个可直接评估一组身份是否满足 SPE 的签名策略评估员，如图 6-3 所示。

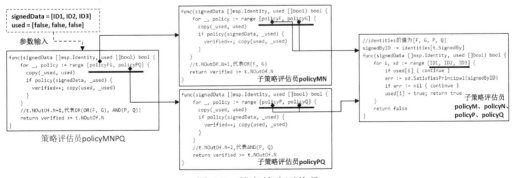

图 6-3　签名策略评估员

在图 6-3 中，SPE.SP 的签名策略评估员为 policyFGPQ，其结构和 SPE 的签名策略树的结构一致，但它是一棵"横躺"的二叉树，递归的思路也与遍历二叉树一致。具体地，这里是先上再下，先前再后。其评估的递归路径为 policyFGPQ→policyFG→policyF→policyG→policyFG→policyPQ→policyP→policyQ→policyPQ→policyFGPQ。

当使用签名策略评估员 policyFGPQ 时，输入的身份列表为[ID1,ID2,ID3]，则评估这 3 个身份，经过递归，最终在叶节点中验证这 3 个身份是否属于 F、G、P、Q 这 4 个 MSP 主体。举例说明如下。

情形一：ID1∈F，ID2∈H（其他 MSP 主体），ID3∈P。

评估条件	验证结果
ID1∈F, policyF.SignedBy=0	→ policyF ☑
ID2∈H, policyG.SignedBy=1	→ policyG ☒
policyF ☑, policyG ☒, policyFG.N=1	→ policyFG.N ☑
ID3∈P, policyP.SignedBy=2	→ policyP ☑
no ID∈Q, policyQ.SignedBy=3	→ policyQ ☒
policyP ☑, policyQ ☒, policyPQ.N=2	→ policyPQ ☒
policyFG ☑, policyPQ ☒, policyFGPQ.N=1	→ policyFGPQ ☑
policyFGPQ ☑	→ [ID1,ID2,ID3]符合签名策略 SPE

情形二：ID1∈H，ID2∈I（其他 MSP 主体），ID3∈Q。

评估条件	验证结果
ID1∈H, policyF.SignedBy=0	→ policyF ☒
ID2∈I, policyG.SignedBy=1	→ policyG ☒
policyF ☒, policyG ☒, policyFG.N=1	→ policyFG ☒
no ID∈P, policyP.SignedBy=2	→ policyP ☒
ID3∈Q, policyQ.SignedBy=3	→ policyQ ☑
policyP ☒, policyQ ☑, policyPQ.N=2	→ policyPQ ☒
policyFG ☒, policyPQ ☒, policyFGPQ.N=1	→ policyFGPQ ☒
policyFGPQ ☒	→ [ID1,ID2,ID3]不符合签名策略 SPE

上述例子中，∈表示"属于"，如 ID1∈F 表示身份 ID1 属于 MSP 主体 F，no ID∈P 则表示没有 ID 属于 P。

☒表示不满足，☑表示满足。如"policyF ☒，policyG ☒，policyFG.N=1"，表示子策略 policyF 未被满足、子策略 policyG 未被满足。policyFG.N 值为 1，表示子策略 policyF、policyG 必须至少满足一个。从而得出结论，policyFG 也未被满足。

6.4.3 身份反序列化工具

身份反序列化工具为 msp/msp.go 中定义的 IdentityDeserializer。由于 MSP 的接口也继承了 IdentityDeserializer 接口，因此任一 MSP 实例均可作为一个 IdentityDeserializer 来使用。该工具的功能是将一个二进制的序列化身份数据恢复成身份对象。参见 5.2.3 节所述序列化身份的使用。

6.4.4　接口实现

　　理解了签名策略对象的分析器、评估员和身份反序列化工具，再理解签名策略对象的接口实现就很简单了。在 common/cauthdsl/policy.go 中，签名策略对象的主要方法如表 6-1 所示。

表 6-1　签名策略对象的主要方法

方法名	功能描述
EvaluateIdentities	直接调用所持有的评估员，验证身份列表是否满足本签名策略
EvaluateSignedData	验证一组签名数据的有效性，并使用身份反序列化工具将签名数据中的身份数据转为一组身份对象，过滤其中的无效身份。然后调用 EvaluateIdentities 方法，验证该组身份是否满足签名策略
Convert	用于将一个"功能性"的签名策略对象转为"数据性"的签名策略对象

6.5　隐式元策略对象

　　隐式元策略对象通过 common/policies/implicitmeta.go 中的 NewImplicitMetaPolicy 函数创建，主要依据"数据性"的隐式元策略的 SubPolicy、Rule 两个字段的值，从策略管理员中获取对应的子策略对象（隐式元策略对象或签名策略对象），放入 SubPolicies 中，然后确定 Threshold 的值。

　　Threshold 类似于 SignaturePolicy_NOutOf 类型的签名策略中的 N，相当于一个"及格线"，若满足的子策略数量达到这个及格线，说明及格，即满足这个隐式元策略。Threshold 值的计算方法：当 Rule 值为 ImplicitMetaPolicy_ANY 时，表示满足任一子策略即可，Threshold 值为 1；当 Rule 值为 ImplicitMetaPolicy_ALL 时，表示需要满足所有的子策略，Threshold 值为 len(SubPolicies)；当 Rule 值为 ImplicitMetaPolicy_MAJORITY 时，表示需要满足半数以上的子策略，Threshold 值为 len(SubPolicies)/2 + 1。

　　特殊情况下，当不存在子策略时，Threshold 值为 0。此时，该隐式元策略相当于一个不存在任何限制的策略，任何一个身份列表都会满足该策略。

6.5.1　隐式元策略分析器

　　隐式元策略分析器为 common/policies/implicitmetaparser.go 中的 ImplicitMetaFromString 函数。由于隐式元策略只用于通道配置，因此分析器分析的策略字符串，一般来自通道配置或 configtx.yaml 文件，参见 sampleconfig/configtx.yaml 中的 Application.Policies。相较于签名策略字符串，隐式元策略字符串相对简单，如"ANY Writers"，解析的过程也更简单。解析后，将创建一个"数据性"的隐式元策略对象。

6.5.2　接口实现

　　隐式元策略虽然在概念上比签名策略隐晦，但只要理解了其依赖于子策略的递归方式，其实现和使用反而更加简单。在 common/policies/implicitmeta.go 中，隐式元策略对象的主要方法如表 6-2 所示。

表 6-2　隐式元策略对象的主要方法

方法名	功能描述
EvaluateIdentities	遍历调用 SubPolicies 中每个子策略对象的 EvaluateIdentities 方法，验证身份列表是否满足该子策略，并统计满足子策略的个数，然后和 Threshold 对比
EvaluateSignedData	遍历调用 SubPolicies 中每个子策略对象的 EvaluateSignedData 方法，验证身份列表是否满足该子策略，并统计满足子策略的个数，然后和 Threshold 对比
Convert	在 common/policies/convert.go 中实现，用于将一个隐式元策略对象转为"数据性"的 SignaturePolicy_NOutOf 类型的签名策略。转换过程的关键是：根据 ImplicitMetaPolicy，在递归过程中正确标识每一层级 SignaturePolicy_NOutOf.N 的值，以及叶节点策略 SignaturePolicy_SignedBy.SignedBy 的值

6.6　策略管理员

为对象提供管理员，是 Fabric 中的惯例。对策略来说，策略的管理员的接口是 common/policies/policy.go 中的 Manager，实现为 ManagerImpl。ManagerImpl 是一个递归嵌套结构，存储并管理着一个通道配置中的策略，以及子组配置中的策略管理员。参见图 2-2，策略管理员的嵌套结构与通道配置中策略的嵌套结构在形式上一致。策略管理员有如下成员。

- ❑ path，此策略管理员管理的策略所在的路径。策略路径是策略在管理员中的唯一标识，可以代表一个策略，因此也可称为策略 ID。策略路径的关键字在 common/policies/policy.go 中均有定义，如 ChannelPrefix、ApplicationPrefix。我们可将整个通道配置想象成一个文件系统，在根目录下，如果一个配置项存在子配置项，那么它就是一个目录；如果一个配置项不存在子配置项，那么它就是一个文件。如此，策略路径指的是策略管理员所管理的策略所在的目录，如 Channel/Application/Org1MSP。
- ❑ Policies，此策略管理员管理的策略。例如 Channel/Application 路径下的策略管理员，管理的策略有 Admins、Readers、Writers。
- ❑ managers，此策略管理员下的子管理员，子管理员管理着下一级配置中的策略。例如 Channel/Application 路径下的策略管理员，其子管理员指 Channel/Application/Org1MSP、Channel/Application/Org2MSP 路径下的策略管理员。

策略管理员与通道配置紧密相关，由 common/policies/policy.go 中的 NewManagerImpl 函数创建，通过解析传入的通道配置，创建每一级的子管理员放入 managers，遍历当级通道配置中的所有策略并创建"功能性"策略对象放入 Policies，同时也会把所有子管理员所管理的策略对象放入 Policies。如此的效果是，父级管理员拥有其所有子管理员所管理的策略，一级级向上递归，在最顶层的管理员，拥有通道配置中所有路径下的策略，这样可方便地检索、使用、管理策略对象集合。

策略管理员的 GetPolicy 接口，即可通过策略路径，直接查找当级策略集合中是否存在指定的子策略。

6.7 策略检查器

策略检查器接口是定义在 core/policy/policy.go 中的 PolicyChecker，具体实现是同文件中的结构体 policyChecker。策略检查器有如下 3 个成员。

- ❑ channelPolicyManagerGetter，通道策略管理员获取工具，是在 common/policies/policy.go 中定义的 ChannelPolicyManagerGetter 接口，具体实现为同文件中的 PolicyManager-GetterFunc 对象。它的实现有点儿 "别致"，PolicyManagerGetterFunc 自身就是一个函数，且函数的格式与 ChannelPolicyManagerGetter 的 Manager 接口一致，同时 PolicyManagerGetterFunc 在实现的 Manager 方法中直接调用了自己。它既是一个函数，也是一个对 ChannelPolicyManagerGetter 的实现，同时实现的方法又调用自身。如此设计，可以方便地让第三方函数或其他对象的方法实现 PolicyManagerGetterFunc。在 Fabric 中，给 PolicyManagerGetterFunc 赋值的方法为 core/peer/peer.go 中 Peer 对象的 GetPolicyManager 方法，被赋予的值为 Peer 对象所持有的某一通道对象中的策略管理员。
- ❑ localMSP，身份反序列化工具，一般是一个 MSP 实例。
- ❑ principalGetter，MSP 主体获取工具，是在 msp/mgmt/principal.go 中定义的 MSPPrincipalGetter 接口，具体实现为同文件中的 localMSPPrincipalGetter。其 Get 方法，根据所给的角色类型，获取一个 MSP ID 为本地 MSP 的角色主体，如本地 MSP 中的管理员角色主体。

策略检查器用于检查一个签名数据或被签名的交易是否符合某一个策略，主要方法如表 6-3 所示。

表 6-3 策略检查器的主要方法

方法名	功能描述
CheckPolicyNoChannel	验证无通道签名申请的发起者身份是否符合本地 MSP 的 policyName 策略，以及签名的有效性。过程如下：（1）使用身份反序列化工具（本地 MSP），将签名申请的发起者身份解析出来；（2）使用 MSP 主体获取工具，获取一个属于本地 MSP 的角色主体，如管理员角色主体；（3）参见在 msp/mspimpl.go 中 identity 实现的 SatisfiesPrincipal 方法，验证签名申请的发起者是否属于本地 MSP 的某角色主体；（4）参见 5.2.1 节所述身份对象的使用，验证签名申请中签名数据的有效性
CheckPolicyBySignedData	验证一批签名数据是否符合指定通道的指定策略。过程如下：（1）使用通道策略管理员获取工具，获取指定通道的策略管理员；（2）使用该通道的策略管理员，获取指定路径的策略；（3）参见 6.4.4 节或 6.5.2 节签名策略或隐式元策略的 EvaluateSignedData 接口实现，验证签名数据是否符合该策略
CheckPolicy	与 CheckPolicyBySignedData 的目的相同，但该方法接收的签名交易数据格式为 SignedProposal，更偏向于验证背书交易时使用。该方法会依据背书交易的情况，分别调用 CheckPolicyNoChannel 或 CheckPolicyBySignedData

6.8 策略的层级

在 Fabric 中，策略与通道配置以及通道中的各种服务关系紧密。因此，依据 Fabric 区块链网络的层级，策略亦分为多个层级，针对不同的 Fabric 通道和服务，进行不同方面的限制。策略的层级结构如图 6-4 所示。

图 6-4　策略的层级结构

系统通道策略配置。该配置主要针对联盟关系和区块链网络拓扑结构进行配置。参见 sampleconfig/configtx.yaml 中 Profiles.SampleSingleMSPKafka 的如下配置项。

- ❏ 引用 ChannelDefaults，定义了系统通道网络层级的配置，即/Channel 目录下，包括策略、网络服务能力。
- ❏ Consortiums 下定义了一个名为 SampleConsortium 的联盟，且联盟只有一个成员 SampleOrg。
- ❏ Orderer 下引用了 OrdererDefaults，定义了系统通道的配置，即/Channel/Orderer 目录下，包括系统通道的策略、共识、组织（orderer 组织）、系统通道服务能力等配置。这些配置项决定了整个网络联盟的组成、共识的方式、区块链的数据结构。因此，对于系统通道配置中的策略，所限制的也是这些方面的资源和关系，如共识排序服务是使用 etcdraft 还是使用 Kafka，区块大小、时间的限制等。

应用通道策略配置。通道与通道之间数据相互独立，应用通道主要用于部分联盟成员之间进行私密通信交易机制的配置。同时，应用通道在建立时会继承系统通道有关共识的配置。参见 sampleconfig/configtx.yaml 中 Profiles.SampleSingleMSPChannel 配置项。

- ❏ 引用 ChannelDefaults，定义了应用通道在区块链网络层级的配置，即/Channel 目录下，包括策略、网络服务能力。
- ❏ Consortium，指定了应用通道所使用的联盟（在系统通道的 Consortiums 项中配置）。
- ❏ Application 下引用了 ApplicationDefaults，定义了应用通道的配置，即/Channel/Application

目录下，包括应用通道的策略、组织（peer 组织）、应用通道服务能力等配置。这些配置项决定了应用通道组织成员之间通信交易的机制和共同认可的权限关系。因此，对于应用通道配置中的策略，所限制的也是这些方面的资源和关系，如添加、删除组织。

ACL 策略配置。在 Fabric 的应用层面，可将区块链网络供用户使用的功能视为资源，这些资源的定义格式为"模块/资源"，即某个模块下的某个资源。在 Fabric 2.0 中，这些资源主要是链码服务的调用、区块链事件流（各种事件服务，主要是 Deliver 服务）。如此，针对这些资源，分配自定义策略或在应用通道上已有的策略，对区块链应用通道的参与者进行颗粒度更加精细的限制，就是 ACL 所要做的事情。参见 sampleconfig/configtx.yaml 中 Application.ACLs，如 qscc/GetChainInfo: /Channel/Application/Readers，表示只有符合应用通道配置中/Channel/Application/Readers 策略的身份，才能调用 qscc 模块（链码）下的 GetChainInfo 资源（方法）。

6.9 策略的使用

这里设定一个配置示例：存在一个 ID 为 mychannel 的应用通道，通道中有组织 Org1、Org2 两个参与者。本节使用此示例叙述策略的使用。

6.9.1 通道策略

关于通道配置，在 2.3 节已有叙述。mychannel 通道的部分配置如图 6-5 所示。

```
1.      "groups": {
2.        "Application": {
3.          "groups": {
4.            "Org1MSP": {...},
5.            "Org2MSP": {...}
6.          },
7.          "mod_policy": "Admins",
8.          "policies": {
9.            "Admins": {
10.             "mod_policy": "Admins",
11.             "policy": {"type":3, "value": {"rule":"MAJORITY", "sub_policy":"Admins"}}
12.           },
13.           "Endorsement": {...},
14.           "LifecycleEndorsement": {...},
15.           "Readers": {...},
16.           "Writers": {...}
17.         },
18.         "values": {...},
19.         "version": "1"
20.       },
```

图 6-5　mychannel 通道的部分配置

通道 mychannel 由第 4 行的 Org1MSP、第 5 行的 Org2MSP 参与，分别代表组织 Org1、Org2。这里以新添加组织 Org3 为例，当向 mychannel 添加 Org3 组织，即需要改动 Application（第 2 行）下的配置时，由于 Application 下的 mod_policy（第 7 行）值为 Admins，代表若要修改 Application 下的内容，需要满足 Application 下 policies 中的 Admins 策略，即策略路径/Channel/Application/

Admins 处的策略（第 9 行）。该策略值为 MAJORITY Admins，代表一个 ImplicitMetaPolicy_MAJORITY 类型的隐式元策略，即需要同级子组（第 3 行）中半数以上参与者的管理员同意。当前同级子组中有 Org1MSP、Org2MSP，两个组织的半数以上，即两个组织。

　　因此，向 Application 中添加新组织 Org3，需要 Org1、Org2 两个组织的管理员同意。添加新组织 Org3，就要改变 mychannel 的通道配置，而在 Fabric 中，改变通道配置被视为一笔通道配置更新交易。Org1 和 Org2 的管理员同意此交易的方式，就是在该交易数据上背书签名。由此，如图 6-6 所示，当携带 Org1 和 Org2 两个组织管理员背书签名的配置更新交易提交至通道后，本节之前所讲述的策略分析器、管理员、评估员、检查器等，都将发挥作用。

图 6-6　通道配置的验证和使用

6.9.2　背书策略

　　背书策略（endorsement policies）只使用签名策略，分为链码级别（chaincode-level）、集合级别（collection-level）、键级别（key-level）的背书策略，这里可分别简称为 cc-EP、coll-EP、key-EP。

　　cc-EP 针对的是链码，其本身不是一个单独定义的策略，更严格地讲，该背书策略应该是链码定义的一部分，即开发一套链码，对于该链码实现的商业交易逻辑所涉及的参与者，如何定义这些参与者的权限，需要哪些参与者对该链码产生的交易结果进行背书签名，才能被整个通道的所有参与者认可和接受，是 cc-EP 所应该做的。

　　链码定义的提交，必须满足通道配置中的生命周期背书策略 Channel/Application/LifecycleEndorsement。参见 sampleconfig/configtx.yaml 中的 Application.Policies.LifecycleEndorsement，值为 MAJORITY Endorsement，表示必须半数以上的通道参与者进行背书，即 Org1、Org2 都需要背书签名。链码生命周期管理命令 peer lifecycle chaincode approveformyorg 通过参数--signature-policy 指定 cc-EP，经 Org1、Org2 批准后，将包含 cc-EP 的链码定义提交。

　　参见 6.4.1 节所述签名策略分析器，cc-EP 一般使用 GATE(P[, P])格式的策略字符串定义，但也可以使用通道配置中现有的策略：同样是在批准阶段，peer lifecycle chaincode approveformyorg 命令使用--channel-config-policy 参数指定一个通道配置中的策略，如 Channel/Application/Admins，作为链码 mycc 的背书策略。若--channel-config-policy 参数未指定背书策略值，则使用通道配置中的默认背书策略 Channel/Application/Endorsement 作为 mycc 的背书策略，参见 sampleconfig/configtx.yaml 中的 Application.Policies.Endorsement，值为 MAJORITY Endorsement，即需要通道

中半数以上的参与者签名背书。

若使用通道策略且使用默认背书策略 Channel/Application/Endorsement，当通道参与者变动时，会随着添加或删除组织的更新配置交易自动更新背书策略。否则，当通道参与者发生变化，若要链码服务依旧可用，需要对应地更新 cc-EP。例如将 mychannel 中的 Org1 删除后，原背书策略 AND('Org1.member', 'Org2.member')可能需要更新为 OR('Org2.member')。再如在 mychannel 中新添加了组织 Org3，Org3 若想调用 mycc，原背书策略可能需要更新为 AND('Org1.member', 'Org2.member','Org3.member')。

coll-EP 也是链码定义的一部分，在 Fabric 2.0 中针对的是链码的私有数据集合。当一个交易尝试写入私有数据集时，会验证该交易中的签名是否来自 coll-EP 指定的 MSP 角色主体。在私有数据集合层面，coll-EP 是可选的，但若设定，其优先级大于 cc-EP，即如果同时定义了 coll-EP 和 cc-EP，则在处理私有交易数据时以 coll-EP 为验证条件。参见 fabric-protos-go 仓库的 common/collection.pb.go 中的 StaticCollectionConfig.EndorsementPolicy，coll-EP 具体定义在私有数据集合配置文件中的 endorsementPolicy 项，值的类型可以是 signaturePolicy、channelConfigPolicy，分别对应两种不同来源（策略字符串或通道配置现有策略）的策略。

应用 coll-EP 的步骤与应用 cc-EP 一致，通过 peer lifecycle chaincode approveformyorg 命令的参数--collections-config 指定链码的私有数据集合配置文件路径，进而使用其中定义的 coll-EP，如 peer lifecycle chaincode approveformyorg -o orderer.example.com:7050 --channelID mychannel --collections-config /chaincode/mycc/collections_config.json --name mycc...。

key-EP 亦是链码定义的一部分，但已是属于链码代码层面的实现，对应的是状态数据库中的一个键，属于颗粒度极精细的策略控制，一般用于小部分极其重要的核心数据。key-EP 可在链码初始化时，即执行 peer lifecycle chaincode invoke...--isInit，在链码的初始化方法中调用如下方法来实现。

❑ SetStateValidationParameter(key string, ep []byte)，其中 key 为非私有数据的键，ep 为背书策略。

❑ SetPrivateDataValidationParameter(collection, key string, ep []byte)，其中 key 为私有数据的键。

这两个方法在 hyperledger 项目下 fabric-chaincode-go 仓库的 shim/interfaces.go 中定义，具体使用实例参见 fabric-samples/interest_rate_swaps/chaincode/chaincode.go。在该文件的 Init 方法中，调用了 SetStateValidationParameter 方法，设置键 audit_limit 的策略为 epBytes，epBytes 是一个二进制的签名策略，由 fabric-chaincode-go 仓库的 pkg/statebased/statebasedimpl.go 中 stateEP（实现同目录下 interfaces.go 中的 KeyEndorsementPolicy 接口）的 Policy 方法生成。stateEP 通过 AddOrgs 方法添加指定的 MSP 角色主体，供 Policy 方法生成策略时使用。

6.9.3 ACL 策略

应用通道 mychannel 中的 ACL 配置示例如图 6-7 所示。

```
1.    "channel_group": {
2.      "groups": {
3.        "Application": {
4.          "groups": {...},
5.          "mod_policy": "Admins",
6.          "policies": {...},
7.          "values": {
8.  ────────▶  "ACLs": {
9.              "mod_policy": "Admins",
10.             "value": {
11.               "acls": {
12.                 "_lifecycle/CheckCommitReadiness":{"policy_ref":"/Channel/Application/Writers"},
13.                 "cscc/GetConfigTree": {"policy_ref": "/Channel/Application/Readers"},
14.                 "lscc/ChaincodeExists": {"policy_ref": "/Channel/Application/Readers"},
15.                 "lscc/GetChaincodeData": {"policy_ref": "/Channel/Application/Readers"},
16.                 "qscc/GetBlockByHash": {"policy_ref": "/Channel/Application/Readers"}
17.               }
18.             },
19.             "version": "0"
```

图 6-7 应用通道 mychannel 中的 ACL 配置示例

图 6-7 中，第 8 行表示应用通道 Channel/Application 目录下的 ACL。注意，ACLs 虽然定义的是策略，但是并不在 Application 下的 policies 中，而是在 values 中。例如第 13 行，定义了资源 cscc/GetConfigTree 所对应的策略为/Channel/Application/Readers，若其值为 ANY Readers，参见图 6-5，表示需要满足同级子组中任一 Readers 策略，即 Org1MSP.policies.Readers 或 Org2MSP.policies.Readers，若两者的值均为 peer 角色主体，表示一个身份必须是 Org1 或 Org2 组织下的 peer 角色主体，才能调用系统链码 cscc 的 GetConfigTree 方法。

ACL 所使用的策略均为 Application 下的策略。因此，若 ACL 想使用自定义的策略，则首先需要将自定义的策略添加到策略路径/Channel/Application 下。通过通道配置更新交易，可以做到这一点。

参见 sampleconfig/configtx.yaml 中的 Application.ACLs 和 core/aclmgmt/resource/resources.go，ACL 支持的"模块/资源"如下。

❏ 系统链码模块，包括_lifecycle、lscc、qscc、cscc 等，对应的资源为各个系统链码的调用方法。如_lifecycle 在 core/chaincode/lifecycle/scc.go 中实现的方法为 CheckCommitReadiness、CommitChaincodeDefinition，cscc 在 core/scc/cscc/configure.go 中实现的方法为 JoinChain、GetConfigBlock。这些系统链码方法的策略限制会直接影响到智能合约的调用，因为应用链码的方法实现可能需要依赖于系统链码的方法。

❏ 调用模块，包括 peer，对应的资源有 Propose、ChaincodeToChaincode。Propose 代表调用链码时的策略。ChaincodeToChaincode 代表调用链码 A，A 又调用链码 B 时的策略约束。

❏ 事件模块，包括 event，对应的资源有 Block、FilteredBlock。Block 代表通道层面的 Deliver

服务资源，FilteredBlock 代表通道层面的 DeliverFiltered 服务资源。两个资源分别代表完整的、简化的区块数据。

在实际交易过程中，一个应用链码的实现逻辑，可能同时调用多个其他链码的方法，若这些方法通过 ACLs 定义了相应的策略，则调用者的身份需同时满足每个方法的策略。因此，ACLs 就需要斟酌定义，避免出现调用者身份不能同时满足多个方法的策略的情况。

举例说明，一个名为 WuLaNaLaYiXiu 的链码存在一个 BeWronged 方法，其内部调用 qscc 的 GetChainInfo、GetTransactionByID 两个方法。但这两个方法被 ACLs 分别限定为需满足 /Channel/Application/Org1MSP/Readers 和 /Channel/Application/Org2MSP/Readers，即 Org1 下的 Readers 和 Org2 下的 Readers。无须细究 Readers 的具体值，单说一个 peer 节点，无论如何也没办法做到既是 Org1 的成员，又是 Org2 的成员。

ACL 策略检查功能由 core/aclmgmt/defaultaclprovider.go 中的 defaultACLProviderImpl 或 core/aclmgmt/resourceprovider.go 中的 resourceProvider 实现。前者存储、提供一系列“模块/资源”默认的策略。后者从通道配置中获取具体的 ACL 策略，若某一 ACL 策略无法获取，则会使用前者存储的默认值。

以 resourceProvider 为例，其 CheckACL 方法，用于验证一个签名申请或背书交易是否符合某一 ACL 策略。验证时，先从 mychannel 的通道配置中获取指定的 ACL 策略。若成功获取，如 /Channel/Application/Readers，则使用策略管理员获取策略对象，然后使用策略对象的验证接口进行验证。

第 **7** 章

账本

账本是区块链的核心模块，内容较为庞杂。本章分为两部分。第一部分，总结账本的结构和层级划分，并概述账本数据的存储流程，从而在"账本有哪些数据，如何产生，如何存储"的核心问题上给出初步的解答。第二部分，依照账本层级由下向上，从最底层的数据库到上层的账本对象，一步步叙述账本所涉及的重要对象和工具，叙述账本实现的主要细节。

关于账本，Fabric 官方文档中给出了一个很形象的例子：在我们的银行活期账户中，对我们来说最重要的就是这个账户当前的可用余额，而决定账户当前可用余额的，是自账户开户起，随时间顺序发生的一笔笔转入、转出交易，如此，就形成了一个账本。

账本由两个部分组成，当前状态和交易记录，当前状态可变，交易记录不可变。银行账户的当前可用余额就是当前状态，自账户开户起发生的一笔笔交易就是交易记录，前者由后者累计至当前时刻而成。这里的"累计"只针对银行账户这类每笔交易结果之间存在增减关系的数据，当然也有交易间不存在前后联系的数据，但背后所体现的账本原理都是一样的。

Fabric 中，账本的本质目的不是存储对象关系，而是存储关于对象的事实。如 A 与 B 两个账户，当前余额分别为 100 元、200 元，发生了一笔交易 T1，是 A 向 B 转账 10 元。Fabric 账本的本质目的不是存储 A 与 B 存在何种联系，或 T1 所代表的 A 向 B 转账这个交易行为，而是存储经交易 T1 后的事实：A 的状态由 T1 前的 100 元变为 T1 后的 90 元，B 的状态由 T1 前的 200 元变为 T1 后的 210 元。但即便如此，为了证明 A 为 90 元、B 为 210 元这两个状态都是事实，Fabric 需要使用额外的存储，将 T1 永久且不可改变地存储。

7.1 账本的配置

依据账本的组成，账本的配置主要分为状态数据库配置、区块账本配置。依据账本的持有者，账本的配置又可分为 orderer 账本配置和 peer 账本配置。orderer 账本配置以默认值为主。peer 账本配置在 core.yaml 中，参见 sampleconfig/core.yaml，具体如下。

```
peer:
fileSystemPath # 账本的基础目录，此目录下的 ledgerData 目录下，存储着区块账本数据
```

```
ledger:
state             # 账本状态数据库配置
history           # 账本历史数据库配置
pvtdataStore      # 账本私有数据库配置
```

7.2　账本的结构

通道使用的账本结构如图 7-1 所示。

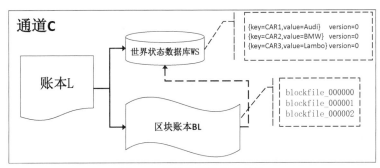

图 7-1　通道使用的账本结构

在 Fabric 区块链网络拓扑结构层面上，账本对应的是通道，账本 ID 与通道 ID 保持一致。在通道 C 中，使用的账本 L 由一个世界状态数据库 WS 和一套区块账本 BL 组成。

状态数据库是一种键值数据库，以键值对的形式存储着所有的状态值，并记录版本号。在 Fabric 2.0 中，支持 goleveldb、CouchDB 两种类型，对应配置项 core.ledger.state.stateDatabase。图 7-1 中 CAR1 的值为 Audi，CAR2 的值为 BMW，CAR3 的值为 Lambo，3 个键值对的版本号（version）均为 0。每当一个键的值发生一次更新，对应的版本号均会变动。在实际使用时，我们一般只关心键值对，版本号一般由 Fabric 在内部自行管理。

区块账本使用 blockfile 作为存储主体，存储区块。blockfile 以 blockfile_N 格式命名，N 为数字，从 000000 开始自增，当一个 blockfile 大小达到 64MB（默认值）后，将另起一个新的 blockfile 进行存储。

图 7-2 参考了 Fabric 官方文档，在区块账本中，blockfile 是必须使用的存储主体，存储的内容是次序化的区块，如 block0～block3，这些区块记录着整个区块链网络中从建立至当前时间所有已经发生的交易 T1～T9。

经共识后，orderer 节点将所有交易以区块的形式存储在自身持有的账本的 blockfile 中，并把这些区块分发给通道所有参与者的 peer 节点。一方面，peer 节点将区块中包含的有效交易写入状态数据库，另一方面，peer 节点将区块写入自己所持有的 blockfile 中，这些 blockfile 也被称作账本副本，即每一个 peer 节点均持有一份内容相同的区块账本副本。

Fabric 所使用的账本，是一套账本。在一个账本存储根目录（RootFSPath）下，除了 blockfile 和状态数据库这两大账本数据存储主体外，还存在辅助性质的账本数据存储。这些数据的存储，或者是功能性质的，如 pvtdataStore、historyLeveldb、configHistory；或者是性能优化性质的，如 index 索引、bookkeeper。账本存储目录结构如图 7-3 所示，这些存储对象在后面章节将一一叙述。

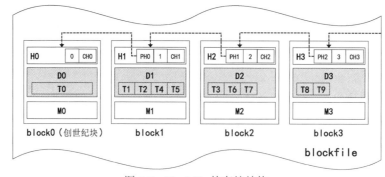

图 7-2　blockfile 的存储结构

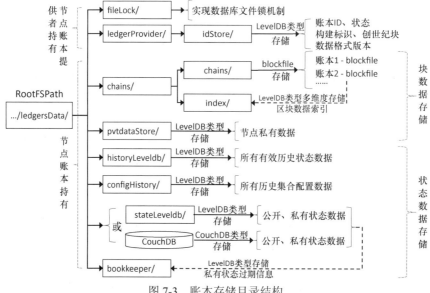

图 7-3　账本存储目录结构

7.3　区块链数据结构

区块链之所以叫作区块链，根本的原因在于，其所存储的交易数据，是以块成链的形态存在于账本之中的。Fabric 中亦如此，一个个区块前后依次编号排列，前后衔接，形成一条不可篡改的数据链条。

参见图 7-2，block0～block3 共 4 个块。通用区块的数据结构在 hyperledger 项目下的 fabric-protos 仓库的 common/common.pb.go 中定义，每个通用区块结构分为 3 个部分：头部 H、数据部 D、元数据部 M。

以 block1 为例，头部 H1 包含本块数据部 D1 的哈希值 CH1，上一个块 block0 头部 H0 的哈希值 PH0，本块的编号 1。block1 头部 H1 中的 PH0 是上一个块 block0 头部 H0 的哈希值，也正是这一点，将一个个块由后向前联系起来，在账本整体数据上形成了一条链的形态。这个形态与反转的单向链表一致。

数据部 D1 是一个二进制数组，数组中的每个元素都是一个 Envelope，表示一个交易。D1 包含 T1、T2、T4、T5 共 4 个交易。特殊地，block0，是整个区块链的第一个块，也称为创世纪块（genesis block），是配置块。配置块在区块链中总是单独成块的，即整个配置块中，只会有一个配置交易，如 T0。

元数据部 M1 是一个二进制数组，Fabric 2.0 中共支持 5 位长度，数组上每个元素的含义由 common.pb.go 中的 BlockMetadataIndex 定 义， 其 中 BlockMetadataIndex_LAST_CONFIG、BlockMetadataIndex_ORDERER 已被弃用。BlockMetadataIndex_SIGNATURES 处存放区块创造者（一般是 orderer 节点所在组织）的证书和对通道配置状态数据的签名，参见 orderer/common/multichannel/blockwriter.go 中的 addBlockSignature 方法。BlockMetadataIndex_TRANSACTIONS_FILTER 处存放区块交易的验证结果码，标识着区块中每个交易的有效性。BlockMetadataIndex_ORDERER 处是一个兼容旧版本的元素，在 Fabric 1.4.1 版本之前，此处存放的是 BlockMetadataIndex_SIGNATURES 处的内容。BlockMetadataIndex_COMMIT_HASH 处存放一个提交哈希，在区块提交至账本前，对区块交易有效性、状态数据等进行哈希计算，参见 core/ledger/kvledger/kv_ledger.go 中的 addBlockCommitHash 方法。

在 Fabric 2.0 中，还有两种衍生的区块类型，服务于具体的功能：简化版的区块和完整版的区块。简化版的区块，如 fabric-protos 仓库的 peer/events.pb.go 中定义的 FilteredBlock，主要用于 PeerDeliver 服务，客户端只需要知道区块中的某些关键信息即可，因此简化了通用区块中不必要的信息。完整版的区块等价于"通用区块+对应的私有数据"，如 fabric-protos 仓库的 peer/events.pb.go 中定义的 BlockAndPrivateData 和 core/ledger/ledger_interface.go 中定义的 BlockAndPvtData。

具体到每个区块中所包含的交易，以 block1 的 D1 中的 T5 为例，如图 7-4 所示，描述了 T5 作为一个背书类型（HeaderType_ENDORSER_TRANSACTION）交易的数据结构。

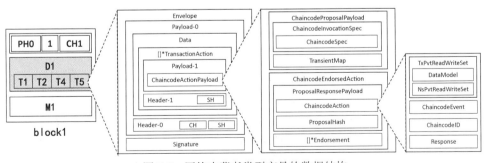

图 7-4　区块中背书类型交易的数据结构

其中涉及的数据结构均在 fabric-protos 仓库中定义，主要由如下部分组成。

❑ Signature，由发起交易的节点（peer CLI 或 Fabric SDK）的私钥对交易进行签名，用以确保交易未被篡改。

❑ Header-0，包含 CH（ChannelHeader）和 SH（SignaturesHeader），存放着关于交易的元数据，如发起人身份（Creator）、交易 ID、所属通道、调用链码等。

❑ Data，交易数据，是一个 TransactionAction 数组。每个 TransactionAction 中，包含 Header-1 和 Payload-1 两部分。Header-1 是 Header-0 中的 SH，Payload-1 是一个 ChaincodeActionPayload。ChaincodeActionPayload 包含交易的原始调用申请（ChaincodeProposalPayload）、调用应答（ChaincodeEndorsedAction）等。调用应答中包含一个 ChaincodeAction，记录了交易调用智能合约所产生的读写集（TxPvtReadWriteSet）、链码事件（ChaincodeEvent）和合约应答（Response）等。

7.4 私有数据结构

关于私有数据，Fabric 官方文档也给出了一个形象的例子。在一个与农产品销售业务相关的应用通道中，存在农民、运输商、分销商、批发商、零售商这些组织参与者。由于各组织在业务中存在竞争关系，因此，以分销商的视角，其存在这样的隐私需求：自己通过运输商的运输从农民处购入大宗农产品所花费的成本不能被批发商知晓，这样自己向批发商供货时，在价格谈判上才会有优势。同样的需求，也存在于分销商、运输商、批发商之间，分销商通过运输商的运输向批发商批量售卖农产品的价格，需要对农民保密。诸如此类，在一个应用通道中，从商业逻辑考量，会将一个组织纳入若干个"保密圈"。

私有数据，在 Fabric 中存储在集合（也可称为私有数据集合）中。集合对应的是通道中的链码，即集合是依据链码的业务实现而设计的，并通过链码进行读、写操作。每个背书节点在实例化链码时，均可通过 peer chaincode lifecycle 命令的 --collections-config 参数，指定一个集合配置文件，定义一系列针对一个链码业务实现的私有数据，而链码 ID 则作为集合的命名空间。

参见 fabric-samples/chaincode/marbles02_private/collections_config.json，集合配置是一个 JSON 文件，包含一个或多个子集合，每个集合配置的配置项如下。

❑ name，集合的名字。

❑ policy，集合的分发策略。分发策略一般采用 GATE(P[, P]) 格式，指定哪些 MSP 角色主体的节点可存储私有数据。分发策略的范围一定要比链码的背书策略的范围大，至少是相同的，因为一个背书节点必须先符合分发策略以得到私有数据，当客户端发起交易时，背书节点的链码才能正常地使用私有数据，也才能正常得出交易结果并对交易结果签名背书。例如分发策略是 OR('Org1MSP.member', 'Org2MSP.member')，即只有 Org1、Org2 两个组织的背书节点可以存储私有数据。此时若背书策略定义为 AND('Org1MSP.member',

'Org3MSP.member')，因为 Org3 的背书节点不可能持有私有数据，此时调用 Org3 背书节点的链码，不可能成功，所以 Org3 的背书节点不可用。

❏ requiredPeerCount、maxPeerCount，分发节点数量。requiredPeerCount 代表在背书节点产生包含私有数据的交易模拟结果后，向背书申请者返回正确应答前，必须将新产生的私有数据发送给满足分发策略的节点的最小数量，0 代表不分发。maxPeerCount 代表当背书节点有新的私有数据产生时，会将私有数据发送给满足分发策略的节点的最大数量，分发通过 gossip 服务进行，不影响正常的背书结果返回，0 代表不分发。

这两项值均用于保证私有数据的可用性。当一个背书节点 A 在交易背书时，产生了新的私有数据 PD，此时只有 A 持有 PD，且此时 PD 的哈希值未被提交至 orderer 共识服务。requiredPeerCount 和 maxPeerCount 的目的就是要从不同角度解决这个单点数据问题。极限情况下，两者均设置为 0，A 不进行分发任务，依然只有 A 持有 PD，则当 A 宕机后，区块链网络中的其他节点将无法从自身或从 A 获得 PD，而若 A 的服务无法恢复，则 PD 相当于丢失。参见 sampleconfig/core.yaml 中的 peer.gossip.pvtData.pullRetryThreshold，当一个节点 B 虽满足分发策略，但因不是背书节点或未收到背书节点的分发而未持有 PD 时，B 会尝试着从其他节点主动拉取 PD。若 B 在 pullRetryThreshold 所设定的时间内获取了 PD，则会将 PD 的哈希值和 PD 分别提交至 B 的账本副本和私有数据库中。若未获取，只将 PD 的哈希值提交至 B 的账本副本中，此时 B 对于涉及 PD 的交易来说是坏节点。

❏ blockToLive，私有数据在私有数据库中存活的块数。一些特别的私有数据在一定时期内被需要，之后需要被彻底清除。因此设定 blockToLive，如设置为 3，某节点已经存储区块序号为 4、5、6 的私有数据，当区块序号为 7 的私有数据写入账本时，会清除区块序号为 4 的私有数据。设置为 0 则代表从不清除。

❏ memberOnlyRead、memberOnlyWrite，用于指定是否强制只有满足分发策略的节点才能读、写私有数据。

❏ endorsementPolicy，参见 6.9.2 节所述有关集合级别背书策略的内容。一个可选的背书策略，针对私有数据集合的背书交易，该背书策略会覆盖链码层级的背书策略。

一个私有数据集合由私有数据库、私有数据哈希两部分组成，以集合命名空间作为区分。私有数据集合结构如图 7-5 所示，其中展示了 2 个私有数据集合。

在图 7-5 中，通过调用通道 C 中的链码 CC，可以对私有数据集合 1、2 进行读、写操作。私有数据集合 1、2 真实的私有数据 {key1-value1}、{key2-value2} 被 peer0.Org1 分别存储在私有数据库 1、私有数据库 2 中，而私有数据哈希，即 {hash(key1)-hash(value1)}、{hash(key2)-hash(value2)}，被提交至 orderer 排序服务后，分发至通道 C 中的参与者节点 peer0.Org1、peer0.Org3 并被提交至节点的世界状态数据库中。

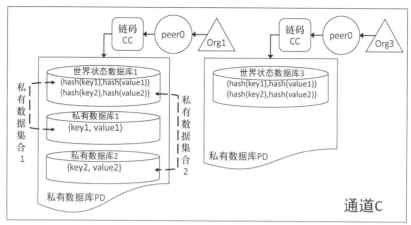

图 7-5   私有数据集合结构

当 policy 定义为 OR('Org1MSP.member', 'Org2MSP.member')时，peer0.Org1 和 peer0.Org2 作为私有数据集合的授权成员，其下的成员可以被分发、拉取和存储真实的私有数据。但是 peer0.Org3 没有权限获取和存储真实的私有数据，而只能以通道 C 成员的身份，获取私有数据的哈希值。参考上文中的例子，peer0.Org1 可能是分销商组织的节点，则私有数据集合 1 可能存储的是农民、运输商、分销商之间的私有数据，私有数据集合 2 可能存储的是分销商、运输商、批发商之间的私有数据。

参见图 7-4，因为原背书交易申请会被记录到区块中，所以在向 peer0.Org1 发送背书交易申请以调用链码 CC 读、写私有数据集合 1 时，同样也需要对传入的参数进行保密。参见 fabric-protos-go 仓库的 peer/proposal.pb.go 中的 ChaincodeProposalPayload，其成员 TransientMap 用于存储调用链码 CC 读、写私有数据相关方法时所传递的参数，这个成员在背书交易结果提交至 orderer 共识服务后会被清除。具体执行 peer chaincode invoke 命令时，由--transient 参数指定私有参数。

参见 fabric-chaincode-go 仓库的 interfaces.go 中带有"PrivateData"关键字的接口，如 GetPrivateData(collection, key string) ([]byte, error)、PutPrivateData(collection string, key string, value []byte) error，均为链码操作私有数据集合的接口，第一个参数 collection 为集合的命名空间。

从 Fabric 2.0 起，支持隐式私有数据集合（implicit private data collection），即在实例化链码时，不需要定义集合配置文件 collections_config.json，默认以通道的每个组织参与者为单独的一个私有数据集合。在调用一个组织背书节点的链码进行交易时，可以直接使用 _implicit_org_<MSPID>作为集合的命名空间，如_implicit_org_Org1MSP、_implicit_org_Org2MSP，调用与私有数据相关的方法，对每个组织的私有数据进行读、写操作。

7.5 账本对象的层级

账本源码涉及以下目录。

□ common/ledger，账本领域中，块存储通用概念的实现。

□ core/ledger，账本领域中，账本存储、节点账本、账本管理者概念的实现。

□ fabric-protos 仓库的 ledger，账本领域涉及的数据结构原型。

账本对象的层级结构以"账本管理者→账本→账本存储→块存储"为方向，概念从账本向通用的存储进行变化，如图 7-6 所示。

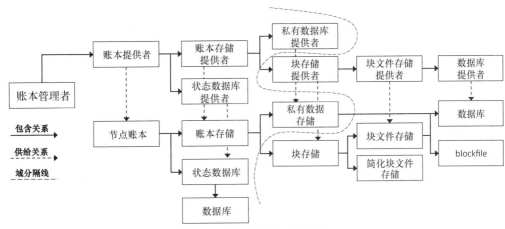

图 7-6　账本对象的层级结构

除账本管理者外，每一层级对象均对应有提供者对象，提供者对象的含义和操作虽然简单，却是每一层级相互衔接的关键，如账本管理者并不直接包含账本对象，而是只包含账本提供者对象，账本提供者对象又包含账本存储提供者对象。整个账本领域大体分为两个子领域，域分隔线左侧是子领域 core/ledger，右侧是子领域 common/ledger。common/ledger 主要负责实现通用存储的细节，与底层的存储文件和数据库"打交道"。core/ledger 在 Fabric 中属于核心子领域，主要负责存储流程的控制，参与到与 Fabric 区块链网络其他模块进行的协同工作中。

7.6　账本数据的存储流程

由于账本牵涉对 Fabric 区块链网络数据流的处理，我们需要先了解账本在整个 Fabric 区块链网络中对数据流的处理流程和机制，才能更好地理解账本对象本身的功能细节，如代码清单 7-1 和代码清单 7-2 所示。依托交易流程，从客户端应用提交交易申请开始，在此粗略地讲述账本数据的存储流程。

代码清单 7-1　internal/peer/node/start.go

```
1.  func serve(args []string) error {
2.      gossipService, err := initGossipService(policyMgr,...)
3.      serverEndorser := &endorser.Endorser{PrivateDataDistributor: gossipService,...}
4.  }
```

在代码清单 7-1 中，背书节点启动时，背书服务中 PrivateDataDistributor 被赋值为 gossip 服务对象，即由 gossip 服务负责私有数据的分发工作。

代码清单 7-2 core/endorser/endorser.go

```
1.   func (e *Endorser) SimulateProposal(txParams ...) (...) {
2.     res, ccevent, err := e.callChaincode(txParams, chaincodeInput, chaincodeName)
3.     simResult, err := txParams.TXSimulator.GetTxSimulationResults()
4.     if simResult.PvtSimulationResults != nil {
5.       pvtDataWithConfig,...:= AssemblePvtRWSet(...simResult.PvtSimulationResults,...)
6.       endorsedAt, err := e.Support.GetLedgerHeight(txParams.ChannelID)
7.       pvtDataWithConfig.EndorsedAt = endorsedAt
8.       if...e.PrivateDataDistributor.DistributePrivateData(...pvtDataWithConfig...)...
9.     }
10.    pubSimResBytes,...:=simResult.GetPubSimulationBytes()
11.    return ...pubSimResBytes...
12.  }
```

在代码清单 7-2 中，背书节点接收到一个背书申请，其中包含调用私有数据的操作。第 2～3 行，背书节点正常执行链码调用，并获取交易模拟结果。

第 4～9 行，交易模拟结果中包含私有数据读写集，这里标记为 PD1。由 PrivateDataDistributor，即 gossip 服务，对 PD1 进行分发，在 gossip/service/gossip_service.go 中实现。理想的结果是，其他 peer 节点在 gossip/state/state.go 的 receiveAndDispatchDirectMessages 方法中及时接收到含有 PD1 的 gossip 消息，并将其存储在各自的临时数据库中，如代码清单 7-3 所示。

第 10～11 行，返回交易模拟结果的公开读写集部分。

之后，背书节点对公开读写集进行背书，返回背书应答。客户端收到背书应答后，将之整理成背书交易 ENV1，发送至 orderer 集群进行共识排序，生成区块，这里标记为 BLK1，设定只包含 ENV1。

在 internal/pkg/peer/blocksprovider/blocksprovider.go 的 DeliverBlocks 方法中，peer 节点通过 Deliver 服务将 BLK1 拉取到本地，并在 processMsg 方法中将含有 BLK1 的 gossip 消息添加至 state 子模块的缓存队列，再由 state 子模块将之取出，交给 coordinator 子模块提交至本地账本，如代码清单 7-3 所示。

代码清单 7-3 gossip/privdata/coordinator.go

```
1.   func (c *coordinator) StorePvtData(txID , privData, blkHeight) error {
2.     //在core/transientstore/store.go中实现，将分发而来的私有数据存储至临时数据库
3.     return c.store.Persist(txID, blkHeight, privData)
4.   }
5.   func (c *coordinator) StoreBlock(block *common.Block, privateDataSets...)... {
6.     err := c.Validator.Validate(block) //验证区块数据
7.     blockAndPvtData:=&ledger.BlockAndPvtData{Block:block,PvtData...MissingPvtData.}
8.     exist, err := c.DoesPvtDataInfoExistInLedger(block.Header.Number)
9.     if exist {
10.      commitOpts := &ledger.CommitOptions{FetchPvtDataFromLedger: true}
11.      return c.CommitLegacy(blockAndPvtData, commitOpts)
12.    }
13.    pdp := &PvtdataProvider{selfSignedData:...}
14.    pvtdataToRetrieve, err := c.getTxPvtdataInfoFromBlock(block)
15.    retrievedPvtdata, err := pdp.RetrievePvtdata(pvtdataToRetrieve)
```

```
16.    blockAndPvtData.PvtData = retrievedPvtdata.blockPvtdata.PvtData
17.    blockAndPvtData.MissingPvtData = retrievedPvtdata.blockPvtdata.MissingPvtData
18.    err = c.CommitLegacy(blockAndPvtData, &ledger.CommitOptions{})
19.    retrievedPvtdata.Purge()
20. }
```

在代码清单 7-3 中，第 7 行，创建 BlockAndPvtData，包含 BLK1、PD1、缺失的私有数据。

第 8 行，经调用，使用 core/ledger/kvledger/kv_ledger.go 中 kvLedger 的方法，查看账本中 BLK1 对应的 PD1 是否已存在，3 种情况下将返回 true：一、私有数据库中存在 BLK1 对应的 PD1；二、BLK1 对应的 PD1 部分或全部缺失，但 PD1 的缺失信息已经登记；三、BLK1 中本就不存在对应的私有数据。

第 9～12 行，若 PD1 已存在于私有数据库中，将提交选项设定为从账本中拉取私有数据，使用 committer 提交 BLK1（提交时，PD1 直接从本地私有数据库中拉取，而非从其他节点拉取）并返回。

第 13 行，若私有数据目前还未存在于私有数据库中，则创建一个私有数据获取对象 PvtdataProvider。

第 14 行，从 BLK1 中获取所含有的 PD1 的哈希值，作为检索原始私有数据的依据。

第 15 行，使用 PvtdataProvider，依据 PD1 的哈希值去获取原始私有数据，同时确定 PD1 的状态（是否缺失、是否有效）。可从以下 3 个途径获取原始私有数据。

❑ 缓存，即传入 StoreBlock 方法的第二个参数 privateDataSets 所携带的私有数据。

❑ 临时数据库，若当前 peer 节点是背书节点，则此时临时数据库中一定已存储 PD1；若当前 peer 节点不是背书节点，则此时临时数据库中是否存在 PD1，取决于背书节点是否已将 PD1 分发过来。

❑ 从其他 peer 节点处拉取，即临时数据库中不存在 PD1，说明尚未接收到背书节点的分发，此时主动尝试从其他 peer 节点处拉取。这里设定只获取了部分 PD1，还有一部分 PD1 未成功获取，作为缺失或无效的私有数据（实际上不可能只部分获取）。

第 16～17 行，依据 PvtdataProvider 获取的实际情况，将区块中应有的所有私有数据分为两类：已正常获取的 PvtData、未成功获取而缺失的 MissingPvtData。缺失的私有数据以摘要的形式存储于私有数据库中，gossip 服务中的 reconciler 子模块，在 gossip/privdata/reconcile.go 的 reconcile 方法中，可据此摘要努力补全这些缺失的私有数据。

第 18 行，设定提交选项为不从账本中获取私有数据，使用 committer 提交 BlockAndPvtData，包括 BLK1、PD1、缺失的私有数据。committer 在 core/committer/committer_impl.go 中定义，其 CommitLegacy 接口中又调用了 core/ledger/kvledger/kv_ledger.go 中账本对象 kvLedger 的 CommitLegacy 方法。

第 19 行，由于 BlockAndPvtData 已提交，因此将已获取的 PD1 从临时数据库中清除。

至此，在了解了账本数据大致的存储流程之后，下文将以此为起点，深入账本服务的底层，依据图 7-6 所示的账本对象的层级结构，分析账本功能的实现细节。

7.7　块存储对象

　　块存储（block store）是整个账本体系中最底层、最通用的概念对象之一，属于 common/ledger 下的实现。块存储接口在 common/ledger/blkstorage/blockstorage.go 中定义，对应提供者是 BlockStoreProvider。块存储只有一种使用文件系统进行存储的实现，为 common/ledger/blkstorage/ fsblkstorage/fs_blockstore.go 中的 fsBlockStore。这种存储实现方式具象化到账本的结构中，就是账本结构中所述的区块账本中的一个个 blockfile。fsBlockStore 通过对 blockfile 的读、写操作，将 Fabric 区块链网络中每个通道产生的区块顺序存储，并使用 goleveldb 数据库记录每个区块在 blockfile 中的位置信息，以此对块数据进行快速定位，索引查询。依据图 7-6，本节内容将先从账本对象的层级结构最底层的 goleveldb 数据库开始，向上追溯，讲解块存储概念的具体实现。

7.7.1　状态数据库

　　账本中使用非关系数据库 goleveldb，主要对第三方库 syndtr / goleveldb 的 leveldb 进行包装，用于记录账本 ID 信息、blockfile 中区块的位置信息。在对 goleveldb 的使用过程中，主要涉及数据库提供者对象 Provider、数据库操作者对象 DBHandle 和 DB 这 3 个对象。从上到下的持有关系为 Provider→DBHandle→DB→goleveldb，这些对象均可归为图 7-6 所示的数据库、数据库提供者部分。

1．DB 对象

　　DB 对象在 common/ledger/util/leveldbhelper/leveldb_helper.go 中定义，直接持有第三方库 goleveldb，是 Fabric 中封装的 LevelDB 对象，主要包含该数据库的配置、leveldb.DB、数据库状态、对 leveldb.DB 读写时的选项、对 leveldb.DB 读写时的锁。实现的操作与普通数据库的操作基本一致：开、关、增、删、查。这些操作基本依赖于 leveldb.DB 的方法。而之所以对 leveldb.DB 进行封装，主要为了实现由 DB 中的读写锁对 leveldb.DB 的读、写进行并发控制。DB 对象的方法如表 7-1 所示。

表 7-1　DB 对象的方法

方法名	功能描述
Open、Close	打开或关闭一个 LevelDB
Put	写入一个键值对。可设定是否同步写入。非同步写入时，数据被写入缓存，由数据库控制何时刷新 I/O
Get、GetIterator	获取一个键对应的值、获取一个指定范围（如 Key1 至 Key10）的查询迭代器
WriteBatch	事务性地批量写入一批键值对
Delete	删除一个键对应的值

2. DBHandle 对象

DBHandle 包含 DB，是操作 DB 的对象，在 common/ledger/util/leveldbhelper/leveldb_provider.go 中定义，主要目的是将普通的键转为 DB 所使用的键。由于每个账本都使用各自的 DBHandle 去操作同一个 DB，而各个账本有存储同一个键的情况，此时若直接使用原始的键，将发生值的覆盖。因此，DBHandle 会使用 constructLevelKey 函数对原始键进行转化：将[]byte 格式的键转为“账本 ID+string 格式”的键。如此，对不同账本来说，同一个键被添加了不同的前缀，因而不会发生覆盖问题。

3. Provider 对象

Provider 对象在 common/ledger/util/leveldbhelper/leveldb_provider.go 中定义，主要包含一个 DB 和一个 map[string]DBHandle，供上层对象持有和调用，提供 DBHandle 对象。Provider 对象的方法如表 7-2 所示。

表 7-2　Provider 对象的方法

方法名	功能描述
openDBAndCheckFormat	创建 Provider 时调用的方法。打开（或创建）一个 DB，并检查数据格式版本。打开 DB 时，若 DB 不存在，则创建 DB 并写入数据格式版本；若 DB 已存在，则对比参数与 DB 中的数据格式版本是否一致
GetDBHandle	从 map[string]DBHandler 中获取指定账本的 DBHandler
GetDataFormat	获取 DB 的数据格式版本。Fabric 从 1.0 迭代至 2.0 的过程中，存储键值对的方式发生了变化，因此会专门在 DB 中存储数据格式版本，以做区分

7.7.2　blockfile 的管理

blockfileMgr 是一个管理账本所有区块数据的对象，对 blockfile 进行安全、规则化的读写操作，并对 blockfile 的文件名、文件大小、区块索引数据进行控制。fsBlockStore 是 BlockStore 接口的实现，通过包含 blockfileMgr 对象读写 blockfile，以实现读取和存储区块数据的功能，同时提供了账本块存储状态的监控服务，如提供账本的高度信息、最后一次提交的时间信息。FsBlockstoreProvider 则为 fsBlockStore 对应的 Provider 对象，供上级对象或其他模块使用。

1. blockfileMgr

blockfileMgr 对象在 common/ledger/blkstorage/fsblkstorage/blockfile_mgr.go 中定义，是一个 blockfile 管理员。因为涉及 blockfile，所以读写文件时常见的问题都是 blockfileMgr 需要解决的，如数据恢复、多线程写入、读写指针、文件大小控制、写入数据丢失等问题。同时，在 blockfile 中读写区块数据，并不单单操作区块数据，还有对区块数据的索引，以及其他与区块相关信息的操作。因此 blockfileMgr 在实现自身功能的过程中，借助了多个对象工具。

（1）区块存储规则。每个账本的 blockfileMgr 均维护和使用一个 checkpoint，它在 blockfile_ mgr.go 中定义，记录着 blockfile 当前最新的关键存储信息。每次向 blockfile 中写入新的区块数据时，会将索引数据库中的 checkpoint（以 blkMgrInfoKey 为键）同步更新。checkpoint 包含如下信息。

- ❑ latestFileChunkSuffixNum，最新的 blockfile 后缀编号。
- ❑ latestFileChunksize，当前使用的 blockfile 的最新有效大小。
- ❑ isChainEmpty，当前使用的 blockfile 是否为空。
- ❑ lastBlockNumber，已存储的最新区块的序号。

blockfileMgr 在 blockfile 中读取、写入区块数据时，使用的通用工具是 blockfile_rw.go 中的 blockfileWriter、blockfileReader，这两个对象封装了文件路径和 os.File，直接对 os.File 进行打开、关闭、读取、写入、截断等操作。更具体地，blockfileMgr 从 blockfile 读取、写入一个完整的区块有一套规则。这套规则结合了 Google 公司的 protobuf 编码方案，具体如下。

- ❑ 一个完整的区块数据包含两部分，即区块数据长度信息、区块数据自身，这里分别用 A 和 B 表示。blockfileMgr 在 blockfile 中对区块数据包进行整存整取。
- ❑ 一个区块数据为 blockBytes，则其长度是一个 Uint64 整数 blockBytesLen = uint64(len (blockBytes))。为节约空间和方便读取，会用 blockBytesEncodedLen := proto.EncodeVarint (blockBytesLen)将这个整数编码为一个变长数据（原理是在大端系统中删除一个整数低位部分的 0）。这里 blockBytesEncodedLen 就是 A，blockBytes 就是 B。A 代表 B 的长度，A 本身也有长度，即 len(A)+len(B)才是一个完整的区块数据包的长度。
- ❑ 当向 blockfile 写入 B 时，会先计算出 A，然后将 A 和 B 放在一起作为一个数据包一同写入，并在索引数据库中记录该数据包在 blockfile 中的起始位置（用 startOffset 表示）。若要写入的数据长度 len(A)+len(B)大于 blockfile 的最大限制（如 64MB），如对 blockfile_ 000000 再写入 5B，其大小就达到 64MB，而 len(A)+len(B)为 100B，则将 A 和 B 一同写入 blockfile_000001 中。
- ❑ 当从 blockfile 中读取 B 时，从索引数据库中记录的区块数据包的 startOffset 开始，会先读取 8B，然后调用 length, n := proto.DecodeVarint(lenBytes)，尝试解码 A 的实际值和 A 的长度。这里直接读取 8B，是假设这 8B 中一定会完整包含 A。对一个 512 万亿 bit 的整数进行 EncodeVarint 编码，得到的数据的长度也只有 7bit，也就是说，这里假设 len(A)≤8 恒为真。当 len(A)只为 3，读取的 8bit 数据中剩余 5bit 为 B 的数据时，DecodeVarint 依然会解码出 A，此时返回的 n 为 3，length 则为 A 代表的实际值（B 的长度）。B 的起始位置为 startOffset+n，然后读取 length B，也就完整地将 B 读取出来了。
- ❑ blockfileMgr 对 blockfile 的操作，以区块数据包为单位，进行整存整取。但若写入区块数据包的过程中，节点异常退出，则可能造成不完整的区块数据包残留在 blockfile 中的情况：一、A 未完整写入；二、A 已完整写入，B 未完整写入。在节点重启，恢复账本和

blockfileMgr 对象时，需要对此类情况进行识别和处理。

依据上述规则，blockfileMgr 在向 blockfile 写入、读取一个区块数据时，会对区块数据进行序列化和反序列化，分别由 common/ledger/blkstorage/fsblkstorage/block_serialization.go 中的 serializeBlock、deserializeBlock 函数实现。

（2）区块索引机制。在 blockfileMgr 中写入区块数据时，同时也会在索引数据库中建立区块的索引信息，目的是能够快速、方便地从 blockfile 中定位并读取区块或区块中所含交易。这里存在如下 3 个存储位置对象，用以定位和检索。

❑ fileLocPointer，在 blockindex.go 中定义，用于表示一个区块或交易在 blockfile 中的起始位置。fileLocPointer.fileSuffixNum 表示数据所在的 blockfile，fileLocPointer.locPointer 表示数据在 blockfile 中的起始位置和占用大小。

❑ txindexInfo，在 block_serialization.go 中定义，专用于表示交易在区块中的存储地址。txindexInfo.txID 表示交易 ID，txindexInfo.loc 表示交易在区块中的起始位置和占用大小。txindexInfo 对交易来说是一个相对地址，即依据 blockfileMgr 对区块的存储规则，txindexInfo 中的偏移量是相对于 B 的起始位置的偏移量。而在建立交易索引信息时，会将交易的偏移量调整为相对于 A 的起始位置的偏移量，并同区块的起始位置一起存入索引数据库中。

❑ blockPlacementInfo，在 block_stream.go 中定义，专用于表示区块在 blockfile 中的位置信息。依据 blockfileMgr 对区块的存储规则，blockPlacementInfo.fileNum 表示区块所在 blockfile 的编号后缀，blockPlacementInfo.blockStartOffset 表示 A 部分的起始位置，blockPlacementInfo.blockBytesOffset 表示 B 部分的起始位置。

blockfileMgr 使用 blockIdxInfo 的 indexBlock 方法建立索引，在 common/ledger/blkstorage/fsblkstorage/blockindex.go 中实现。建立的方式是预定义若干索引项，当写入区块时，先从区块中获取各个索引项所需要的键、值，形成一批键值对，然后将其批量写入索引数据库。

blockIdxInfo 支持的预定义索引项在 common/ledger/blkstorage/blockstorage.go 中定义，这些索引项可以从不同的角度获取区块的位置或交易信息，以供 blockfileMgr 使用，具体如下。

❑ IndexableAttrBlockNum，依据区块序号查找区块位置信息的索引项。

❑ IndexableAttrBlockHash，依据区块哈希值查找区块位置信息的索引项。

❑ IndexableAttrTxID，依据交易 ID、区块序号和交易在 block.Data 中的位置查找区块位置信息、交易位置信息和交易有效性标识的索引项。

❑ IndexableAttrBlockNumTranNum，依据区块序号和交易在 block.Data 中的位置查找交易位置信息的索引项。

（3）区块的读取。blockfileMgr 使用 blockfileStream 的 nextBlockBytes 方法，从单个 blockfile 中读取一个区块数据，在 common/ledger/blkstorage/fsblkstorage/block_stream.go 中实现。读取时，

依据区块的存储规则，blockfileStream 操作 blockfile 文件句柄的偏移量，读取区块数据。

在 blockfileStream 的操作基础上，blockfileMgr 使用 blockStream 的方法，从多个 blockfile 中读取一个区块数据。当一个 blockfile 读完时，blockfileStream 会调用 moveToNextBlockfileStream 方法，切换至下一个 blockfile，继续读取。

（4）区块迭代器。blockfileMgr 在 blockStream 的基础上，使用 common/ledger/blkstorage/fsblkstorage/blocks_itr.go 中定义的 blocksItr，实现从指定序号开始，顺序地读取 blockfile 中区块的迭代器功能。若当前要读取的区块并不存在于 blockfile 中，如当前账本高度为 10，迭代器从序号为 15 的区块开始读取，则迭代器将一直等待序号为 15 的区块出现，"不见不散"。

（5）区块的回滚、重置。blockfileMgr 使用 rollbackMgr 的 Rollback 方法，实现区块数据的回滚功能，在 common/ledger/blkstorage/fsblkstorage/rollback.go 中实现。blockfile 虽然是文件，但也可看作一个用以存储区块的数据库。而对一个数据库而言，回滚功能是必需的，在 Fabric 2.0 中，已经提供了此功能。在 blockfileMgr 层面上的回滚功能，通过将 blockfile、索引数据库等 "组件" 中多余区块的数据清除的方式，回滚至指定序号的区块。

账本的重置功能，是另一种变相、较为 "极端" 的回滚功能，等同于将账本数据回滚至创世纪块的状态。在 blockfileMgr 层面上的重置功能，由 reset.go 中的 ResetBlockStore 函数实现，过程与回滚的实现过程类似。不同的是，重置的目标更清晰，操作上也简单许多。比如，编号大于 0 的 blockfile 可以直接删掉，只计算编号为 0 的 blockfile 中第一个区块的偏移量，然后截断。又因为创世纪块中的交易一定是配置交易，即交易不会写入索引数据库中，所以可以通过删除索引数据库所在目录下的所有文件，直接清除所有区块的索引数据。

经过上述内容的铺垫，现在我们可以重新聚焦于 blockfileMgr 对象。blockfileMgr 对 blockfile 和索引数据库的管理实现如代码清单 7-4 所示。

代码清单 7-4　common/ledger/blkstorage/fsblkstorage/blockfile_mgr.go

```
1.  func newBlockfileMgr(id, conf, indexConfig, indexStore) *blockfileMgr {
2.    rootDir:= conf.getLedgerBlockDir(id); ...:= util.CreateDirIfMissing(rootDir)
3.    mgr := &blockfileMgr{rootDir: rootDir, conf: conf, db: indexStore}
4.    cpInfo, err := mgr.loadCurrentInfo()
5.    if cpInfo == nil {
6.      if cpInfo, err= constructCheckpointInfoFromBlockFiles(rootDir);...{...}
7.    } else { syncCPInfoFromFS(rootDir, cpInfo) }
8.    err = mgr.saveCurrentInfo(cpInfo, true)
9.    currentFileWriter, err := newBlockfileWriter(...latestFileChunkSuffixNum))
10.   err = currentFileWriter.truncateFile(cpInfo.latestFileChunksize)
11.   if mgr.index, err = newBlockIndex(indexConfig, indexStore);...{panic...}
12.   bcInfo := &common.BlockchainInfo{Height: 0,...}
13.   if !cpInfo.isChainEmpty {mgr.syncIndex();...;bcInfo=&common.BlockchainInfo{...}}
14.   mgr.bcInfo.Store(bcInfo)
15. }//创建一个账本的 blockfile 管理工具
16. func (mgr *blockfileMgr) addBlock(block *common.Block) error {
17.   bcInfo := mgr.getBlockchainInfo() //获取当前账本区块链信息
18.   if block.Header.Number != bcInfo.Height { return errors... }
19.   if !bytes.Equal(block.Header.PreviousHash, bcInfo.CurrentBlockHash) {...}
```

```
20.     blockBytes, info, err := serializeBlock(block)
21.     txOffsets := info.txOffsets; currentOffset := mgr.cpInfo.latestFileChunksize
22.     blockBytesLen:=...; blockBytesEncodedLen :=...; totalBytesToAppend:=...
23.     if currentOffset+totalBytesToAppend > mgr.conf.maxBlockfileSize {
24.       mgr.moveToNextFile(); currentOffset = 0
25.     }
26.     err = mgr.currentFileWriter.append(blockBytesEncodedLen, false)
27.     if err==nil {err = mgr.currentFileWriter.append(blockBytes, true)}
28.     if err!=nil {...mgr.currentFileWriter.truncateFile(mgr..latestFileChunksize)...}
29.     newCPInfo := &checkpointInfo{...}; if ...mgr.saveCurrentInfo(newCPInfo,false);...
30.     blockFLP:=...; blockFLP.offset=...; for _, txOffset := range txOffsets {...}
31.     if err = mgr.index.indexBlock(&blockIdxInfo{...}); err != nil { return err }
32.     mgr.updateCheckpoint(newCPInfo); mgr.updateBlockchainInfo(blockHash, block)
33.   }//写入一个区块
```

在代码清单 7-4 中，第 2 行，根据账本 ID，以配置 conf 中的 blockStorageDir 路径为基础，一般为/var/hyperledger/production/ledgerData/，追加"chains/账本 ID"部分，组装成 rootDir，作为账本的 blockfile 存储的目录。若 rootDir 不存在，则创建 rootDir。

第 3 行，创建一个 blockfile 管理工具，主要包含：一、一个索引数据库 db，db 是一个 DBHandle 对象，操作着一个 DB 对象；二、账本配置 conf，conf 中指定了账本存储基础目录和 blockfile 的大小限制；三、账本 blockfile 所存放的目录 rootDir。

第 4～7 行，从 db 中获取当前的 checkpoint 信息。若 cpInfo 为空，说明此账本是第一次建立或 checkpoint 信息丢失，则依据 blockfile 中区块数据的"现状"，构建或恢复账本的 checkpoint。否则，因 blockfileMgr 写入一个区块时，是先写入 blockfile，再更新 db 中的 checkpoint 的，因而需根据 blockfile 中存储的区块的实际状态，同步更新 cpInfo。

第 8 行，以同步的方式，将之前创建或更新的账本 checkpoint 信息保存至索引数据库。

第 9～10 行，根据 cpInfo.latestFileChunkSuffixNum 创建最后一个 blockfile 的读写工具，并根据 cpInfo.latestFileChunksize 直接截断最后一个 blockfile，以清除文件尾部可能残留的不完整的区块数据。

第 11 行，为 blockfileMgr 创建一个新的区块索引工具，用于从索引数据库读、写区块索引数据。

第 12～14 行，创建 blockfileMgr 维护的账本区块链信息 bcInfo，外界提供查询区块链信息时，blockfileMgr 提供此信息。若 cpInfo 中当前账本不为空，则依据 blockfile 的"现状"，同步索引数据，再从索引数据获取账本高度、当前区块头部哈希、上一个区块哈希，填补 bcInfo，并以"原子值"进行保存。

第 18～19 行，标记要写入的区块为 NB。若 NB 序号与 bcInfo 中当前账本高度不符、头部所持上一个区块头部哈希与 bcInfo 中当前区块头部哈希不一致，说明 NB 是非法的，返回错误。

第 20～22 行，按照区块写入规则，序列化 NB，计算 NB 的交易位置、写入位置、A 和 B 两部分的长度。

第 23～25 行，若写入 NB 后，当前 blockfile 的大小超限，则移至（新建）下一个 blockfile，并重置 NB 的写入位置为 0。

第 26～28 行，先将 NB 的 A 部分写入 blockfile。若写入成功，以同步方式，再将 NB 的 B 部分（与 A 一同）写入。否则，A 未写入成功，则直接截断 blockfile 至写入前的大小。

第 29 行，NB 写入后，整理新的 checkpoint 并将其写入索引数据库。

第 30～31 行，整理 NB 的索引数据，并将其写入索引数据库。

第 32 行，将新的 checkpoint、账本区块链信息更新至 blockfileMgr 中。

总结一下，整个写入区块的过程中有 3 个重点步骤：写入 blockfile、更新索引数据库中的 checkpoint 并建立索引、更新 blockfileMgr 对象（内存）中的 checkpoint 和 bcInfo。

如上文所述，一个区块账本使用了 blockfile，配合使用了索引数据库，同时也会使用 checkpoint 信息、用以保存当前账本高度的__preResetHeight 文件，这些"组件"相互配合，形成一套完整的区块存储系统。但存储是一个过程，所谓"天有不测风云，peer 节点有旦夕祸福"，这个过程进行到任何环节，节点都有可能出现意外，导致区块数据存储不完整，或者"组件"间数据不同步。因此，一个账本在被重新使用时，各个"组件"间的数据需要相互对比和同步。

比如，在代码清单 7-4 的第 7～8 行中，当区块已写入 blockfile 但未将 checkpoint 更新至数据库时，peer 节点宕机，则 peer 节点再启动时，就必须根据 blockfile 的"现状"，同步 checkpoint，如代码清单 7-5 所示。

代码清单 7-5   common/ledger/blkstorage/fsblkstorage/blockfile_mgr.go

```
1.   func syncCPInfoFromFS(rootDir string, cpInfo *checkpointInfo) {
2.     filePath := deriveBlockfilePath(rootDir, cpInfo.latestFileChunkSuffixNum)
3.     exists, size, err := util.FileExists(filePath)
4.     if !exists || int(size) == cpInfo.latestFileChunksize {return}
5.     _, endOffsetLastBlock, numBlocks, err := scanForLastCompleteBlock(...)
6.     cpInfo.latestFileChunksize = int(endOffsetLastBlock); if numBlocks==0 {return}
7.     if cpInfo.isChainEmpty {cpInfo.lastBlockNumber = uint64(numBlocks-1)}else{...}
8.     cpInfo.isChainEmpty = false
9.   }
```

在代码清单 7-5 中，第 2～3 行，查看 cpInfo 中的最后一个 blockfile 是否存在，以及文件实际大小。

第 4 行，若不存在，或者存在且 cpInfo 中大小与实际相符，前者无法同步，后者无须同步，则均返回。

第 5～6 行，获取最后一个 blockfile 中存储的最后一个完整区块的末尾偏移量 endOffsetLastBlock、最后一个 blockfile 中完整存储的区块数量 numBlocks，赋值给 cpInfo。若 numBlocks 为 0，则说明最后一个 blockfile 为空，也直接返回。

第 7～8 行，依据 blockfile 的实际"现状"，调整 cpInfo 中的 lastBlockNumber、isChainEmpty。

2. fsBlockStore

fsBlockStore 对象在 common/ledger/blkstorage/fsblkstorage/fs_blockstore.go 中定义，功能的代码实现很简单，因为大部分细节工作已由 blockfileMgr 完成。可以说，blockfileMgr 的实现更注

重实际操作，fsBlockStore 的实现则更体现概念和服务。此外，fsBlockStore 提供了对账本 blockfile 存储状态指标数据服务（metric）的支持。

3．FsBlockstoreProvider

FsBlockstoreProvider 对象在 common/ledger/blkstorage/fsblkstorage/fs_blockstore_provider.go 中定义，专用于提供 fsBlockStore。和其他 Provider 对象一样，FsBlockstoreProvider 自身代码实现较为简单，但它是与其他模块或上级对象沟通的桥梁。

下面总结一下本节所述内容。如图 7-6 所示，首先我们从最底层的 goleveldb 数据库讲起，一步步讲至 DB、DBHandle 和 Provider，这三者可归为图 7-6 中的数据库、数据库提供者部分。然后我们重点讲述了 blockfileMgr，blockfileMgr 实现了 fsBlockStore 的绝大部分功能。最后我们简述了 fsBlockStore、FsBlockstoreProvider，二者可归为图 7-6 中的块文件存储、块文件存储提供者部分，实现了对账本中 blockfile 的管理。

7.7.3 简化块文件存储

简化块文件存储是块存储概念的另一种实现，专供 orderer 节点使用。虽然 orderer 节点也需要存储区块链块数据，但依据 orderer 节点的功能定位，其块存储实现并不需要像 fsBlockStore 那样实现多维度的查询、使用索引数据库建立块索引数据、账本状态服务等功能，因此专门为 orderer 节点构建了简化块文件存储的对象。

之所以称为简化块文件存储，是因为相较于块文件存储，无论是对象的概念还是代码的实现，均简化为区块读、写工具，接口在 common/ledger/blockledger/ledger.go 中定义，具体为 ReadWriter，由块阅读者 Reader、块书写者 Writer 组成。

区块读、写工具在 common/ledger/blockledger/fileledger/impl.go 中实现，为 FileLedger 对象。实际上，FileLedger 的实现还使用了 fsBlockStore，但由于 fsBlockStore 被"套"进了 FileLedgerBlockStore 接口，根据接口的里氏替换原则（Liskov Substitution Principle，LSP），只会使用 fsBlockStore 的 AddBlock、GetBlockchainInfo、RetrieveBlocks 这 3 个方法。

7.8 私有数据存储对象

私有数据最重要的属性自然是私有性，依据账本数据存储流程和私有数据存储结构，这里简述私有数据的存储流程。

（1）客户端应用提交背书申请到属于私有数据集合策略成员的背书节点，背书申请中包含读写私有数据的参数。

（2）背书节点收到背书申请后，对交易进行模拟，形成私有数据读写集。

（3）背书节点将原始私有数据读写集存储在一个临时数据库中，并基于 gossip 模块向集合策略中的其他成员进行分发，然后将原始私有数据读写集的哈希值作为背书结果返回给应用客户端。

（4）应用客户端收到含有私有数据哈希值的背书结果，将其打包成合适的交易格式并发送至 orderer 节点进行共识排序，生成区块数据。

（5）区块数据被分发到通道中的各个组织中的 leader 节点，由 leader 节点再次进行转发，最终通道中的所有 peer 节点都会收到此区块。

（6）peer 节点在不需要知道原始私有数据的情况下，使用通用的共识方式验证区块数据的有效性，包括区块中包含的私有数据哈希值。当 peer 节点提交区块时，对集合中的成员来说，将先检查本地的临时数据库中是否已存在原始私有数据（自身是背书节点或从背书节点接收原始私有数据），若不存在原始私有数据，将尝试从其他成员处拉取。然后验证私有数据的哈希值与原始私有数据是否匹配。根据验证结果，将私有数据分别提交至"线上"的状态数据库和"线下"的私有数据库，然后将临时数据库中的对应私有数据清除。

私有数据在状态上有如下 3 个维度。

❏ 是否缺失，指当 peer 节点提交一个区块时，该区块中对应的原始私有数据是否存在。对于不存在的私有数据，将之以摘要的形式标记为缺失数据，并与已获取的私有数据一同提交至私有数据库中。

❏ 是否有效，指对于区块中对应的原始私有数据，一个 peer 节点是否有权限获取该私有数据，即 peer 节点是否属于私有数据集合的成员。对一个节点来说，无效的私有数据一定是缺失的，因为它无权获取。

❏ 是否过期，指私有数据存活的期限，该期限以区块的块数为单位，由私有数据存活策略 BTLPolicy 定义，当超过指定的块数，私有数据即过期数据，将会被清理。

在这 3 个维度中，私有数据可能同时处于多个维度，如一条私有数据可能是"缺失、无效且过期的"，而无论私有数据处于何种状态，每个节点都会以合适的形式对其进行存储。

同时，私有数据的状态是动态变化的，在 Fabric 的不同模块中也会专门启动协程对这些状态进行处理。如针对缺失但有效的私有数据，参见 7.6 节所述账本数据的存储流程中的 reconciler，会有进程定期从其他节点拉取原始私有数据。当集合策略被更新时，一个 peer 节点由非集合策略成员变为集合策略成员，私有数据存储对象会对此变化进行监控，将缺失且无效的私有数据变为缺失且有效的私有数据，然后由 reconciler 去拉取。

1. 私有数据存活策略

由于存活的私有数据的单位是块，依据的是块存活策略 BTLPolicy，因此私有数据存储对象每固定提交若干次新区块的私有数据，会执行一下过期私有数据的清理工作。参见 7.4 节，BTLPolicy 对应私有数据配置中的 blockToLive 项，具体实现为 core/ledger/pvtdatapolicy/btlpolicy.go 中的 LSCCBasedBTLPolicy 对象，通过 GetBTL、GetExpiringBlock 方法，向外提供一个私有数据集合的 blockToLive 或计算一个区块的失效位置的能力。

2. 私有数据预定义键

在提交交易数据至账本时，私有数据和对应的区块是先后分步进行存储的。但 Fabric 的业务逻辑要求两者必须是原子操作，即私有数据和对应的区块的存储，必须同时成功或同时失败。在这些功能实现过程中，私有数据存储对象需要存储若干键值对来标记私有数据存储状态，以辅助私有数据的存储、检索。同时也需要对各种状态的私有数据所使用的键进行预定义以示区分。这些预定义的键在 core/ledger/pvtdatastorage/kv_encoding.go 中定义，具体如下。

- pendingCommitKey，存储用于表示当前私有数据库中是否存在待提交私有数据的标识（布尔值）时所使用的键。pending 的概念在 Fabric 旧版本中是向私有数据库提交数据的准备阶段，此时私有数据已经写入数据库，但未将之视为已完成最后的提交，也未更新私有数据库中 lastCommittedBlkkey 的值。而在 Fabric 2.0 中已不存在此概念。因此该键在 Fabric 旧版本中使用，在 Fabric 2.0 中已处于 deprecated 状态，代码中依然使用 pendingCommitKey 是为了能够兼容旧版本的私有数据库数据或让旧版本的 Fabric 能够升级到 Fabric 2.0。比如，Fabric1.4 的私有数据库已存储序号为 100 的区块的私有数据，处于 pending 状态但未最终提交，此时将节点停掉，将 Fabric 1.4 升级至 Fabric 2.0，Fabric 2.0 需要兼容和继续处理 Fabric 1.4 遗留的这份处于 pending 状态的私有数据。

- lastCommittedBlkkey，存储用于表示当前私有数据库中已提交的最新私有数据所对应的区块序号时使用的键。

- pvtDataKeyPrefix，存储私有数据时使用的键的前缀。完整的键格式为 "pvtDataKeyPrefix+[]byte(blockNum,txNum)+ns+nilByte+coll"。blockNum 为私有数据所属的区块的序号。txNum 为私有数据所属的交易在 block.Data.Data 中的索引位置。ns 为私有数据的命名空间（链码名称）。coll 为集合名称。这些字段组合成一个键，为私有数据建立索引，标识私有数据的来源和归属（block→txNum→ns→coll），同时也等同于一个个检索条件，如可按照 blockNum、txNum 字段指定范围，建立迭代器检索指定范围的私有数据。旧版本的 Fabric 对此键的组合方式有所不同，可通过 v11.go 中的 v11Format 函数判断。下面的键组合方式与此键类似。

- expiryKeyPrefix，存储私有数据过期信息时使用的键的前缀。完整的键格式为 "expiryKeyPrefix+[]byte(expiringBlk,committingBlk)"。expiringBlk 为私有数据过期的区块的序号，committingBlk 为私有数据所属的区块的序号，expiringBlk=committingBlk+私有数据存活期限+1。私有数据存储对象可以依据此键获取当前私有数据库中已过期的私有数据的相关信息，并清除原始私有数据。

- eligibleMissingDataKeyPrefix，存储缺失且有效的私有数据摘要时使用的键的前缀。完整的键格式为 "eligibleMissingDataKeyPrefix+blockNum+ns+nilByte+coll"。这些字段标识缺失且有效的私有数据的来源和归属。私有数据存储对象可以依据此键获取当前私有数据库中缺失且有效的私有数据摘要，然后根据摘要去拉取缺失的私有数据。

❑ ineligibleMissingDataKeyPrefix，存储缺失且无效的私有数据摘要时使用的键的前缀。完整的键格式为 "ineligibleMissingDataKeyPrefix+ns+nilByte+coll+nilByte+blokNum"。在无效的私有数据变为有效的私有数据时，私有数据存储对象可以依据此键将摘要变为缺失且有效，进而尝试拉取。

❑ collElgKeyPrefix，存储一个 peer 节点有权获取的所有私有数据集合时使用的键的前缀。完整的键格式为 "collElgKeyPrefix+blockNum"。blockNum 为 peer 节点在实例化或更新链码且指定集合分发策略配置时，所生成的配置区块的序号。存储的值为私有数据集合成员信息。

❑ lastUpdatedOldBlocksKey，存储用于表示当前私有数据库中最后一次提交的一批缺失的私有数据所对应的区块序号列表时使用的键。同 pendingCommitKey 一样，此键在 Fabric 2.0 中已处于 deprecated 状态，不再被维护。

❑ nilByte，空值，作为键的分隔符使用。

❑ emptyValue，空值，作为一类数据进行存储，如作为缺失的私有数据的值。

对上述包含 blockNum 字段的键来说，由于涉及对私有数据较多的范围查询，如缺失的私有数据摘要的查询，私有数据存储对象对其进行了特殊的编码。具体实现为 core/ledger/util/uint64_encoding.go 中的一对编码、解码函数：EncodeReverseOrderVarUint64、DecodeReverseOrderVarUint64。EncodeReverseOrderVarUint64 函数将一个 Uint64 值，也就是区块的序号值，编码成[]byte 格式值，有两个作用：一、缩小值的长度；二、在 A 大于 B 的情况下，保证编码后的 A 小于编码后的 B。如此编码，有利于私有数据库检索的实现和提高检索的效率。例如，私有数据存在缺失、过期的状态，因此在私有数据库中查询一定范围内的缺失的私有数据摘要时，需遵循由新到旧的顺序，因为越旧的数据，过期的可能性越高，过期的私有数据无须拉取，而是把精力尽量用在还没过期的数据。另外，系统中最近的数据，理论上被再次使用到的概率更高。私有数据库底层使用的是 LevelDB，在范围检索时，如键的范围为[10,20]，检索顺序为 10→11→……→19。根据这一特性，EncodeReverseOrderVarUint64 函数反而可以把检索顺序变为 20→19→……→11，运用到 blockNum 上面，则符合由新至旧的顺序。下文所述私有数据存储对象的 GetMissingPvtData-InfoForMostRecentBlocks 方法就是一个例子。

3. 私有数据存储

这里所叙述的私有数据存储，是指"线下"的存储，也可称为私有数据库（不同于"线上"的状态数据库）。私有数据存储对象接口为在 core/ledger/pvtdatastorage/store.go 中定义的 Store，实现为 store_impl.go 中的 store。私有数据存储对象 store 的方法如表 7-3 所示。

表 7-3　私有数据存储对象 store 的方法

方法名	功能描述
Commit	向私有数据库提交私有数据，包括原始私有数据、原始私有数据的过期信息（若设置 BTLPolicy）、缺失的私有数据摘要（包含有效或无效的）、lastCommittedBlkkey 的值。提交后，尝试清除过期的私有数据
CommitPvtDataOfOldBlocks	向私有数据库提交一批缺失的私有数据。提交前，会先过滤掉其中已过期的私有数据
InitLastCommittedBlock	由上层对象调用，在打开一个账本对象时被调用，依据 blockfile 的"现状"，初始化 store 的 lastCommittedBlock、私有数据库中 lastCommittedBlkkey 的值
GetPvtDataByBlockNum	根据指定的区块序号、命名空间、集合名，从私有数据库中获取私有数据。获取时，使用私有数据库的 DBHandler 创建[blockNum,blockNum+1)范围的迭代器，检索数据，并过滤掉已过期、未通过过滤器的私有数据
GetMissingPvtDataInfoForMost-RecentBlocks	在[lastCommittedBlock,0]范围内，最多获取并返回 maxBlock 个区块的缺失的私有数据摘要。拉取协程需要根据这些摘要，拉取原始私有数据。该方法执行时，store 的 Commit 方法也在不停工作，lastCommittedBlock 值在不停地变化，随时影响着当前检索的数据是否过期。因此需要以最新的 lastCommittedBlock，判断当前迭代检索的缺失的私有数据摘要所代表的私有数据是否已经过期。若过期，则直接略过
ProcessCollsEligibilityEnabled	当 peer 节点的私有数据集合策略发生变化时，调用此方法，将原无效的私有数据变为有效的私有数据。先向节点私有数据库中写入预定义键 collElgKeyPrefix 的数据，然后通知 launchCollElgProc 协程中的 s.collElgProcSync.waitForNotification 等待，执行 s.processCollElgEvents，处理私有数据有效性的变化

7.9　账本存储对象

账本存储对象 Store 属于 core/ledger 下的实现。如图 7-6 所示，账本存储对象具有"衔接"和"防腐"的属性。在领域层面，账本存储对象衔接了 core/ledger 和 common/ledger 两个子领域。在对象层面，账本存储对象衔接了节点账本对象和块存储对象，节点账本对象通过账本存储对象所持有的块存储对象，进行账本数据读、写操作。同时，账本存储对象能够防止子领域 common/ledger 中的概念或逻辑"腐蚀"子领域 core/ledger。账本存储对象所有功能基本通过其包含的（公开数据）块存储接口 blkstorage.BlockStore 和私有数据存储接口 pvtdatastorage.Store 实现，如代码清单 7-6 所示。

代码清单 7-6　core/ledger/ledgerstorage/store.go

```
1.   type Store struct {
2.      blkstorage.BlockStore ...
3.      pvtdatastorage.Store ...
4.   }
5.   type Provider struct {...}   //对应提供者
6.   func (p *Provider) Open(ledgerid string) (*Store,...) { //创建并打开一个账本存储对象
7.      if blockStore, err = p.blkStoreProvider.OpenBlockStore(ledgerid);... {...}
8.      if pvtdataStore, err = p.pvtdataStoreProvider.OpenStore(ledgerid);...{...}
9.      store := &Store{BlockStore: blockStore,pvtdataStore: pvtdataStore}
10.     if err := store.init(); err != nil {...}
11.     info, err := blockStore.GetBlockchainInfo()
```

```
12.    pvtstoreHeight, err := pvtdataStore.LastCommittedBlockHeight()
13.    store.isPvtstoreAheadOfBlockstore.Store(pvtstoreHeight > info.Height)
14.  }
15. func (s *Store) CommitWithPvtData(blockAndPvtdata)... { //提交区块和对应的私有数据
16.    blockNum :=...; pvtBlkStoreHt,...:= s.pvtdataStore.LastCommittedBlockHeight()
17.    if pvtBlkStoreHt < blockNum+1 {
18.      pvtData, missingPvtData := constructPvtDataAndMissingData(blockAndPvtdata)
19.      if err := s.pvtdataStore.Commit(...Number, pvtData, missingPvtData);...{...}
20.    }
21.    if err := s.AddBlock(blockAndPvtdata.Block); err != nil {return err}
22.    if pvtBlkStoreHt == blockNum+1 {s.isPvtstoreAheadOfBlockstore.Store(false)}
23.  }
```

在代码清单 7-6 中，第 7～9 行，分别创建块存储对象和私有数据存储对象，用之创建账本存储对象。

第 10 行，兼容旧版本的代码，主要在特定旧版本升级的情况下，初始化私有数据存储对象中的私有数据高度。

第 11～13 行，分别获取块存储、私有数据存储的高度，若前者小于后者，表示私有数据存储已经领先于块存储（可视为公开数据库），使用 store.isPvtstoreAheadOfBlockstore 进行标识。上文已有叙述，存储是一个过程，但又必须保持原子性，同时账本存在回滚、重置的操作，因此会存在私有数据存储与块存储不同步的现象。store.isPvtstoreAheadOfBlockstore 标识影响着 CommitWithPvtData、GetMissingPvtDataInfoForMostRecentBlocks 两个方法。

第 16 行，获取待提交数据的区块序号，以及当前私有数据库存储的高度。

第 17～20 行，若待提交数据的高度（blockNum+1）大于当前私有数据库存储的高度，说明当前待提交数据中的私有数据并不存在于私有数据库中，则提交数据 blockAndPvtdata 中整理出所含的私有数据和缺失私有数据，提交至私有数据库中。

第 21 行，使用块存储对象，向 blockfile 中区块（属于公开数据）。

第 22 行，若私有数据库存储的高度与当前待提交数据的高度一致，则置 isPvtstoreAheadOf-Blockstore 为 false，表示私有数据存储未领先于块存储，二者状态是同步的。这一步只会执行一次，且在私有数据库和 blockfile 存在状态分叉，账本存储对象重新提交 blockfile 中所有的区块的情况下执行。当二者已经处于同步状态时，再次提交新的私有数据，pvtBlkStoreHt 一定等于 blockNum 而非 blockNum+1。

7.10 节点账本对象和账本管理者对象

节点账本对象属于 Fabric 的核心模块，除肩负起账本数据存储的职责外，还负责与 Fabric 其他模块进行交互协同，如向外界输出账本的状态信息、配合链码升级、参与背书交易模拟等。节点账本对象接口为 core/ledger/ledger_interface.go 中定义的 PeerLedger，实现为 core/ledger/kvledger/kv_ledger.go 中定义的 kvLedger，对应的提供者分别为 ledger_interface.go 中的 PeerLedgerProvider 和 kv_ledger_provider.go 中的 Provider。一个节点账本对象在提交区块数据的过程中，主要有 4 步：

（1）调用交易管理工具 TxMgr 的 ValidateAndPrepare 方法，验证交易的有效性，并准备提交至状态数据库的交易批量更新数据；

（2）使用账本存储对象 Store 将 BlockAndPvtdata 存储至 blockfile、私有数据库中；

（3）使用交易管理工具 TxMgr 的 Commit 方法，将第一步准备的交易批量更新数据提交至状态数据库；

（4）使用历史状态数据库对象 historyDB 将有效背书交易数据提交至历史状态数据库中，这一步可选。

这些步骤中，账本存储对象 Store 在上文已详述，接下来我们先详述账本交易管理工具对象 TxMgr 和历史状态数据库对象 historyDB，再重新回到节点账本对象和账本管理者对象上。

7.10.1　交易管理工具

交易是节点账本数据在业务管理层面上的最小单位，账本中的数据由一笔笔交易构成，可以依据交易 ID 对数据进行查询。节点账本的责任之一就是对区块链网络交易进行管理，包括交易的模拟、验证、迭代查询、状态数据库维护等，这些功能统一由交易管理工具实现，代码集中在 core/ledger/kvledger/txmgmt 目录下。

1. 状态数据库

状态数据库是保存 Fabric 区块链网络当前所有有效交易数据，具体存储交易写集的数据库，以键值对的形式存储，所使用的数据库类型有 goleveldb（默认）和 CouchDB，这些有效交易数据来自经过 Fabric 区块链网络共识排序的区块。如图 7-6 所示，同账本存储对象相比，我们可以将状态数据库存储的有效的公开、私有数据称为"线上数据"，账本存储所管理的 blockfile、私有数据库称为"线下数据"。

这些"线上数据"在节点层面上被称为"状态"，在整个 Fabric 区块链网络层面上被称为"世界状态"。peer 集群中每一个节点均需要启动一个状态数据库，这些状态数据库是节点在背书交易时进行交易模拟的基础：在模拟交易时，实时读取当前状态数据库中的某些数据，作为读集，参与交易逻辑的计算形成新的结果，作为写集，最后形成交易的读写集，作为交易结果，进行背书。

状态数据库也可以称为版本数据库，因为数据库中的每一项数据均存在 3 个要素：键、值、版本号（由所属的区块序号、所属的交易索引组成）。依据 CouchDB 或 goleveldb 的存储性质，当一个键为 A_key，写入值 A_value1 时，该键值对的版本号可能为(1,0)，表示属于序号为 1 的区块的第 0 个交易。再次覆盖写入新值 A_value2 时，版本号可能为(2,1)。

在 Fabric 区块链网络中，由于区块数据在 peer 集群中每个节点的散播效率不一致，区块中所含的有效交易数据提交至每个节点的状态数据库中的时间也不一致，因此在同一时刻，对于同一项数据，每个节点的状态可能是不一致的。所以说，整个 Fabric 区块链网络交易共识过程中，世界状态不是时刻一致的，而是最终一致的。

因为世界状态不是时刻一致的，所以版本号在交易数据共识过程中扮演着重要角色。在背书时使用状态数据库中的数据形成交易读写集时，每一个读集中的键值对均携带版本号，在提交新的交易数据时，若读集中的版本号低于现有状态数据库对应数据的版本号，则说明在生成写集的过程中，使用了旧的数据，因而此交易标记为无效交易，通过这样针对读集版本号的控制逻辑，可以保证状态的共识。

 举个例子

当前 A_key 账户余额为 50 元，版本号为(10,0)。peer0 在上午 10 时 10 分发起交易 T1，业务逻辑是向 A_key 中存入 100 元，此时 T1 形成的读集是{key=A_key,value=50,version=(10,0)}，形成的写集是{key=A_key,value=(50+100)=150}。

在上午 10 时 11 分，此时假设 T1 的写集还未提交至状态数据库，peer0 又发起交易 T2，业务逻辑是从 A_key 中取出 20 元，此时 T2 形成的读集是{key=A_key,value=50,version=(10,0)}，形成的写集是{key=A_key,value=(50−20)=30}。

T1、T2 被一前一后（在此例子中是先后关系，但实际运行时是竞争关系，不保证 T1 和 T2 的前后顺序）提交至 orderer 集群排序后放入区块中。区块被发送至 peer 节点并提交其中的交易时，会对 T1 和 T2 的有效性进行检查。当检查 T1 时，T1 的读集的版本号为(10,0)，状态数据库中的版本号依旧是(10,0)，因而 T1 是有效的，对 T1 的写集进行提交，此时状态数据库中的版本号变为(12,1)。之后当检查 T2 时，T2 的读集的版本号为(10,0)，而此时状态数据库中的版本号为(12,1)，因而 T2 是无效的，不能提交至状态数据库中。

在 Fabric 区块链网络的实际部署中，一个基本的原则是，链码的逻辑实现虽然使用了状态数据库中的数据，但链码自身是没有权限直接读取状态数据库中的数据的，而要经过背书节点，由背书节点去连接状态数据库并获取其中的数据。不同链码（业务逻辑）之间，以不同的命名空间分隔彼此的数据，避免数据的相互冲突和覆盖。这里的命名空间实质就是链码名称。

状态数据库对象结构如图 7-7 所示。

状态数据库对象和提供者接口为 statedb/statedb.go 中定义的 VersionedDB 和 VersionedDB-Provider，对应的实现按照数据库类型有两种。

❑ LevelDB 状态数据库，为 statedb/stateleveldb/stateleveldb.go 中定义的 VersionedDB 和 VersionedDBProvider。

❑ CouchDB 状态数据库，为 statedb/statecouchdb/statecouchdb.go 中定义的 VersionedDB 和 VersionedDBProvider。在此基础上，由于私有状态的存在，privacyenabledstate/common_storage_db.go 中又定义了可处理私有状态的数据库 CommonStorageDB 和 CommonStorage-DBProvider，该对象也是交易管理工具直接使用的对象。

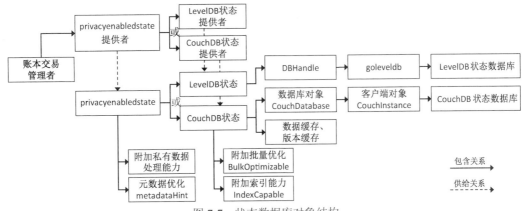

图 7-7 状态数据库对象结构

LevelDB 类型的状态数据库因 LevelDB 数据库自身的限制，在实现状态数据库的功能上有所损失，如不支持富查询或模糊查询。也因此，在正式的生产环境，一般选择 CouchDB 类型的状态数据库。但其代码实现较为简单，底层使用 DBHandler，对 LevedDB 数据库进行读写操作。

CouchDB 是一个文档数据库存储软件，存储于其中的值对 CouchDB 来说均是一个文档。不同于 LevelDB 实现在 peer 节点内部，CouchDB 状态数据库存在于单独实体 fabric-couchdb 容器中，容器启动后，内部运行着 CouchDB 数据库软件，并通过容器端口以 HTTP API 的方式接收来自 peer 节点的读、写请求。换言之，从状态数据存储的角度讲，CouchDB 是服务器，peer 节点则是请求客户端。

因此，出于提高数据流转效率的考虑，CouchDB 状态数据库采取了如下 3 点数据优化措施，这些措施均为 CouchDB 较 LevelDB 额外附加实现的。

❑ 批量优化技术，接口为 statedb/statedb.go 中的 BulkOptimizable。批量优化技术依赖于缓存技术。

❑ 缓存技术，具体实现有两个。一个是 statedb/cache.go 中的数据缓存对象 Cache，该对象包含系统、用户命名空间缓存，底层使用的第三方库 VictoriaMetrics / fastcache 是一个可以快速处理大量数据的缓存方案实现。Cache 用于存放写入 CouchDB 和从 CouchDB 中读取的状态数据，在查询时优先查询缓存中的数据，若 Cache 中不存在所需的数据，再通过 HTTP API 网络通信向 CouchDB 状态数据库查询。另一个是专由 CouchDB 状态数据库使用的缓存，实现为 statedb/statecouchdb/version_cache.go 中的 versionsCache，用于存放已写入 CouchDB 状态数据库的状态的版本。该对象包含两类版本，一个是 Fabric 中的版本，即键的值所属的块高度和交易高度，记作 Height，可称为高度版本号；另一个是 CouchDB 状态数据库中的版本，即键的值存储在 CouchDB 状态数据库中时由 CouchDB 状态数据库维护的数据修订信息，记作 revision，可称为修订版本号。

❑ 索引技术，该技术本身来源于 CouchDB 状态数据库自身，CouchDB 状态数据库对象要做的是在 CouchDB 状态数据库中创建数据的索引，实现为 statedb/statedb.go 中定义的 IndexCapable 接口。在定义链码时，我们可以在链码源码目录下创建 META-INF/statedb/ couchdb/indexes 目录，并在此目录下存放以 JSON 文本为载体的 CouchDB 索引文件。在链码的生命周期管理中，安装链码时会将 META-INF 目录连同链码源码一同打包，并将里面的索引文件交由 CouchDB 状态数据库对象处理。

与 CouchDB 通过 HTTP API 交互的代码实现在 core/ledger/util/couchdb/couchdb.go 中，主要定义了负责连接通信的客户端对象 CouchInstance、CouchDB 状态数据库对象 CouchDatabase（此状态数据库对象的含义指 CouchDB 存储中的数据库概念，同"进入 MySQL 需先选择某个数据库，然后进行读写表数据"中的数据库概念一致）以及其他关于信息、配置、查询、结果返回等的辅助对象。此部分更多地涉及 CouchDB 状态数据库自身的 HTTP API 知识细节。

CouchDB 状态数据库对象 VersionedDB 的部分方法如表 7-4 所示。

表 7-4　CouchDB 状态数据库对象 VersionedDB 的部分方法

方法名	功能描述
ApplyUpdates	提交一批数据至 CouchDB 状态数据库，并保存该批数据的高度版本。提交前，会先将数据写入重做记录（一个本地 LevelDB 状态数据库）中，以防止写入 CouchDB 出错时数据丢失。提交后，会将提交的数据放入缓存，并更新 savepoint
GetStateRangeScanIterator-WithMetadata	根据配置或元数据指定的数据量限制，获取查询命名空间 ns 下[startKey,endKey)范围内的迭代器
ExecuteQueryWithMetadata	返回一个迭代器。此方法可简单理解为 CouchDB 专有的富查询。CouchDB 状态数据库的富查询通过一个格式为 JSON 字符串的 selector 查询选择器，如{"selector": {"year": {"$eq": 2001}},"sort": ["year"],"fields": ["year"]}，可实现类似于 SQL 的（多）条件查询、模糊查询、查询排序等查询功能。本方法中，参数 query 即 selector。额外地，又将请求数据总量、bookmark 这两个查询条件，附加到原 selector 中
LoadCommittedVersions	为了提高 GetVersion 方法获取键版本的效率，缓存一批已提交至 CouchDB 状态数据库的值的版本
ProcessIndexesForChaincode-Deploy	CouchDB 状态数据库对象的附加方法，处理链码数据包中存在的索引文件，在 CouchDB 状态数据库中创建索引。过程：遍历每个.tar 包文件，调用 CouchDB 状态数据库关于创建索引的 API，在 CouchDB 状态数据库中创建索引。这里的.tar 包文件已由上层调用者过滤，均为 META-INF/statedb/couchdb/indexes 或 META-INF/statedb/couchdb/collections/集合名/indexes 目录下的索引文件

如图 7-7 所示，无论是 LevelDB 状态数据库对象还是 CouchDB 状态数据库对象，虽然它们"勤勤恳恳"地提供状态的存储能力，但均得不到账本交易管理工具的"偏爱"，均非被直接使用的对象。因为它们都缺少一项重要能力，即处理节点私有数据的能力。这项能力由 privacyenabledstate/db.go 中定义的 DB 接口承载，具体实现为在 common_storage_db.go 中定义的通用存储状态数据库对象 CommonStorageDB，对应的提供者为 CommonStorageDBProvider。

通用存储状态数据库对象使用一种类型的状态数据库，额外实现对私有数据的处理能力，同时持有一个使用缓存、BookKeeper（LevelDB 类型的数据库）存储命名空间的元数据优化工具

metadataHint。metadataHint 存储的是那些含有元数据的状态所属的命名空间。在庞大的状态数据中，可能只有若干条状态含有元数据，因此对于含有元数据的状态所属的命名空间，使用缓存和 BookKeeper 进行记录，在获取一个状态的元数据时有助于预先甄别此状态是否存在元数据，从而减少对数据库的无效访问。元数据为状态中额外自定义的辅助性质数据，在当前 Fabric 版本中，一般用于存储策略数据，以实现键级别的策略控制。

CommonStorageDB 将待提交的数据分为 3 类：一、公开状态，可以"正大光明"保存至 Fabric 区块链网络通道内任一节点的状态数据库的键值对数据；二、私有状态哈希，对私有数据进行哈希计算之后，其哈希值享受"公开数据"级待遇；三、私有状态，只保存在集合成员节点的状态数据库中。其中，CommonStorageDB 直接使用 LevelDB 或 CouchDB 状态数据库对象处理公开状态。

从 MVC 架构模式的角度理解，我们可将状态数据库作为一个随时等待更新的视图（view），将 CommonStorageDB 作为一个个控制器（controller）。控制器均使用的数据模型（model），包括单项键数据模型、单项值数据模型、批量键值数据模型，在 privacyenabledstate/db.go 中定义：单项键数据模型 PvtdataCompositeKey、HashedCompositeKey，单项值数据模型 PvtKVWrite，批量键值数据模型 UpdateBatch。

PvtdataCompositeKey 包含命名空间、集合名、键名，HashedCompositeKey 则包含命名空间、集合名、键哈希。UpdateBatch 包含公开批量数据 PubUpdateBatch、哈希私有批量数据 HashedUpdateBatch、私有批量数据 PvtUpdateBatch。这些数据模型赋予了控制器处理私有数据的能力。CommonStorageDB 对象的部分方法如表 7-5 所示。

表 7-5　CommonStorageDB 对象的部分方法

方法名	功能描述
ApplyPrivacyAwareUpdates	提交一批数据至状态数据库 VersionedDB，并保存该批数据的元数据命名空间、高度版本。由于 3 类数据所使用的单项键数据模型不一样，第 1 类数据的键是"ns+key"，第 2 类数据的键是"(ns+hashDataPrefix+coll)+hashKey"，第 3 类数据的键是"(ns+pvtDataPrefix+coll)+key"，因此即便同一个 ns 下的 3 类数据也会单独存储在不同的数据库中
LoadCommittedVersionsOf-PubAndHashedKeys	使用 CouchDB 的批量优化技术，缓存已提交的公开状态、私有状态哈希两类值的版本
HandleChaincodeDeploy	处理链码部署交易数据，在状态数据库中创建链码定义中公开状态、私有状态的索引。处理时，会从链码源码压缩包中过滤出所有 META-INF/statedb/couchdb 目录下的文件数据，从链码定义中获取所有集合的配置

2. 私有状态清理管理

私有数据的过期属性，使得交易管理需及时清除状态数据库中已过期的私有数据，参见 7.8 节所述私有数据存储对象的 Commit 方法，每次向"线下"私有数据库中提交一次数据均会执行一次清理工作，以清除私有数据库中已过期的私有数据，"线上"状态数据库的清理工作也是如此，如图 7-8 所示。

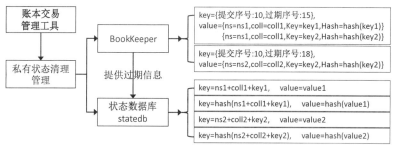

图 7-8   私有状态清理管理

一条私有状态在状态数据库中以两种形式存在：第一种是正常的私有状态 PKV，第二种是私有状态哈希（以公开数据的形式存在）HASH(PKV)。虽然在业务逻辑的使用层面，我们认为 PKV 和 HASH(PKV)是同一条私有状态，但在数据库层面这两种状态实质是两条不同的私有状态，因此 PKV 和 HASH(PKV)的过期信息表单均单独保存在 BookKeeper 数据库中。

过期信息为 core/ledger/kvledger/txmgmt/pvtstatepurgemgmt/expiry_keeper.go 中定义的 expiryInfo，包括提交序号、过期序号、私有状态的键、私有状态的键的哈希。当需要清理已过期的私有状态时，可根据 BookKeeper 中的过期信息表单，在状态数据库中找到对应的 PKV 和 HASH(PKV)。过期信息表单在 BookKeeper 中的存储形式为："提交序号+过期序号"的组合为键（expiry_keeper.go 中定义的 expiryInfoKey），"PKV 的键+HASH(PKV)的键"的组合数组为值（pvtdata_key.pb.go 中定义的 KeyAndHash，由其组成的数组）。可以说，过期信息表单是一个"有义气"的对象，因为一个过期信息表单所涉及的私有状态，无论来自哪个命名空间、集合，均"同区块生，共区块死"。

正常情况下，一个节点的 HASH(PKV)一定存在，PKV 则可能因为网络传输问题或集合策略定义而缺失。对应在 BookKeeper 中，HASH(PKV)的过期信息表单一定存在，PKV 的过期信息表单则不一定存在。

出于状态数据库使用效率的考量，当私有状态发生更新时，更新后的 PKV 和 HASH(PKV)的过期序号会被重新计算（延长）并在 BookKeeper 中创建新的过期信息表单，原过期信息表单依然存在。当缺失的私有状态被提交后，也会创建新的 PKV 和 HASH(PKV)的过期信息表单，原有 HASH(PKV)的过期信息表单依旧存在，互不影响。当 A 节点将某条私有状态的 PKV 和 HASH(PKV)更新为 newPKV 和 newHASH(PKV)时，newHASH(PKV)已随着区块的散播记入 B 节点的状态数据库，但 newPKV 未能及时散播到 B 节点，B 节点只有 PKV（newPKV 等同于缺失）和 newHASH(PKV)。对应地，B 节点在 BookKeeper 中只会有 PKV 和 newHASH(PKV)的过期信息表单，并互不影响。正常情况下，一个节点的 HASH(PKV)版本一定大于等于 PKV 版本。

状态的清理工作由 core/ledger/kvledger/txmgmt/pvtstatepurgemgmt/purge_mgr.go 中定义的 purgeMgr 执行，紧紧围绕配合着账本交易管理工具向状态数据库提交状态的操作，即 core/ledger/

kvledger/txmgmt/txmgr/lockbasedtxmgr/lockbased_txmgr.go 中 LockBasedTxMgr 的 Commit 方法，每执行一次 Commit 方法，就执行一次清理工作。Commit 方法中描述了清理工作的顺序：当向状态数据库提交一个序号为 N 的区块中的有效交易时，首先会清除过期序号为 N 的过期信息表单（上一次执行 Commit 时已准备）所指向的 PKV 和 HASH(PKV)，然后将过期序号为 N 的过期信息表单从 BookKeeper 中清除，并将当前提交的交易数据的过期信息表单写入 BookKeeper，最后提前准备过期序号为 $N+1$ 的过期信息表单，以便下一次执行 Commit 时使用，如此循环往复。purgeMgr 对象的部分方法如表 7-6 所示。

表 7-6　purgeMgr 对象的部分方法

方法名	功能描述
PrepareForExpiringKeys	清理工作的重点在于能够准确查找到已过期的状态，而查找已过期的状态需提前知道已过期的状态的键。该方法的作用即准备清理工作所需的键，包括从状态数据库中清除已过期的 PKV、HASH(PKV)和从 BookKeeper 中清除过期信息表单的键集合
WaitForPrepareToFinish	使用锁机制，等待 PrepareForExpiringKeys 的准备工作执行完毕
DeleteExpiredAndUpdate-Bookkeeping	清除过期数据，并向 BookKeeper 数据库中写入新的过期信息表单。本方法需要结合 LockBasedTxMgr 的 Commit 方法来理解。在 Commit 方法中，PrepareForExpiringKeys 事先准备了过期信息表单（上一次 Commit 调用），当批次准备提交至状态数据库的交易读写集包括 batch.PvtUpdates 和 batch.HashUpdates，对应 PKV 和 HASH(PKV)两类私有状态被传入本方法。在本方法中，过期信息表单以删除的方式被添加到 batch 中。如此，使用 Commit 方法再将 batch 提交至状态数据库时，既更新了当批交易数据，也删除了过期状态
BlockCommitDone	结合 LockBasedTxMgr 的 Commit 方法，当执行 DeleteExpiredAndUpdateBookkeeping 完毕时，说明当前已过期的 PKV 和 HASH(PKV)已经从状态数据库中清除，如此，PKV 和 HASH(PKV)在 BookKeeper 中记录的过期信息表单也没有继续存在的价值，将之清除。为下次 PrepareForExpiringKeys 工作的开展，亦清空 p.workingset

在表 7-6 中，WaitForPrepareToFinish 方法中的锁机制，牵涉到状态数据库对象（只针对 CouchDB 状态数据库对象）的缓存机制。在 PrepareForExpiringKeys 执行过程中，在 p.preloadCommittedVersionsInCache(toPurge) 中调用了 p.db.LoadCommittedVersionsOfPubAnd-HashedKeys(nil, hashedKeys)，使用到了状态数据库的缓存。

参见表 7-4 中的 LoadCommittedVersions 方法，该缓存是随存随用的一次性缓存，即每调用一次 LoadCommittedVersions，均会将当次查找的由参数指定的一批状态的版本数据放入缓存，供当次使用。而在整个账本交易管理工具执行过程中，存在多方竞争使用该缓存的情况。典型地，如 LockBasedTxMgr 用于提交缺失私有状态的 RemoveStaleAndCommitPvtDataOfOldBlocks，在提交过程中，需要执行 uniquePvtData.findAndRemoveStalePvtData(txmgr.db)来清除这批交易中实际已经过期的状态，这是通过比较数据的版本号以甄别是否过期来实现的，也需要使用缓存加载版本数据，所以在 findAndRemoveStalePvtData 中，间接调用了状态数据库对象的 LoadCommitted-VersionsOfPubAndHashedKeys 方法。在多方竞争使用的情况下，WaitForPrepare- ToFinish 提供了一个保护机制，避免其他函数与 PrepareForExpiringKeys 同时被调用而影响各自业务的正常执行。

3. 交易模拟器

交易模拟器从名字上解释，就是模拟一笔交易的工具。模拟的方法则是忠实地记录该笔交易的核心信息，包括两类：原始的数据，称为读集，用于提交写集时作为幻读验证、MVCC（Multi-Version Concurrency Control，多版本并发控制）验证的证书；参与交易业务逻辑计算后发生变化的数据，称为写集，用于更新状态数据库。两类数据合在一起称为读写集。读写集作为交易模拟器所记录的核心信息，是一笔交易的结果，最终经过验证后会被写入状态数据库中。所以也可以说，交易模拟器是状态数据产生的地方。同时，交易模拟器具有一次性属性，当背书节点收到一个背书申请时，由交易管理工具提供针对此交易的模拟器，交易被处理后，此交易模拟器将被丢弃。

之所以称为模拟器，有两个原因，一是它确实在试图描述交易行为；二是其产生的交易读写集结果不一定是真实有效的，而只是一个模拟的结果，这个结果还需经过对读集数据的版本进行验证，才能确定是否有效。

从数据模型的角度，可以把交易数据分为键值对数据模型和富数据模型，这些数据模型由所选用的状态数据库类型进行赋能，交易模拟器相应地提供处理两种数据模型的能力。键值对数据模型使用正常的键值对，这些键值对可以组合成读集、写集，原型为 fabric-protos-go 仓库的 ledger/rwset/kvrwset/kv_rwset.pb.go 中定义的一系列以 KV 为前缀的对象，如 KVRead、KVWrite 等，以及范围查询信息 RangeQueryInfo，用于存储范围查询出的多个 KVRead 或这些 KVRead 所组成的默克尔树的哈希值。富数据模型可用于范围查询和多条件关联查询，一般为查询结果迭代器，如 core/ledger/kvledger/txmgmt/txmgr/lockbasedtxmgr/helper.go 中定义的 resultsItr、queryResultsItr、pvtdataResultsItr。

交易模拟器结构如图 7-9 所示。

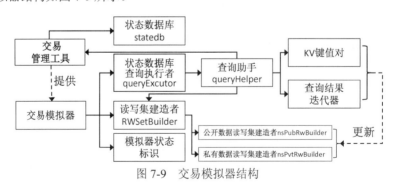

图 7-9　交易模拟器结构

交易模拟器这位"老板"为了生成一笔交易的读写集，在工作时主要使用两个"工人"，一个是在 core/ledger/kvledger/txmgmt/rwsetutil/rwset_builder.go 中定义的读写集建造者 RWSetBuilder，另一个是在 core/ledger/kvledger/txmgmt/txmgr/lockbasedtxmgr/lockbased_query_executer.go 中定义的状态数据库查询执行者 lockBasedQueryExecutor。

　　交易模拟器生成读写集基本的数据流向为，交易模拟器使用 lockBasedQueryExecutor 从状态数据库查询数据，参与交易逻辑计算后，将原数据（读集）和计算后的新数据（写集）写入 RWSetBuilder。从 MVC 的角度理解，交易模拟器为 C，RWSetBuilder 为 V，lockBasedQueryExecutor 为 M。交易模拟器接口为在 core/ledger/ledger_interface.go 中定义的 TxSimulator，实现为 core/ledger/kvledger/txmgmt/txmgr/lockbasedtxmgr/lockbased_tx_simulator.go 中的 lockBasedTxSimulator。交易模拟器的部分方法如表 7-7 所示。

表 7-7　交易模拟器的部分方法

方法名	功能描述
checkWritePrecondition	检查一系列向写集添加键值对的前提条件，具体如下。 （1）查看 queryExcutor 的查询助手 queryHelper 是否已被释放。 （2）若交易模拟器存在富查询、分页查询，则会将 checkPvtdataQueryPerformed、checkPaginatedQueryPerformed 两个标识置为 true。Fabric 中，出于效率考虑，对于交易模拟器的富查询、分页查询操作所形成的读集，在交易向状态数据库 statedb 提交的阶段未做幻读验证，因此使用交易模拟器进行富查询、分页查询操作时，原则上只应用于只读交易，不允许向写集添加数据。相反，若将 writePerformed 设置为 true，表明当前交易模拟器执行了向写集添加数据的操作，交易模拟器就不能再执行富查询、分页查询的操作。 （3）验证键值对，以保证键、值的格式满足数据库存储的要求
SetState、DeleteState	写入、删除单个值。删除的实质也是添加，但添加的值为 nil，默认代表删除
GetTxSimulationResults	从交易模拟器中获取模拟读写集，获取后交易模拟器处于不可用状态，并释放相关的迭代器资源
GetState、GetPrivateData 等	一系列 Get×××方法，用于获取单值，均为交易模拟器继承自其持有的查询执行人的方法，从状态数据库中查询一个或多个公开键值对、私有键值对、键值对的元数据。由于是单值，在将写集写入状态数据库前的验证环节上，只需考虑读集中单值的版本是否与状态数据库中现存值的版本一致，即对单值进行 MVCC 验证

　　除了上述方法外，交易模拟器在查询时，还有两个较为特殊的方法，即范围查询和富查询。

　　（1）交易模拟器的范围查询。例如 GetStateRangeScanIterator，依照[startKey, endKey]的范围，返回一个查询结果迭代器 resultsItr，是范围查询的功能范例。GetStateRangeScanIterator-WithMetadata 用于元数据的范围查询，这里的元数据指范围查询的元数据，一般指定分页和页尺寸，所以也可以称为分页范围查询。GetPrivateDataRangeScanIterator 则专用于私有数据的范围查询。对范围查询方法来说，验证时除了需要考虑查询范围内每个单值的版本是否变化外，还需考虑查询范围内是否存在某个值被删除或有新值出现，即对范围查询结果进行幻读验证。因为查询范围内值的增删变化也会影响业务逻辑计算出的写集。

　　查询结果迭代器 resultsItr 属于读集的范畴，但持有者只有通过 Next 方法调用，才能顺序地从状态数据库中获取范围内的一个值，供背书业务逻辑使用。由于是范围读取，范围内存在的值的数量可能非常巨大，因此出于存储和验证效率的考量，迭代器默认开启了读值（KVRead）哈希计算的选项，通过维护"一棵"默克尔树，每从状态数据库中读取 $N+1$ 个 KVRead，就将之合并再计算哈希值后放入默克尔树中，由默克尔树进一步整理。

默克尔树存放哈希元素过程如图 7-10 所示。步骤 a)～步骤 h)分别加入了 R1～R36 共 36 个 KVRead，N 为 3。图 7-10 中每层的最大节点数也为 3，当读取了 R1、R2、R3（已满 3 个）后，再读取 R4，会将之与现有的 R1、R2、R3 合并，计算哈希值 hash(R1-R4)，放入第 1 层，如图 7-10 中步骤 a)；如此再读取 R5～R8、R9～R12，放入第 1 层，如图 7-10 中步骤 b)～步骤 c)。当再读取 R13～R16 并计算哈希值 hash(R13-R16)后，将之与第 1 层（已满 3 个）已有哈希值 hash(R1-R4)、hash(R5-R8)、hash(R9-R12)合并到一起计算哈希值为 hash(R1-R16)，将哈希值 hash(R1-R16)放入第 2 层，并清空第 1 层，如图 7-10 中步骤 d)。然后继续读取 R17～R20、R21～R24、R25～R28、R29～R32……，如此循环递归。

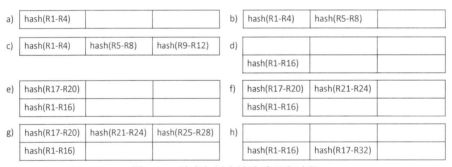

图 7-10　默克尔树存放哈希元素过程

查询结果迭代器使用完毕后，将汇总统计默克尔树中的哈希数据：从最上层开始，循环合并每一层现有（若存在且多于 1 个）节点元素，计算哈希值，将哈希值放入下一层，并清空当层，最终所有哈希值均汇总于最底层，然后对最底层哈希值进一步合并再计算出一个最终哈希值，此哈希值即代表默克尔树中所有存放的 KVRead。特殊地，若读取的 KVRead 总数未大于 N，默克尔树则是空的，也说明读取的数据量较小。所以，迭代器存入读集中的数据是范围查询信息 RangeQueryInfo，包含两种数据：若默克尔树不为空，则记录默克尔树汇总的哈希值；若默克尔树为空，则直接记录未放入默克尔树的 KVRead。

查询结果迭代器 resultsItr 使用查询结果整理助手 RangeQueryResultsHelper（在 core/ledger/ kvledger/txmgmt/rwsetutil/query_results_helper.go 中定义），按上述默克尔树的规则，对迭代器查询出的 KVRead 进行整理。

（2）交易模拟器的富查询。首先，富查询功能需要状态数据库支持，如 CouchDB 状态数据库支持，而 LevelDB 状态数据库则不支持。查询语句是针对一种数据库的查询语言，如对于传统关系数据库，查询语言是 SQL（Structured Query Language，结构化查询语言）；对于 CouchDB

文档数据库，查询语言是类似于{"selector":{"name":"tom"}}的查询选择器。

其次，虽然富查询可能得到的读值数量很大，但由于富查询是多条件查询，且查询出的每个值之间没有必然的顺序关系，因此无法像范围查询那样精简地将范围查询信息放入 RWSetBuilder 读集，只能老老实实地将迭代器读取的每一个 KVRead 放入 RWSetBuilder 读集，也因此，富查询方法所读取的结果只能在验证环节进行 MVCC 验证，无法像范围查询那样额外进行幻读验证。

富查询由 ExecuteQuery/ExecuteQueryWithMetadata/ExecuteQueryOnPrivateData 方法实现。以 ExecuteQuery 为例，其依照给定的查询语句，返回一个富查询迭代器 queryResultsItr，在 core/ledger/kvledger/txmgmt/txmgr/lockbasedtxmgr/helper.go 中实现。

4. 交易验证器

交易模拟器用读写集作为交易的模拟结果，这些结果放入一笔笔交易，经共识排序服务后被放入区块中，再散播至通道各个节点，在节点将区块中的交易提交至状态数据库之前，需对交易模拟器模拟的交易结果（公开数据部分）进行提交阶段的验证，以标记交易有效或无效。交易读集的验证主要涉及 MVCC 验证和幻读验证，且只针对非缺失的区块数据（在账本执行恢复操作时，可能会弥补性提交区块数据，此类区块数据之前已验证过，无须重新验证）。交易验证器结构如图 7-11 所示。

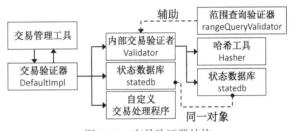

图 7-11　交易验证器结构

交易验证器为 core/ledger/kvledger/txmgmt/validator/validator.go 中定义的 Validator，具体实现为 core/ledger/kvledger/txmgmt/validator/valimpl/default_impl.go 中的 DefaultImpl，主要的方法为 ValidateAndPrepareBatch，在验证之余，还"顺手"准备了要向状态数据库提交的批量数据。

5. 交易管理工具

现在我们回到交易管理工具对象上来。之前所述的状态数据库、私有数据清理管理、交易模拟器、交易验证器，都是交易管理工具为完成交易管理功能所使用到的工具。交易管理工具为 core/ledger/kvledger/txmgmt/txmgr/txmgr.go 中定义的 TxMgr，具体实现如代码清单 7-7 和代码清单 7-8 所示。

代码清单 7-7　core/ledger/kvledger/txmgmt/txmgr/lockbasedtxmgr/lockbased_txmgr.go

```
1.  type LockBasedTxMgr struct { ledgerid string... } //交易管理工具
2.  func (txmgr *LockBasedTxMgr) ValidateAndPrepare(blockAndPvtdata...,doMVCC...)(...){
3.      txmgr.pvtdataPurgeMgr.WaitForPrepareToFinish()
4.      txmgr.oldBlockCommit.Lock(); defer txmgr.oldBlockCommit.Unlock()
5.      batch, txstatsInfo,...:=...ValidateAndPrepareBatch(blockAndPvtdata,doMVCC...)
6.      txmgr.current = &current{block: block, batch: batch}
7.      if err := txmgr.invokeNamespaceListeners();...{txmgr.reset()...}
```

```
 8.    updateBytes,...:=updateBytesBuilder.DeterministicByteForPubAndHashUpdates(batch)
 9.  }//验证一个区块中的所有交易，并准备有效交易的状态数据库的批量更新数据
10. func (txmgr *LockBasedTxMgr) Commit() error {
11.    txmgr.oldBlockCommit.Lock(); defer txmgr.oldBlockCommit.Unlock()
12.    if !txmgr.pvtdataPurgeMgr.usedOnce{ ...PrepareForExpiringKeys(...);... }
13.    defer func() {
14.      txmgr.pvtdataPurgeMgr.PrepareForExpiringKeys(txmgr.current.blockNum() + 1)
15.      txmgr.reset()
16.    }
17.    if err := txmgr.pvtdataPurgeMgr.DeleteExpiredAndUpdateBookkeeping(...)...
18.    commitHeight:= version.NewHeight(...current.blockNum(),...current.maxTxNumber())
19.    if err:= txmgr.db.ApplyPrivacyAwareUpdates(txmgr.current.batch,commitHeight)...
20.    txmgr.clearCache()
21.    if err := txmgr.pvtdataPurgeMgr.BlockCommitDone(); err != nil {...}
22.    txmgr.updateStateListeners()
23.  }//向状态数据库提交由 ValidateAndPrepare 准备的 current
```

在代码清单 7-7 中，第 3 行，在私有数据清理管理部分已有叙述，状态数据库使用的版本缓存是一次性的，因此多个使用到该缓存的方法存在竞争关系，私有数据清理工作是其一，实现交易验证和准备工作的 ValidateAndPrepare 方法也是。这里等待私有数据清理管理中可能正在执行的 PrepareForExpiringKeys 方法的工作（由上一次执行 Commit 发起）完成。

第 4 行，锁定 oldBlockCommit，避免 ValidateAndPrepare 方法与 RemoveStaleAndCommitPvt-DataOfOldBlocks、Commit 方法产生数据资源竞争。可以这样简单地理解，这个方法用于向 current 写入数据，RemoveStaleAndCommitPvtDataOfOldBlocks 方法用于清除 current 和提交缺失的旧数据，Commit 方法用于使用 current 并在使用后将之清除，从功能上均与 current 存在竞争关系，因此要使用锁避免彼此并行，造成状态数据紊乱。

第 5 行，使用交易验证器，验证 blockAndPvtdata 中的交易，并准备批量写入状态数据库的 batch。

第 6 行，将区块和准备好的 batch 赋予 current。

第 7 行，执行交易管理工具持有的所有状态监听器。状态监听器为在 core/ledger/ledger_interface.go 中定义的 StateListeners 接口，以命名空间（链码名）为区隔，提供在状态数据库某命名空间下状态发生变化时，自定义处理的功能。

第 8 行，将 batch 中所有命名空间的写集数据按字典顺序进行排序整理，整理成二进制格式。这样，将之更新至状态数据库后，有助于提升写入和后续检索的效率。

第 12 行，由于下文要执行当前区块的私有数据清理工作，而过期状态键本应由上次执行 Commit 方法结束前准备，但若此为 peer 节点启动后第一次执行 Commit 方法，则这里需要准备一下。

第 13~16 行，在 Commit 方法执行结束前，最后要做的事情：准备提交下一个区块的过期清理工作所需要的键，重置 current。

第 17 行，每调用一次 Commit 方法，均执行一次过期私有数据清理工作。

第 18~19 行，创建交易状态的高度版本，并将 current 中的批量更新数据提交至状态数据库中。

第 20 行，清除 txmgr 下可能存在的缓存数据，主要是状态数据库对象所使用的缓存数据，因为在方法结束前需执行第 13～16 行代码，这一步又会使用状态数据库对象的缓存空间。

第 21 行，每调用一次 Commit 方法，均清除一次已被清理的私有数据在 BookKeeper 中记录的过期信息表单。

第 22 行，参见第 7 行，此处等同于将状态已提交完毕的消息通知状态监听器，状态监听器收到通知后，自行执行各自的工作。

代码清单 7-8　core/ledger/kvledger/txmgmt/txmgr/lockbasedtxmgr/lockbased_txmgr.go

```
1.  func (txmgr *LockBasedTxMgr) RemoveStaleAndCommitPvtDataOfOldBlocks(re...)...{...
2.    uniquePvtData, err := constructUniquePvtData(reconciledPvtdata)
3.    if err := uniquePvtData.findAndRemoveStalePvtData(txmgr.db); err != nil {...}
4.    batch := uniquePvtData.transformToUpdateBatch()
5.    if...pvtdataPurgeMgr.UpdateBookkeepingForPvtDataOfOldBlocks(...PvtUpdates)...
6.    if err := txmgr.db.ApplyPrivacyAwareUpdates(batch, nil)...
7.  }//对于一份缺失的私有数据，清除其中"不新鲜"的数据后，弥补性提交至状态数据库
8.  func (txmgr *LockBasedTxMgr) CommitLostBlock(blockAndpvtdata...) error {
9.    if ...:= txmgr.ValidateAndPrepare(blockAndpvtdata, false)
10.   return txmgr.Commit()
11. }
12. func (txmgr *LockBasedTxMgr) ShouldRecover(lastAvailableBlock uint64) (bool,...){
13.   savepoint, err := txmgr.GetLastSavepoint()
14.   if savepoint == nil {return true, 0, nil}
15.   return savepoint.BlockNum != lastAvailableBlock, savepoint.BlockNum + 1, nil
16. }//检测一下当前交易管理工具是否需要恢复
```

在代码清单 7-8 中，第 2 行，将缺失的私有数据写集去重，只留版本最高的一个，放至 uniquePvtData。

第 3 行，找到"不新鲜"的私有数据（也可称为"脏"数据），将之从 uniquePvtData 中清除。对某缺失的私有数据来说，在提交时，原值可能已被更改或删除（因过期被自动删除或主动被链码业务逻辑删除），此时该私有数据是"不新鲜"的数据，不能再被提交至状态数据库中。

第 4 行，将 uniquePvtData 转为可以用于状态数据库批量更新的 batch 格式。

第 5 行，向 BookKeeper 数据库写入缺失私有数据的过期信息表单。

第 6 行，将缺失私有数据的批量更新 batch 写入状态数据库。

第 8 行，不同于 RemoveStaleAndCommitPvtDataOfOldBlocks，CommitLostBlock 方法提交的是丢失的区块。在节点账本恢复或重建时，可能存在区块需被重新提交的情况，如账本被回滚、重置，或节点加入一个现有通道，或上次账本运行时将最新区块写入 blockfile，但未将交易数据写入状态数据库，即崩溃退出。

第 9 行，因为重复提交的区块之前已通过 ValidateAndPrepare 方法验证，所以这里第二个参数为 false，即不再执行验证，只是将提交的数据准备至 txmgr 的 current。

第 10 行，提交 txmgr 中的 current。

第 13～14 行，从状态数据库中获取当前最新的 savepoint，若为空，说明状态数据库被清空，需被恢复。

第 15 行，对比参数给定的当前最新的有效的区块序号与状态数据库中所保存的高度，若不一致，则说明当前状态数据库所保存的状态未达到最新的高度，需被恢复。

7.10.2 历史状态数据库

历史状态数据库类似于状态数据库，但更为精简，只存储有效的背书类型交易写集的键，值默认为空值。历史状态数据库所存储的键为组合键 "ns~len(key)~key~blockNum~tranNum"，如键 key1，在 block1[0]中值为 value1，在 block2[2]中被更新为 value2，在 block3[0]中被更新为 value3。key1 在状态数据库中任一时刻只有一个值，开始为 value1，后被 value2 覆盖，最后被 value3 覆盖。而在历史状态数据库中，由于组合键后缀 "~blockNum~tranNum"，value1、value2、value3 这 3 个有效交易值的键均会被写入，即历史状态数据库会忠实地记录每一个状态所有的 "有效变迁"。同时，我们可以依据一个组合键自身携带的 "定位" 信息，进而从 blockfile 中获取 "blockNum~tranNum" 指定的交易的读写集，并从中解析出组合键中相应键的历史值。

历史状态数据库属 LevelDB 类型的数据库，且可选开启，由 core.yaml 中 ledger.history. enableHistoryDatabase 配置项设定。具体实现如代码清单 7-9 所示。

代码清单 7-9 core/ledger/kvledger/history/db.go

```
1.  type DB struct {levelDB *leveldbhelper.DBHandle, name string}    //历史状态数据库
2.  type DBProvider struct {leveldbProvider *leveldbhelper.Provider} //对应提供者
3.  func (d *DB) Commit(block *common.Block) error {...
4.    dbBatch:=...; txsFilter:=...(...TRANSACTIONS_FILTER]) //区块交易有效标识组
5.    for _, envBytes := range block.Data.Data {          //遍历每笔交易
6.      if txsFilter.IsInvalid(int(tranNo)) {...continue}  //若交易无效，则略过
7.      env,err :=...; payload,err :=...; chdr,err :=...;  //解析交易的头信息
8.      if common.HeaderType(chdr.Type)==common.HeaderType_ENDORSER_TRANSACTION {
9.        if err = txRWSet.FromProtoBytes(respPayload.Results);...//解析交易中的读写集
10.       for ...nsRWSet:=range txRWSet.NsRwSets{
11.         for ...kvWrite:=range ...Writes {
12.           dataKey := constructDataKey(ns, kvWrite.Key, blockNo, tranNo)
13.           dbBatch.Put(dataKey, emptyValue)
14.         }
15.       }
16.     } else { logger.Debugf("...", tranNo) }
17.   }
18.   height:=version.NewHeight(blockNo,tranNo); dbBatch.Put(savePointKey,height...)
19.   if err := d.levelDB.WriteBatch(dbBatch, true); err != nil {...}
20. }//向历史状态数据库中提交区块中有效的背书交易写集
21. func (d *DB) NewQueryExecutor(blockStore blkstorage.BlockStore) (...) {
22.   return &QueryExecutor{d.levelDB, blockStore}, nil
23. }
```

在代码清单 7-9 中，第 8 行，历史状态数据库只存储背书类型交易的写集。

第 10~15 行，遍历一笔有效背书交易中的写集的每个键值对。其中，第 12 行，构建 "ns~len (key)~key~blockNum~tranNum" 格式的组合键；第 13 行，将组合键放入 batch 中，值为空。

第 18 行，将最新的 savepoint 放入 batch 中。

第 19 行，将 batch 批量写入历史状态数据库中。

第 21～23 行，创建历史状态数据库查询器，用于从历史状态数据库获取数据，如代码清单 7-10 所示。

代码清单 7-10　core/ledger/kvledger/history/query_executer.go

```
1.  func (q *QueryExecutor) GetHistoryForKey(namespace,key string) (...) {
2.      rangeScan := constructRangeScan(namespace, key)
3.      dbItr := q.levelDB.GetIterator(rangeScan.startKey, rangeScan.endKey)
4.      f dbItr.Last() {dbItr.Next()}
5.      return &historyScanner{rangeScan, namespace, key, dbItr, q.blockStore}, nil
6.  }//获取一个对某个键从最新到最旧的所有历史状态值进行扫描的工具 historyScanner
7.  func (scanner *historyScanner) Next() (commonledger.QueryResult, error) {
8.      if !scanner.dbItr.Prev() {return nil, nil}
9.      historyKey := scanner.dbItr.Key()
10.     blockNum, tranNum, err := scanner.rangeScan.decodeBlockNumTranNum(historyKey)
11.     tranEnvelope,...:=sca...blockStore.RetrieveTxByBlockNumTranNum(blockNum,tranNum)
12.     queryResult,...:= getKeyModificationFromTran(tranEnvelope,...namespace,...key)
13. }//使用 historyScanner，按由新到旧的顺序，读取一个键的历史值
```

在代码清单 7-10 中，第 2 行，构建搜索范围。由于历史状态数据库所存组合键的后缀为"~blockNum~tranNum"，因此按照 LevelDB 键存储的索引排列特性，若想搜索一个键的所有相关项，则此后缀的范围为 [nil,0xff]，以上文 key1 为例，即搜索从" ns~len(key1)~key1 "到" ns~len(key1)~key1~0xff "之间的键。

第 3 行，根据搜索键的范围，创建历史状态数据库的迭代器。

第 4 行，将迭代器的游标（cursor）直接放置到迭代范围的结尾，如此，在之后迭代时执行 Prev 方法，以实现迭代顺序倒置的效果。即原来是从最旧（后缀"~区块序号~交易序号"最小）到最新（后缀"~区块序号~交易序号"最大）的迭代顺序，现在反转过来，变为从最新到最旧。

第 8 行，将迭代器从后向前迭代一次，若没有新数据，说明迭代完毕，直接返回。

第 9～10 行，获取当次迭代得到的组合键，并从组合键中解析出区块序号、交易序号。

第 11 行，依据区块序号、交易序号，通过账本存储对象从 blockfile 中获取键所在的原交易数据。

第 12 行，从原交易写集中解析出该键的信息，包括此键的值、值是否被删除、生成时间和交易 ID。

7.10.3　账本初始化工具

账本初始化工具是由节点账本对象提供者持有，用于初始化节点账本对象的工具。在图 7-6 所示的账本对象的层级结构中，节点账本对象位于 core/ledger 核心子领域，既负责存储流程的控制，也参与到与 Fabric 区块链网络其他模块进行的协同工作中。这些涉及与其他模块进行协同工作的对象，均封装在初始化工具中。账本初始化工具为在 core/ledger/ledger_interface.go 中定义的 Initializer，主要包含如下对象。

❑ StateListeners，状态监听器。参见 12.2.4 节代码清单 12-31，在交易管理工具向状态数据库提交数据之前，会调用状态监听者的 HandleStateUpdates 方法，以实现状态监听者对状

态更新的"反应"，这些"反应"的成功执行也是继续向状态数据库提交数据的必要条件。当提交数据结束之前，又调用了状态监听者的 StateCommitDone 方法，知会状态监听者，状态已成功提交。具体实现如 core/ledger/cceventmgmt/lsccstate_listener.go 中的 KVLedgerLSCCStateListener 和 core/chaincode/lifecycle/cache.go 中的 Cache，监听链码安装、提交等 lscc、_lifecycle 管理的链码生命周期事件（交易）的发生，并执行相应操作。再如 core/ledger/confighistory/mgr.go 中的 mgr，监听集合配置交易的发生，并执行集合配置数据的记录和检索。

❑ DeployedChaincodeInfoProvider，已部署链码信息提供者。其负责向外界提供已在通道中部署的链码的生命周期事件信息、链码信息、链码配置信息、集合配置信息等。具体实现如 core/scc/lscc/deployedcc_infoprovider.go、core/chaincode/lifecycle/deployedcc_infoprovider.go 中的 DeployedCCInfoProvider。

❑ MembershipInfoProvider，集合成员关系信息提供者。其负责甄别 peer 节点是否属于某集合策略成员。具体实现，如 core/common/privdata/membershipinfo.go 中的 MembershipProvider，若链码被更新，且涉及集合配置信息的更改，账本对象会监听到此更改，并利用 MembershipInfoProvider 判定 peer 节点是否已经成为某些现有集合策略成员，从而判定 peer 节点是否已经有权获取某些私有数据集合的数据。

❑ ChaincodeLifecycleEventProvider，链码生命周期事件提供者。其负责注册监听链码生命周期事件的监听者 ChaincodeLifecycleEventListener，具体实现如 core/chaincode/lifecycle/event_broker.go 中的 EventBroker。一批 ChaincodeLifecycleEventListener 被注册之后，链码安装时，这些监听者被期望妥善处理与链码部署相关的事项，如在状态数据库中创建链码源码包中定义的索引、更新 discovery 服务的相关信息等，具体实现如 core/ledger/kvledger/kv_ledger.go 中的 ccEventListenerAdaptor。

❑ MetricsProvider，监测指标数据提供者。指标数据监测模块负责监控整个 Fabric 运行的各项指标数据的采集工作，在这里自然主要负责账本模块各项指标信息的采集工作。

❑ HealthCheckRegistry，节点健康检查注册工具。其负责注册节点某方面运行状态检查的 HealthChecker，具体实现为 core/operations/system.go 中的 System。节点健康检查是 Fabric 提供的 Operations 服务其中的一项，通过 HTTP 形式的 RESTful 接口，向外界提供当前节点的性能状态的简略信息。HealthChecker 有多个实现，如 core/ledger/util/couchdb/couchdb.go 中负责对 CouchDB 状态数据库的健康情况进行检查的 couchInstance，orderer/consensus/kafka/chain.go 中负责对共识集群 Kafka 节点是否正常进行检查 chainImpl。可以看出，HealthChecker 检查的功能是由被检查对象实现的，即模块健康与否，模块自己最清楚。

❑ Config，用于配置一个账本对象提供者。提供者依据这些配置去创建一个符合要求的账本对象，配置包括账本存放根目录（RootFSPath，如/var/Hyperledger/production/ledgersData）、状态数据库配置、私有数据配置、历史状态数据库等。

- □ CustomTxProcessors，自定义交易处理器。按交易类型分类，每种类型的交易可指定一个处理器。参见代码清单 7-7，对于某些特定（自定义）类型的交易，交易处理器负责在交易的提交阶段，生成这些特定类型交易的模拟结果，然后写入状态数据库。具体实现如 core/peer/configtx_processor.go 中定义的针对配置类型交易的处理器 ConfigTxProcessor。
- □ Hasher，哈希工具。哈希工具供整个账本对象使用。按一般思路，在 Fabric 中，哈希工具应统一由 BCCSP 提供，但为了减少 BCCSP 的被依赖范围，尤其是哈希工具只占 BCCSP 功能的一小部分，这里的哈希工具是在账本模块中单独定义的接口，主要用于交易管理工具，对私有数据进行哈希计算、验证。

7.10.4　节点账本对象

经过前文关于交易管理工具、历史状态数据库、账本初始化工具的"赘述"，我们需要跳出这些工具类对象的实现细节，回到图 7-6 所示的账本对象的层级结构上，在 7.9 节所述账本存储对象基础之上，继续讲述属于核心子领域 core/ledger 的节点账本对象。

节点账本提供者负责初始化、创建、打开一个节点账本对象，如代码清单 7-11 和代码清单 7-12 所示。

代码清单 7-11　core/ledger/kvledger/kv_ledger_provider.go

```
1.   type Provider struct {idStore...; ledgerStoreProvider;...} //节点账本提供者
2.   func NewProvider(initializer *ledger.Initializer) (pr *Provider, e error) {
3.       p := &Provider{initializer: initializer, hasher: initializer.Hasher}
4.       defer func() {if e != nil { p.Close()...if errFormatMismatch,...} }()
5.       fileLockPath := fileLockPath(initializer.Config.RootFSPath)
6.       fileLock:=leveldbhelper.NewFileLock(fileLockPath); if ..fileLock.Lock();..{..}
7.       if err := p.initLedgerIDInventory(); err != nil {...}
8.       if err := p.initLedgerStorageProvider(); err != nil {...}
9.       if err := p.initHistoryDBProvider(); err != nil {...}
10.      if err := p.initConfigHistoryManager(); err != nil {...}
11.      p.initCollElgNotifier()
12.      p.initStateListeners()
13.      if err := p.initStateDBProvider(); err != nil {...}
14.      p.initLedgerStatistics() //初始化用于统计账本监测指标数据的 metrics 模块
15.      p.recoverUnderConstructionLedger()
16.   }//使用一个初始化工具，创建一个节点账本提供者对象
```

在代码清单 7-11 中，第 4 行，在执行 NewProvider 方法结束后，若创建过程出现错误，则关闭可能已经开启的一系列对象，如账本存储对象、状态数据库、历史状态数据库。同时，判定错误若是 ErrVersionMismatch 类型错误，说明当前启动的数据库存在 Fabric 旧版本的数据，与当前 Fabric 2.0 节点不兼容，需要 peer 节点执行 peer node upgrade-dbs 命令升级（转换）当前节点的账本数据格式。

第 5~6 行，创建一个类似于锁机制的 LevelDB 数据库文件锁，并锁定。此文件锁使用的是

RootFSPath/fileLock 下的 LevelDB 数据库，不存储数据，而只为实现特殊的锁机制：将数据库锁定（打开）一次后，再次尝试锁定，则会直接返回错误。如此，可以防止同一台机器上，多个 peer 程序（节点）使用同一套账本资源，造成数据错误混乱。

第 7 行，初始化 idStore，用于存储账本 ID 和账本数据格式版本的 LevelDB 数据库，属于 Provider 下的账本（参见图 7-3 所示的账本存储目录结构，RootFSPath/ledgerProvider 目录下）。

第 8 行，初始化账本存储提供者对象，用于提供使用 RootFSPath/chains 目录的公开数据存储对象和使用 RootFSPath/pvtdataStore 目录的私有数据存储对象。

第 9 行，初始化历史状态数据库提供者对象，（若开启）用于提供使用 RootFSPath/historyLeveldb 目录的历史状态数据库对象。

第 10 行，初始化一个历史集合配置管理工具，在 core/ledger/confighistory/mgr.go 中定义，实质是一个状态监听器，将监听到的集合配置交易数据，存储至 RootFSPath/configHistory 目录下的 LevelDB 数据库。

第 11 行，初始化一个通知对象集合，在 core/ledger/kvledger/coll_elg_notifier.go 中定义，实质是一个状态监听器，通过监听链码升级事件，判定当前 peer 节点是否已符合某些集合策略（有权获取该集合下的私有数据），然后告诉已在通知对象集合中注册的"听众"。

第 12 行，初始化状态监听者，包括初始化工具中定义的监听者，第 10、11 行创建的监听者。

第 13 行，初始化状态数据库提供者，参见 7.10.1 节图 7-7 中的 privacyenabledstate 提供者，使用 RootFSPath/stateLeveldb 存储公开、私有状态（若状态使用的是 golevelDB 类型的状态数据库）。同时初始化 BookKeeper 提供者，使用 RootFSPath/bookkeeper 存储私有状态数据过期信息。

第 15 行，尝试恢复处于创建过程中的节点账本对象，恢复工作的过程与创建一个节点账本的过程类似。

代码清单 7-12   core/ledger/kvledger/kv_ledger_provider.go

```
1.  func (p *Provider) Create(genesisBlock *common.Block) (ledger.PeerLedger,...) {
2.    ledgerID,...:= protoutil.GetChainIDFromBlock(genesisBlock)//获取所要创建账本的ID
3.    exists,...:=p.idStore.ledgerIDExists(ledgerID); if exists{...}//查看账本是否已存在
4.    if ...p.idStore.setUnderConstructionFlag(ledgerID) ...
5.    lgr, err := p.openInternal(ledgerID)
6.    if err!=nil{...p.runCleanup(ledgerID)...p.idStore.unsetUnderConstructionFlag
      ()...}
7.    if..lgr.CommitLegacy(&ledger.BlockAndPvtData{Block:genesisBlock},...)...
8.    panicOnErr(p.idStore.createLedgerID(ledgerID, genesisBlock),...)
9.  }//使用创世块，创建一个节点账本对象，每一步操作均为原子操作
10. func (p *Provider) Open(ledgerID string) (ledger.PeerLedger, error) {
11.   active,exists,...:=p.idStore.ledgerIDActive(ledgerID)//从idStore获取账本状态信息
12.   if !exists {...}; if !active {...} //若账本信息不存在，或处于非 Status_ACTIVE
      状态，则返回
13.   return p.openInternal(ledgerID)          //调用下面的方法
14. }//打开一个已经创建的节点账本
15. func (p *Provider) openInternal(ledgerID string) (ledger.PeerLedger, error) {
16.   blockStore, err := p.ledgerStoreProvider.Open(ledgerID)
17.   p.collElgNotifier.registerListener(ledgerID, blockStore)
```

```
18.     vDB, err := p.vdbProvider.GetDBHandle(ledgerID)
19.     if p.historydbProvider!=nil{historyDB,...=p.historydbProvider.GetDBHandle
        (...)...}
20.     l, err := newKVLedger(ledgerID,blockStore,vDB,historyDB,...)
21. }
```

在代码清单 7-12 中，第 4 行，以账本 ID 为值，将账本的构建标识（construction flag）写入 idStore，表示此账本正在构建中。

第 5 行，调用第 15～21 行的方法，创建并打开一个节点账本对象，过程如下。

（1）第 16 行，创建并打开节点账本的账本存储对象。

（2）第 17 行，将账本存储对象注册为通知对象集合的"听众"，当通知对象监听到本节点的链码升级事件并更新部分私有数据集合，将告之 blockStore 中的私有数据存储对象，让其调用 ProcessCollsEligibilityEnabled 方法处理剩余的工作。

（3）第 18 行，创建并打开节点账本的状态数据库和 BookKeeper。

（4）第 19 行，若启用，则创建并打开节点账本的历史状态数据库。

（5）第 20 行，使用第 16～19 行创建的对象，创建节点账本对象。

第 6 行，若创建并打开节点账本失败，则清理该账本留下的痕迹。

第 7 行，向已打开的节点账本对象中写入创世纪块，即（通道）账本的第一个块。

第 8 行，在 idStore 中存入节点账本的辅助信息，包括创世纪块、账本状态，并删除账本构建标识。

节点账本对象的功能，主要包括获取交易管理工具，写入、获取账本数据，重置、回滚等，由 kvLedger 实现，如代码清单 7-13 至代码清单 7-16 所示。

代码清单 7-13　core/ledger/kvledger/kv_ledger.go

```
1.  func newKVLedger(ledgerID string,...)(*kvLedger, error) {
2.    l:= &kvLedger{ledgerID:ledgerID, blockStore:blockStore,...} //创建节点账本对象
3.    btlPolicy := pvtdatapolicy.ConstructBTLPolicy(...ledgerID...)
4.    if err := l.initTxMgr(versionedDB,stateListeners,...)...{...}
5.    l.initBlockStore(btlPolicy) //初始化账本存储对象
6.    l.commitHash, err = l.lastPersistedCommitHash()
7.    ccEventListener := versionedDB.GetChaincodeEventListener()
8.    if ccEventListener != nil {
9.      cceventmgmt.GetMgr().Register(ledgerID, ccEventListener)
10.     ccLifecycleEventProvider.RegisterListener(l.ledgerID, ...)
11.   }
12.   if err := l.recoverDBs(); err != nil {...}
13.   l.configHistoryRetriever = configHistoryMgr.GetRetriever(ledgerID, l)
14. }//由节点账本提供者 Create 或 Open 方法调用，用于创建一个节点账本对象
15. func (l *kvLedger) initTxMgr(versionedDB,...) error {
16.   txmgr, err := lockbasedtxmgr.NewLockBasedTxMgr(l.ledgerID,...)//创建交易管理工具
17.   qe, err := txmgr.NewQueryExecutorNoCollChecks(); defer qe.Done()
18.   for ...sl := range stateListeners{ if err := sl.Initialize(l.ledgerID, qe)...}
19. }
```

在代码清单 7-13 中，第 3 行，构建节点私有数据集合的 BTL 策略。

第 4 行，调用第 15～19 行的方法，初始化节点账本持有的交易管理工具，过程如下。

（1）第 17 行，由于第 18 行初始化交易状态监听器（如 core/chaincode/lifecycle/cache.go 中的 Cache）的过程中，需使用查询执行人从私有状态数据库中查询私有数据，但 txmgr 的 NewQueryExecutor 方法正常获取的查询执行人，在查询私有数据时，需先获取通道配置，以验证私有数据所属集合（core/ledger/kvledger/txmgmt/txmgr/lockbasedtxmgr/collection_val.go 中的 collNameValidator）是否存在。而通道配置只有在 kvLedger 创建和打开之后才能正常获取。因此，这里使用 txmgr 的 NewQueryExecutorNoCollChecks 方法，获取一个"不检查集合名称"的查询执行人。

（2）第 18 行，使用"不检查集合名称"的查询执行人，初始化所有的状态监听器。

第 6 行，获取当前账本中最新区块的提交哈希。该哈希值为区块中元数据数组中 BlockMetadataIndex_COMMIT_HASH 处的值，由 kvLedger 在提交区块时调用 addBlockCommitHash 计算生成。

第 7～11 行，获取状态数据库对象中的链码事件监听者，往往是状态数据库对象本身，然后将此链码事件监听者注册到链码事件管理者、已部署链码信息提供者中，这两者均是状态监听器，当监听到状态是一个链码相关交易（安装、部署、升级）时，将告诉（调用）链码事件监听者，让其处理自己该负责的工作。

第 12 行，若 kvLedger 在提交区块的过程中，节点崩溃退出，当再重启节点，创建 kvLedger 时，会涉及公开、私有的"线上数据"与"线下数据"的同步问题，如公开状态数据库与 blockfile 的同步问题。

第 13 行，根据账本 ID，使用专用于监听集合配置状态的 configHistoryMgr，获取一个专用于检索历史集合配置数据的检索工具。

代码清单 7-14　core/ledger/kvledger/kv_ledger.go

```
1.  func (l *kvLedger) CommitLegacy(pvtdataAndBlock, commitOpts...) error {
2.    block:= ...; blockNo:=... //提交的区块、区块序号
3.    if commitOpts.FetchPvtDataFromLedger {
4.      txPvtData, err := l.blockStore.GetPvtDataByNum(blockNo, nil)
5.      pvtdataAndBlock.PvtData = convertTxPvtDataArrayToMap(txPvtData)
6.    }
7.    txstatsInfo,updateBatch...:=l.txtmgmt.ValidateAndPrepare(pvtdataAndBlock,true)
8.    if block.Header.Number == 1 || l.commitHash != nil {
9.      l.addBlockCommitHash(pvtdataAndBlock.Block, updateBatchBytes)
10.   }
11.   l.blockAPIsRWLock.Lock(); defer l.blockAPIsRWLock.Unlock()//进入写入区，锁定
12.   if err = l.blockStore.CommitWithPvtData(pvtdataAndBlock)...
13.   if err = l.txtmgmt.Commit(); err != nil {...}
14.   if l.historyDB != nil {if err := l.historyDB.Commit(block)...}
15.   l.updateBlockStats(elapsedBlockProcessing,...)
16. }
17. func (l *kvLedger) GetPvtDataAndBlockByNum(blockNum uint64, filter...)(...){...}
18. func (l *kvLedger) GetPvtDataByNum(blockNum uint64, filter...) (...) {...}
```

在代码清单 7-14 中，向节点账本提交一个 BlockAndPvtData，包含公开数据区块、私有数据、

缺失的私有数据。过程主要有如下 4 步。

第 3～6 行，若本地私有数据库中已存在 blockNo 的私有数据，则从本地的私有数据库中获取私有数据，放入 BlockAndPvtData 中。

第 7 行，第 1 步，使用交易管理工具，验证 BlockAndPvtData，并准备好向状态数据库提交的批量更新数据。

第 8～10 行，只有第 0 块之后的区块，才开始计算提交哈希，将其放入区块中，并赋给 kvLedger 的成员。

第 11 行，开始进入写数据的区域，锁定 blockAPIsRWLock，避免与其他读取数据的方法产生冲突。

第 12 行，第 2 步，提交"线下数据"，向账本存储对象中提交区块和私有数据。

第 13 行，第 3 步，提交"线上数据"，将第 1 步准备的批量更新数据，包括公开状态、私有状态，提交至状态数据库。

第 14 行，第 4 步，可选，若开启，将区块中有效的背书交易的写集的键写入历史状态数据库。

第 15 行，将执行 CommitLegacy 方法过程中所记录的监测指标数据，包括各类时间消耗数据、提交交易的状态信息，更新至 kvLedger 中持有的 stats。

第 17～18 行，Get×××系列方法，配合 kvLedger 所持有的 API 读写锁 blockAPIsRWLock，使用所持有的各类对象和工具，向外界提供账本各类数据、查询迭代器、交易模拟器等。

代码清单 7-15　core/ledger/kvledger/kv_ledger.go

```
1.  func (l *kvLedger) CommitPvtDataOfOldBlocks(reconciledPvtdata []...) ([]...) {
2.    hashVerifiedPvtData, hashMismatches,...:= constructValidAndInvalidPvtData(...)
3.    err = l.applyValidTxPvtDataOfOldBlocks(hashVerifiedPvtData)
4.    err = l.blockStore.CommitPvtDataOfOldBlocks(hashVerifiedPvtData)
5.  }//提交一批缺失的私有数据
6.  func (l *kvLedger) GetMissingPvtDataInfoForMostRecentBlocks(maxBlock int)(...){
7.    if l.blockStore.IsPvtStoreAheadOfBlockStore() {...}
8.    return l.blockStore.GetMissingPvtDataInfoForMostRecentBlocks(maxBlock)
9.  }//向外界提供最多 maxBlock 个区块的缺失私有数据摘要
10. func (l *kvLedger) GetMissingPvtDataTracker()(...){ return l, nil }
```

在代码清单 7-15 中，第 2 行，遍历 reconciledPvtdata 中的交易，对比私有数据的哈希与当前 blockStore 中存储的私有数据哈希，分离出匹配和不匹配的私有数据。

第 3 行，将匹配的私有数据进一步过滤后，通过交易管理工具的 RemoveStaleAndCommitPvtDataOfOldBlocks 方法，提交至状态数据库，作为"线上数据"。

第 4 行，将匹配的私有数据提交至私有数据存储对象，作为"线下数据"。

第 6 行，此方法本是私有数据追踪器 MissingPvtDataTracker 所需实现的功能，在此由 kvLedger 实现，即 kvLedger 自身承担起了追踪缺失私有数据信息的角色。从 kvLedger 的 GetMissingPvtDataTracker 方法看（第 10 行），返回的也正是其自身。

第 7 行，查看私有数据存储是否已经领先于块存储。在账本存储对象存储 BlockAndPvtData

时，先存储私有数据，再存储区块。若在存储私有数据之后、存储区块之前调用此方法或节点宕机重启，会出现这种情况。或者，当对节点执行了回滚或重置命令时，节点账本 blockfile 和状态数据库中的公开数据被回滚或重置，但私有数据不会被回滚或重置，也会出现这种情况。若领先，此时账本可能正在同步旧数据，默认不能返回缺失的私有数据信息，否则最终会造成本节点私有状态与其他节点不一致。

第 8 行，获取 maxBlock 个区块的缺失私有数据摘要。

代码清单 7-16   core/ledger/kvledger

```
1.  func UpgradeDBs(rootFSPath string) error {
2.    fileLockPath:=fileLockPath(rootFSPath); fileLock:=leveldbhelper.NewFileLock(..)
3.    if err := fileLock.Lock(); err != nil {...}; defer fileLock.Unlock()
4.    if err := UpgradeIDStoreFormat(rootFSPath); err != nil {...}
5.    if err := dropDBs(rootFSPath); err != nil {...}
6.    blockstorePath := BlockStorePath(rootFSPath)
7.    return fsblkstorage.DeleteBlockStoreIndex(blockstorePath)
8.  }//在 upgrade_dbs.go 中实现
9.  func RollbackKVLedger(rootFSPath, ledgerID string, blockNum uint64) error {...
10.   blockstorePath := BlockStorePath(rootFSPath)
11.   if..ledgerstorage.ValidateRollbackParams(blockstorePath,ledgerID,blockNum)...
12.   if err := dropDBs(rootFSPath); err != nil {...} //删除所有现有状态相关的数据库
13.   if err := ledgerstorage.Rollback(...,blockNum)...//将指定账本回滚至指定高度
14. }//在 rollback.go 中实现
15. func ResetAllKVLedgers(rootFSPath string) error {...
16.   if err := dropDBs(rootFSPath); err != nil {...} //删除所有现有状态相关的数据库
17.   if err := resetBlockStorage(rootFSPath); err != nil {...} //重置账本
18. }//在 reset.go 中实现
```

在代码清单 7-16 中，第 1~8 行，实现 peer node upgrade-dbs 命令的部分功能，升级 idStore 中的数据版本，并以删除数据库文件的形式，丢弃全部账本的状态数据和块存储的索引信息，过程如下。

（1）第 2~3 行，获取 fileLock 所在目录，将其打开并锁定，防止在同一个时刻多个 peer 节点操作同一套账本，或与重置、回滚工作产生竞争，影响状态数据格式升级工作。

（2）第 4 行，创建或打开 idStore，更新其中 formatKey 对应的数据版本，并添加所有账本的账本状态信息。

（3）第 5 行，删除所有现有状态相关的数据库，包括状态数据库（LevelDB 类型）、历史集合配置数据库、BookKeeper 数据库、历史状态数据库。

（4）第 6~7 行，删除块存储的索引数据库。

第 9~14 行，实现 peer node rollback 命令的部分功能，将一个账本回滚到指定高度。

第 15~18 行，实现 peer node reset 命令的部分功能，将节点所有账本重置至只留创世纪块的状态，属于较为"极端"的回滚操作。

7.10.5   节点账本管理对象

节点账本管理对象 LedgerMgr，属于整个账本模块最顶层的对象，站在整个 Fabric 区块链网

络多通道模式的高度，统一管理一个节点下所有通道的账本，负责通过节点账本提供者创建、打开、关闭节点账本，并向外界提供当前节点的账本信息和节点账本对象。具体实现如代码清单 7-17 所示。

代码清单 7-17　core/ledger/ledgermgmt/ledger_mgmt.go

```
1.  func NewLedgerMgr(initializer *Initializer) *LedgerMgr {
2.      finalStateListeners:=addListenerForCCEventsHandler(...) //节点账本使用的状态监听器
3.      provider, err := kvledger.NewProvider(&ledger.Initializer{...})
4.      ledgerMgr:= &LedgerMgr{openedLedgers:...ledgerProvider:...ebMetadataProvider...}
5.      //在 core/ledger/cceventmgmt/mgr.go 中实现，初始化链码事件管理者
6.      cceventmgmt.Initialize(&chaincodeInfoProviderImpl{...}) //初始化链码事件管理者
7.  }//创建节点账本管理对象，在节点启动时被调用
8.  func (m *LedgerMgr) CreateLedger(id string,genesisBlock...)(...PeerLedger...){...
9.  }//使用给定的创世纪块，创建和打开一个指定 ID 的账本
10. func (m *LedgerMgr) OpenLedger(id string) (...) {...}        //打开一个已有的节点账本
11. func (m *LedgerMgr) Close() {...}                            //关闭节点的所有账本
```

第 **8** 章

通道

本章主要叙述系统通道、应用通道的启动过程，以及 peer 节点加入应用通道的过程。系统通道随 orderer 节点启动，服务于应用通道。应用通道经 peer 节点创建后启动，启动后，peer 节点加入应用通道。本书后续章节所述通道中的各种服务，需以此为基础。

Fabric 区块链网络是基于多通道模式设计的，这也是 Fabric 区别于其他区块链网络的显著特征之一。通道是区块链联盟关系、业务数据的基础框架，通道与通道之间数据相互隔离，正常情况下无法跨通道访问数据，除非同一节点所在的组织存在于两个通道的联盟且有权限访问交易数据，并通过跨通道、跨链码交易进行访问。通道是 Fabric 中"较重"的资源，在每个通道中，均独立运行着一整套服务于交易数据共识的主要服务，如配置管理、MSP、账本、Broadcast 服务、共识排序服务、Deliver 服务、gossip 服务等。因此，在对整个区块链网络进行设计时，需要谨慎对待多通道设计。

因为多通道的模式设计，所以通道 ID 跟随着节点每一项的动作和服务，常常以参数的形式出现。类似于一个大的服务容器，通道联盟的所有参与者在这个容器范围内，使用各种服务，发生交易，按序生成交易数据块。由于账本和通道是一一对应的，因此在 Fabric 源码中，通道 ID 与账本 ID 实质上是等价的，账本也可以被视作通道在操作系统上的实体。

通道分为系统通道和应用通道。系统通道默认只由 orderer 组织集群启动并运行，是 Fabric 区块链网络启动时最初的组成部分，有且只有一个，服务于应用通道的创建、配置更新交易。应用通道默认只由 peer 组织集群创建并运行，依据系统通道配置中对应用通道数量的限制，可以有多个，各自负责具体的业务交易数据。

在实际运行中，通道在不同服务或模块中，以对象的形式存在，管理一个通道中的配置、账本、成员关系、验证能力等。如 orderer/common/multichannel/chainsupport.go 中定义的 ChainSupport，实质为 orderer 端的通道对象。再如 core/peer/channel.go 中定义的 Channel，代表 peer 端的通道对象；gossip/gossip/channel/channel.go 中定义的 gossipChannel，代表 gossip 集群节点在散播消息时所使用的通道对象。

8.1　通道的配置

在 2.3 节中，我们已经从配置来源的角度，对通道配置进行了部分描述。外部关于通道的配置（环境变量、配置文件 configtx.yaml 等），随着生成创世块、创建通道或更新通道配置交易等动作进入 Fabric 区块链网络中后，最终会在通道账本中形成单独的配置块。通道配置的原型结构在 fabric-protos-go 仓库的 common 下的 configtx.pb.go、configuration.pb.go 中定义，内部使用结构在 common/channelconfig 和 common/configtx 下定义。按照一般的部署流程，会使用 configtxgen 工具生成 genesis 块、通道配置交易数据文件，分别作为系统通道、应用通道的原始配置文件，两者略有区别。我们可以通过这些配置文件的生成过程来了解系统通道、应用通道配置中存在的内容，这有助于我们更好地理解创建通道、更新通道配置交易的过程。

通道配置数据在 Fabric 区块链网络中"流淌"的过程大致如下。

首先，configtxgen 工具将外部通道配置文件（主要是 configtx.yaml）解析至 internal/configtxgen/genesisconfig/config.go 中的 TopLevel，然后具体选择出其中某一个通道的配置，即 Profile。

其次，通过 internal/configtxgen/encoder/encoder.go 中的函数，将 Profile 转为通道配置原型 ConfigGroup，过程中每项配置值使用到了 common/channelconfig/util.go 中的 StandardConfigValue。

最后，将通道配置 ConfigGroup 放入 ConfigEnvelope，再放入 Envelope，作为一笔配置更新交易，经过排序共识再放入区块中，形成一个配置块。

举个例子

以创世纪块的生成过程为例，当执行 configtxgen -configPath $CONFIGTX_PATH -profile GenesisProfile -channelID system-channel -outputBlock ./genesis.block 命令时，其生成系统通道配置（无签名）的过程如代码清单 8-1 所示。

代码清单 8-1　cmd/configtxgen/main.go

```
1.  func main() { //configtxgen 工具的主函数
2.    if outputBlock !="" ||outputChannelCreateTx !=""||...{ //输出配置文件的 3 个命令
3.      if configPath !="" { profileConfig= genesisconfig.Load(profile, configPath)}
4.      else { profileConfig =genesisconfig.Load(profile)} //判断命令行-configPath 参数
5.    }
6.    if outputBlock != "" { //判断命令行-outputBlock 参数
7.      if err := doOutputBlock(profileConfig, channelID, outputBlock);... {...}
8.    }
9.  }
10. func doOutputBlock(config *...Profile, channelID, outputBlock string) error {
11.   pgen, err := encoder.NewBootstrapper(config)
12.   if config.Orderer == nil {return...}; if config.Consortiums == nil {return...}
13.   genesisBlock := pgen.GenesisBlockForChannel(channelID)
14.   err = writeFile(outputBlock, protoutil.MarshalOrPanic(genesisBlock), 0640)
15. }
```

在代码清单 8-1 中，第 3～4 行，依据参数-configPath 指定的配置文件目录，读取 configtx.yaml

文件中 GenesisProfile 项的配置，放入 Profile 结构中，如代码清单 8-2 所示。

第 7 行，调用第 10~15 行的函数，将 Profile 转为配置块，并写入本地文件。

第 11 行，在 internal/configtxgen/encoder/encoder.go 中实现，将 Profile 转为 ConfigGroup，并创建一个专用于生成创世纪块的 Bootstrapper。

第 12 行，系统通道配置中，必须存在 Orderer、Consortiums 两大项配置。

第 13 行，生成指定通道 ID 的创世纪块，具体生成过程由 common/genesis/genesis.go 中 factory 的 func (f *factory) Block(channelID string) *cb.Block{...}方法实现。

第 14 行，将创世纪块写到文件中。

代码清单 8-2　internal/configtxgen/genesisconfig/config.go

```
1.   func Load(profile string, configPaths ...string) *Profile {
2.       config := viper.New()                    //创建一个新的配置工具 viper
3.       if len(configPaths) > 0{ for _, p := range configPaths{config.AddConfigPath(p);
4.         config.SetConfigName("configtx") } else { cf.InitViper(config, "configtx")
5.       }
6.       err := config.ReadInConfig()             //读取配置目录下的 configtx.yaml 配置文件
7.       var uconf TopLevel; err = viperutil.EnhancedExactUnmarshal(config, &uconf)
8.       result, ok := uconf.Profiles[profile]    //取出-profile 指定的 Profile
9.       result.completeInitialization(filepath.Dir(config.ConfigFileUsed()))
10.  }
```

在代码清单 8-2 中，第 3~5 行，若指定的配置文件路径不为空，则将这些路径循环添加到 viper 中，并设置 viper 读取的配置文件名为 configtx；否则，按 core/config/config.go 中默认的 Fabric 配置文件路径配置 viper，并设置 viper 读取的配置文件名为 configtx。

第 7 行，将读取的配置文件数据解析至 TopLevel 中，TopLevel 的结构与 configtx.yaml 一致。

第 9 行，对 Profile 中现有的数据做一些调整，如某些必填配置项为空，则填补默认值，或调整 MSP 相对路径为绝对路径等。

创建通道配置交易、通道配置更新交易与创建创世纪块的过程类似，只是最终形成的是包含通道配置的 Envelope，主要使用 internal/configtxgen/encoder/encoder.go 中的 MakeChannelCreation-Transaction、MakeChannelCreationTransactionWithSystemChannelContext 函数。

系统通道与应用通道在配置方面略有差异。如图 8-1 所示，系统通道在生产实践中不应存在 Application 项的 ConfigGroup（在测试时可存在此项），只存在 Consortiums、Orderer 项的 ConfigGroup，对应 configtx.yaml 中用于生成系统通道创世纪块的 Profile 下的 Consortiums、Orderer 项。应用通道没有 Consortiums 项，只存在 Application、Orderer 项的 ConfigGroup，configtx.yaml 中用于生成应用通道配置交易的 Profile 下只有 Application 项。在创建应用通道时，将使用系统通道配置中的 Consortiums、Orderer 项"补全"自身的配置内容。从范围上来说，系统通道统辖着整个 Fabric 区块链网络的配置，而应用通道则管理着自身通道范围内的配置。

通道配置对象定义为 common/channelconfig 下的 Bundle、BundleSource，包含通道的配置，以及由配置生成的通道策略管理对象、交易验证对象等相关通道资源。对 Fabric 中的各种服务、模块来说，使用通道配置时，若总是先从通道账本中读取最新的配置块，解析后再依据通道配置执行启动服务、验证交易等操作，这在效率和操作上均不可取，因此很多服务、模块均动态持有通道配置对象，如 orderer/common/multichannel/chainsupport.go 中 orderer 节点的通道对象 ChainSupport 所持有的 ledgerResources，core/peer/channel.go 中 peer 节点的通道对象 Channel 所持有的 resources 和 bundleSource。

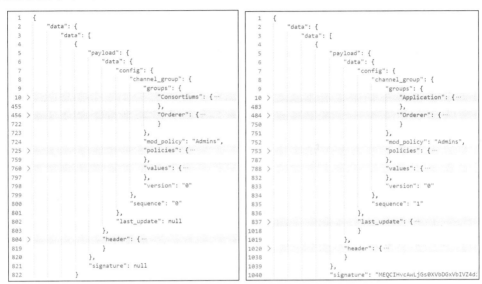

图 8-1　系统通道配置（左）和应用通道配置（右）

8.2　系统通道的启动

系统通道由 orderer 节点启动，是启动整个 Fabric 区块链网络的初始部分，只有系统通道正常启动，才能进行应用通道的创建、配置更新，Fabric 区块链网络的部署维护工作才能继续。共识排序服务也随着系统通道的启动而启动，参与到 Fabric 区块链网络的运行中。在代码实现层面，系统通道也是通道，因此在具体实现上，很多地方与应用通道用了相同的工具和对象，通道运行的机制也完全一样。应用通道处理、存储通道内的背书交易和自身的配置交易，系统通道处理、存储应用通道的配置交易和自身的配置交易。关于 orderer 节点提供的相关服务，将在第 9 章中叙述，这里只对涉及系统通道启动的主要内容进行描述，具体如代码清单 8-3 所示。

代码清单 8-3　orderer/common/server/main.go

```
1.  func Main() { //在 cmd/orderer/main.go 中被调用
2.    lf, _, err := createLedgerFactory(conf, metricsProvider)
3.    if conf.General.BootstrapMethod == "file" { //以配置文件的方式启动
4.      bootstrapBlock := extractBootstrapBlock(conf)
5.      sysChanLastConfigBlock := extractSysChanLastConfig(lf, bootstrapBlock)
6.      clusterBootBlock=selectClusterBootBlock(bootstrapBlock,sys...LastConfigBlock)
7.      if len(lf.ChannelIDs()) ==0 { init...BootstrapChanne(clusterBootBlock,lf) }...
```

```
8.      }
9.      manager := initializeMultichannelRegistrar(clusterBootBlock,r,...)
10.  }
11.  func initializeMultichannelRegistrar(bootstrapBlock *cb.Block,...){
12.      registrar := multichannel.NewRegistrar(*conf, lf, signer, ...)
13.      consenters := map[string]consensus.Consenter{}...//创建 3 种类型的共识排序服务
14.      registrar.Initialize(consenters)
15.  }
```

在代码清单 8-3 中，第 2 行，创建账本工厂，用于创建账本，包括创建系统通道的账本。

第 4 行，获取创世纪块，作为系统通道启动的区块。

第 5 行，从系统通道账本（若存在）中获取现有最新的配置块。

第 6 行，比较启动区块和最新配置块，将其中高度较高（较新）的区块作为集群启动区块。

第 7 行，使用账本工厂获取当前已有的通道 ID，若为空，说明当前不存在任何通道，是第一次启动 Fabric 区块链网络，则使用账本工厂创建 clusterBootBlock 中指定 ID 的系统通道账本，并将其写入创世纪块。

第 9 行，调用第 11～15 行的函数，初始化多通道注册管理者，用于注册和管理应用通道，过程如下。

（1）第 12 行，使用包括账本工厂在内的一众参数，创建一个通道注册管理者 Registrar。

（2）第 14 行，使用 solo、Kafka、etcdraft 这 3 类共识排序服务对象，初始化 Registrar，启动系统通道，主要启动服务于系统通道的共识排序服务，如代码清单 8-4 所示。

代码清单 8-4   orderer/common/multichannel/registrar.go

```
1.  func (r *Registrar) Initialize(consenters map[string]consensus.Consenter) {
2.      r.consenters = consenters //将 solo、Kafka、etcdraft 这 3 类共识排序服务放入 Registrar
3.      existingChannels := r.ledgerFactory.ChannelIDs()
4.      for _, channelID := range existingChannels {          //遍历所有节点现有通道
5.          rl, err := r.ledgerFactory.GetOrCreate(channelID)  //获取通道的账本
6.          configTx := configTx(rl); ledgerResources := r.newLedgerResources(configTx)
7.          if _, ok := ledgerResources.ConsortiumsConfig(); ok {
8.              if r.systemChannelID != "" {logger.Panicf(...)}
9.              chain := newChainSupport(r,ledgerResources,r.consenters,...)
10.             chain.Processor = msgprocessor.NewSystemChannel(chain,r.templator,...)
11.             r.chains[channelID]= chain; r.systemChannel= chain; defer chain.start()
12.         } else {...} //已存在的某个应用通道，予以恢复
13.     }
14.  }
```

在代码清单 8-4 中，第 3 行，获取节点本地现有账本，包括代码清单 8-3 中已创建的系统通道的账本。

第 6 行，获取系统通道账本的最新配置块中的配置交易数据，当第一次启动 Fabric 区块链网络时，获取的是系统通道账本的第 0 块中的配置，也就是创世纪块中的配置。然后使用配置交易数据创建账本资源对象，包含账本对象和账本配置资源对象。

第 7 行，使用账本资源对象尝试获取通道配置中的联盟配置（Consortiums），若成功获取，则说明当前处理的是系统通道，因为只有系统通道的配置中才会存在联盟的配置。

第 8 行，若当前 Registrar 所持有的系统通道 ID 不为空，则说明之前已经创建并启动过一个系统通道，由于只允许存在一个系统通道，因此这里不允许启动第二个系统通道，直接退出。

第 9 行，使用账本资源对象、共识排序服务等，创建系统通道的 ChainSupport，如代码清单 8-5 所示。ChainSupport 是一个在 orderer 节点中运行的通道对象，持有通道所涉及的资源和对象，负责通道服务的运行。

第 10 行，创建专用于系统通道的消息处理器，赋值给系统通道 ChainSupport 的成员。

第 11 行，将系统通道 ChainSupport 放入 Registrar 的通道集合中，并启动系统通道的服务，主要启动指定类型的共识排序服务，如代码清单 8-6 所示。

代码清单 8-5 orderer/common/multichannel/chainsupport.go

```
1.  func newChainSupport(registrar *Registrar,...) *ChainSupport {
2.    lastBlock := blockledger.GetBlock(ledgerResources, ledgerResources.Height()-1)
3.    metadata, err := protoutil.GetConsenterMetadataFromBlock(lastBlock)
4.    cs := &ChainSupport{ledgerResources:  ledgerResources,...}
5.    cs.Processor = msgprocessor.NewStandardChannel(cs, ...)
6.    cs.BlockWriter = newBlockWriter(lastBlock, registrar, cs)//区块写入工具
7.    consenterType := ledgerResources.SharedConfig().ConsensusType()
8.    consenter, ok := consenters[consenterType]
9.    cs.Chain, err = consenter.HandleChain(cs, metadata)
10.   cs.MetadataValidator, ok = cs.Chain.(consensus.MetadataValidator)
11.   if !ok { cs.MetadataValidator = consensus.NoOpMetadataValidator{} }
12. }
13. func (cs *ChainSupport) start() { cs.Chain.Start() }//直接调用共识对象的 Start 接口
```

在代码清单 8-5 中，第 2～3 行，获取系统通道账本最后一个区块中的共识元数据，这里则是创世纪块的共识元数据。参见 common/genesis/genesis.go 中生成创世纪块的过程，这份共识元数据为 BlockMetadataIndex_SIGNATURES 处的 OrdererBlockMetadata。

第 4 行，创建系统通道的 ChainSupport，这其中包括账本资源 ledgerResources、通道消息处理器 msgprocessor.Processor、账本区块写入工具 BlockWriter、共识排序服务 consensus.Chain、块切割工具 cutter、节点身份签名工具 identity.SignerSerializer、BCCSP、共识元数据验证器 consensus.MetadataValidator。

第 5 行，创建应用通道的消息处理器。在代码清单 8-4 中，后续该消息处理器会被替换为特定处理系统通道消息的处理器。

第 7～9 行，在 orderer/consensus/kafka/chain.go 中实现，使用指定类型的共识对象，创建系统通道的共识排序服务对象。

第 10～11 行，创建系统通道的共识元数据（如共识节点信息）验证器。当前只有 etcdraft 类型的共识排序服务需要此工具，solo 或 Kafka 则使用不实现具体功能的"伪验证器" NoOpMetadataValidator。

代码清单 8-6 orderer/consensus/kafka/chain.go

```
1.  func (chain *chainImpl) Start() { go startThread(chain) }
2.  func startThread(chain *chainImpl) {
```

```
3.    err =setupTopicForChannel(..., chain...KafkaBrokers(),..., chain.channel)
4.    chain.producer, err = setupProducerForChannel(..., chain.channel)
5.    if err =sendConnectMessage(..., chain.producer, chain.channel);err != nil{...}
6.    chain.parentConsumer, err= setupParentConsumerForChannel(..., chain.channel)
7.    chain.channelConsumer,...=setupChannelConsumerForChannel(...,chain.channel,...)
8.    chain.replicaIDs, err = getHealthyClusterReplicaInfo(..., chain.channel)
9.    chain.processMessagesToBlocks()
10. }
```

在代码清单 8-6 中，以启动 Kafka 类型的共识排序服务为例。Kafka 是一种高吞吐的分布式发布订阅消息系统，Fabric 利用 Kafka 的功能特性，一个通道对应一个 Kafka 消息订阅主题（Topic）。Orderer 节点作为生产者，将收到的通道范围内的有效消息（Envelope）发送至 Kafka，由 Kafka 将同一个通道中的消息依序存储在同一个 Topic 中的唯一分区（每个 Topic 下只设置一个分区），orderer 节点再作为消费者，从 Kafka 中的 Topic 的唯一分区中将消息依序"消费"出来，按相同的规则生成区块，从而完成排序服务。

第 3 行，在 Kafka 端创建系统通道的 Topic。

第 4 行，创建系统通道向 Kafka 发送消息的生产者。

第 5 行，向 Kafka 发送连接消息，建立连接。

第 6 行，创建系统通道从 Kafka 接收消息的消费者。这一层的消费者针对的是 Kafka 的代理节点（broker 节点），它是一个更高层级的消费对象，主要了解 Kafka 集群中有哪些代理节点可用，也可称为父级消费者。

第 7 行，在父级消费者基础上，创建系统通道从 Kafka 具体 Topic 的分区中接收消息的消费者。这里 Topic 为通道 ID，分区是默认且唯一的 0 分区。

第 8 行，获取此时正常运行的 Kafka 集群中系统通道对应 Topic 的副本信息，存储起来。副本是 Kafka 集群的容错机制，同一个分区可能在多个 broker 节点中创建副本，以达到容错的目的。当 Fabric 运行 Kafka 健康检查服务时，若发现 Kafka 集群"生病"，需要向外界提供系统通道在 Kafka 端的原始副本信息，这样有助于查找"病因"。

第 9 行，开始从 Kafka 处"消费"消息，在 for 循环中利用 select-case，处理包括正常 Kafka 消息、错误消息、停止命令、超时出块等分支。

8.3 应用通道的启动

经符合应用通道创建策略的联盟组织节点签名，peer 节点可以创建应用通道。具体执行的命令为 peer channel create -o $ORDERER_ADDRESS -c $CHANNEL_NAME -f ./channel-artifacts/channel.tx --tls $CORE_PEER_TLS_ENABLED --cafile $ORDERER_CA，节点读取应用通道部分配置 channel.tx，生成应用通道配置交易，并签名发送至 orderer 节点，在 orderer 节点中创建应用通道并启动应用通道的服务。之后，通过 peer channel join 命令，peer 节点加入应用通道，在 peer 节点本地创建应用通道的账本等资源之后，应用通道才可正常使用。应用通道创建和启动过程如代码清单 8-7 所示。

代码清单 8-7 internal/peer/channel/create.go

```
1.  func createCmd(cf *ChannelCmdFactory) *cobra.Command{
2.    createCmd:=&cobra.Command{
3.      RunE: func(...)... { return create(cmd, args, cf),...}(...)
4.    }
5.  }
6.  func create(cmd *...) error { ...; return executeCreate(cf) }
7.  func executeCreate(cf *ChannelCmdFactory) error {
8.    err := sendCreateChainTransaction(cf)
9.    block, err := getGenesisBlock(cf); b, err := proto.Marshal(block)
10.   err = ioutil.WriteFile(file, b, 0644)
11. }
12. func sendCreateChainTransaction(cf *ChannelCmdFactory) error {
13.   if channelTxFile != "" {
14.     chCrtEnv, ... = createChannelFromConfigTx(channelTxFile)}
15.   else {
16.     chCrtEnv, err = createChannelFromDefaults(cf)
17.   }
18.   if chCrtEnv, err = sanityCheckAndSignConfigTx(chCrtEnv, cf.Signer);...{...}
19.   broadcastClient, err = cf.BroadcastFactory()
20.   err = broadcastClient.Send(chCrtEnv)
21. }
```

在代码清单 8-7 中，第 8 行，调用第 12～21 行的函数，读取配置文件 channel.tx 并创建配置交易，这里标记为 CUENV1，发送至 orderer 节点，过程如下。

（1）第 13～17 行，若命令行指定了应用通道配置文件，则从文件中读取配置并解析至 Envelope 中，即 CUENV1。否则，创建默认的应用通道配置交易。

（2）第 18 行，校验 CUENV1 中字段是否合理，并使用 peer 节点身份对 CUENV1 进行签名。此签名需满足系统通道配置中设定的应用通道创建策略（Channel/Consortiums 中，应用通道对应联盟下的 ChannelCreationPolicy 策略，默认值为 ANY Admins），若不满足，则需依据该策略，使用其他组织身份通过 peer channel signconfigtx 命令对 channel.tx 额外进行签名。

（3）第 19～20 行，通过 Broadcast 服务，将已签名的 CUENV1 发送至 orderer 节点，在 orderer 端由系统通道执行应用通道的创建，如代码清单 8-8 所示。

第 9 行，通过 Deliver 服务，循环尝试从 orderer 端获取已创建的应用通道的账本的第 0 块。

第 10 行，将获取的应用通道的第 0 块写入文件系统中，供后续 peer 节点加入应用通道时使用。

代码清单 8-8 orderer/common/broadcast/broadcast.go

```
1.  func (bh *Handler) Handle(srv ab.AtomicBroadcast_BroadcastServer) error {
2.    for {
3.      msg, err := srv.Recv()              //接收创建应用通道的配置交易
4.      resp := bh.ProcessMessage(msg, addr) //调用下面的方法处理，处理创建应用通道的配置交易
5.      err = srv.Send(resp)                //将处理结果答复给客户端
6.    }
7.  }
8.  func (bh *Handler) ProcessMessage(msg *cb.Envelope, addr string) (resp...) {
9.    chdr,isConfig,processor,err:= bh.SupportRegistrar.BroadcastChannelSupport(msg)
10.   if !isConfig {...} //非配置交易
11.   else {                            //创建应用通道的配置交易将进入此分支
```

```
12.     config, configSeq, err := processor.ProcessConfigUpdateMsg(msg)
13.     if err = processor.WaitReady(); err != nil {...return...}
14.     err = processor.Configure(config, configSeq)
15.   }
16. }
```

在代码清单 8-8 中，第 9 行，在 orderer/common/multichannel/registrar.go 中定义，从 CUENV1 中获取通道头信息、是否为 cb.HeaderType_CONFIG_UPDATE 类型的交易、系统通道的 ChainSupport，如代码清单 8-9 所示。

第 12 行，使用系统通道对象，对 CUENV1 进行处理，打包成 cb.HeaderType_ORDERER_TRANSACTION 类型的交易（系统通道交易），这里标记为 OTENV1，如代码清单 8-10 所示。

第 13 行，等待共识排序服务处于就绪状态。以 Kafka 为例，共识排序服务此时可能未启动、已停止或正在重复发送之前发送失败的交易，所以需要等待共识排序服务准备就绪。

第 14 行，将 OTENV1 和对应的配置序号交由共识排序服务处理，如代码清单 8-11 所示。

代码清单 8-9　orderer/common/multichannel/registrar.go

```
1. func (r *Registrar) BroadcastChannelSupport(msg *cb.Envelope) (...) {
2.   chdr, err := protoutil.ChannelHeader(msg) //从交易中获取通道头信息
3.   cs := r.GetChain(chdr.ChannelId)
4.   if cs == nil { if r.systemChannel == nil {...return}; cs = r.systemChannel }
5.   switch cs.ClassifyMsg(chdr){
6.   case msgprocessor.ConfigUpdateMsg:
7.     isConfig=true
8.   }
9. }
```

在代码清单 8-9 中，第 3~4 行，从通道注册管理者 Registrar 中获取通道 ID 对应的通道对象 ChainSupport，若为空，说明当前 Registrar 中不存在对应的通道对象，并默认假定此交易是一个创建应用通道的交易，则返回系统通道对象，以处理 CUENV1。

第 5~8 行，查看交易类型，CUENV1 必须是 cb.HeaderType_CONFIG_UPDATE 类型的交易。

代码清单 8-10　orderer/commom/msgprocessor/systemchannel.go

```
1.  func (s *SystemChannel) ProcessConfigUpdateMsg(envConfigUpdate) (config...) {
2.    channelID, err := protoutil.ChannelID(envConfigUpdate) //获取交易所属通道
3.    if channelID == s.support.ChannelID() {
4.      return s.StandardChannel.ProcessConfigUpdateMsg(envConfigUpdate)
5.    }
6.    bundle, err := s.templator.NewChannelConfig(envConfigUpdate)
7.    newChannelConfigEnv, err:= bundle...ProposeConfigUpdate(envConfigUpdate)
8.    newChannelEnvConfig, err:= ...CreateSignedEnvelope(cb.HeaderType_CONFIG,...)
9.    wrappedOrderer...,... :=...CreateSignedEnvelope(cb..._ORDERER_TRANSACTION,...)
10.   err = s.StandardChannel.filters.Apply(wrappedOrdererTransaction)
11.   return wrappedOrdererTransaction, s.support.Sequence(), nil
12. }
```

在代码清单 8-10 中，第 3~5 行，若 CUENV1 所属通道 ID 与系统通道 ID 一致，说明该交易为系统通道的交易，则按正常的消息处理。这里所创建的应用通道 ID 与系统通道 ID 一定不一致。

第 6 行，依据 CUENV1 中的现有配置，使用默认配置模板 DefaultTemplator，配合系统通道

的现有配置，验证并整理出一个完整、有效的应用通道配置，当作应用通道现有配置（创建应用通道的交易设计是以 HeaderType_CONFIG_UPDATE 类型的交易进行的，创建应用通道的过程与应用通道的配置更新交易过程一致，需对应用通道新、旧配置进行比较、验证后更新。而此时应用通道尚未建立，因此这里使用默认配置模板创建一个应用通道配置，当作应用通道现有配置）。验证过程包括验证 CUENV1 的写集不为空、写集中 Application 组不为空、应用通道所对应的联盟必须存在于系统通道配置中、应用通道联盟中的组织必须是系统通道配置中该联盟组织的子集、使用系统通道的 ChannelCreationPolicy 策略作为应用通道 Application 组的策略、使用系统通道组的策略作为应用通道组的策略、将应用通道所有配置版本置为 0，等等。然后创建一个捆绑对象 bundle（common/channelconfig/bundle.go 中定义的 Bundle），将应用通道的"伪"现有配置、通道配置验证管理者、通道策略管理者三者捆绑在一起。

第 7 行，在 common/configtx/validator.go 中实现，使用 bundle 中的通道配置验证管理者，比较、验证 CUENV1 中的配置（标记为 N）与应用通道的"伪"现有配置（标记为 E）。这个过程包括过滤 N、E 之中配置相同（版本号相同）的项，将 N 中所有版本号大于 E 的配置项归集为增量配置 deltaSet（标记为 D，这里是创建应用通道，N 中的配置项应均是增量，均属于 D），验证D 的修改策略、D 的配置项版本号是否比 E 的配置项版本号大 1、N 中的签名集合是否满足 D 中配置项的修改策略（mod_policy），等等。然后形成新的应用通道配置 newChannelConfigEnv（将作为 HeaderType_CONFIG 类型的 Envelope.Payload.Data 的数据，存放在配置块中），newChannelConfigEnv 是一个 ConfigEnvelope，D 为 ConfigEnvelope 中的 Config，为所要创建的应用通道的新配置（通道的每个配置，均有唯一顺序递增的编号 Sequence），而原更新配置交易则作为 ConfigEnvelope 中的 LastUpdate。

第 8 行，以 orderer 节点所代表的身份对 newChannelConfigEnv 进行签名，并将之打包进一个HeaderType_CONFIG 类型的 Envelope，作为应用通道配置。后续对交易进一步校验时，会验证此类型。

第 9 行，将 HeaderType_CONFIG 类型的 Envelope 打包进 HeaderType_ORDERER_TRANSACTION 类型（表示为系统通道的交易）的 Envelope，即 OTENV1。后续对交易进一步校验时，会验证此类型。

第 10 行，使用系统通道中过滤组 filters 对 OTENV1 进行验证过滤。filters 由CreateSystemChannelFilters 函数创建，主要包含在 filter.go 中定义的空数据规则过滤器EmptyRejectRule、在 sizefilter.go 中定义的数据大小规则过滤器 MaxBytesRule、在 sigfilter.go 中定义的签名规则过滤器 SigFilter、在 systemchannelfilter.go 中定义的系统通道规则过滤器SystemChainFilter。分别过滤存在如下情况的交易：配置数据为空、数据过大（不符配置中对区块大小的限制）、交易签名不符系统通道写入策略（common/policies/policy.go 中定义的常量ChannelWriters）、已超过系统通道所配置的通道最大数量、交易签名不符合创建通道策略（再次验证）、在 Fabric 版本功能兼容性上不符要求。

第 11 行，若 OTENV1 未被过滤掉，说明符合要求，则返回 OTENV1 和对应的配置序号。

代码清单 8-11 orderer/consensus/kafka/chain.go

```
1.  func (chain *chainImpl) Configure(config *cb.Envelope, configSeq uint64) error {
2.    return chain.configure(config, configSeq, int64(0)) //直接调用下面的方法
3.  }
4.  func (chain *chainImpl) configure(config *cb.Envelope, ...) error {...
5.    if !chain.enqueue(newConfigMessage(marshaledConfig, ...)){ return...} ...
6.  }
7.  func (chain *chainImpl) enqueue(kafkaMsg...)...{
8.    select {
9.    case <-chain.startChan:
10.     select { ...
11.     default:
12.       payload, err := protoutil.Marshal(kafkaMsg)          //将 Kafka 消息打包
13.       message := newProducerMessage(chain.channel, payload) //将消息放入生产类型消息
14.       if _, _, err = chain.producer.SendMessage(message); err!=nil {...return...}
15.     }
16.   }
17. }
18. func (chain *chainImpl) processMessagesToBlocks() (...) {...
19.   for {
20.     select {...
21.     case in, ok := <-chain.channelConsumer.Messages(): ...//接收到消费的消息
22.       if err := proto.Unmarshal(in.Value, msg); err!=nil {...continue} else{...}
23.       switch msg.Type.(type) { ...
24.       case *ab.KafkaMessage_TimeToCut: ...//超时切块消息
25.       case *ab.KafkaMessage_Regular:          //正常的 Kafka 消息
26.         if err:=chain.processRegular(msg.GetRegular(),in.Offset);...{...} else{...}
27.       }
28.     }
29.   }
30. }
31. func (chain *chainImpl) processRegular(regularMessage..., receivedOffset)error {
32.   commitNormalMsg := func(message *cb.Envelope,...) {...}//处理正常背书交易消息
33.   commitConfigMsg := func(message *cb.Envelope, newOffset int64) {//处理配置交易消息
34.     batch := chain.BlockCutter().Cut()
35.     if batch != nil {
36.       block := chain.CreateNextBlock(batch); chain.WriteBlock(block, metadata)
37.     }
38.     block := chain.CreateNextBlock([]*cb.Envelope{message})
39.     metadata := &ab.KafkaMetadata{LastOffsetPersisted: receivedOffset,...}
40.     chain.WriteConfigBlock(block, metadata)
41.   }
42.   seq := chain.Sequence() //获取系统通道此时最新配置的序号
43.   if err := proto.Unmarshal(regularMessage.Payload,env);...{return...}//解析交易
44.   if ...||!chain.SharedConfig().Capabilities().Resubmission() {...}//兼容旧版本功能
45.   switch regularMessage.Class { ...
46.   case ab.KafkaMessageRegular_CONFIG:  //创建通道的交易消息将进入此分支
47.     if regularMessage.OriginalOffset != 0 {...}
48.     if regularMessage.ConfigSeq < seq {...}
49.     offset := regularMessage.OriginalOffset
50.     if offset == 0 {offset = chain.lastOriginalOffsetProcessed}
51.     commitConfigMsg(env, offset)
```

```
52.    }
53. }
```

在代码清单 8-11 中，第 5 行，创建包含 OTENV1 的 KafkaMessageRegular_CONFIG 类型的 Kafka 消息。

第 13 行，创建向 Kafka 集群发送的生产类型消息。指定的 Topic 为系统通道 ID，键为分区 0，值为包含 OTENV1 的 Kafka 消息。

第 14 行，向 Kafka 集群发送生产类型消息。发送后，broker 节点按指定 Topic 和分区，对消息进行存储。

参见代码清单 8-6，启动系统通道的 Kafka 共识排序服务时，也启动了消费消息的协程，即第 18～30 行的方法。含有 OTENV1 的 Kafka 消息在第 21 行分支处被消费出来，解析后，进入第 25 行的分支。

第 26 行，调用第 31～53 行的方法，处理创建通道的配置交易，过程如下。

（1）第 43 行，将 OTENV1 从 Kafka 消息中解析出来。

（2）第 47 行，若 OriginalOffset 不为 0，说明此消息是被 Kafka "打回来"并需再次提交的配置交易，则在 if 分支中调整重复处理的偏移量、锁和通道。

（3）第 48 行，若 Kafka 消息所基于的系统通道的配置序号小于当前系统通道的配置序号，说明此时系统通道配置已更新，则将该创建应用通道的交易，基于系统通道的最新配置，重新处理。

（4）第 49～50 行，若消息是被重新处理的，则更新其偏移量。

（5）第 51 行，调用第 33～41 行的函数，处理 OTENV1，过程如下。

① 第 34～37 行，由于 Fabric 区块链设计的是对配置类型交易单独成块，因此在处理 OTENV1 前，使用切块工具 BlockCutter 进行切块，将此前已接收缓存的交易打包成块，并写入系统通道账本。

② 第 38～40 行，将 OTENV1 单独成块，写入系统通道账本，如代码清单 8-12 所示。

代码清单 8-12 orderer/common/multichannel/blockwriter.go

```
1. func (bw *BlockWriter) WriteConfigBlock(block *cb.Block,encodedMetadataValue...){
2.    ctx, err := protoutil.ExtractEnvelope(block, 0)
3.    payload, err := protoutil.UnmarshalPayload(ctx.Payload)
4.    chdr, err := protoutil.UnmarshalChannelHeader(payload.Header.ChannelHeader)
5.    switch chdr.Type {
6.    case int32(cb.HeaderType_ORDERER_TRANSACTION):
7.      newChannelConfig, err := protoutil.UnmarshalEnvelope(payload.Data)
8.      bw.registrar.newChain(newChannelConfig)
9.    }
10. }
```

在代码清单 8-12 中，第 2～4 行，从区块中解析出第 0 个交易（OTENV1）的通道头信息。

第 6 行，OTENV1 将进入此分支。

第 7 行，从 OTENV1 中解析出由 orderer 节点签名的 HeaderType_CONFIG 类型的 Envelope，即应用通道配置。

第 8 行，使用通道注册管理者 Registrar，依据应用通道配置，创建应用通道的 ChainSupport，并启动应用通道的共识排序服务，如代码清单 8-13 所示。

代码清单 8-13　orderer/common/multichannel/registrar.go

```
1.   func (r *Registrar) newChain(configtx *cb.Envelope) {
2.     ledgerResources := r.newLedgerResources(configtx)
3.     if ledgerResources.Height() == 0 {
4.       ledgerResources.Append(...CreateNextBlock(...,[]*cb.Envelope{configtx}))
5.     }
6.     newChains := make(map[string]*ChainSupport)
7.     for key, value := range r.chains { newChains[key] = value }
8.     cs := newChainSupport(r, ledgerResources, r.consenters, r.signer, ...)
9.     chainID := ledgerResources.ConfigtxValidator().ChannelID()
10.    newChains[string(chainID)] = cs; cs.start(); r.chains = newChains
11.  }
```

在代码清单 8-13 中，第 2 行，使用应用通道配置，创建应用通道的账本资源对象，其中，在 orderer 节点本地，创建了应用通道的账本。

第 3～5 行，若创建的账本现有高度为 0，说明该账本是新建的账本，则以应用通道配置交易为唯一交易，创建区块，作为应用通道的第 0 块，即应用通道的创世纪块，并写入应用通道的账本。

第 6～7 行，复制 Registrar 中当前已注册（创建）的通道。

第 8～10 行，参见 8.2 节所述系统通道的启动过程，创建应用通道的 ChainSupport，放入 Registrar 的已注册通道集合中，并启动应用通道的共识排序服务。至此，应用通道启动完毕。

8.4　加入应用通道

应用通道在 orderer 端启动后，应用通道所对应的联盟中组织的 peer 节点需要一一加入这个通道中，才能使用该通道的服务，并在通道中开始业务交易。通过执行 peer channel join 命令，以将加入通道交易发送至系统链码 cscc 的方式，在背书节点（peer 节点）本地建立起应用通道相关的资源和服务，如通道对象、账本、gossip 服务（其中包含 Deliver 服务）等，实现加入应用通道。具体实现过程如代码清单 8-14 所示。

代码清单 8-14　internal/peer/channel/join.go

```
1.   func executeJoin(cf *ChannelCmdFactory) (err error) {
2.     spec, err := getJoinCCSpec()
3.     invocation := &pb.ChaincodeInvocationSpec{ChaincodeSpec: spec}
4.     creator, err := cf.Signer.Serialize() //节点的身份，作为交易的创建者
5.     prop,..=...CreateProposalFromCIS(...HeaderType_CONFIG,"",invocation,creator)
6.     signedProp, err = protoutil.GetSignedProposal(prop, cf.Signer)
7.     proposalResp,... = cf.EndorserClient.ProcessProposal(context..., signedProp)
8.   }
9.   func getJoinCCSpec() (*pb.ChaincodeSpec, error) {
10.    gb, err := ioutil.ReadFile(genesisBlockPath)
11.    input := &pb.ChaincodeInput{Args: [][]byte{[]byte(cscc.JoinChain), gb}}
12.    spec:= &pb.ChaincodeSpec{Type:...,ChaincodeId:...{Name:"cscc"},Input:input}}
13.  }
```

在代码清单 8-14 中，第 2 行，调用第 9~13 行的函数，创建调用的链码说明 ChaincodeSpec。其中，第 10 行读取应用通道的创世纪块；第 11~12 行指定调用系统链码 cscc 的 JoinChain 函数，参数为创世纪块。

第 3 行，使用链码说明，创建链码调用说明 ChaincodeInvocationSpec。

第 5 行，使用节点身份、链码调用说明，创建一个 HeaderType_CONFIG 类型的背书申请，在这里交易 ID 已生成。因为加入通道的交易，自身并没有通道属性，是无通道背书申请，所以最终不会被作为正常的交易写入账本中。

第 6 行，使用 peer 节点的身份对背书申请进行签名，形成一个签名背书申请，这里标记为 SP1。

第 7 行，使用背书客户端将 SP1 发送至背书节点。背书节点接收到 SP1 后，调用系统链码 cscc 进行处理，如代码清单 8-15 所示。

代码清单 8-15　core/endorser/endorser.go

```
1.  func (e *Endorser) ProcessProposal(ctx,signedProp) (*pb.ProposalResponse,...) {
2.    up, err := UnpackProposal(signedProp)//解析背书交易至UnpackedProposal, 方便后续使用
3.    if up.ChannelID()!=""{...} else{channel= &Channel{...Deserializer:e.LocalMSP}}
4.    err = e.preProcess(up, channel)
5.    pResp, err := e.ProcessProposalSuccessfullyOrError(up)
6.  }
7.  func (e *Endorser) preProcess(up *UnpackedProposal, channel *Channel) error {
8.    err := up.Validate(channel.IdentityDeserializer)
9.    if up.ChannelHeader.ChannelId == "" { return nil }
10. }
11. func (e *Endorser) ProcessProposalSuccessfullyOrError(up...) (...) {
12.   txParams := &ccprovider.TransactionParams{...}
13.   if acquireTxSimulator(up.ChannelHeader.ChannelId, up.ChaincodeName) {...}
14.   cdLedger, err := e.Support.ChaincodeEndorsementInfo(up.ChannelID(), ...)
15.   res,simulationResult,...:= e.SimulateProposal(txParams,ChaincodeName, Input)
16.   switch {...case up.ChannelID()=="": return &pb.ProposalResponse{Response:res} }
17. }
18. func (e *Endorser) SimulateProposal(txParams...)(*pb.Response, []byte, ...){
19.   res, ccevent, err := e.callChaincode(txParams, chaincodeInput, chaincodeName)
20.   if txParams.TXSimulator==nil { return res,nil,ccevent,nil }//无通道交易，就此返回
21. }
22. func (e *Endorser) callChaincode(txParams...)(*pb.Response,...) {
23.   res, ccevent, err := e.Support.Execute(txParams, chaincodeName, input)
24.   if chaincodeName!= "lscc" || len(input.Args) < 3 ||... {return res,ccevent,nil}
25. }
```

在代码清单 8-15 中，第 3 行，若 SP1 为某通道交易，则获取该通道对象，通道对象中存放着后续处理通道内背书申请所用的工具，如身份反序列化工具。这里 SP1 为无通道交易，使用默认的通道对象，让背书节点的本地 MSP 承担解析身份的工作。

第 4 行，调用第 7~10 行的方法，预处理 SP1。其中，第 8 行，验证 SP1 中字段的合法性、签名的有效性（消息未被篡改）；第 9 行，SP1 为无通道交易，就此返回。

第 5 行，调用第 11~17 行的方法，开始处理 SP1，过程如下。

（1）第 12 行，创建交易参数对象，此对象囊括交易中涉及的所有元素，可用于在后续处理交易过程中更加方便地获取数据和对象。

（2）第 13 行，查看 SP1 是否需要获取交易模拟器。这里无通道背书申请无须使用交易模拟器，因为无通道交易无须写入账本，即无须记录交易读写集。

（3）第 14 行，在 core/chaincode/lifecycle/endorsment_info.go 中实现，获取系统链码 cscc 的背书信息。

（4）第 15 行，调用第 18～21 行的方法，调用系统链码 cscc，执行背书申请，模拟交易。其中，第 19 行，调用第 22～25 行的方法，过程如下。

① 第 23 行，调用系统链码 cscc，执行背书申请，模拟交易，如代码清单 8-16 所示。

② 第 24 行，非调用 lscc 的交易，就此返回。

（5）第 16 行，整理背书应答（只包含调用 cscc 的结果），并返回给客户端。

代码清单 8-16　core/endorser/support.go

```
1.  func (s *SupportImpl) Execute(txParams, name, input) (*pb.Response,...) {
2.    decorators := library.InitRegistry(library.Config{}).Lookup(..Decoration).(...)
3.    input.Decorations = make(map[string][]byte)
4.    input = decoration.Apply(txParams.Proposal, input, decorators...)
5.    txParams.ProposalDecorations = input.Decorations
6.    return s.ChaincodeSupport.Execute(txParams, name, input)
7.  }
```

在代码清单 8-16 中，第 2～5 行，对链码输入进行"装饰"。链码输入装饰属于 peer 节点自定义的插件性质的工具，我们可用之修改、过滤调用链码所输入的参数，在 core.yaml 中的 peer.handlers.decorators 处配置。链码输入装饰的内部默认实现为 core/handlers/decoration/decorator/decorator.go 中的 decorator，直接将原链码输入返回，无实质性地装饰处理。插件版本的示例实现为 core/handlers/decoration/plugin/decorator.go 中的 decorator，可自行将之编译成动态库，在 core.yaml 中的 peer.handlers.decorators 处指定动态库所在路径即可。这里按默认装饰处理（不改变链码输入）理解即可。

第 6 行，调用 ChaincodeSupport 继续处理，如代码清单 8-17 所示。

代码清单 8-17　core/chaincode/chaincode_support.go

```
1.  func (cs *ChaincodeSupport) Execute(txParams...)(*pb.Response,...){
2.    resp, err := cs.Invoke(txParams, chaincodeName, input)//调用下面的方法
3.    return processChaincodeExecutionResult(txParams.TxID,...)//处理调用链码的结果
4.  }
5.  func (cs *ChaincodeSupport) Invoke(txParams,chaincodeName,input) (...){
6.    ccid,cctype,...:= cs.CheckInvocation(txParams,chaincodeName,input)//检查调用参数
7.    h, err := cs.Launch(ccid)
8.    return cs.execute(cctype, txParams, chaincodeName, input, h)
9.  }
10. func (cs *ChaincodeSupport) execute(cctyp,txParams,namespace,h *Handler) (...) {
11.   payload, err := proto.Marshal(input)//打包链码输入，作为链码消息的 Payload
12.   ccMsg :=&pb.ChaincodeMessage{Type:cctyp,Payload:payload,...}//创建交易类型链码消息
13.   timeout := cs.executeTimeout(namespace, input)//等待调用链码结束的超时时间
14.   ccresp, err := h.Execute(txParams, namespace, ccMsg, timeout)
15. }
```

在代码清单 8-17 中，第 7 行，尝试运行链码，当所调用的链码未运行时，在此启动它，并

获取与链码进行通信的处理对象 Handler，这里标记为 PEER_Handler。

第 8 行，调用第 10～15 行的方法，使用 PEER_Handler，调用 cscc，如代码清单 8-18 所示。

代码清单 8-18　core/chaincode/handler.go

```
1.  func (h *Handler) Execute(txParams,namespace,msg,timeout) (...) {
2.    if err := h.setChaincodeProposal(...SignedProp,...Proposal,msg);...{...}
3.    h.serialSendAsync(msg)
4.    select {case ccresp = <-txctx.ResponseNotifier:...}//等待调用链码返回、超时
5.  }
```

在代码清单 8-18 中，第 2 行，将 SP1 放入链码消息中。

第 3 行，使用 PEER_Handler，将一个包含链码输入、SP1、交易 ID 且通道 ID 为空的交易类型的链码消息（这里标记为 CCM1）串行异步地发送给 cscc。cscc 端处理背书节点消息的 Handler，这里标记为 CC_Handler，接收到 CCM1，继续处理，如代码清单 8-19 和代码清单 8-20 所示。

代码清单 8-19　fabric-chaincode-go/shim/shim.go

```
1.  func chatWithPeer(chaincodename, stream PeerChaincodeStream,cc Chaincode) error {
2.    for {
3.      select {
4.      case rmsg := <-msgAvail: //接收到背书节点发送的链码消息
5.        switch {...
6.        default:
7.          err := handler.handleMessage(rmsg.msg, errc) //调用代码清单 8-20 中的方法
8.          go receiveMessage()//继续等待接收下一个消息
9.        }
10.     }
11.   }
12. }
```

代码清单 8-20　fabric-chaincode-go/shim/handler.go

```
1.  func (h *Handler) handleMessage(msg...) error { ...
2.    switch h.state {
3.    case ready: err = h.handleReady(msg, errc)...//链码端 Handler 处于就绪状态
4.    }
5.  }
6.  func (h *Handler) handleReady(msg...) error {
7.    switch msg.Type {...
8.    case pb.ChaincodeMessage_TRANSACTION: //交易类型的链码消息
9.      go h.handleStubInteraction(h.handleTransaction, msg, errc); return nil
10.   }
11. }
12. func (h *Handler) handleStubInteraction(handler stubHandlerFunc, msg...) {
13.   resp, err := handler(msg)
14.   h.serialSendAsync(resp, errc) //调用链码结束，向背书节点回复调用结果
15. }
16. func (h *Handler) handleTransaction(msg...) (*pb.ChaincodeMessage, error) {
17.   input := &pb.ChaincodeInput{}; err := proto.Unmarshal(msg.Payload, input)
18.   stub, err := newChaincodeStub(h, msg.ChannelId, msg.Txid, input, msg.Proposal)
19.   res := h.cc.Invoke(stub)
20.   resBytes, err := proto.Marshal(&res)
21.   return &pb.ChaincodeMessage{Type:..._COMPLETED,Payload:resBytes,Txid:...}
22. }
```

在代码清单 8-20 中，第 9 行，调用第 12～15 行的方法，处理 CCM1。其中，第 13 行，使用

handleStubInteraction 方法的第 1 个参数，即第 16～22 行的方法，处理 CCM1，过程如下。

（1）第 17 行，从 CCM1 中解析出链码输入。

（2）第 18 行，创建调用 cscc 所用的 ChaincodeStub。ChaincodeStub 存储交易 ID、链码输入、SP1 等调用链码时所需的信息，并与背书节点交互，可从状态数据库中读取状态值、将写值写入交易模拟器的写集中。

（3）第 19 行，使用 ChaincodeStub，调用系统链码 cscc，如代码清单 8-21 所示。

（4）第 20～21 行，返回调用 cscc 的消息。

代码清单 8-21   core/scc/cscc/configure.go

```
1.  func (e *PeerConfiger) Invoke(stub shim.ChaincodeStubInterface) pb.Response {
2.     args := stub.GetArgs()        //获取链码输入
3.     fname := string(args[0])      //参数指定调用的函数
4.     sp, err := stub.GetSignedProposal()   //获取签名背书申请
5.     return e.InvokeNoShim(args, sp)       //调用下面的方法
6.  }
7.  func (e *PeerConfiger) InvokeNoShim(args [][]byte, sp *pb.SignedProposal) ...{
8.     switch fname {
9.     case JoinChain:   //指定调用加入通道的函数
10.      block, err := protoutil.UnmarshalBlock(args[1])
11.      cid, err := protoutil.GetChainIDFromBlock(block)
12.      if err := validateConfigBlock(block, e.bccsp); err != nil {return...}
13.      if err=e.aclProvider.CheckACL(resources.Cscc_JoinChain,"",sp);...{return...}
14.      txsFilter := util.TxValidationFlags(block...Metadata[...TRANSACTIONS_FILTER])
15.      if len(txsFilter) == 0 {...
16.        block...Metadata[..._TRANSACTIONS_FILTER] = txsFilter
17.      }
18.      return e.joinChain(cid, block, ...)
19.    }
20. }
21. func (e *PeerConfiger) joinChain(chainID string,block *common.Block,...)...{
22.    if err := e.peer.CreateChannel(chainID,block...); err != nil{...} ...
23. }
```

在代码清单 8-21 中，第 10 行，获取链码输入的第 1 个参数，即应用通道的创世纪块。

第 11 行，从创世纪块中获取应用通道的通道 ID。

第 12 行，验证创世纪块，保证必要的配置项不为空、与要加入该通道的 peer 节点自身版本的兼容性。

第 13 行，参见 6.9.3 节所述 ACL，检查 SP1 中的签名是否满足 ACL 中 cscc/JoinChain 的策略，如 Admins。

第 14～17 行，若应用通道创世纪块的 BlockMetadataIndex_TRANSACTIONS_FILTER 元数据不存在，则在这里使用硬编码方式补上，标识创世纪块中唯一的配置交易是有效的。

第 18 行，调用第 21～23 行的方法，使用 peer 节点对象，加入应用通道，如代码清单 8-22 所示。

代码清单 8-22   core/peer/peer.go

```
1.  func (p *Peer) CreateChannel(cid string,cb *common.Block,...)error {
2.     l, err := p.LedgerMgr.CreateLedger(cid, cb)
```

```
3.      if err := p.createChannel(cid, l, cb, p.pluginMapper,...);err!=nil {return err}
4.      p.initChannel(cid)
5.    }
6.  func (p *Peer) createChannel(cid string,l ledger.PeerLedger,...) error {
7.      chanConf, err := retrievePersistedChannelConfig(l)
8.      bundle, err := channelconfig.NewBundle(cid, chanConf, p.CryptoProvider)
9.      capabilitiesSupportedOrPanic(bundle)
10.     gossipCallbackWrapper := func(bundle *channelconfig.Bundle) {...}
11.     trustedRootsCallbackWrapper := func(bundle *channelconfig.Bundle) {...}
12.     mspCallback := func(bundle *channelconfig.Bundle) {...}
13.     ordererSourceCallback := func(bundle *channelconfig.Bundle) {...}
14.     channel := &Channel{ledger: l,resources: bundle,...}
15.     channel.bundleSource = channelconfig.NewBundleSource(...)
16.     committer := committer.NewLedgerCommitter(l)
17.     validator := &txvalidator.ValidationRouter{...}
18.     store, err := p.openStore(bundle.ConfigtxValidator().ChannelID())
19.     simpleCollectionStore := privdata.NewSimpleCollectionStore(l,...)
20.     p.GossipService.InitializeChannel(...)
21.     p.channels[cid] = channel
22.  }
```

在代码清单 8-22 中，第 2 行，使用账本管理者，创建应用通道的账本，并将创世纪块写入账本。写入过程中，创世纪块中的通道配置也会提交至状态数据库中。

第 3 行，调用第 6～22 行的方法，在背书节点中创建应用通道对象，并启动通道服务，过程如下。

（1）第 7 行，从状态数据库中获取应用通道的配置。

（2）第 8 行，使用通道配置，创建一个通道配置捆绑对象 bundle。bundle 管理着一个应用通道的配置和相关服务资源，在处理通道配置相关的交易时使用。

（3）第 9 行，检查应用通道的版本兼容性、应用通道的策略是否被支持。

（4）第 10～13 行，创建各种服务使用 bundle 更新自身配置的回调函数，如 MSP、gossip 服务。

（5）第 14 行，创建应用通道对象，该对象是应用通道在 peer 节点中的实体对象，在 core/peer/channel.go 中定义，主要包含节点账本、通道配置、通道捆绑资源、通道使用的 BCCSP、临时性数据存储对象。

（6）第 15 行，使用上文的回调函数，创建应用通道的捆绑资源对象。回调函数与通道配置捆绑在一起，在通道配置发生变化时，能够对各种需应用新配置的对象或服务进行相应的更新。

（7）第 16～20 行，创建 peer 节点的 gossip 服务所使用的账本提交者、交易提交验证路由器、临时性数据存储对象、私有数据存储对象，并初始化应用通道的 gossip 服务。

（8）第 21 行，将应用通道对象放入 peer 节点的通道集合中。

第 4 行，直接调用 p.channelInitializer(cid)，目的是在 peer 节点加入应用通道后，对节点的应用通道执行一些必要的初始化工作。p.channelInitializer 为 peer 节点启动时，在 internal/peer/node/start.go 的 serve 函数中执行 peerInstance.Initialize(...)的第 1 个参数，主要用于 peer 节点重启和恢复已有通道时，预先缓存应用通道中已存在的链码信息，如名称、版本、背书策略。

第**9**章

通道服务

在 Fabric 区块链网络中，通道中的一笔正常交易从发起到最终写入各个组织节点的本地账本和状态数据库，整个过程需要使用到各种服务。在本章中，我们将按照交易步骤，对通道中的各类服务的实现进行详述，如背书服务 endorse、原子广播服务 AtomicBroadcast、共识排序服务 etcdraft、散播服务 gossip。此外，也将叙述独立的服务——发现(discovery)服务和操作(operation)服务，前者提供查询通道相关实时信息的功能，后者属于运维服务，提供监控、日志管理等功能。

9.1 基础 gRPC 网络通信服务

9.1.1 Fabric 对 gRPC 的封装

Fabric 的网络通信依赖于 gRPC。gRPC 具体为第三方库 gRPC，为谷歌开发的一个通用的高性能远程过程调用（Remote Procedure Call，RPC）框架。gRPC 默认使用 Protocol Buffers 作为定义语言，对 Fabric 中服务的接口、接口的参数进行描述，支持 Go、Ruby、C++、Java 等多种语言。客户端的程序可以依据服务接口定义，像调用第三方库的函数一样，直接调用服务端启动的服务，并得到应答，而不必过分在意 gRPC 底层的通信细节。

在 Fabric 中，出于自身业务特点和使用便捷性方面的考虑，无论是 gRPC 的客户端还是服务端，Fabric 均对其进行了封装。具体实现在 core/comm/下，如 client.go 中封装了 gRPC 客户端的 GRPCClient，server.go 中封装了 gRPC 服务端的 GRPCServer。封装的方向是维护服务端和客户端两者的连接配置、TLS 配置、客户端证书、连接过程等，封装细节如代码清单 9-1 和代码清单 9-2 所示。

代码清单 9-1 core/comm/client.go

```
1.  func NewGRPCClient(config ClientConfig) (*GRPCClient, error) {
2.    client := &GRPCClient{} //创建 GRPCClient 对象
3.    err := client.parseSecureOptions(config.SecOpts)
4.    kap := keepalive.ClientParameters{...}; client.dialOpts = append(...)
5.    if !config.AsyncConnect {client.dialOpts = append(...)...}
6.    client.timeout = config.Timeout
7.    client.maxRecvMsgSize= MaxRecvMsgSize; client.maxSendMsgSize= MaxSendMsgSize
8.  }
```

```
9.  func (client *GRPCClient) parseSecureOptions(opts SecureOptions) error {
10.     if !opts.UseTLS { return nil }          //若未开启 TLS 验证，则直接返回
11.     client.tlsConfig = &tls.Config{...}     //创建客户端的 TLS 配置
12.     if len(opts.ServerRootCAs) > 0 {...}    //存储服务端根 CA 证书
13.     //TLS 连接握手过程中，若服务端需验证客户端证书，则存储客户端证书
14.     if opts.RequireClientCert {...}
15.  }
```

在代码清单 9-1 中，创建一个通用的 gRPC 客户端。第 3 行，调用第 9～15 行的方法，解析客户端配置中 TLS 相关的配置。客户端的 TLS 配置也来自节点配置，如 core.yaml 中的 peer.tls 配置项。

第 4 行，创建客户端连接服务端的"心跳"、超时时间的拨号选项，放入拨号选项集。

第 5 行，若配置设定客户端的连接是同步连接，则设定同步连接的拨号选项，放入拨号选项集。

第 6～7 行，设定客户端连接超时时间，收、发数据的大小限制。

代码清单 9-2 core/comm/server.go

```
1.  func NewGRPCServer(address string, serverConfig ServerConfig) (*GRPCServer,...){
2.     if address == "" {return ...}
3.     lis, err := net.Listen("tcp", address) //创建一个监听指定 endpoint 的监听对象
4.     return NewGRPCServerFromListener(lis, serverConfig)
5.  }
6.  func NewGRPCServerFromListener(listener..., serverConfig...) (*GRPCServer,...){
7.     gRPCServer := &GRPCServer{...}         //创建 GRPCServer 对象
8.     var serverOpts []gRPC.ServerOption //创建 gRPC 服务连接选项集
9.     if secureConfig.UseTLS {if secureConfig.Key != nil && ... {...}else...}
10.    serverOpts = append(serverOpts, gRPC.MaxSendMsgSize(MaxSendMsgSize))
11.    ...
12.    gRPCServer.server = gRPC.NewServer(serverOpts...)
13.    if serverConfig.HealthCheckEnabled {gRPCServer.healthServer = health...}
14.  }
```

在代码清单 9-2 中，创建一个通用的 gRPC 服务端，负责监听固定端点（endpoint），接收客户端请求和向客户端返回应答。第 9 行，根据 TLS 配置，创建 TLS 连接证书相关的 gRPC 服务连接选项。TLS 配置来自节点配置，一般为 core.yaml 中的 peer.tls 配置项、orderer.yaml 中的 General.TLS 配置项，或对应的环境变量。

第 10～11 行，依据配置的实际情况，创建一系列 gRPC 服务连接选项。

第 12 行，依据服务连接选项集，创建一个原始的 gRPC 服务端对象，放入 GRPCServer 中。

第 13 行，依据服务端具体配置，决定是否创建并注册 gRPC 健康检查服务。

9.1.2 服务通信功能

Fabric 使用封装的 gRPC 客户端、服务端，调用或运行具体的服务。具体的数据结构、服务原型在 fabric-protos 仓库下的*.proto 文件中定义，通过 protoc --go_out=plugins=gRPC 命令，生成 fabric-protos-go 仓库下对应的*.pb.go 文件，实现 Go 语言版本的数据结构、服务接口定义。

以交易背书服务 endorse 为例，服务原型和接口如代码清单 9-3 所示。

代码清单 9-3　fabric-protos/peer/peer.proto

```
1.  //在 fabric-protos 仓库的 peer/peer.proto 中定义原型
2.  service Endorser{
3.    rpc ProcessProposal(SignedProposal) returns (ProposalResponse)
4.  }
5.  //在 fabric-protos-go 仓库的 peer/peer.pb.go 中实现服务
6.  type EndorserClient interface { //背书客户端接口
7.    ProcessProposal(ctx.., in *SignedProposal, opts...) (*ProposalResponse, error)
8.  }
9.  type EndorserServer interface { //背书服务端接口
10.    ProcessProposal(context.Context, *SignedProposal) (*ProposalResponse, error)
11. }
12. type endorserClient struct { cc *gRPC.ClientConn } //背书客户端接口默认实现
```

在实际使用过程中，客户端、服务端对象则一般由开发者依据接口和自身业务逻辑进行实现。在 Fabric 中，客户端实现为 internal/peer/common/common.go 中的 CommonClient，作为 peer 节点发起各种服务的通用客户端。在实际项目开发中，该客户端功能一般也由 Fabric SDK 实现。服务端实现为 core/endorser/endorser.go 中的 Endorser，在 Endorser 的 ProcessProposal 方法中，对客户端发送的背书申请进行一系列处理，并返回处理应答。

一个具体服务的客户端通过对通用客户端 CommonClient 进行包装，然后发起调用。以背书客户端为例，包装、使用过程如代码清单 9-4 和代码清单 9-5 所示。

代码清单 9-4　internal/peer/common/peerclient.go

```
1.  func (pc *PeerClient) Endorser() (pb.EndorserClient, error) {
2.    //使用通用 gRPC 客户端的基础连接信息，创建客户端连接对象
3.    conn, err := pc.CommonClient.NewConnection(pc.Address, comm.Server...(pc.sn))
4.    return pb.NewEndorserClient(conn), nil //使用连接对象，创建默认的背书客户端对象
5.  }
6.  func GetEndorserClient(address, tlsRootCertFile...) (pb.EndorserClient,...) {
7.    var peerClient *PeerClient ...
8.    return peerClient.Endorser()
9.  }//在同目录的 common.go 中，该函数在 init 函数中被赋值给全局变量 GetEndorserClientFnc
```

代码清单 9-5　internal/peer/channel

```
1.  func InitCmdFactory(isEndorserRequired,...) (*ChannelCmdFactory, error) {
2.    if isEndorserRequired {cf.EndorserClient,...= common.GetEndorserClientFnc(...)}
3.  }// 在目录下 channel.go 文件中定义，初始化 ChannelCmdFactory 中的背书客户端对象
4.  func executeJoin(cf *ChannelCmdFactory) (err error) {
5.    proposalResp, err = cf.EndorserClient.ProcessProposal(...,signedProp)
6.  }// 在目录下 join.go 文件中定义，peer CLI 使用背书客户端，发起加入通道的背书交易
```

一个具体服务的服务端需要通过 gRPC 固定的程式进行启动，如背书服务的服务端，随 peer 节点启动而启动，如代码清单 9-6 所示。

代码清单 9-6　internal/peer/node/start.go

```
1.  func serve(args []string) error {
2.    peerServer, err := comm.NewGRPCServer(listenAddr, serverConfig)//通用 gRPC 服务端
3.    authFilters := reg.Lookup(library.Auth).(...)   //获取用于过滤背书申请的授权链
4.    endorserSupport := &endorser.SupportImpl{...}
5.    serverEndorser := &endorser.Endorser{...}        //创建背书服务端对象
6.    auth := authHandler.ChainFilters(serverEndorser, authFilters...)
```

```
7.      pb.RegisterEndorserServer(peerServer.Server(), auth)
8.      gRPCErr = peerServer.Start() //启动 peer 节点的服务端，亦即启动了已注册的背书服务
9.  }
```

在代码清单 9-6 中，第 4 行，创建背书服务端对象的 support 对象。此对象为背书服务端对象在背书过程中提供了各项资源支持。

第 6 行，创建授权链对象 auth，将授权节点数组 authFilters 依次放入 auth，最后将背书服务端对象 serverEndorser 放入 auth 的末尾。

第 7 行，将包含背书服务端的授权链对象，在 peer 节点的服务端中注册为背书服务。

9.2　背书服务 endorse

9.2.1　服务功能和原型定义

背书服务是 Fabric 区块链网络中某组织下的某些 peer 节点所承担的任务。一个 peer 节点，在组织中承担着各种角色，角色之一即背书节点。背书节点实际捆绑着链码，通过与链码进行通信，记录链码执行交易业务逻辑计算的过程中所形成的读集、写集，并将之作为交易的模拟结果，最后使用自己的身份，对模拟结果进行签名背书，形成背书应答。签名背书表示认可，即背书节点表示组织，以联盟参与者之一的身份，对一笔交易表示同意。因此，背书服务分为两个主要的部分，生成交易模拟结果和对结果进行签名背书。背书服务的原型在 9.1.2 节中已经作为例子进行了详述。背书服务流程如图 9-1 所示。

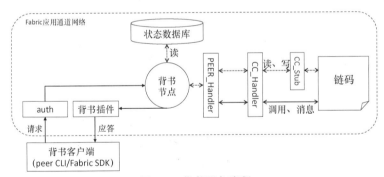

图 9-1　背书服务流程

1. 授权链 auth

在图 9-1 中，auth 为授权链，其以插件的形式参与到背书服务流程中。授权链是一个链表（list），链表上的每一个节点均是一个实现 EndorserServer 接口的授权节点，用于验证、过滤背书申请。在 core.yaml 的 peer.handlers.authFilters 下，定义了授权链的信息，包括授权函数名 name 和动态库路径 library。同时，core/endorser/endorser.go 中的 Endorser 必须作为授权链的最后一个节点，在授权链前面所有节点均验证通过之后，最后发起实际的背书申请。

授权链节点接口为 core/handlers/auth/auth.go 中定义的 Filter，在 Fabric 2.0 中，默认有两个静

态编译的授权节点实现——DefaultAuth 和 ExpirationCheck，在 core/handlers/auth/filter 目录下实现。DefaultAuth 是一个空架子，在 filter.go 中，直接将背书申请传递给下一个授权节点进行验证。ExpirationCheck 用以检查背书申请发起者身份（sh.Creator）所对应的证书是否过期，在 expiration.go 中，执行 validateProposal 函数发现证书并未过期，会将背书申请交给下一个授权节点。插件版本的 Filter 在 core/handlers/auth/plugin/filter.go 中实现，开发者若想实现自定义的授权节点，可以此为例，编写插件源码后，通过 Go 编译器自行将之编译成动态库，并在 core.yaml 中的 peer.handlers.authFilters 下添加相应的 name、library 值。

当账本正在重建时，背书服务会处于“不可用”状态。此功能也是通过授权链实现的。在 internal/peer/node/start.go 中定义了结构体 reset，当 peer 节点启动，会执行 server 函数中的 resetFilter := &reset{reject: true,} 和 authFilters = append(authFilters, resetFilter)，这两行代码会将 reset 添加到授权链的倒数第二个节点，当一笔背书申请被授权链过滤时，会被 reset 拒绝。

2. 背书插件

当背书节点依据背书申请执行调用链码等操作后，会使用背书插件对背书交易进行背书，主要会对调用链码所得到的交易读写集数据进行签名，表示认可，最后形成背书应答。背书插件在 core.yaml 中的 peer.handlers.endorsers.escc 下定义，包括背书插件名称 name 和动态库路径 library。定义后，会默认使用插件进行背书，而非原系统链码 escc。若只定义了 name，而未定义 library，则在背书时，默认使用 name 指定的静态编译版本的背书插件。

背书插件的接口为 core/handlers/endorsement/api/endorsement.go 中定义的 Plugin，默认实现的静态编译版本在 core/handlers/endorsement/builtin/default_endorsement.go 中，插件版本在 core/handlers/endorsement/plugin/plugin.go 中，均实现了原系统链码 escc 的功能。

9.2.2　服务流程

背书服务可以分为两类：通道背书服务、无通道背书服务（这是违背 Fabric 设计规则的存在，在将来的版本中可能会被优化）。通道背书服务处理的交易是某个通道内的背书交易，如调用应用链码的正常背书交易。无通道背书服务处理无通道归属概念的交易，如加入应用通道、安装应用链码，这类交易不会写入账本。在 8.4 节中，我们已经详述了一笔调用系统链码 cscc 执行加入应用通道的配置交易（HeaderType_CONFIG 类型），它是无通道背书交易。正常的背书交易（HeaderType_ENDORSER_TRANSACTION 类型）与无通道背书交易的处理流程框架一致，但细节上存在若干差别，如无通道背书服务不需要 ACL 检查、不返回交易模拟结果。

在此基础上，以运行 Fabric 官方示例 fabric-samples/chaincode/chaincode_example02/go/chaincode_example02.go 所实现的链码，执行 peer chaincode invoke -o orderer.example.com:7050 -C mychannel -n mycc -peerAddresses peer0.org1.example.com -tlsRootCertFiles /path/to/peer0/rootca -c '{"Args":["invoke","a","b","10"]}'命令为例，在通道 mychannel 中向背书节点 peer0.org1.example.com

发起请求，调用应用链码 mycc，从 a 账户向 b 账户中转账 10 元。整个正常的背书交易流程如下
（与加入应用通道相同的步骤将简述）。

1. peer CLI 发起背书申请和接收背书应答

当执行 peer chaincode invoke 命令时，会调用 internal/peer/chaincode/invoke.go 中的
chaincodeInvoke 函数，进而调用在代码清单 9-7 中定义的 chaincodeInvokeOrQuery 函数。

代码清单 9-7　internal/peer/chaincode/common.go

```
1.  func chaincodeInvokeOrQuery(cmd, invoke bool, cf *...) (err error) {
2.    spec, err := getChaincodeSpec(cmd)
3.    txID := ""
4.    proposalResp, err := ChaincodeInvokeOrQuery(...)
5.    if invoke {...}else{...} //输出背书申请结果
6.  }
7.  func ChaincodeInvokeOrQuery(spec, cID, txID,...)(*pb.ProposalResponse,...) {
8.    invocation := &pb.ChaincodeInvocationSpec{ChaincodeSpec: spec}
9.    creator, err := signer.Serialize() //获取 peer CLI 作为交易发起者的身份
10.   if transient != "" {...} //若命令行参数 transient 值不为空，则格式化 transient
11.   prop,txid,... := protoutil.CreateChaincodeProposalWithTxIDAndTransient(
12.             pcommon.HeaderType_ENDORSER_TRANSACTION,...)//创建一个背书交易类型的申请
13.   signedProp, err := protoutil.GetSignedProposal(prop, signer)
14.   responses, err := processProposals(endorserClients, signedProp)
15.   proposalResp := responses[0]
16.   if invoke { //处理 invoke 类型交易的分支
17.     if proposalResp.Response.Status >= shim.ERRORTHRESHOLD {return ...}
18.     env, err := protoutil.CreateSignedTx(prop, signer, responses...)
19.     var dg *DeliverGroup; if waitForEvent {...err := dg.Connect(ctx)...}
20.     if err = bc.Send(env); err != nil {return ...}
21.     if dg != nil && ctx != nil {err = dg.Wait(ctx)...}
22.   }
23. }
24. func processProposals(endorserClients []...,signedProposal) ([]*pb.
    ProposalResponse, error) {
25.   for _, endorser := range endorserClients {
26.     go func(endorser ...){
27.       wg.Add(1) //等待组加 1
28.       proposalResp, err := endorser.ProcessProposal(..., signedProposal)
29.       responsesCh <- proposalResp //将一个节点的背书应答传入应答通道
30.     }(endorser)
31.   }
32.   wg.Wait() //等待将所有节点的背书应答接收完毕
33.   for err := range errorCh {return nil,err}//errorCh 不为空，说明某一背书申请调用失败
34.   for response := range responsesCh { responses = append(responses, response) }
35. }
```

在代码清单 9-7 中，第 2 行，使用 peer 节点的环境变量和命令行参数，创建链码说明书，说
明所要调用的链码和输入的参数，这里标记为 CS1。

第 3 行，这里指定交易 ID 为空，让下文自动生成交易 ID，也可指定交易 ID，目的是方便测
试，如方便在 common_test.go 中对 ChaincodeInvokeOrQuery 进行测试。

第 4 行，调用第 7～23 行的函数，使用通道 ID、交易 ID、客户端 signer、服务端 TLS 根证

书等数据，发起背书申请的调用，并获取背书应答，过程如下。

（1）第 8 行，依据链码说明书，创建链码调用说明书。

（2）第 13 行，在 protoutil/txutils.go 中定义，使用客户端 signer，对背书申请进行签名。

（3）第 14 行，调用第 24～35 行的函数，向多个背书节点发送背书申请，并收集背书应答。每个背书节点均使用--peerAddresses、--tlsRootCertFiles 参数指定 endpoint 和服务端 TLS 根证书。过程如下。

① 第 25～31 行，并发地向多个背书节点发送背书申请，并接收背书应答。

② 第 34 行，收集所有的背书应答并将之返回。

（4）第 15～17 行，若收集到的第一个背书应答就不正确，peer CLI 直接默认此交易不成功，就此返回。

（5）第 18 行，在 protoutil/txutils.go 中实现，若第一个背书应答是被背书节点成功处理的，则依次比较第一个背书应答与其余每一个背书应答的 ProposalResponsePayload，若一致，说明两个背书应答中的读写集、链码调用结果等均一致且有效（这里的有效是指背书申请被背书节点正常处理并返回应答，而不是指调用 mycc 的结果是有效的，可能调用 mycc 的结果是无效的，但此无效结果被正常放入背书应答中返回给客户端）。然后收集每个背书应答中的背书数据，打包成一笔交易 Envelope。最后 peer CLI 对此交易进行签名。

（6）第 19 行，若命令行存在--waitForEvent 参数，则表示将背书交易发送至 orderer 集群进行排序后，通过启动 PeerDeliver 服务监听此背书交易是否最终完成，即被放入区块并写入账本，这里默认没有此参数。

（7）第 20 行，使用 Broadcast 客户端，向 orderer 集群发送交易。

（8）第 21 行，若监听了此背书交易所在区块的分发事件，则在此监听、等待。

当客户端（这里是 peer CLI）收到多个节点的背书应答时，客户端有责任对背书结果进行处理，包括收集背书签名，对收到的背书结果是否有效、多个背书结果是否一致进行检查。代表多个组织身份的背书节点对同一笔背书申请的应答结果是一致的，这相当于在整个交易过程中，达成了阶段性的共识。同时，客户端没有（也不应有）对收集的背书签名是否符合背书策略进行检查。这是后续服务所需要做的工作。

2．授权链处理背书申请

以静态编译版本的 auth 为例，这里设定授权链有 DefaultAuth、ExpirationCheck 和 Endorser 这 3 个节点。其中，前两个节点验证背书申请的过程如代码清单 9-8 所示。

代码清单 9-8　core/handlers/auth/filter

```
1.  func (f *filter) ProcessProposal(ctx, signedProp...) (*peer.ProposalResponse,...){
2.    return f.next.ProcessProposal(ctx, signedProp)
3.  }//在目录下 filter.go 文件中，该授权节点直接将背书申请传递给下一个授权节点 ExpirationCheck
4.  func (f *expirationCheckFilter) ProcessProposal(ctx, signedProp...) (...) {
```

```
5.    if err := validateProposal(signedProp); err != nil {return nil, err}
6.    return f.next.ProcessProposal(ctx, signedProp)//传递给下一个授权节点 Endorser
7. }//在目录下expiration.go 文件中，该授权节点解析出背书申请中的客户端的身份证书，并验证其是否过期
```

3. 背书服务处理背书申请

在授权链前两个节点做了一系列验证性质的工作后，Endorser 作为授权链的最后一个节点，处理背书申请，过程如代码清单 9-9 所示。

代码清单 9-9　core/endorser/endorser.go

```
1.  func (e *Endorser) ProcessProposal(ctx, signedProp...)(*pb.ProposalResponse,...){
2.     up, err := UnpackProposal(signedProp) //解析背书申请中的关键数据
3.     if up.ChannelID()!= ""{channel = e.ChannelFetcher.Channel(up.ChannelID())}...
4.     err = e.preProcess(up, channel)
5.     pResp, err := e.ProcessProposalSuccessfullyOrError(up)
6.  }
7.  func (e *Endorser) preProcess(up *UnpackedProposal, channel *Channel) error {
8.     err := up.Validate(channel.IdentityDeserializer)//验证背书申请的字段、签名的合法性
9.     if up.ChannelHeader.ChannelId == "" {return nil}//这里是mychannel，不会直接返回
10.    if _,err= e.Support.GetTransactionByID(..ChannelId,.TxId);... {return...}
11.    if !e.Support.IsSysCC(up.ChaincodeName){if ...e.Support.CheckACL(...) ...}
12. }
13. func (e *Endorser) ProcessProposalSuccessfullyOrError(up...) (...) {
14.    txParams := &ccprovider.TransactionParams{...}//创建交易参数对象
15.    if acquireTxSimulator(up.ChannelHeader.ChannelId, up.ChaincodeName) {...}
16.    cdLedger, err := e.Support.ChaincodeEndorsementInfo(up.ChannelID(), ...)
17.    res, simulationResult, ccevent, err := e.SimulateProposal(txParams, ...)
18.    cceventBytes, err := CreateCCEventBytes(ccevent)
19.    prpBytes, err := protoutil.GetBytesProposalResponsePayload(...)
20.    switch {case res.Status >= shim.ERROR:...}
21.    endorsement, mPrpBytes, err := e.Support.EndorseWithPlugin(escc,...)
22.    return &pb.ProposalResponse{Version:1,Endorsement:...}//返回背书应答
23. }
```

在代码清单 9-9 中，第 3 行，获取 mychannel 的通道对象。

第 4 行，调用第 7～12 行的方法，预处理背书申请。其中，第 10 行，检查交易 ID 是否已存在于 mychannel 中，若存在，返回交易 ID 重复的错误；第 11 行，检查背书申请中的 peer CLI 的签名是否满足 mycc 的 ACL 策略，如 sampleconfig/configtx.yaml 的 Application.ACLs 中 peer/Propose 项设定的/Channel/Application/Writers 策略。

第 5 行，调用第 13～23 行的方法，开始处理创建通道的背书申请，过程如下。

（1）第 15 行，mycc 需要获取交易模拟器、历史查询执行器。

（2）第 16 行，获取 mycc 的背书信息，包括 mycc 的版本、ID、强制初始化标识、背书插件名称。

（3）第 17 行，模拟交易，调用 mycc，执行背书申请，得到交易模拟结果，如代码清单 9-10 所示。

（4）第 18～19 行，将执行背书申请的结果打包成背书应答的 Payload。

（5）第 20 行，未成功执行背书申请，或无通道背书申请，在此返回。

（6）第 21 行，使用背书插件，对交易模拟结果进行签名背书。我们默认这里使用的背书插件为 core/handlers/endorsement/builtin/default_endorsement.go 中定义的 DefaultEndorsement。

代码清单 9-10　core/endorser/endorser.go

```
1.  func (e *Endorser) SimulateProposal(txParams, chaincodeName...(...) {
2.    res, ccevent, err := e.callChaincode(txParams, chaincodeInput, chaincodeName)
3.    if txParams.TXSimulator == nil {return ...} //mycc 使用交易模拟器，因此这里不会返回
4.    simResult,...:= txParams.TXSimulator.GetTxSimulationResults()
5.    if simResult.PvtSimulationResults != nil { //若交易模拟结果中的私有数据不为空
6.      pvtDataWithConfig, err := AssemblePvtRWSet(txParams.ChannelID,...)
7.      endorsedAt, err := e.Support.GetLedgerHeight(txParams.ChannelID)
8.      if err := e.PrivateDataDistributor.DistributePrivateData;...(...)
9.    }
10.   pubSimResBytes, err := simResult.GetPubSimulationBytes()
11.   return res, pubSimResBytes, ccevent, nil
12. }
13. func (e *Endorser) callChaincode(txParams...)(*pb.Response,...) {
14.   res, ccevent, err := e.Support.Execute(txParams, chaincodeName, input)
15.   if chaincodeName != "lscc" || len(input.Args) < 3 || ... {return...}
16. }
```

在代码清单 9-10 中，第 2 行，调用第 13~16 行的方法。其中，第 14 行，使用 Endorser.Support，调用 mycc，执行背书申请，如代码清单 9-11 所示；第 15 行，这里调用的是 mycc，在此处将直接返回。

第 4 行，获取上一步调用 mycc 的交易模拟结果。

第 6 行，收集交易模拟结果中的私有数据读写集，并整理涉及的私有数据集合的配置。

第 7 行，获取当前通道账本的高度，赋值给私有数据集合。

第 8 行，依照每个私有数据集合的配置，使用 gossip 模块向集合成员分发私有数据。

第 10 行，获取模拟交易中公开部分的交易模拟结果。

第 11 行，返回 mycc 调用结果、公开部分的交易模拟结果、mycc 设置的链码事件。

代码清单 9-11　core/endorser/support.go

```
1.  func (s *SupportImpl) Execute(txParams, ...,input *ChaincodeInput)(*pb.Response,
    ...) {
2.    decorators := library.InitRegistry(library.Config{}).Lookup(...)
3.    input.Decorations = make(map[string][]byte)
4.    input = decoration.Apply(txParams.Proposal, input, decorators...)
5.    txParams.ProposalDecorations = input.Decorations
6.    return s.ChaincodeSupport.Execute(txParams, name, input)
7.  }
```

在代码清单 9-11 中，交易参数（txParams）、链码输入（ChaincodeInput）作为 Execute 方法的参数。第 2 行，获取 peer 节点配置中对链码输入的装饰对象。

第 3~5 行，对链码输入["invoke","a","b","10"]进行装饰（这里理解为不变即可），给 txParams 中添加链码输入的装饰对象。

第 6 行，使用 ChaincodeSupport，调用 mycc，并返回调用结果和链码事件，如代码清单 9-12
所示。

代码清单 9-12　core/chaincode/chaincode_support.go
```
1.  func (cs *ChaincodeSupport) Execute(txParams,...)(*pb.Response, ...) {
2.    resp, err := cs.Invoke(txParams, chaincodeName, input)
3.    return processChaincodeExecutionResult(txParams.TxID, chaincodeName, resp, err)
4.  }
5.  func (cs *ChaincodeSupport) Invoke(txParams,...)(*pb.ChaincodeMessage, error){
6.    ccid, cctype, err := cs.CheckInvocation(txParams,...)//检查调用 mycc 的各种参数
7.    h, err := cs.Launch(ccid)
8.    return cs.execute(cctype, txParams, chaincodeName, input, h)
9.  }
10. func processChaincodeExecutionResult(txid, ccName string,...)(...) {
11.   if err != nil {return...}; if resp == nil {return...}//检查调用结果
12.   if resp.ChaincodeEvent != nil {resp.ChaincodeEvent.ChaincodeId = ccName...}
13.   switch resp.Type {
14.   case pb.ChaincodeMessage_COMPLETED:
15.     res := &pb.Response{}; err := proto.Unmarshal(resp.Payload, res)
16.     return res, resp.ChaincodeEvent, nil
17.   }
18. }
```
在代码清单 9-12 中，第 2 行，调用第 5～9 行的方法。其中，第 7 行，尝试运行 mycc，当所
调用的 mycc 未运行时，在此尝试启动，并获取与 mycc 通信的处理对象 Handler，过程如代码清
单 9-13 所示；第 8 行，调用 mycc，过程亦如代码清单 9-13 所示。

第 3 行，调用第 10～18 行的方法，处理调用 mycc 的结果，过程如下。

（1）第 12 行，若 mycc 设置了链码事件，则这里设置链码事件所属的链码和交易 ID。

（2）第 13～17 行，若 mycc 被正常调用，则解析并返回调用 mycc 的结果、mycc 设置的链码
事件。

代码清单 9-13　core/chaincode/chaincode_support.go
```
1.  func (cs *ChaincodeSupport) Launch(ccid string) (*Handler, error) {
2.    if h := cs.HandlerRegistry.Handler(ccid); h != nil {return h, nil}
3.    if err := cs.Launcher.Launch(ccid, cs); err != nil {return...}
4.    h := cs.HandlerRegistry.Handler(ccid); if h == nil {return...}
5.    return h, nil
6.  }//启动 mycc 链码容器，或建立与 mycc（作为独立的外部服务）的连接
7.  func (cs *ChaincodeSupport) execute(cctyp...)(*pb.ChaincodeMessage, error) {
8.    input.Decorations = txParams.ProposalDecorations
9.    payload, err := proto.Marshal(input)
10.   ccMsg := &pb.ChaincodeMessage{Type:cctyp, Payload:payload,...}
11.   timeout := cs.executeTimeout(namespace, input)//获取调用链码的超时时间
12.   ccresp, err := h.Execute(txParams, namespace, ccMsg, timeout)
13. }//调用 mycc
```
在代码清单 9-13 中，第 2 行，获取背书节点中与 mycc 通信的处理对象 Handler，这里标记
为 PEER_Handler。若成功获取，说明 mycc 已运行且注册，则直接返回 PEER_Handler。

第 3～5 行，否则，尝试再次运行 mycc，并注册与 mycc 通信的处理对象 Handler，然后将之
返回。

第 8～9 行，将链码输入，即["invoke","a","b","10"]，作为链码消息的 Payload。

第 10 行，创建 ChaincodeMessage_TRANSACTION 类型（cctyp 的值）的链码消息，这里标记为 CM1。

第 12 行，使用 PEER_Handler，向 mycc 发送 CM1，调用 mycc，如代码清单 9-14 所示。

代码清单 9-14　core/chaincode/handler.go

```
1.   func (h *Handler) Execute(txParams...)(*pb.ChaincodeMessage, error) {
2.       txParams.CollectionStore = h.getCollectionStore(msg.ChannelId);...
3.       txctx, err := h.TXContexts.Create(txParams)
4.       defer h.TXContexts.Delete(msg.ChannelId, msg.Txid)
5.       if err := h.setChaincodeProposal(txParams.SignedProp,... msg);...{ return...}
6.       h.serialSendAsync(msg)
7.       var ccresp *pb.ChaincodeMessage
8.       select{
9.       case ccresp= <-txctx.ResponseNotifier:...
10.      case <-time.After(timeout):...
11.      }
12.  }
```

在代码清单 9-14 中，第 2 行，在交易参数 txParams 中，补充后续处理交易需用到的参数。

第 3～4 行，在同目录下 transaction_contexts.go 中实现，创建此交易的上下文，包含大部分的交易参数。在调用 mycc 结束后，此交易的上下文会被清除。

第 5 行，设置 CM1 中的背书申请。

第 6 行，使用 PEER_Handler，串行、异步地向 mycc 发送 CM1。

第 7～11 行，等待 mycc 执行背书申请后回复消息。若正常回复消息，则进入 case ccresp = <-txctx.ResponseNotifier 分支；若超时，则进入 case <-time.After(timeout)分支。

mycc 端的 Handler，这里标记为 CC_Handler，收到 PEER_Handler 发来的 CM1，如代码清单 9-15 所示，并将 CM1 交由代码清单 9-16 中的 handleMessage 方法处理。

代码清单 9-15　fabric-chaincode-go/shim/shim.go

```
1.   func chatWithPeer(chaincodename string, stream..., cc Chaincode) error {...
2.       for {
3.         select {
4.         case rmsg := <-msgAvail:
5.           switch {... default: err := handler.handleMessage(rmsg.msg, errc) }
6.         }
7.       }
8.   }
```

代码清单 9-16　fabric-chaincode-go/shim/handler.go

```
1.   func (h *Handler) handleMessage(msg *pb.ChaincodeMessage,...) error { ...
2.     switch h.state {
3.     case ready: err = h.handleReady(msg, errc)...
4.     }
5.   }
6.   func (h *Handler) handleReady(msg *pb.ChaincodeMessage,...) error { ...
7.     switch msg.Type {
8.     case pb.ChaincodeMessage_TRANSACTION: //交易类型的消息
```

```
9.       go h.handleStubInteraction(h.handleTransaction, msg, errc) ...
10.    }
11. }
12. func (h *Handler) handleStubInteraction(handler stubHandlerFunc, msg...){
13.    resp, err := handler(msg); if err != nil {return...}
14.    h.serialSendAsync(resp, errc)
15. }
16. func (h *Handler) handleTransaction(msg...) (*pb.ChaincodeMessage, error) {
17.    input := &pb.ChaincodeInput{}; err := proto.Unmarshal(msg.Payload, input)
18.    stub, err := newChaincodeStub(h, msg.ChannelId, msg.Txid, input, msg.Proposal)
19.    res := h.cc.Invoke(stub)
20.    resBytes, err := proto.Marshal(&res);
21.    return &pb.ChaincodeMessage{Type:pb.ChaincodeMessage_COMPLETED,Payload:...}
22. }
```

在代码清单 9-16 中，第 3 行，当 CC_Handler 处于就绪状态时，CM1 将交由第 6～11 行的方法继续处理。

第 9 行，调用第 12～15 行的方法。其中，第 13 行，使用第 2 个参数（第 16～22 行的方法），处理交易类型的 CM1，调用 mycc，过程如下。

（1）第 17 行，解析 CM1 中的链码输入，即["invoke","a","b","10"]。

（2）第 18 行，创建 mycc 链码对象使用的 ChaincodeStub，这里标记为 CC_Stub。

（3）第 19 行，调用 mycc 的 Invoke 方法，依据 CM1 中的链码输入，执行链码逻辑。执行过程中，涉及读、写状态数据库的操作，均使用 CC_Stub，如代码清单 9-17 所示。

（4）第 20～21 行，调用 mycc 完毕，返回结果。

第 14 行，将调用 mycc 的结果发送给 PEER_Handler。然后返回至代码清单 9-12 处，继续返回。

代码清单 9-17　fabric-chaincode-go/shim/stub.go

```
1. func (s *ChaincodeStub) GetState(key string) ([]byte, error) {
2.    collection := "" //集合名称为空，表示读取非私有数据
3.    return s.handler.handleGetState(collection, key, s.ChannelID, s.TxID)
4. }
```

参见 fabric-samples 仓库的 chaincode/chaincode_example02/go/chaincode_example02.go 中 Invoke 方法的实现，以读取 a 账户余额为例，在代码清单 9-17 中，调用 CC_Stub 的 GetState 方法。进而调用代码清单 9-18 中的方法，其中，第 2～3 行，创建 ChaincodeMessage_GET_STATE 类型的链码消息，这里标记为 CM_GS1；第 4 行，将 CM_GS1 发送至 PEER_Handler。接收代码如代码清单 9-19 所示。

代码清单 9-18　fabric-chaincode-go/shim/handler.go

```
1. func (h *Handler) handleGetState(collection, key, channelID, txid) ([]byte,...){
2.    payloadBytes := marshalOrPanic(&pb.GetState{Collection: collection, Key: key})
3.    msg := &pb.ChaincodeMessage{Type: pb.ChaincodeMessage_GET_STATE, Payload:...}
4.    responseMsg, err := h.callPeerWithChaincodeMsg(msg, channelID, txid)
5. }
```

代码清单 9-19   core/chaincode/handler.go

```
1.  func (h *Handler) HandleGetState(msg, ...) (*pb.ChaincodeMessage, error) {
2.    getState := &pb.GetState{}; err := proto.Unmarshal(msg.Payload, getState)
3.    namespaceID := txContext.NamespaceID; collection := getState.Collection
4.    if isCollectionSet(collection) {
5.      res, err = txContext.TXSimulator.GetPrivateData(...)
6.    } else {
7.      res, err = txContext.TXSimulator.GetState(namespaceID, getState.Key)
8.    }
9.    return &pb.ChaincodeMessage{Type:..ChaincodeMessage_RESPONSE,Payload:res,...}
10. }
```

在代码清单 9-19 中，PEER_Handler 接收 CM_GS1，处理过程如下。

（1）第 2～3 行，解析 CM_GS1，获取要读取的 a 值的命名空间（链码名称）、集合名称（为空）。

（2）第 4～8 行，若集合名称不为空，说明要读取的值为私有数据，则从私有状态数据库中读取私有数据。这里 a 不是私有数据，将从公开状态数据库中读取 a 的值。

（3）第 9 行，将读取的 a 值作为 ChaincodeMessage_RESPONSE 类型链码消息的 Payload，回复给 CC_Handler，再经由 CC_Stub，返回到 mycc 的具体业务逻辑中。

9.3　原子广播服务 AtomicBroadcast

9.3.1　服务功能和原型定义

当 peer CLI 将收集的多个背书应答重新整理并签名，形成一笔交易（Envelope）后，如图 9-2 所示，peer CLI 会使用原子广播服务 AtomicBroadcast 的 Broadcast 客户端将交易发送至 orderer 集群，orderer 集群对交易进行共识排序、出块后，peer CLI 会使用原子广播服务 AtomicBroadcast 的 Deliver 客户端，将包含交易的区块存储到节点本地。

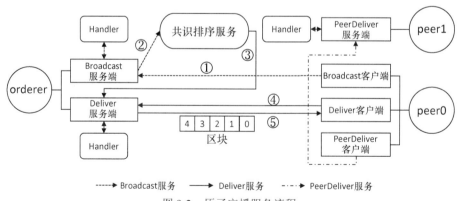

图 9-2　原子广播服务流程

原子广播服务 AtomicBroadcast 的原型如代码清单 9-20 所示，主要包括两个服务：Broadcast

和 Deliver。两个服务的客户端、服务端，通过 Recv 和 Send 方法收、发消息。

代码清单 9-20　fabric-protos-go/orderer/ab.pb.go

```
1.   type AtomicBroadcastServer interface { //服务端
2.     Broadcast(AtomicBroadcast_BroadcastServer) error
3.     Deliver(AtomicBroadcast_DeliverServer) error
4.   }
5.   type AtomicBroadcastClient interface { //客户端
6.     Broadcast(ctx,opts) (AtomicBroadcast_BroadcastClient, error)
7.     Deliver(ctx, opts) (AtomicBroadcast_DeliverClient, error)
8.   }
9.   type AtomicBroadcast_BroadcastClient interface { Send(...)... Recv()... }
10.  type AtomicBroadcast_BroadcastServer interface { Send(...)... Recv()... }
11.  type AtomicBroadcast_DeliverClient   interface { Send(...)... Recv()... }
12.  type AtomicBroadcast_DeliverServer   interface { Send(...)... Recv()... }
```

具体使用时，如代码清单 9-21 所示，实现了原子广播服务 AtomicBroadcast 的服务端；如代码清单 9-22 所示，实现了 Broadcast、Deliver 客户端功能。

代码清单 9-21　orderer/common/server/server.go

```
1.   type server struct {bh *broadcast.Handler, dh *deliver.Handler...} //服务端
2.   func (s *server) Broadcast(srv ab.AtomicBroadcast_BroadcastServer) error {...}
3.   func (s *server) Deliver(srv ab.AtomicBroadcast_DeliverServer) error {...}
4.   type broadcastMsgTracer struct {...}   //Broadcast 服务端
5.   type deliverMsgTracer struct {...}     //Deliver 服务端
6.   type Server struct {...} //在 common/deliver/deliver.go 中定义，通用 Deliver 服务端
```

代码清单 9-22　internal/peer/common/broadcastclient.go

```
1.   //在 internal/peer/common/broadcastclient.go 中定义
2.   type BroadcastGRPCClient struct {Client...}            //Broadcast 客户端
3.   //在 core/deliverservice/deliveryclient.go 中定义
4.   type DeliverAdapter struct{}                           //Deliver 客户端
5.   type deliverServiceImpl struct { conf *Config... } //Deliver 客户端（更上层的对象）
```

Deliver 服务在两种情况下也用于 orderer 节点间相互拉取区块：一、当新 orderer 节点以系统通道最新配置块（非第 0 块）启动时，区块链网络中可能已经存在应用通道，新 orderer 节点启动后会通过 Deliver 服务从其他 orderer 节点拉取应用通道的区块，快速弥补与现有 orderer 节点账本高度的差距；二、若共识排序服务类型是 etcdraft，orderer 节点间会通过 Deliver 服务相互拉取落后的块。

peer 节点也存在一个 Deliver 服务，我们可将其称为 PeerDeliver 服务。PeerDeliver 服务在功能上与 AtomicBroadcast 的 Deliver 服务相似，提供发送 FilteredBlock、BlockAndPrivateData 两种类型的区块数据的功能。具体地，如 peer0 节点作为客户端，监听其他节点（如 peer1 节点）的落块事件，当一个区块在 peer1 节点本地落块时，peer0 节点可以使用 PeerDeliver 服务尝试从 peer1 节点处获取此区块，若获取此区块，则说明该区块已在 peer1 节点落块，以此实现监听落块事件的功能。执行 peer channel fetch 命令从一个 peer 节点拉取块时，也需要使用 PeerDeliver 服务。PeerDeliver 服务原型在 fabric-protos-go 仓库的 peer/events.pb.go 中定义，服务端接口为 DeliverServer，客户端接口为 DeliverClient，客户端的默认实现为 deliverClient，服务端的实现为

core/peer/deliverevents.go 中的 DeliverServer。

9.3.2 服务流程

orderer 节点启动时，启动了 AtomicBroadcast 的服务端，并提供 Broadcast、Deliver 服务。peer 节点启动时，启动了 gossip 服务，其中也启动了 Deliver 客户端。当 peer 节点以客户端的角色执行诸如 peer chaincode invoke 命令时，会调用 Broadcast 客户端与 orderer 节点进行通信，然后 peer 节点的 gossip 模块调用 Deliver 客户端向 orderer 集群索要并接收区块数据，最后 peer 节点以 PeerDeliver 客户端的角色向所有背书节点索要包含指定交易 ID 的区块，以达到监听落块事件的目的。这里依然以通道 mychannel 中调用 mycc 得到的背书交易为例，设定此交易的交易 ID 为 txid1，整个服务具体流程如下。

1. orderer 节点启动 AtomicBroadcast 服务监听

当一个 orderer 节点启动后，如代码清单 9-23 所示，开始监听 AtomicBroadcast 服务。

代码清单 9-23　orderer/common/server/main.go

```
1.  func Main() {
2.    conf, err := localconfig.Load(); serverConfig := initializeServerConfig(...)
3.    gRPCServer := initializeGRPCServer(conf, serverConfig)
4.    server := NewServer(manager,...)
5.    ab.RegisterAtomicBroadcastServer(gRPCServer.Server(),server);gRPCServer.Start()
6.  }
```

在代码清单 9-23 中，第 2～3 行，从 orderer 节点运行环境变量或从 orderer.yaml 中读取 orderer 节点本地配置，并抽取其中与服务端通信连接相关的配置，如 orderer.yaml 中的 General.TLS、General.Keepalive，然后创建一个 orderer 节点使用的 gRPC 服务端 GRPCServer。

第 4 行，创建 AtomicBroadcast 服务端对象 server，主要包含处理 Broadcast、Deliver 服务的 Handler 对象，这里分别标记为 BH、DH。当 server 收到客户端请求时，将直接交给 BH 或 DH 进行处理。

第 5 行，注册 AtomicBroadcast 服务端对象，启动 gRPC，开始监听服务。

2. peer 节点启动 Deliver 客户端

peer 节点启动后，在 internal/peer/node/start.go 的 serve 函数中，调用 initGossipService 函数，使用创建的 Deliver 客户端，初始化 gossip 服务。

参见 8.4 节所述加入应用通道的过程，当 peer 节点加入 mychannel 通道后，将创建服务于 mychannel 的 gossip 服务，其中启动 Deliver 客户端，并向 orderer 节点索要区块，如代码清单 9-24 所示。

代码清单 9-24　gossip/service/gossip_service.go

```
1.  func (g *GossipService) InitializeChannel(channelID string,...) {
2.    if g.deliveryService[channelID] == nil {
```

```
3.      g.deliveryService[channelID] = g.deliveryFactory.Service(g,...)
4.      }
5.      if g.deliveryService[channelID] != nil {//Deliver 客户端存在
6.        if leaderElection {...}} else if isStaticOrgLeader {
7.            g.deliveryService[channelID].StartDeliverForChannel(channelID...)
8.        }else{...}
9.      }
10. }
```

在代码清单 9-24 中，第 2～4 行，若 mychannel 的 Deliver 客户端为空，则创建一个专用于 mychannel 的 deliverServiceImpl。

第 5～9 行，判断当前 peer 节点在 gossip 服务中使用的是动态 leader 的模式还是静态指定 leader 的模式。这里设定使用后一种模式，且当前 peer 节点被指定为 leader 节点，则当前 peer 节点会调用 Deliver 客户端，开始从 orderer 节点索要通道的区块数据。

3．peer CLI 使用 Broadcast 客户端发送交易

以 peer CLI 实现的 Broadcast 客户端为例，如代码清单 9-22 所示，其初始化过程与 peer CLI 初始化背书服务客户端的过程类似。参见代码清单 9-7，peer CLI 将交易（这里标记为 ENV1）发送至 orderer 节点，过程如代码清单 9-25 所示。

代码清单 9-25　internal/peer/common/broadcastclient.go

```
1.  func (s *BroadcastGRPCClient) Send(env *cb.Envelope) error {
2.    if err := s.Client.Send(env); err != nil {return...} //向 Broadcast 服务端发送交易
3.    err := s.getAck() //等待服务端应答
4.  }
```

4．orderer 节点使用 Broadcast 服务端接收交易

参见代码清单 9-21，当 orderer 节点的 AtomicBroadcast 服务端接收到 peer 节点发来的 ENV1 时，将交由 BH 处理，过程如代码清单 9-26 所示。

代码清单 9-26　orderer/common/broadcast/broadcast.go

```
1.  func (bh *Handler) Handle(srv ab.AtomicBroadcast_BroadcastServer)... {...
2.    for {
3.      msg, err := srv.Recv() //使用 broadcastMsgTracer 接收客户端交易
4.      resp := bh.ProcessMessage(msg, addr)
5.      err = srv.Send(resp)    //将交易处理结果作为应答，发送给客户端
6.    }
7.  }
8.  func (bh *Handler) ProcessMessage(msg *cb.Envelope,...) (resp...) {
9.    chdr,isConfig,processor,...:= bh.SupportRegistrar.BroadcastChannelSupport(msg)
10.   if !isConfig {//非配置交易
11.     configSeq, err := processor.ProcessNormalMsg(msg)
12.     if err = processor.WaitReady(); err != nil {...}
13.     err = processor.Order(msg, configSeq)
14.   }else {...}
15.   return &ab.BroadcastResponse{Status: cb.Status_SUCCESS}
16. }
```

在代码清单 9-26 中，第 4 行，调用第 8～16 行的方法，处理 ENV1，过程如下。

（1）第 9 行，在 orderer/common/multichannel/registrar.go 中实现，使用通道注册管理者，获取交易的通道头信息、判断交易是否为配置更新交易、获取交易所属的 mychannel 通道对象。

（2）第 11 行，使用通道对象中的消息处理器，检验 ENV1，返回通道配置的序号，如代码清单 9-27 所示。

（3）第 12 行，等待通道对象中的共识模块处于可处理新消息的就绪状态。

（4）第 13 行，将 ENV1 发送至共识排序服务，进行排序，如代码清单 9-28 所示。

（5）第 15 行，将 ENV1 成功发送至共识排序服务后，向 Broadcast 客户端返回应答消息。

代码清单 9-27　orderer/common/msgprocessor/standardchannel.go

```
1.  func (s *StandardChannel) ProcessNormalMsg(env *cb.Envelope) (configSeq...) {
2.    oc, ok := s.support.OrdererConfig()
3.    if oc.Capabilities().ConsensusTypeMigration() {
4.      if oc.ConsensusState()!= orderer.ConsensusType_STATE_NORMAL {return 0,...} }
5.      configSeq = s.support.Sequence()
6.      err = s.filters.Apply(env)
7.    }
8.  }
9.  func CreateStandardChannelFilters(filterSuppor, config...) *RuleSet {
10.   rules := []Rule{EmptyRejectRule,NewSizeFilter(...),NewSigFilter(...)}
11.   if !config.General.Authentication.NoExpirationChecks {
12.     expirationRule := NewExpirationRejectRule(filterSupport); rules = append(...)
13.   }
14. }
```

在代码清单 9-27 中，第 2 行，获取 mychannel 的当前通道配置中的系统通道配置部分。

第 3～4 行，若当前版本的 orderer 节点允许共识排序服务类型的迁移（Kafka 迁移至 etcdraft），则检查当前共识排序服务的状态是否为正常状态（迁移操作时，会将此状态置为维护状态，此时不接收交易）。

第 5 行，获取 mychannel 的当前通道配置的序号。

第 6 行，使用过滤组检验 ENV1。过滤组由第 9～14 行的函数创建，包括如下过滤对象。

（1）第 10 行，在 filter.go 中定义的 EmptyRejectRule，检查 ENV1 的 Payload 是否为空。在 sizefilter.go 中定义的 MaxBytesRule，检查 ENV1 的 Payload 与交易签名的长度和是否大于通道配置中对交易大小的限制，参见 sampleconfig/configtx.yaml 中的 Orderer.BatchSize.AbsoluteMaxBytes 项。在 sigfilter.go 中定义的 SigFilter，在正常状态下，检查 ENV1 中 peer CLI 的签名是否符合应用通道的/Channel/Orderer/Writers 策略，即通道的写策略，默认值为隐式元策略 ANY Writers，递归至最深处，如 Org1MSP 下，为/Channel/Application/Org1MSP/Writers 处的策略，具体策略如 Org1MSP.admin 或 Org1MSP.client，即 peer CLI 对交易的签名所使用的身份，必须是组织 Org1 中的 admin 或 client 角色。

（2）第 11～13 行，若 orderer.yaml 中配置项 General.Authentication.NoExpirationChecks 为 false，则要求检查 ENV1 中 peer CLI 的身份证书是否过期。使用 expiration.go 中定义的 expirationRejectRule 进行检查。

代码清单 9-28　orderer/consensus/kafka/chain.go

```
1.  func (chain *chainImpl) Order(env *cb.Envelope, configSeq uint64) error {
2.    return chain.order(env, configSeq, int64(0))
3.  }
4.  func (chain *chainImpl) order(env, configSeq, originalOffset int64) error {
5.    marshaledEnv, err := protoutil.Marshal(env) //打包交易
6.    if !chain.enqueue(newNormalMessage(marshaledEnv,configSeq,originalOffset)){...}
7.  }
8.  func (chain *chainImpl) enqueue(kafkaMsg *ab.KafkaMessage) bool {
9.    select {
10.   case <-chain.startChan:
11.     select { ...
12.     default:
13.       payload, err := protoutil.Marshal(kafkaMsg) //打包包含交易的 Kafka 消息
14.       message := newProducerMessage(chain.channel, payload)
15.       if _, _, err = chain.producer.SendMessage(message); err != nil {...}
16.     }
17.   }
18. }
```

在代码清单 9-28 中，以 Kafka 类型的共识排序服务为例，第 2 行，调用第 4～7 行的方法。

第 6 行，使用 ENV1、当前通道配置序号、Kafka 消息偏移量（若是新消息，则偏移量为 0；若是重复提交的消息，则可指定偏移量），创建一个 KafkaMessage_Regular 类型的 Kafka 消息，这里标记为 KMR_MSG1；调用第 8～18 行的方法，将 KMR_MSG1 放入发送队列中。

第 14 行，创建一个生产消息 ProducerMessage，包括 KMR_MSG1、KMR_MSG1 所属的 Topic（通道名）和 Topic 分区（默认为 channel.go 中 defaultPartition 定义的 0 分区）。

第 15 行，使用 Kafka 生产者对象，向 Kafka 集群发送生产消息。当包含 KMR_MSG1 的生产消息发送至 Kafka 集群中的 broker 节点时，broker 节点会将此生产消息中的值，即包含 ENV1 的 KMR_MSG1，存入 mychannel 对应 Topic 的 0 分区中的固定位置。如此，完成对 ENV1 的共识排序。

Kafka 共识模块中的消费者，会从 mychannel 对应 Topic 的 0 分区中，将排序后的 KMR_MSG1 消费出来，进行处理，如代码清单 9-29 所示。

代码清单 9-29　orderer/consensus/kafka/chain.go

```
1.  func (chain *chainImpl) processMessagesToBlocks()(...) {...
2.    for {
3.      select { ...
4.      case in, ok := <-chain.channelConsumer.Messages(): ...//将 Kafka 消息消费出来
5.        if err := proto.Unmarshal(in.Value, msg); err != nil {...continue}
6.        switch msg.Type.(type) { ... //判断 Kafka 消息的类型
7.        case *ab.KafkaMessage_Regular:
8.          if err:= chain.processRegular(msg.GetRegular(),in.Offset);..{...}else{..}
9.        }
10.     }
11.   }
12. }
```

在代码清单 9-29 中，第 4～5 行，消费出 KMR_MSG1，将之解析；第 7～8 行，将 KMR_MSG1

中的 ENV1 打包进区块，然后将区块写入 orderer 节点本地 mychannel 的账本。

5. peer 节点使用 Deliver 客户端索要区块

peer 节点的 gossip 模块使用 deliverServiceImpl 开始向 orderer 节点索要区块，过程如代码清单 9-30 所示。

代码清单 9-30 core/deliverservice/deliveryclient.go

```
1.  func (d *deliverServiceImpl) StartDeliverForChannel(chainID string,...)... {
2.    if d.stopping {return...}; if _, exist := d.blockProviders[chainID];exist{...}
3.    dc := &blocksprovider.Deliverer{...DeliverStreamer: DeliverAdapter{},...}
4.    d.blockProviders[chainID] = dc
5.    go func() {dc.DeliverBlocks(); finalizer()}()
6.  }
```

在代码清单 9-30 中，第 2 行，若 deliverServiceImpl 服务已经停止，或者 mychannel 的 Deliverer 已经存在，则返回。

第 3~4 行，使用 DeliverAdapter 作为 Deliver 服务的客户端，创建一个 mychannel 的 Deliverer。Deliverer 是专用于从 orderer 节点索要区块数据的分发者，如代码清单 9-31 所示。

第 5 行，使用 Deliverer，向 orderer 节点发送索要区块的请求，并开始接收区块。

代码清单 9-31 internal/pkg/peer/blocksprovider/blocksprovider.go

```
1.  func (d *Deliverer) DeliverBlocks() {...
2.    for {...
3.      ledgerHeight, err := d.Ledger.LedgerHeight() //获取 peer 节点本地账本高度
4.      seekInfoEnv, err := d.createSeekInfo(ledgerHeight)
5.      deliverClient, endpoint, cancel, err := d.connect(seekInfoEnv)
6.      go func(){
7.        for{ resp,...:= deliverClient.Recv(); select{ case recv<-resp:... } }
8.      }()
9.    RecvLoop:
10.     for {
11.       select {
12.       case response, ok := <-recv: //接收 Deliver 服务端的应答
13.         err = d.processMsg(response)
14.       }
15.     }
16.   }
17. }
```

在代码清单 9-31 中，第 4 行，根据 peer 节点本地账本高度，创建向 orderer 节点索要 mychannel 通道区块的索要信息。具体为索要序号从当前账本高度至 math.MaxUint64 之间的区块，即索要从 peer 节点本地账本的下一个区块开始，到未来（理论上）mychannel 通道产生的所有区块。

第 5 行，使用 Deliver 客户端的 DeliverAdapter，连接服务端并将索要信息作为 Deliver 请求发送至 orderer 节点。

第 7 行，开始接收 orderer 节点返回的包含区块的 Deliver 应答，并传递给 recv。

第 10~15 行，从 recv 处获取 Deliver 应答，并处理 Deliver 应答中所包含的区块。

6. orderer 节点使用 Deliver 服务端发送区块

当 orderer 节点的 AtomicBroadcast 服务端接收到 peer 节点发来的 Deliver 请求时，会将请求交由 DH 处理，如代码清单 9-32 所示。

代码清单 9-32　orderer/common/server/server.go

```
1.  func (s *server) Deliver(srv ab.AtomicBroadcast_DeliverServer) error {
2.    policyChecker := func(env *cb.Envelope,...)error{...}
3.    deliverServer := &deliver.Server{ Receiver:...ResponseSender:... }
4.    return s.dh.Handle(srv.Context(), deliverServer)
5.  }
```

在代码清单 9-32 中，第 2 行，创建一个策略检查函数，用于检查发送 Deliver 请求的 peer 节点身份是否符合/Channel/Reader 策略（非维护模式），即通道的读策略。

第 3 行，创建一个处理当次 Deliver 请求的 Deliver 通用服务端对象 Server，包含接收对象、应答对象。每个 Deliver 请求，均单独创建一个该对象，执行当次请求的应答任务。

第 4 行，DH 使用 Deliver 通用服务端接收和处理 Deliver 请求，如代码清单 9-33 所示。

代码清单 9-33　common/deliver/deliver.go

```
1.  func (h *Handler) Handle(ctx context.Context, srv *Server) error {...
2.    for {
3.      envelope, err := srv.Recv() //服务端接收客户端的 Deliver 请求
4.      status, err := h.deliverBlocks(ctx, srv, envelope)
5.      err = srv.SendStatusResponse(status)
6.    }
7.  }
8.  func (h *Handler) deliverBlocks(ctx, srv, envelope) (...) {
9.    payload, chdr, shdr, err := h.parseEnvelope(ctx, envelope) //解析 Deliver 请求
10.   chain := h.ChainManager.GetChain(chdr.ChannelId) //获取 Deliver 请求所属通道对象
11.   if err=proto.Unmarshal(payload.Data, seekInfo);...{...}        //解析索要信息
12.   erroredChan := chain.Errored()            //获取通道对象中共识排序服务的错误通道
13.   if seekInfo.ErrorResponse == ab.SeekInfo_BEST_EFFORT {erroredChan = nil}
14.   select {case <-erroredChan: return...} //共识排序服务存在错误时，拒绝 Deliver 请求
15.   accessControl, err := NewSessionAC(chain, envelope,...)
16.   if err := accessControl.Evaluate(); err != nil {return...}
17.   if seekInfo.Start == nil || seekInfo.Stop == nil {return...}
18.   cursor, number := chain.Reader().Iterator(seekInfo.Start)
19.   switch stop := seekInfo.Stop.Type.(type) {case *ab.SeekPosition_Oldest:...}
20.   for {//在索要范围内，迭代读取 orderer 节点本地通道账本中的区块，分发至客户端
21.     if seekInfo.Behavior==ab.SeekInfo_FAIL_IF_NOT_READY {
22.       if number > chain.Reader().Height()-1 {return cb.Status_NOT_FOUND, nil}
23.     }
24.     var block *cb.Block; iterCh:=make(chan struct{})
25.     go func() {block, status = cursor.Next(); close(iterCh)}()
26.     select { ...case <-iterCh: } //等待迭代器读取一个区块
27.     number++                    //成功读取一个区块，number 自增 1
28.     if err := accessControl.Evaluate();... {return...} //读取一个区块，评估一次对话
29.     if err:= srv.SendBlockResponse(block,chdr.ChannelId,...);... {return...}
30.     if stopNum == block.Header.Number { break }        //迭代至终点，退出循环
31.   }
32. }
```

在代码清单 9-33 中，第 4 行，调用第 8～32 行的方法，依据索要信息的范围，开始向 peer 节点发送区块，过程如下。

（1）第 13～14 行，若 seekInfo.ErrorResponse 值为 SeekInfo_BEST_EFFORT，即 peer 节点要求 orderer 节点忽略共识排序服务存在的错误，尽最大努力按要求分发区块，这里将直接忽略共识排序服务中可能存在的错误信息。若 seekInfo.ErrorResponse 值为 SeekInfo_STRICT，当 orderer 节点的共识模块存在错误时，将无法产生新的区块，也将拒绝响应 Deliver 请求，从而避免客户端"傻傻地等待"。

（2）第 15～16 行，创建一个 Deliver 客户端与服务端的会话控制器，并执行一次会话评估。上文讲过，peer 节点索要的区块序号范围为当前账本高度到 math.MaxUint64，因此客户端与服务端之间的会话将长时间地维持。但同时，peer 节点所使用的身份证书存在有效期，且 mychannel 的通道配置中的通道读策略（/Channel/Reader）也可能通过配置更新交易被更新，因此每分发一个区块，均会从这两方面对客户端与服务端之间的会话有效性进行检查。

（3）第 17 行，检查索要信息中的起止数据。

（4）第 18 行，使用 mychannel 通道对象中的账本资源对象，创建一个从 number 开始迭代的账本区块迭代器，number 为依据本地账本高度调整的起点（如账本高度为 10，索要信息里的起点却是 15，这时就需要调整起点）。账本区块迭代器为 common/ledger/blockledger/fileledger/impl.go 中的 fileLedgerIterator，负责从 orderer 节点本地 mychannel 的 blockfile 中迭代读取区块。

（5）第 19 行，根据调整过后的起点 number，再调整终点 stopNum。

（6）第 21～23 行，若 seekInfo.Behavior 值为 SeekInfo_FAIL_IF_NOT_READY，当迭代器已将 orderer 节点本地账本中所有存在的区块迭代完毕，新的区块还未生成并写入时，则不等待新的区块生成，直接返回。默认地，seekInfo.Behavior 值为 SeekInfo_BLOCK_UNTIL_READY，即一直等待共识模块生成新的区块并写入 orderer 节点本地账本，然后继续分发。

（7）第 24～25 行，使用迭代器从 orderer 节点本地 mychannel 账本中，迭代读取一个区块。

（8）第 29 行，使用 Deliver 服务对象中的应答对象（orderer/common/server/server.go 中的 responseSender），将一个包含区块的 Deliver 应答发送给 peer 节点。

第 5 行，向 peer 客户端发送是否已成功向客户端发送所有区块的 Deliver 应答。由于 peer 节点的索要范围的终点是 math.MaxUint64，因此在正常运行情况下，这一行代码不会执行。

7. peer 节点使用 Deliver 客户端接收区块

参见代码清单 9-31，peer 节点向 orderer 节点发送索要区块的请求，orderer 节点响应请求并回传 Deliver 应答后，peer 节点接收 Deliver 应答并对其进行处理，如代码清单 9-34 所示。

代码清单 9-34　internal/pkg/peer/blocksprovider/blocksprovider.go

```
1.   func (d *Deliverer) processMsg(msg *orderer.DeliverResponse) error {
2.     switch t := msg.Type.(type) { ...
3.     case *orderer.DeliverResponse_Block: //区块类型的 Deliver 应答
```

```
4.      blockNum := t.Block.Header.Number
5.      if err:=d.BlockVerifier.VerifyBlock(..., blockNum, t.Block);... {return...}
6.      payload := &gossip.Payload{ Data:marshaledBlock, SeqNum: blockNum }
7.      gossipMsg := &gossip.GossipMessage{...DataMsg:DataMessage{Payload: payload} }
8.      if err := d.Gossip.AddPayload(d.ChannelID, payload); err != nil {return...}
9.      d.Gossip.Gossip(gossipMsg)
10.   }
11. }
```

在代码清单 9-34 中，第 5 行，使用 internal/peer/gossip/mcs.go 中的 MSPMessageCryptoService，验证区块，包含验证区块序号、区块所属的通道、区块元数据、区块哈希、区块中交易的签名是否符合 mychannel 通道的/Channel/Orderer/BlockValidation 策略。

第 6~7 行，使用区块创建 DataMessage 类型的 gossip 消息。

第 8 行，将包含区块的 payload 放入 peer 节点的 gossip 模块中的 state 子模块，最终会将 payload 中的区块提交至 peer 节点本地账本，区块中所含交易的读写集数据也会写入状态数据库。

第 9 行，使用 peer 节点的 gossip 模块，向 mychannel 中其他 peer 节点散播包含区块的 gossip 消息。

9.4 共识排序服务 etcdraft

在 Fabric 整个交易流程中，原子广播服务中的 Broadcast 服务将所接收到的背书交易，发送给共识排序服务进行排序。在 Fabric 2.0 中，共支持 4 类共识排序服务，即 solo、Kafka、etcdraft 和 inactive，在 orderer/consensus 下分别实现。solo 类型的共识排序服务简单地由 Go 语言的"for 循环+通道"实现，一般用于测试。Kafka 类型的共识排序服务，本质上利用了第三方软件 Kafka 在单主题、单分区配置下，并发地生产、消费消息数据可形成序列一致的消息的特性，以及 Kafka 集群自身所拥有的容错性，对 Fabric 区块链网络中一个通道的交易进行排序。Kafka 是 Fabric 早期版本实现共识排序服务功能的过渡方案，存在"大才偏用、小用"的不合理之处。同时，由于 Kafka 是第三方软件，出于兼容性、部署运维难度、学习成本、Fabric 项目自身发展灵活度等方面的考量，Kafka 类型的共识排序服务已处于 deprecated 状态，即在实际项目部署中，Fabric 官方不建议使用此类共识排序服务。inactive 类型的共识排序服务用于一个 orderer 节点以 etcdraft 类型的共识排序服务节点启动，但又不服务于某一个应用通道或该应用通道停用的情况，这时该 orderer 节点以 inactive 类型的共识排序服务节点的形式，存在于该应用通道的共识排序服务中。

etcdraft 类型的共识排序服务，底层使用第三方库 go.etcd.io/etcd/raft。该库是 etcd 软件所实现的经典的 Raft 共识算法[①]，省略了网络通信、存储等非必要模块，而这些却和 Fabric 较为贴合，因为 Fabric 本就拥有自己的网络通信、存储模块。Raft 算法是解决分布式节点崩溃容错和状态一致性问题的方案，相较于"前辈级"的 Paxos 算法更易于理解和工程实现。容错和状态一致性本

---

① 参见迭戈·翁加罗（Diego Ongaro）、约翰·奥斯特霍特（John Ousterhout）发表的论文 "In Search of an Understandable Consensus Algorithm"。

质都是共识（consensus）问题，共识的容错分为崩溃容错（Crash Fault Tolerance，CFT）和拜占庭容错（Byzantine Fault Tolerance，BFT）。崩溃容错允许部分节点因各种原因而宕机，但不允许存在恶意节点或者说默认共识节点均是可信的，在拥有 $2F+1$ 个节点的网络中，允许存在 F 个故障节点。拜占庭容错则在崩溃容错基础上允许存在恶意节点，在拥有 $3F+1$ 个节点的网络中，允许存在 F 个故障或恶意节点。Raft 属于崩溃容错算法。

Raft 算法将共识问题分解成 3 个主要的子问题：领袖选举（leader election）、记录复写（log replication）、安全性（safety）。围绕这 3 个子问题，我们对 Raft 算法的概念、规则、流程进行简略叙述。

在 Raft 集群节点启动初期，所有节点均为 follower 节点，待一定时间内未监听到 leader 节点的"心跳"数据后，follower 节点转为 candidate 节点，并开始向其他节点索要选票，执行领袖选举。每次领袖选举基于一个拥有唯一编号的任期（term），选举后，每个任期内整个集群中只允许存在一个 leader 节点，其余节点均为 follower 节点。leader 节点通过"心跳"将"我还在正常运行"的消息告知 follower 节点。每个 follower 节点会随机设置一个选举超时时间（150ms～300ms），当 leader 节点宕机，任一 follower 节点在选举超时时间内未收到"心跳"数据时，会重新发起下一个任期的选举。Raft 是"强势领导"算法，leader 节点负责处理所有客户端请求，管理、协调日志复制等工作。follower 节点是被动的，简单地响应 leader 节点的同步记录请求、响应其他节点的选举邀票请求，若客户端将请求发送至 follower 节点，follower 节点只负责将请求转发给 leader 节点处理。

客户端向 Raft 集群发起请求，如请求存储一笔交易 ENV，leader 节点收到 ENV，处理过程如下。

（1）将之作为一条日志条目 Entry 写入本地 WAL 目录下的日志中。此时 ENV 处于未提交状态，不可读。这一点与数据库常规更新数据的操作相似，当在数据库执行更新一条数据的 SQL 语句后，此时新数据实际上并未持久化写入数据库中，查询出的数据仍是旧数据，需执行提交命令后，数据才能真正被更新，新数据才能被读取。

（2）leader 节点将一个"心跳"周期内从客户端接收并记录的若干个日志条目（AppendEntries，这里 AppendEntries 中只有一个 ENV），附加任期、上一个 Entry 的位置等用于一致性检查的数据，放入"心跳"消息中，发送至 follower 节点，要求其复制 AppendEntries。

（3）follower 节点经过一致性检查之后，将 AppendEntries 写入自身节点 WAL 目录下的日志后，向 leader 节点返回成功应答。leader 节点收集 follower 节点的应答，待收到半数以上的 follower 节点的成功应答之后，leader 节点会将 ENV 标记为提交状态，此时 ENV 已可正常读取。然后 leader 节点回应客户端，告知客户端 ENV 写入成功。

（4）leader 节点回应客户端后，会将"ENV 已提交"的消息再随着下一个"心跳"告知 follower 节点，follower 节点也将 AppendEntries 标记为提交状态。

一个数据只有被标记为提交状态，才是有效的。当 Raft 节点运行一段时间或数据达到一定数量之后，节点会对已提交的日志数据进行压缩，以快照的形式进行存储，节约空间。在 Fabric 中，使用快照的形式固化存储区块，一个快照就是一个"区块+快照元数据"的组合数据包，具体为 go.etcd.io/etcd/raft/raftpb/raft.pb.go 中定义的 Snapshot。

对应到第三方库 go.etcd.io/etcd/raft 的实现，其对 Raft 共识流程的细节进行了十分完整的封装，对应用层来说，只需要配套实现网络通信、存储模块，并重点围绕 node.go 中的 Node 接口、Ready 结构体进行操作，即可较完整地实现符合自身业务逻辑的分布式 Raft 共识数据存储。在叙述 Fabric 如何使用 Raft 库实现 etcdraft 类型的共识排序服务之前，这里以 go.etcd.io/etcd/contrib/raftexample 中简单的官方应用示例为例，介绍该库的使用。此示例在同一服务器上运行 ID 为 1 至 3 的 3 个 Raft 共识节点，每个节点的实现如代码清单 9-35 至代码清单 9-38 所示。

代码清单 9-35　go.etcd.io/etcd/contrib/raftexample/kvstore.go

```
1.  func newKVStore(snapshotter, proposeC, commitC, errorC...) *kvstore {...}
2.  func (s *kvstore) readCommits(commitC <-chan *string, errorC <-chan error) {...}
3.  func (s *kvstore) Propose(k string, v string) {...}
4.  func (s *kvstore) Lookup(key string) (string, bool) {...} //读取已提交数据
```

在代码清单 9-35 中，第 1 行，创建 kvstore，以 map 简单实现存储模块，负责存储已提交 Entry。

第 2 行，readCommits 方法，通过监听 commitC，向 kvstore 中提交键值对。若监听到的提交数据为空，则该方法默认是保存当前已提交数据的快照的命令，进而对 kvstore 执行快照保存。

第 3 行，Propose 方法，将用户请求存储的数据整理后，作为一个日志条目 Entry，传递给 proposeC，交由 Raft 共识服务进行处理。

代码清单 9-36　go.etcd.io/etcd/contrib/raftexample/httpapi.go

```
1.  func serveHttpKVAPI(kv *kvstore...,confChangeC chan<- raftpb.ConfChange,...){...}
2.  func (h *httpKVAPI) ServeHTTP(w http.ResponseWriter, r *http.Request) {
3.    switch {
4.    case r.Method == "PUT"://使用 kvstore 的 Propose 方法将数据发送至 Raft 共识服务进行共识
5.      v, err := ioutil.ReadAll(r.Body); h.store.Propose(key, string(v))
6.      w.WriteHeader(http.StatusNoContent) //在 HTTP 通信层面响应客户端请求
7.    case r.Method == "GET":     //使用 kvstore 的 Lookup 方法读取已提交数据
8.      if v, ok:=h.store.Lookup(key); ok {w.Write([]byte(v))}else{http.Error(w...)}
9.    case r.Method == "POST":    //添加一个节点，将 Raft 集群配置更改提交至 confChangeC
10.     url, err := ioutil.ReadAll(r.Body); nodeId, err := strconv.ParseUint(...)
11.     cc:=raftpb.ConfChange{Type: raftpb.ConfChangeAddNode,..}; h.confChangeC <-cc
12.    case r.Method == "DELETE": ...//删除一个节点
13.    }
14. }
```

在代码清单 9-36 中，第 1 行，创建并启动一个 HTTP 服务端，使用 httpKVAPI，提供第 2~14 行实现的服务，包括写入数据的请求 PUT、查询已提交数据的请求 GET、增加 Raft 集群节点的配置请求 POST、删除 Raft 集群节点的配置请求 DELETE。若一个 Raft 节点为 leader 节点，需运行此 HTTP 服务端。

代码清单 9-37   go.etcd.io/etcd/contrib/raftexample/raft.go

```
1.    type raftNode struct {...} //Raft 节点对象，封装了 Node 接口，与其他节点通信
2.    func newRaftNode(id int, peers []string, join bool...)(<-chan...) {...
3.      go rc.startRaft()          //使用创建的 Raft 节点对象，启动当前节点的 Raft 服务
4.      return commitC,errorC,rc.snapshotterReady //返回提交、错误、快照管理对象的通道
5.    }
6.    func (rc *raftNode) startRaft() {
7.      if !fileutil.Exist(rc.snapdir){ if err:=os.Mkdir(rc.snapdir, 0750);...{...} }
8.      rc.snapshotter = snap.New(rc.snapdir); rc.snapshotterReady <- rc.snapshotter
9.      oldwal := wal.Exist(rc.waldir); rc.wal = rc.replayWAL()
10.     rpeers := make(...); for i := range rpeers {...}; c := &raft.Config{...}
11.     if oldwal{rc.node =raft.RestartNode(c)} else{...rc.node=raft.StartNode(...)}
12.     rc.transport = &rafthttp.Transport{...}; rc.transport.Start()
13.     for i := range rc.peers {if i+1 != rc.id {rc.transport.AddPeer(...)}}
14.     go rc.serveRaft()
15.     go rc.serveChannels()
16.   }
17.   func (rc *raftNode) serveChannels() {
18.     snap, err:= rc.raftStorage.Snapshot()
19.     rc.confState=snap.Metadata.ConfState; rc.snapshotIndex=...rc.appliedIndex=...
20.     ticker := time.NewTicker(100 * time.Millisecond) //100ms 的定时器
21.     go func() {
22.         var confChangeCount uint64 = 0
23.         for rc.proposeC != nil && rc.confChangeC != nil {
24.           select {
25.           case prop, ok := <-rc.proposeC:  //存储 Entry
26.             if !ok {...} else{rc.node.Propose(context.TODO(),[]byte(prop))}
27.           case cc, ok := <-rc.confChangeC: //配置变更
28.             if !ok {...} else{...rc.node.ProposeConfChange(context.TODO(), cc)}
29.           }
30.         }
31.     }
32.     for {
33.       select {
34.       case <-ticker.C: rc.node.Tick()
35.       case rd := <-rc.node.Ready():
36.         rc.wal.Save(rd.HardState, rd.Entries)
37.         if !raft.IsEmptySnap(rd.Snapshot) {rc.saveSnap(rd.Snapshot)...}
38.         rc.raftStorage.Append(rd.Entries)
39.         rc.transport.Send(rd.Messages)
40.         if ok := rc.publishEntries(rc.entriesToApply(...); !ok {return...}
41.         rc.maybeTriggerSnapshot()
42.         rc.node.Advance()
43.       }
44. }
```

在代码清单 9-37 中，第 7 行，若节点的快照目录不存在，则创建。

第 8 行，创建一个快照管理对象 snapshotter，并通过 snapshotterReady 传递给 kvstore（在 main.go 中）。

第 9 行，查看节点是否已存在 WAL 目录，并依据现有快照，重新创建 WAL 管理对象，用以管理 WAL 目录下的日志。

第 10 行，创建 Raft 集群的节点信息和 Raft 服务配置。

第 11 行，依配置重启一个 Raft 节点，或使用 Raft 集群节点信息启动一个新 Raft 节点，作为当前节点。

第 12～13 行，创建使当前节点与其他节点通信的 Transport，并添加其他节点的通信信息。Transport 封装了接收消息或向 Raft 集群其他节点发送消息的所有细节。

第 14 行，启动当前节点，监听 Raft 服务中其他节点对本节点的通信请求，收发消息。

第 15 行，这是应用层重点需要处理的，监听多个消息通道，如 confChangeC、proposeC、commitC，针对 Raft 集群的共识过程，处理本节点接收到的数据存储请求、数据存储提交请求、Raft 配置变更请求、快照存储请求、定时操作等，过程如下。

第 18～19 行，加载节点最新的快照，并从快照元数据中获取 Raft 配置、快照索引、已提交 Entry 索引。

第 21～31 行，启动一个协程，循环监听 proposeC、confChangeC 两个通道，将 Entry 存储至本节点 WAL 目录下的日志中，或将配置变更应用至本节点。

第 34 行，使用定时器间隔执行 rc.node.Tick()，Tick 函数负责处理 Raft 节点关于"心跳"、超时选举的逻辑。

第 35 行，获取一个 Ready 结构体，其中可能包含经 Raft 算法处理后，需写入日志的 Entry、已提交的 Entry、需进行保存的快照、在将 Entry 写入日志后需转发的消息。

第 36 行，在本节点 WAL 目录下，存储当前节点的硬状态、并将需追加写入日志的新 Entry 持久化写入。Raft 硬状态是相对于软状态来说的，软状态存储于节点运行的内存中，硬状态则需持久化写入节点本地，包括任期信息、投票信息、已提交数据信息。

第 37 行，若快照不为空，则保存快照，并在存储模块中应用最新的快照数据。

第 38 行，将新 Entry 写入节点的 MemoryStorage，MemoryStorage 为节点在内存中的 Entry 管理模块。

第 39 行，在将新 Entry 持久化写入 WAL 目录下的日志和节点的 MemoryStorage 后，将需发送给其他节点的消息（也由 Raft 算法内部整理）发送出去。

第 40 行，将需提交的 Entry 发送至 commitC，将之提交。

第 41 行，在提交了新 Entry 后，依据 Raft 配置，当提交的 Entry 达到一定数量，此处会创建并保存新的快照。

第 42 行，在处理完 Ready 结构体中所有需处理的字段数据后，执行 Advance 函数，让本节点在 Raft 流程中进入下一轮共识。

代码清单 9-38　go.etcd.io/etcd/contrib/raftexample/main.go

```
1.  func main() {
2.    cluster := flag.String(...); ...; join := flag.Bool(...); flag.Parse()
3.    proposeC := make(chan string); confChangeC := make(chan raftpb.ConfChange)
4.    commitC, errorC, snapshotterReady := newRaftNode(*id,...)
```

```
5.      kvs = newKVStore(<-snapshotterReady, proposeC, commitC, errorC)
6.      serveHttpKVAPI(kvs, *kvport, confChangeC, errorC)
7.  }
```

在代码清单 9-38 中，实现运行一个 Raft 节点并将其加入 Raft 集群的 main 函数，参见同目录下 Procfile 配置文件中的命令。第 2 行，解析命令行参数，指定本节点的 endpoint、ID、监听客户端请求端口。

第 3 行，创建 proposeC、confChangeC 两个通道。

第 4 行，创建并启动本节点对象，参与到 Raft 集群中。

第 5 行，待快照管理对象就绪后，创建节点的存储模块。

第 6 行，启动监听客户端 HTTP 请求的服务。

9.4.1　etcdraft 共识网络的拓扑结构

etcdraft 共识网络的拓扑结构如图 9-3 所示。

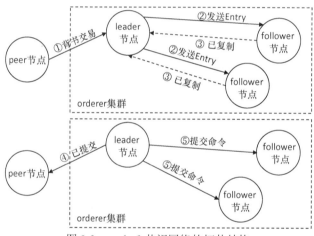

图 9-3　etcdraft 共识网络的拓扑结构

在图 9-3 中，etcdraft 共识网络的拓扑结构中共有 3 个 etcdraft 节点，启动后，经选举，产生 1 个 leader 节点、2 个 follower 节点。一个 peer 节点作为客户端，向作为 leader 节点的 orderer 节点发送交易消息。leader 节点将多笔交易打包成一个区块，作为一个 Entry，存储于本地节点，并要求集群中其他作为 follower 节点的 orderer 节点复制此 Entry，成功复制后，follower 节点告知 leader 节点。leader 节点在收集超过半数 follower 节点的应答之后，将 Entry 标记为已提交状态，写入本地通道账本，并告知 peer 节点已将交易成功提交。最后，leader 节点向 follower 节点发送提交命令，follower 节点随之也将 Entry 写入本地通道账本。

9.4.2　etcdraft 共识网络的配置和启动

Fabric 中关于 etcdraft 共识网络的配置集中在 configtx.yaml 和 orderer.yaml 中。以 fabric-samples

仓库的 first-network/configtx.yaml 为例，在 Profiles.SampleMultiNodeEtcdRaft.Orderer 中的 OrdererType、EtcdRaft 配置项，设定了 SampleMultiNodeEtcdRaft 联盟使用 etcdraft 类型的共识排序服务，以及 etcdraft 共识网络节点的域名、端口、客户端 TLS 证书、服务端 TLS 证书，对应 internal/configtxgen/genesisconfig/config.go 中的 Orderer 结构体。以 sampleconfig/orderer.yaml 为例，在 General.Cluster 中，设定了 orderer 作为一个 etcdraft 节点的相关配置，对应 orderer/common/localconfig/config.go 中的 Cluster 结构体。

当 orderer 节点启动后，一般会读取由 configtx.yaml 生成的创世纪块，加载 orderer.yaml 或对应环境变量的配置，启动系统通道，或恢复现有系统通道、应用通道。当使用的是 etcdraft 类型的共识排序服务时，orderer 节点启动 etcdraft 类型的共识排序服务的过程如代码清单 9-39 所示。

代码清单 9-39　orderer/common/server/main.go

```
1.  func main() {
2.    conf, err := localconfig.Load()
3.    serverConfig := initializeServerConfig(conf, metricsProvider)
4.    gRPCServer := initializeGRPCServer(conf, serverConfig)
5.    clusterServerConfig := serverConfig; clusterGRPCServer := gRPCServer
6.    if conf.General.BootstrapMethod == "file" {...
7.      if clusterType {
8.        if reuseGRPCListener = reuseListener(conf, typ); !reuseGRPCListener {
9.          clusterServerConfig, clusterGRPCServer = configureClusterListener(conf,
10.                                            serverConfig, ioutil.ReadFile)
11.       }
12.     }
13.   }
14.   manager := initializeMultichannelRegistrar(...)
15.   if !reuseGRPCListener && clusterType {...go clusterGRPCServer.Start()}
16.   gRPCServer.Start()
17. }
18. func initializeMultichannelRegistrar(...)*multichannel.Registrar {...
19.   consenters["solo"] = solo.New() //solo 类型的共识排序服务
20.   consenters["kafka"], kafkaMetrics = kafka.New(conf.Kafka,...)//Kafka 类型的
      共识排序服务
21.   if conf.General.BootstrapMethod == "file" {
22.     if isClusterType(bootstrapBlock, bccsp) {
23.       initializeEtcdraftConsenter(consenters,...) //etcdraft 类型的共识排序服务
24.     }
25.   }
26.   registrar.Initialize(consenters)
27. }
28. func initializeEtcdraftConsenter(consenters...){
29.   systemChannelName, err := protoutil.GetChainIDFromBlock(bootstrapBlock)
30.   systemLedger, err := lf.GetOrCreate(systemChannelName)
31.   exponentialSleep := exponentialDurationSeries(...)
32.   ticker := newTicker(exponentialSleep)
33.   icr := &inactiveChainReplicator{...}; go icr.run()
34.   raftConsenter := etcdraft.New(clusterDialer, conf,...)
35.   consenters["etcdraft"] = raftConsenter
36. }
```

在代码清单 9-39 中，第 2～4 行，读取 orderer.yaml 和对应环境变量中的 orderer 节点配置，

创建 orderer 节点的服务端配置和 gRPC 服务端对象。

第 5 行，默认地，使用 orderer 节点通用的服务端配置、gRPC 服务端对象，作为 etcdraft 节点的服务端配置、gRPC 服务端对象。

第 6～13 行，若 orderer 节点使用的是文件形式的创世纪块，且若排序服务使用的是共识排序服务（Fabric 2.0 支持的共识排序服务只有 etcdraft，这也侧面说明了 Kafka 类型的共识排序服务是"伪共识排序服务"），则判断是否复用 orderer 节点的 gRPC 配置。若 orderer.yaml 中，General.Cluster 下没有为 etcdraft 节点专设的服务端配置，则使用 orderer 节点的一般配置，如 General.ListenAddress、General.ListenPort、General.TLS，作为 etcdraft 节点的服务端配置。否则，单独为 orderer 作为 etcdraft 节点创建服务端配置和服务端对象。这里设定为复用。

第 14 行，调用第 18～27 行的函数，初始化多通道注册管理者。其中，初始化 Fabric 所支持的共识排序服务，包括在第 23 行，调用第 28～36 行的函数，初始化 etcdraft 共识排序服务，过程如下。

（1）第 29～30 行，从创世纪块中获取系统通道名，并据此系统通道名获取系统通道的账本。

（2）第 31～33 行，创建一个幂增的定时器，定时扫描处于停用状态的通道，在本节点重新纳入某应用通道共识集群后，需重新启动该应用通道服务的情况下，尝试从其他节点处复制区块至本地账本，并重新创建已复制成功的通道对象。

（3）第 34～35 行，创建 etcdraft 类型的共识服务对象，如代码清单 9-40 所示。

第 15 行，若 etcdraft 节点不复用 orderer 节点的服务端配置，则单独启动 etcdraft 节点的服务端配置。这里设定 etcdraft 节点复用 orderer 节点服务的配置。

第 16 行，启动 orderer 节点的 gRPC 服务端对象，同时启动 Raft 集群服务。

代码清单 9-40　orderer/consensus/etcdraft/consenter.go

```
1.   func New(clusterDialer...) *Consenter {
2.     var cfg Config; err := mapstructure.Decode(conf.Consensus, &cfg)
3.     consenter := &Consenter{ CreateChain: r.CreateChain,
4.       Chains: r, Dialer: clusterDialer,
5.     }
6.     consenter.Dispatcher = &Dispatcher{...}
7.     comm := createComm(clusterDialer,...)
8.     consenter.Communication = comm
9.     svc := &cluster.Service{...}
10.    orderer.RegisterClusterServer(srv.Server(), svc)
11.  }
```

在代码清单 9-40 中，第 2 行，解析 orderer.yaml 中 Consensus 处的配置。

第 3～8 行，创建 etcdraft 类型的共识排序服务对象，主要包含创建新通道的能力 CreateChain（多通道注册管理者的 CreateChain 方法）、通道对象获取对象 Chains（由多通道注册管理者负责）、etcdraft 共识网络客户端拨号对象 Dialer、集群数据分发对象 Dispatcher、etcdraft 共识网络通信集合对象 Communication。

第 9～10 行，创建 etcdraft 共识网络服务对象，并将之注册至 orderer 节点的 gRPC 服务端。

参见代码清单 9-39，初始化多通道注册管理者 Registrar，启动现有通道和通道的共识排序服务，如代码清单 9-41 所示。

代码清单 9-41　orderer/common/multichannel/registrar.go

```
1.  func (r *Registrar) Initialize(consenters map[string]consensus.Consenter) {...
2.    for _, channelID := range existingChannels {              //遍历已存在的通道
3.      if _, ok := ledgerResources.ConsortiumsConfig(); ok {... //已存在的系统通道
4.      }else{ //已存在的应用通道
5.        chain := newChainSupport(...,r.consenters,...); r.chains[channelID]= chain
6.        chain.start()
7.      }
8.    }
9.  }
```

在代码清单 9-41 中，第 5 行，创建 mychannel 的 ChainSupport，如代码清单 9-42 所示。

第 6 行，直接调用 chain.Start()，启动 mychannel 的 etcdraft 共识排序服务，如代码清单 9-44 所示。

代码清单 9-42　orderer/common/multichannel/chainsupport.go

```
1.  func newChainSupport(...,consenters...) *ChainSupport {...
2.    consenterType := ledgerResources.SharedConfig().ConsensusType()
3.    consenter, ok := consenters[consenterType]; if !ok {logger.Panicf(...)}
4.    cs.Chain, err = consenter.HandleChain(cs, metadata)
5.  }
```

在代码清单 9-42 中，第 2～3 行，获取通道配置中的共识排序服务类型。

第 4 行，依据共识排序服务类型，这里设定为 etcdraft，使用 etcdraft 共识排序服务对象，创建一个 etcdraft 共识排序服务，赋值给 cs.Chain，如代码清单 9-43 所示。

代码清单 9-43　orderer/consensus/etcdraft/consenter.go

```
1.  func (c *Consenter) HandleChain(suppor, metadata...) (consensus.Chain, error) {
2.    if err := proto.Unmarshal(...ConsensusMetadata(), m); err != nil {...}
3.    isMigration := (metadata == nil || ...) == 0) && (support.Height() > 1)
4.    blockMetadata, err := ReadBlockMetadata(metadata, m)
5.    consenters := CreateConsentersMap(blockMetadata, m)
6.    id, err := c.detectSelfID(consenters)
7.    if err != nil {
8.      c.InactiveChainRegistry.TrackChain(...c.CreateChain(support.ChannelID())})
9.      return &inactive.Chain{Err: ...}, nil
10.   }
11.   opts := Options{...}
12.   rpc := &cluster.RPC{...}
13.   return NewChain(...)
14. }
```

在代码清单 9-43 中，第 2 行，解析 mychannel 配置中 etcdraft 共识网络部分的配置 m，参见 configtx.yaml 中的 Orderer.EtcdRaft 部分的配置。

第 3 行，若 mychannel 账本在高度大于 1 的情况下，最新区块中元数据为空，则说明当前启动的 orderer 节点处于迁移模式。

第 4 行，若 mychannel 账本最新区块的元数据中存在 etcdraft 共识网络节点的 ID 数据，则直

接使用；否则，使用 m 中的 etcdraft 共识网络节点信息创建 etcdraft 共识网络节点的 ID 数据。

第 5 行，使用 blockMetadata 中 etcdraft 节点 ID 和 m 中 etcdraft 节点配置，创建 etcdraft 共识网络节点集合。

第 6 行，从 consenters 中依据当前 orderer 节点所用服务端 TLS 证书，对比得出节点在 etcdraft 共识网络中的 ID。

第 7～10 行，若当前 order 所用服务端 TLS 证书不在 consenters 中，则说明当前 orderer 节点不属于 mychannel 的 etcdraft 共识网络，即不为 mychannel 提供 etcdraft 共识排序服务，使用停用通道注册管理者注册 mychannel 和 mychannel 的创建函数，并持续追踪，等待（重新）创建 mychannel。然后返回 inactive 类型的共识排序服务，在 orderer/consensus/inactive/inactive_chain.go 中实现，其所有相关动作均是"错误的空壳"。若这里设定当前 orderer 节点服务于 mychannel，则此步不执行。

第 11 行，设定当前节点作为一个 etcdraft 节点的配置，包括"心跳"周期、选举周期、WAL 目录、快照目录等。

第 12 行，创建 etcdraft 节点与集群其他节点的连接通信对象。

第 13 行，创建并返回 etcdraft 共识排序服务对象，过程如代码清单 9-44 所示。

代码清单 9-44   orderer/consensus/etcdraft/chain.go

```
1.   func NewChain(support...) (*Chain, error) {
2.     fresh := !wal.Exist(opts.WALDir)
3.     storage, err:= CreateStorage(lg,opts.WALDir,opts.SnapDir,opts.MemoryStorage)
4.     sizeLimit := opts.SnapshotIntervalSize; if sizeLimit == 0 {...}
5.     var snapBlkNum uint64; var cc raftpb.ConfState
6.     if s := storage.Snapshot(); !raft.IsEmptySnap(s) {
7.       b := protoutil.UnmarshalBlockOrPanic(s.Data)
8.       snapBlkNum = b.Header.Number; cc = s.Metadata.ConfState
9.     }
10.    b := support.Block(support.Height() - 1) //从通道账本中获取现有最新的块
11.    c := &Chain{...}                          //etcdraft 共识排序服务对象
12.    config := &raft.Config{...}               //创建服务配置，供 etcdraft 节点对象使用
13.    c.Node = &node{...}; return c, nil
14.  }
15.  func (c *Chain) Start() { //orderer 作为 etcdraft 节点，启动其 etcdraft 共识排序服务
16.    if err := c.configureComm(); err != nil {...return...}
17.    isJoin:= c.support.Height()>1; if isJoin&&c.opts.MigrationInit {isJoin=false}
18.    c.Node.start(c.fresh, isJoin)
19.    go c.gc()
20.    go c.run()
21.    es := c.newEvictionSuspector(); c.periodicChecker = &PeriodicCheck{...}
22.    c.periodicChecker.Run()
23.  }
24.  func (c *Chain) run() {
25.    ticking := false; timer := c.clock.NewTimer(...)
26.    startTimer := func() {...BatchTimeout()}; stopTimer := func() {...}
27.    becomeLeader := func() (chan<- *common.Block, context.CancelFunc) {...}
28.    becomeFollower := func() {...}
29.    for {
```

```
30.        select {
31.          case s := <-submitC: ...    //处理通道 Broadcast 发送来的交易，提交至 etcdraft
             共识排序服务
32.          case app := <-c.applyC: ...//处理已提交的 Entry，写入本地通道账本
33.          case <-timer.C(): ...       //处理设定的 BatchTimeout，超时出块
34.          case sn := <-c.snapC: ...   //处理快照的创建
35.          case <-c.doneC: ...         //负责停止服务
36.        }
37.      }
38. }
```

在代码清单 9-44 中，第 2 行，查看 WAL 目录下是否存在任一文件，若存在，则说明 WAL 目录下已存在旧日志数据。

第 3 行，在 storage.go 中实现，创建供 etcdraft 节点服务使用的存储对象 RaftStorage，用于管理和存储 WAL 日志、快照、硬状态数据等。

第 4 行，设定建立快照的间隔，以已提交 Entry 的大小累计达到某值为标准。

第 5～9 行，使用 RaftStorage 获取最新快照，若存在，从中解析出区块、区块序号、快照元数据中的配置状态信息。

第 11 行，创建节点的 etcdraft 共识排序服务对象，包含各类传送数据、消息或命令的通道、ChainSupport、etcdraft 共识网络连接通信对象 RPC、etcdraft 共识网络通信集合对象 Communication 等。

第 13 行，创建一个 etcdraft 节点对象 node，在同目录下 node.go 中定义，之后 orderer 作为一个 etcdraft 节点参与到 etcdraft 共识网络集群的共识排序服务，主要由此对象进行处理。

第 16 行，使用 Communication，清除之前的集群成员关系，配置 mychannel 当前 etcdraft 共识网络成员的连接数据，主要是 etcdraft 节点 ID、endpoint 和对应的 TLS 证书。

第 17 行，若 mychannel 账本高度大于 1，且 orderer 节点未处于迁移模式，说明 etcdraft 节点要加入一个已存在的 mychannel 通道，否则，etcdraft 节点要加入一个新的通道。

第 18 行，加入 etcdraft 共识网络，并启动 etcdraft 节点，如代码清单 9-45 所示。

第 19 行，启动监听创建快照的协程。

第 20 行，调用第 24～38 行的方法，在 orderer 服务的层面启动 etcdraft 共识排序服务，等同于 orderer 服务与 etcdraft 共识算法的结合层。orderer 节点在这里利用上层的 orderer 服务和底层的 etcdraft 共识算法，服务于 mychannel 账本区块的生成、本地存储和集群共识存储，过程如下。

（1）第 25～26 行，利用 ticking 和计时器 timer，创建开始计时和结束计时的函数，用于超时出块等待的启动、结束。BatchTimeout 从 mychannel 通道配置中获取，参见 configtx.yaml 中的 Orderer.BatchTimeout，用于设定出块的最大等待时间。

（2）第 27～28 行，创建当前 etcdraft 节点变为 leader 节点或 follower 节点之时所要执行的函数（动作）。

（3）第 29～37 行，在 for-select 循环中，处理来自上层 orderer 服务和下层 etcdraft 服务的"消息"。

第 21～22 行，创建并运行一个周期条件检查器，在同目录下 eviction.go 中实现，用于周期性（由 DefaultLeaderlessCheckInterval 定义，默认为 10s）检查是否满足一个条件，若条件满足，则执行一个报告动作。这里，这个条件是 Chain 的 suspectEviction 方法，以当前 etcdraft 节点不知道集群的 leader 节点信息为满足条件（atomic.LoadUint64(&c.lastKnownLeader) == uint64(0)，所有 etcdraft 节点 ID 均大于 0，若等于 0，说明不是有效的 leader 节点 ID）。这个报告动作是 es.confirmSuspicion 方法，若 etcdraft 节点不知道集群的 leader 节点（因为 etcdraft 节点每接收一条 Entry，都伴随 etcdraft 软状态，其中包含集群的 leader 节点 ID，所以正常情况下，etcdraft 节点必然知道集群的 leader 节点 ID），则此 etcdraft 节点有理由怀疑自己可能被 mychannel 通道"驱逐"了，则执行 es.confirmSuspicion 确认一下自己是否真的被"驱逐"了。

代码清单 9-45　orderer/consensus/etcdraft/node.go

```
1.  func (n *node) start(fresh, join bool) {
2.    raftPeers := RaftPeers(n.metadata.ConsenterIds) //创建 etcdraft 共识网络节点列表
3.    if fresh {
4.      if join { raftPeers=nil }
5.      else{ if n.config.ID==number%uint64(len(raftPeers))+1{ campaign=true }}
6.      n.Node=raft.StartNode(n.config,raftPeers)
7.    } else{
8.      n.Node = raft.RestartNode(n.config)
9.    }
10.   n.subscriberC = make(chan chan uint64) //创建一个接收 etcdraft 共识网络 leader 节点
      变更消息的通道
11.   go n.run(campaign)
12. }
```

在代码清单 9-45 中，加入 etcdraft 网络，并启动 etcdraft 节点。

第 3～9 行，依据 WAL 目录下是否存在任一文件（旧日志数据），决定 fresh 的值，进而决定是"启动"还是"重启"etcdraft 节点。若 join 为 true，说明 etcdraft 节点要加入一个已存在的 mychannel 通道（表示一个已存在的 etcdraft 共识网络），则将集群节点列表 raftPeers 清空，此时执行 raft.StartNode "启动" etcdraft 节点与执行 raft.RestartNode "重启" etcdraft 节点在功能上是一致的。否则，若 etcdraft 节点 ID 为 number%uint64(len(raftPeers))+1，则置 campaign 为 true，后续驱动该 etcdraft 节点进入候选人状态，进而竞选 leader 节点。

第 11 行，参见代码清单 9-37，启动 etcdraft 节点，服务于 etcdraft 共识算法的 for-select 循环。

9.4.3　etcdraft 共识网络的服务流程

peer 节点使用原子广播服务中的 Broadcast 服务，将一笔背书交易发送至 orderer 节点，orderer 节点使用 Broadcast 服务的 Handler 将交易交给 etcdraft 类型的共识排序服务，由 etcdraft 共识排序服务对交易进行排序，最终将包含交易的区块存储至 orderer 集群的各个节点本地账本。

在具体服务流程上，etcdraft 与 Kafka 类型的共识排序服务略有不同，后者流程为"交易→Kafka 共识排序→消费交易→交易成块→将块写入账本"，前者流程为"交易成块→etcdraft 共识排序→将块写入账本"。etcdraft 共识网络的核心算法由 go.etcd.io/etcd/raft 第三方库实现和控制，

orderer 节点作为应用层只负责调用和驱动底层 etcdraft 节点，通过 etcdraft 节点向 etcdraft 共识网络中发送原始交易，并从中接收共识排序后的区块。这里以 mychannel 中的一笔背书交易 ENV 为例，参见代码清单 9-26，ENV 被交给 etcdraft 共识网络进行处理，如代码清单 9-46 所示。

代码清单 9-46　orderer/consensus/etcdraft/chain.go

```
1.  func (c *Chain) Order(env *common.Envelope, configSeq uint64) error {
2.    return c.Submit(&orderer.SubmitRequest{...Payload: env, ...channelID}, 0)
3.  }
4.  func (c *Chain) Submit(req *orderer.SubmitRequest, sender uint64) error {
5.    if err := c.isRunning(); err != nil {return...}
6.    select {
7.    case c.submitC <- &submit{req, leadC}:
8.      lead := <-leadC; if lead == raft.None {return...}
9.      if lead !=c.raftID {if err:=c.rpc.SendSubmit(lead, req); err!=nil{return...}
10.     }
11. }
12. func (c *Chain) run() {...
13.   for{
14.     select {
15.     case s := <-submitC:
16.       if s == nil { continue } //若提交的数据为空，则直接略过
17.       if soft.RaftState==raft.StatePreCandidate||...RaftState==...StateCandidate {
18.         s.leader <- raft.None; continue
19.       }
20.       s.leader <- soft.Lead; if soft.Lead != c.raftID {continue}
21.       batches, pending, err := c.ordered(s.req); if err != nil {continue}
22.       if pending {startTimer()}else {stopTimer()}
23.       c.propose(propC, bc, batches...)
24.       if c.configInflight {submitC = nil}}
25.       else if c.blockInflight >= c.opts.MaxInflightBlocks {submitC = nil}
26.     }
27.   }
28. }
29. func (c *Chain) ordered(msg..) (batches [][]*...Envelope, pending bool,...) {
30.   seq := c.support.Sequence()     //获取通道配置的序号
31.   if c.isConfig(msg.Payload) {...return batches, false, nil}//处理配置更新交易
32.   if msg.LastValidationSeq < seq {...c.support.ProcessNormalMsg(msg.Payload)...}
33.   batches, pending = c.support.BlockCutter().Ordered(msg.Payload)
34.   return batches, pending, nil //返回多批次背书交易
35. }
36. func (c *Chain) propose(ch, bc, batches) {
37.   for _, batch := range batches {
38.     b := bc.createNextBlock(batch)
39.     select { case ch <- b: default: c.logger.Panic(...) }
40.     if protoutil.IsConfigBlock(b) {c.configInflight = true}
41.     c.blockInflight++
42.   }
43. }
```

在代码清单 9-46 中，第 2 行，调用第 4～11 行的方法，将 ENV 发送到 etcdraft 共识排序服务中。

第 5 行，若当前 etcdraft 节点的共识排序服务未运行，则直接返回。

第 7 行，将 ENV 和 leader 节点 ID 通道放入一个提交数据，这里标记为 SUB1，发送至 c.submitC。

第 8 行，提交后，由 etcdraft 节点将 etcdraft 共识网络 leader 信息回传。若当前 etcdraft 节点中不存在 leader 节点信息，说明当前 etcdraft 节点处于"无领导"状态，etcdraft 共识网络（暂）不可用，则返回错误。

第 9 行，若当前 etcdraft 节点不是 leader 节点，则将 ENV 转交给 leader 节点，由 leader 节点处理。

第 15 行，在这里接收到 SUB1。

第 17～19 行，若当前 etcdraft 节点处于预候选或候选状态，说明当前 etcdraft 共识网络还未选举出 leader 节点，则告知上层提交者（第 8 行），并直接略过此提交数据。

第 20 行，若当前 etcdraft 节点不是 leader 节点，则将当前 etcdraft 共识网络真正的 leader 节点 ID 发送给上层提交者（第 9 行），也略过此提交数据。

第 21 行，这里设定当前 etcdraft 节点为 leader 节点，继续处理提交数据；调用第 29～35 行的方法，将 SUB1 交给切块工具进行批量打包，完成共识排序服务的"排序"部分，过程如下。

（1）第 32 行，若 SUB1 所含通道配置序号（在 ENV 经由代码清单 9-26 处理时生成）小于 mychannel 最新通道配置序号，说明从代码清单 9-26 至此处的执行过程中，mychannel 通道配置已被更新，所以这里再次执行 c.support.ProcessNormalMsg(msg.Payload)，重新处理 ENV（将使用新的通道配置重新验证 ENV）。

（2）第 33 行，在 orderer/common/blockcutter/blockcutter.go 中实现，参见 configtx.yaml 中的 Orderer.BatchSize 部分，从 MaxMessageCount、PreferredMaxBytes 两个维度对区块中所含交易数、区块大小进行控制，对交易进行批量打包，打包出 0、1 或 2 批消息。若是 0 批消息，pending 为 true，说明 SUB1 只被存放在缓存中，尚未放入返回的批量交易中。

第 22 行，若 SUB1 未被放入此 batches 中，则开始（或继续）最大等待时间为 BatchTimeout 的等待。否则停止等待。

第 23 行，调用第 36～43 行的方法，使用 batches 中的每批交易，生成一个区块，然后将区块作为一个申请，提交至 etcdraft 共识网络进行共识，过程如下。

（1）第 38 行，在 blockcreator.go 中实现，将一批交易打包成一个区块，此时区块只有头信息和 Data 部分，设定此区块中包含 ENV，将之标记为 ENV_B。

（2）第 39 行，将 ENV_B 作为一个"共识提议"发送至 ch，进行共识。ch 由参数传入，为 propC。在代码清单 9-47 中，当本节点成为 leader 节点时，会执行 becomeLeader 函数，启动接收"共识提议"的协程，并将用于接收"共识提议"的通道返回，赋值给 propC。

（3）第 40 行，若 ENV_B 是配置块，则将当前 mychannel 正在配置中的标识置为 true。

（4）第 41 行，将"正在飞行中"的区块（写入 leader 节点的日志，但未标记为提交状态的区块。此类区块最大数量由通道配置中的 MaxInflightBlocks 控制，参见 configtx.yaml 中 Orderer.EtcdRaft.Options.MaxInflightBlocks，相当于限定 leader 节点能够缓存待共识区块的数量）

的数量增 1。

第 24～25 行，若当前 etcdraft 共识网络已提交通道配置块（可能更改 etcdraft 共识网络配置）且未处理完毕，或"正在飞行中"的区块的数量大于 MaxInflightBlocks（可以理解为 etcdraft 共识排序服务当前"航班满员了"，暂时无法容纳更多的"乘客"），则将 submitC 置空，即 leader 节点暂停接收新的提交数据，直到 mychannel 更新的配置被应用（配置块被提交），或某一区块标记为提交状态，从"航班"上下去，腾出位置。

代码清单 9-47　orderer/consensus/etcdraft/chain.go

```
1.  func (c *Chain) run() {... var propC chan<- *common.Block
2.    becomeLeader := func() (chan<- *common.Block, context.CancelFunc) {...
3.      go func(ctx context.Context, ch <-chan *common.Block) {
4.        for {
5.          select {
6.          case b := <-ch:
7.            data := protoutil.MarshalOrPanic(b)
8.            if err := c.Node.Propose(ctx, data); err != nil {...return}
9.          }
10.       }
11.     }(ctx, ch)
12.     return ch, cancel //ch 为 propC
13.   }
14. }
```

在代码清单 9-47 中，第 6 行，接收到 ENV_B。第 7～8 行，解析 ENV_B，并将 ENV_B 推送至 etcdraft 共识网络中，作为一个 Entry，要求 etcdraft 共识网络中其他 follower 节点进行复制，如代码清单 9-48 所示。

代码清单 9-48　orderer/consensus/etcdraft/node.go

```
1.  func (n *node) run(campaign bool) {...
2.    for {
3.      select {...
4.      case rd := <-n.Ready():
5.        if err := n.storage.Store(rd.Entries,rd.HardState,rd.Snapshot);... {...}
6.        if len(rd.CommittedEntries) != 0 || rd.SoftState != nil {
7.          n.chain.applyC <- apply{rd.CommittedEntries, rd.SoftState}
8.        }
9.        n.Advance(); n.send(rd.Messages)
10.     }
11.   }
12. }
```

在代码清单 9-48 中，第 4 行，follower 节点接收到当次 etcdraft 共识网络中的 Ready 结构体，包含一批需写入日志的 Entry、已提交的 Entry、硬状态和快照。这里设定此批需写入日志的 Entry 中包含 ENV_B，将之标记为 Entry_B。

第 5 行，使用存储模块存储 Ready 结构体中的 Entry、硬状态和快照。

第 9 行，处理完当次 Ready 结构体后，调用 Advance 方法，让 follower 节点自己进入下一步操作。然后发送 Ready 结构体中的 Messages。这些均是 Raft 算法库必要的执行步骤，相当于

follower 节点使用内部状态机通知 leader 节点，自己已将 Entry_B 复制完毕。

当 leader 节点收到 etcdraft 共识网络中超过 50%的节点已成功复制 Entry_B 的通知时，leader 节点在内部会将 ENV_B 标记为已提交状态。在代码清单 9-48 中，第 4 行，设定当次收到的 Ready 结构体中，已提交的 Entry 中包含 Entry_B。

第 6~8 行，将已提交的 Entry_B，连同当前 etcdraft 共识网络的软状态，作为已提交数据一同发送至 applyC 继续处理，如代码清单 9-49 所示。

第 9 行，依旧是 Raft 算法库必要的执行步骤，相当于 leader 节点使用内部状态机通知其他 follower 节点，自己已将 Entry_B 标记为已提交状态，其他 follower 节点据此也将把 Entry_B 提交。至此，ENV 在整个 etcdraft 共识网络中共识存储完毕，共识排序服务的"共识"部分也完成，整个 etcdraft 共识排序服务流程结束。

代码清单 9-49　orderer/consensus/etcdraft/chain.go

```
1.  func (c *Chain) run() {...
2.    for {
3.      select {...
4.      case app := <-c.applyC:
5.        if app.soft != nil { newLeader := atomic.LoadUint64(&app.soft.Lead)... }
6.        c.apply(app.entries)
7.        if c.justElected {...}}else if c.configInflight{...}
8.        else if c.blockInflight < c.opts.MaxInflightBlocks {...}
9.      }
10.   }
11. }
12. func (c *Chain) apply(ents []raftpb.Entry) {
13.   if ents[0].Index > c.appliedIndex+1 { c.logger.Panicf(...) }
14.   for i := range ents {              //遍历所有已提交的 Entry
15.     switch ents[i].Type {
16.     case raftpb.EntryNormal:...      //正常的包含区块的 Entry
17.       c.accDataSize += uint32(len(ents[i].Data))
18.       if ents[i].Index <= c.appliedIndex {break}
19.       block := protoutil.UnmarshalBlockOrPanic(ents[i].Data)
20.       c.writeBlock(block, ents[i].Index)
21.     }
22.   }
23.   if c.accDataSize >= c.sizeLimit {...}
24. }
```

在代码清单 9-49 中，第 4 行，接收到已提交的 Entry_B。

第 5 行，若已提交数据中的软状态不为空，则查看 leader 节点是否发生变化，并执行相应操作。

第 6 行，调用第 12~24 行的方法，将 Entry_B 中的区块写入本地通道账本，过程如下。

（1）第 13 行，每个已提交的 Entry（包含一个区块）单独使用 c.appliedIndex 计数。待写入的 Entry_B 的 Index 必须小于或等于 c.appliedIndex+1。

（2）第 17 行，计算上次保存快照后至今累计处理的已提交的区块大小。

（3）第 18 行，若 Entry_B 的 Index 小于或等于 c.appliedIndex，则说明 ENV_B 写入过账本，不允许重复写入。设定当前 etcdraft 共识网络中，leader 节点已提交 10 个 Entry，follower1 节点暂

时只提交至第 8 个 Entry，follower2 节点已提交 10 个 Entry。此时 leader 节点宕机，follower1 节点被选为新 leader 节点，则新 leader 节点将从第 9 个 Entry 开始继续共识。则当第 9 个 Entry 提交至 follower2 节点时，在此处将被忽略。

（4）第 19～20 行，从 Entry_B 中解析出包含 ENV 的区块，写入节点本地的 mycahnnel 通道账本。

（5）第 23 行，依据通道配置中的 SnapshotIntervalSize 项（参见 configtx.yaml 中 Orderer. EtcdRaft.Options.SnapshotIntervalSize ），当连续处理已提交区块的累计大小达到 SnapshotIntervalSize 的限制时，创建当次快照索引信息，并发送至 c.gcC，保存快照。

第 7～8 行，根据当前标识、配置"正在处理中"的标识、"正在飞行中"的区块数量，执行相应操作，主要是暂停或继续接收来自客户端的提交数据。

9.5　散播服务 gossip

当 peer CLI 或 Fabric SDK 发起一笔背书交易时，背书节点将对交易进行模拟，若产生私有数据写集，则会通过散播服务 gossip，在配置的集合成员间散播。

当一笔背书交易经共识排序服务出块，写入 orderer 节点本地的应用通道账本后，peer 集群中，应用通道联盟中一个组织的 leader 节点，会通过原子广播服务中的 Deliver 服务将 orderer 节点应用通道账本中的区块顺序拉取到本地账本中。然后通过散播服务 gossip，在组织内散播，并通过与其他组织的锚节点进行通信，相互知晓，相互散播、推送或拉取同一个应用通道中的区块。

gossip 本意为"流言"。正常情况下，一条流言在固定人群中会以不定向、随机性的方式进行散播，最终人群中的每个人都会知道这条流言。在 Fabric 中，gossip 服务模拟了这种传播方式，在一个应用通道的 peer 集群间散播区块。这也使得一个 peer 集群中各个节点的本地账本和状态数据库并非实时同步，而是最终一致的。这是一个很重要的特性，在某一个具体的时间点上去比较每个 peer 节点所持有的数据状态，并不能保证是一致的，但随着时间的推移和持续散播，最终每个节点所持有的数据状态会保持一致。gossip 服务也是 Fabric 分步共识交易机制中的最后一步。

在 gossip 服务中，存在从（follower）节点、领导（leader）节点、锚（anchor）节点 3 种角色的 peer 节点。leader 节点在一个组织内由动态选举产生或静态指定，允许存在至少一个 leader 节点，负责使用 Deliver 服务客户端从 orderer 端拉取应用通道账本中的区块，并在组织内散播。普通节点则区别于同一个组织中的 leader 节点，只负责接收 leader 节点散播的区块，并进一步将其散播出去。锚节点是一个组织对外的"窗口"，暴露在整个应用通道的联盟中，用于与其他组织进行通信，相互散播、拉取或推送区块的节点，是一种附加的角色，附加在 leader 节点或普通节点之上，如一个 peer 节点可能既是 leader 节点，也是锚节点。

9.5.1　服务功能和原型定义

gossip 服务底层使用 gRPC 进行节点与节点间的通信，服务原型如代码清单 9-50 所示，在 gossip 模块中的具体实现如代码清单 9-51 所示。

代码清单 9-50　fabric-protos-go/gossip/message.pb.go

```
1.  type GossipServer interface { //服务端
2.    GossipStream(Gossip_GossipStreamServer) error //在peer集群中散播各类型gossip消息
3.    Ping(context.Context, *Empty) (*Empty, error) //探测一个gossip节点是否在线
4.  }
5.  type GossipClient interface { //客户端
6.    GossipStream(ctx.., opts ...gRPC.CallOption) (Gossip_GossipStreamClient, error)
7.    Ping(ctx context.Context, in *Empty, opts ...gRPC.CallOption) (*Empty, error)
8.  }
9.  type gossipClient struct {cc *gRPC.ClientConn}              //客户端默认实现
10. type GossipMessage struct {Tag GossipMessage_Tag; Content...}   //gossip 消息
```

代码清单 9-51　gossip/comm/comm_impl.go

```
1.  type commImpl struct {...}//gossip 服务端、客户端均由此对象实现
2.  func (c *commImpl) createConnection(...)(*connection,..){...}//提供创建客户端的能力
3.  func (c *commImpl) GossipStream(stream proto.Gossip_GossipStreamServer) error{..}
4.  func (c *commImpl) Ping(context.Context, *proto.Empty) (*proto.Empty,...) {...}
```

在代码清单 9-50 中，第 10 行，定义 GossipMessage，其类型由其成员 Content 决定，如存活消息 GossipMessage_AliveMsg、数据消息 GossipMessage_DataMsg、状态消息 GossipMessage_StateInfo、私有集合数据 GossipMessage_PrivateData、领导消息 GossipMessage_LeadershipMsg 等，其散播范围由其成员 Tag 决定，如 GossipMessage_ORG_ONLY 只允许消息在同组织内传播、GossipMessage_CHAN_AND_ORG 允许消息在同通道和同组织内传播。不同类型的消息用于 gossip 服务中的各种子服务，如领导消息用于 gossip 节点间的 leader 节点动态选举、数据消息用于散播账本的区块、状态消息用于散播节点自身所持有的各个通道的状态信息，如通道账本高度、安装的链码等。

在 peer 节点应用层面，使用 gossip/service/gossip_service.go 中定义的 GossipService，包含 gossip 节点对象、选举服务、节点本地状态模块、Deliver 服务、私有数据处理模块等，统一协调实现节点 gossip 服务的各种功能。其中，如同 orderer 节点可以作为 etcdraft 共识网络中的 etcdraft 节点，peer 节点在 gossip 网络中也作为一个 gossip 节点。gossip 节点对象为在 gossip/gossip/gossip_impl.go 中定义的 Node，通过随机选择目标节点，在底层使用 commImpl，实现 gossip 消息在 peer 集群中散播。

一个 peer 节点在运行过程中只存在一个 GossipService 和一个 Node，在消息点对点散播过程中，不存在通道的概念，多个应用通道使用同一个 gossip 网络散播包含区块的 gossip 消息，当 gossip 消息到达一个节点后，由节点自己去分辨消息中的区块所属的应用通道。

gossip 服务注册在 peer 节点的 gRPC 服务端，一个 gossip 节点访问另外一个 gossip 节点，实际是通过 gRPC 访问另外一个 peer 节点的 gRPC 服务端监听的端口实现的。gossip 服务于一个 peer

节点所加入的所有应用通道，但就数据散播的范围来说，一个应用通道内的消息只会在通道内散播。在一个应用通道对应的联盟关系中，一个节点通过 core.peer.gossip.bootstrap 配置项了解同一个组织内的成员关系，又通过连接通道中其他组织的锚节点，两者相互告之自身所知道的本组织、其他组织的成员关系，这样最终在一个通道的 gossip 网络中，任一节点均会知道通道中其他节点的存在，并相互散播消息。

9.5.2　服务的配置和启动

在 core.yaml 中的 peer.gossip 下，设定了 peer 节点作为一个 gossip 节点参与 gossip 网络散播服务的配置，如 bootstrap 设定了同一个组织中的若干个节点的 endpoint 列表，当本节点启动时，将向该列表中的节点索要组织成员列表，并向其"介绍"自己。useLeaderElection 和 orgLeader 是两个互斥配置项，不能同时设置为 true：单独设置 useLeaderElection 为 true 表示动态选举产生 gossip 集群 leader 节点，单独设置 orgLeader 为 true 表示静态设置当前节点为 gossip 集群 leader 节点。此外，在应用通道配置的每个组织下的 AnchorPeers 配置项设定了组织锚节点的 endpoint，参见 configtx.yaml 中每个组织下的 AnchorPeers 列表。

peer.gossip 下的配置均映射到 gossip 目录下的 config.go 文件中，如 gossip/service/config.go 中的 ServiceConfig，映射了 gossip 服务的配置；gossip/gossip/config.go 中的 Config，映射了作为一个 gossip 节点的配置；gossip/privdata/config.go 中的 PrivdataConfig，映射了 gossip 服务处理私有数据的配置；gossip/state/config.go 中的 StateConfig，映射了 gossip 服务的 state 子模块的配置。

一个 peer 节点启动后，将读取 core.yaml 或对应环境变量的配置，并在创建或恢复通道（若是创建新通道，需要再执行更新组织锚节点的交易）后，加载组织锚节点的配置，之后会创建 GossipService，启动 gossip 服务。这里以 mychannel 通道为例，对应联盟 SampleConsortium 下存在 org1、org2 两个组织，org1 组织下存在 PEER10、PEER11 两个节点，PEER10 为 leader 节点，PEER11 为 follower 节点和锚节点；org2 组织下存在 PEER20、PEER21 两个节点，PEER20 为 leader 节点，PEER21 为 follower 节点和锚节点。以 PEER10 为视角，该节点的 gossip 服务具体启动过程如代码清单 9-52 所示。

代码清单 9-52　internal/peer/node/start.go

```
1.  func serve(args []string) error {
2.      peerServer,..:= comm.NewGRPCServer(listenAddr,serverConfig)//创建 gRPC 服务端
3.      peerInstance := &peer.Peer{...}                          //创建 peer 节点对象实例
4.      gossipService, err := initGossipService(...)
5.      peerInstance.GossipService = gossipService //将 gossip 服务赋值给 peer 节点对象成员
6.      go func() {if gRPCErr = peerServer.Start();...}()//启动 peer 服务端，监听服务
7.  }
8.  func initGossipService(...) (*gossipservice.GossipService, error) {
9.      var certs *gossipcommon.TLSCertificates; if peerServer.TLSEnabled() {...}
10.     messageCryptoService := peergossip.NewMCS(...)
11.     secAdv := peergossip.NewSecurityAdvisor(mgmt.NewDeserializersManager(...))
12.     bootstrap := viper.GetStringSlice("peer.gossip.bootstrap")//获取 bootstrap 配置项
```

```
13.    if serviceConfig.Endpoint != "" {peerAddress = serviceConfig.Endpoint}
14.    gossipConfig, err := gossipgossip.GlobalConfig(peerAddress,...,bootstrap...)
15.    return gossipservice.New(signer,...peerServer.Server(),..deliverGRPCClient...)
16. }
```

在代码清单 9-52 中，第 4 行，调用第 8～16 行的函数，创建 PEER10 的 gossip 服务对象，过程如下。

（1）第 9 行，若 PEER10 开启了 TLS，则获取其 TLS 服务端、客户端证书，作为 gossip 节点的 TLS 证书。

（2）第 10 行，在 internal/peer/gossip/mcs.go 中实现，创建消息验证对象，包括 PEER10 的策略管理对象、签名对象、身份反序列化工具、SWBCCSP，用于验证节点身份、区块中交易的背书签名。

（3）第 11 行，创建 gossip 服务所使用的安全顾问，实时获取节点本地和 mychannel 中所有组织的身份，以保证 gossip 网络数据散播的安全。

（4）第 13 行，若 PEER10 的 core.peer.gossip.endpoint 配置项不为空，则后续将之作为 gossip 节点的 ID。

（5）第 14 行，在 gossip/gossip/config.go 中实现，读取 core.peer.gossip 下的配置或对应的环境变量，若未设定，则使用默认值，从而创建 gossip 节点的配置。

（6）第 15 行，在 gossip/service/gossip_service.go 中实现，使用通道策略管理获取器 policyMgr、peer 节点 gRPC 服务端对象 peerServer、本地节点签名对象 signer、Deliver 服务客户端对象 deliverGRPCClient 等，创建 gossip 服务对象 GossipService。其中，最重要的是创建 gossip 节点对象 Node，并启动一系列服务，如代码清单 9-53 所示。

代码清单 9-53　gossip/gossip/gossip_impl.go

```
1.  type Node struct {selfIdentity api.PeerIdentityType;...} //gossip 节点对象
2.  func New(conf *Config, s *gRPC.Server, sa api.SecurityAdvisor,...) *Node {
3.     g := &Node{selfOrg: sa.OrgByPeerIdentity(selfIdentity),...}
4.     g.stateInfoMsgStore = g.newStateInfoMsgStore()          //状态消息存储器
5.     g.idMapper = identity.NewIdentityMapper(...)            //身份映射器
6.     commConfig :=comm.CommConfig{...}; g.comm,...=comm.NewCommInstance(s,conf...)
       //通信模块
7.     g.chanState = newChannelState(g)                        //多通道状态路由器
8.     g.emitter = newBatchingEmitter(...,g.sendGossipBatch)   //批量消息发射器
9.     g.disc = discovery.NewDiscoveryService(...)             //节点发现器
10.    g.certStore = newCertStore(g.certPuller, ...)           //身份证书存储工具
11.    go g.start()
12.    go g.connect2BootstrapPeers()
13. }
14. func (g *Node) start() {
15.    go g.syncDiscovery()
16.    go g.handlePresumedDead()
17.    msgSelector:= func(msg...) bool {...return !(isConn||isEmpty||isPrivateData)}
18.    incMsgs := g.comm.Accept(msgSelector)
19.    go g.acceptMessages(incMsgs)
20. }
21. func (g *Node) connect2BootstrapPeers(){
```

```
22.    for _, endpoint := range g.conf.BootstrapPeers {
23.        identifier:= func()(*discovery.PeerIdentification, error){...}
           //节点身份认证函数
24.        g.disc.Connect(discovery.NetworkMember{...}, identifier)
25.    }
26. }
```

在代码清单 9-53 中，第 3～10 行，创建 gossip 节点对象，主要包含如下工具模块。

❑ 状态消息存储器使用同目录下 msgstore/msgs.go 中定义的 messageStoreImpl，存储状态消息，且可以定期清除过期消息。

❑ 身份映射器 identityMapperImpl，在 gossip/identity/identity.go 中定义，用于管理本节点发现的节点身份数据。

❑ 身份证书存储工具 certStore，在同目录下 certstore.go 中定义，用于拉取和存储 gossip 网络的节点身份数据。

❑ 通信模块 commImpl，在 gossip/comm/comm_impl.go 中定义，实现 gossip 服务 gRPC 客户端、服务端，并作为 gossip 的数据订阅中心（通过 Accept 方法注册用于接收指定类型消息的通道）。

❑ 批量消息发射器 batchingEmitterImpl，在同目录下 batcher.go 中定义，用于节点继续散播消息。

❑ 多通道状态路由器 channelState，在 chanstate.go 中定义，负责路由每个应用通道的数据消息、状态数据、状态消息。

❑ 节点发现器 gossipDiscoveryImpl，在 gossip/discovery/discovery_impl.go 中定义，用于扫描 gossip 网络中存活或宕机的节点。

第 11 行，调用第 14～20 行的方法，启动 PEER10 的 gossip 节点，过程如下。

（1）第 15 行，启动持续同步 gossip 网络成员列表的协程，每隔 peer.gossip.pullInterval 随机选择 peer.gossip.pullPeerNum 个存活节点发送索要成员关系列表的请求。

（2）第 16 行，启动死亡节点（无法通过 gRPC 正常连接通信的节点被视作死亡节点）监测协程，将监测到的死亡节点信息记录下来。

（3）第 17～18 行，创建只接收非空、非连接、非私有数据的 ReceivedMessage 类型消息的消息选择器 msgSelector，并在通信模块 commImpl 中订阅一个使用 msgSelector 过滤消息的消息通道。

（4）第 19 行，启动接收上文订阅的消息，并调用 g.handleMessage(msg) 对消息进行处理。

第 12 行，调用第 21～26 行的方法，访问 core.peer.gossip.bootstrap 设定的节点列表，这里设定只有一个 PEER11:7051，索要组织成员关系列表，也告之自己的存在。每隔 core.peer.gossip.reconnectInterval 执行一次索要行为，直至成功获取。

参见 8.4 节所述加入应用通道的过程，当 PEER10 加入 mychannel，或 PEER10 之前已加入 mychannel 并重新启动时，均会创建 mychannel 的通道对象。其中，启动了针对 mychannel 的散播服务，如代码清单 9-54 所示。

代码清单 9-54　gossip/service/gossip_service.go

```
1.  func (g *GossipService) InitializeChannel(channelID...) {
2.    servicesAdapter := &state.ServicesMediator{GossipAdapter: g, MCSAdapter: g.mcs}
3.    dataRetriever := gossipprivdata.NewDataRetriever(store,...)
4.    collectionAccessFactory := gossipprivdata.NewCollectionAccessFactory(...)
5.    fetcher := gossipprivdata.NewPuller(...)
6.    coordinatorConfig := gossipprivdata.CoordinatorConfig{...}
7.    coordinator := gossipprivdata.NewCoordinator(...)
8.    privdataConfig := gossipprivdata.GlobalConfig()
9.    if privdataConfig.ReconciliationEnabled {
10.     reconciler = gossipprivdata.NewReconciler(channelID...)
11.   } else {...}
12.   g.privateHandlers[channelID] = privateHandler{...reconciler: reconciler}
13.   g.privateHandlers[channelID].reconciler.Start()
14.   blockingMode := !g.serviceConfig.NonBlockingCommitMode
15.   stateConfig := state.GlobalConfig()
16.   g.chains[channelID] = state.NewGossipStateProvider(...)
17.   if g.deliveryService[channelID] == nil {
18.     g.deliveryService[channelID] = g.deliveryFactory.Service(g,...)
19.   }
20.   if g.deliveryService[channelID] != nil {//成功连接 orderer 节点后, 不为空
21.     if leaderElection && isStaticOrgLeader {logger.Panic(...)}
22.     if leaderElection { g.leaderElection[channelID] = g.newLeaderElection...(...)
23.     }else if isStaticOrgLeader{g.deliveryService[...].StartDeliverForChannel(...)
24.     } else {...}
25.   } else {...}
26. }//创建通道时, 在 core/peer/peer.go 的 createChannel 方法中调用
```

在代码清单 9-54 中，第 2 行，创建 state 子模块使用的 gossip 服务适配器对象，这是典型的适配器设计模式，在 gossip 模块中使用较多。

第 3～5 行，使用私有数据检索工具、私有数据访问权限控制工具，创建一个私有数据拉取工具 fetcher，用于根据私有数据摘要，从 gossip 网络的节点中拉取私有数据。

第 6～7 行，在 gossip/privdata/coordinator.go 中定义，创建一个 BlockAndPvtData 存储协调器，具体负责接收并向 mychannel 账本提交含有私有数据的区块（BlockAndPvtData），向临时存储（transient store）中临时提交私有数据，当 BlockAndPvtData 中的私有数据缺失时，从缓存、临时存储或其他 peer 节点中拉取。

第 8～11 行，在 gossip/privdata/reconcile.go 中定义，若私有数据配置 core.peer.gossip.pvtData.reconciliationEnabled 设置为 true，则创建一个私有数据调节器 reconciler，在后台启动协程，每隔 core.peer.gossip.pvtData.reconcileSleepInterval 主动尝试去拉取最多 core.peer.gossip.pvtData.reconcileBatchSize 个已登记的区块的缺失私有数据，并提交至私有数据库中。

第 12 行，使用上文创建的对象，创建一个统一的私有数据处理对象 privateHandler，在 mychannel 数据散播过程中，涉及私有数据的处理，均交由此对象。

第 13 行，启动 reconciler 定时主动"弥补"缺失私有数据的协程。

第 14 行，获取 gossip 服务的一个隐藏配置 core.peer.gossip.nonBlockingCommitMode，标识着 state 子模块是否以阻塞模式处理区块。当 state 子模块处于阻塞模式，且缓存的区块数量超过

2 × core.peer.gossip.state.blockBufferSize 时，将阻塞等待，而非直接返回缓存已满的错误。

第 15～16 行，使用 peer.gossip.state 部分的配置，创建服务于 mychannel 的 state 子模块。state 子模块是一个用于管理 gossip 节点本地账本状态的模块，使用一个缓存队列处理 gossip 网络中与节点账本状态相关的消息，如顺序提交或索要区块、请求或应答本节点的账本状态消息。具体如代码清单 9-55 所示。

第 17～25 行，参见代码清单 9-24，创建 PEER10 用于 mychannel 的 Deliver 服务客户端。其中，第 21 行，获取 peer.gossip 下 useLeaderElection、orgLeader 配置项，两者为互斥配置项。这里设定使用动态选举，则在第 22 行，创建关于 mychannel 的选举模块，并启动选举。

代码清单 9-55　gossip/state/state.go

```
1.  func NewGossipStateProvider(chainID string,...) GossipStateProvider {
2.    gossipChan, _ := services.Accept(func(message interface{}) bool {...},false)
3.    remoteStateMsgFilter := func(message interface{}) bool {...}
4.    _, commChan := services.Accept(remoteStateMsgFilter, true)
5.    height, err := ledger.LedgerHeight(); if height == 0 {logger.Panic(...)}
6.    s := &GossipStateProviderImpl{...} //创建 state 子模块对象
7.    services.UpdateLedgerHeight(height, common2.ChannelID(s.chainID))
8.    go s.receiveAndQueueGossipMessages(gossipChan)
9.    go s.receiveAndDispatchDirectMessages(commChan)
10.   go s.deliverPayloads()
11.   if s.config.StateEnabled { go s.antiEntropy() }
12.   go s.processStateRequests()
13. }
```

在代码清单 9-55 中，第 2 行，在订阅中心间接订阅一个用于接收 mychannel 通道 GossipMessage_DataMsg 类型消息的 chan。这里的"间接订阅"，指第二个参数为 false，在 gossip 节点对象 Node 的 Accept 方法中，需先经过 Node 层对 GossipMessage 或 SignedGossipMessage 这两种类型消息进行验证过滤。

第 3～4 行，在订阅中心直接订阅一个用于接收 mychannel 通道的"点对点"类型的消息，类型如 GossipMessage_StateRequest、GossipMessage_StateResponse、GossipMessage_PrivateData。

第 5 行，获取本节点 mychannel 的账本高度，若高度为 0，直接崩溃退出，因为正常情况下，此时 mychannel 已被创建或恢复，至少存在一个创世纪块，高度至少为 1。

第 7 行，在代码清单 9-53 中，创建了 gossip 节点的多通道状态路由器，这里则是更新该路由器中 mychannel 的通道状态，主要是更新本节点的账本高度信息。

第 8 行，启动从第 2 行订阅的 chan 中循环获取 mychannel 的 GossipMessage_DataMsg 类型消息的协程，获取的消息将被添加到 state 的缓存队列中。

第 9 行，启动从第 3～4 行订阅的 chan 中循环获取 mychannel 的 GossipMessage_StateRequest（他人向自己索要区块）、GossipMessage_StateResponse（自己向他人索要区块，他人给自己的应答）、GossipMessage_PrivateData（私有集合数据）类型消息的协程，最终 3 类消息将分别交由 handleStateRequest、handleStateResponse、privateDataMessage 这 3 个方法处理。

第 10 行，启动从 state 缓存队列中依次读取区块并存储至节点本地 mychannel 账本的协程。

第 11 行，若 peer.gossip.state.enabled 为 true，则启动一个每隔 peer.gossip.state.checkInterval 执行一次反熵函数的协程。该反熵函数检查 gossip 集群中所有节点的 mychannel 账本有效高度中最大的值，如是 100，而本节点自身 mychannel 的账本高度是 80，则会尝试拉取[80,100]的区块。这样可以有效"抹平"节点与节点之间 mychannel 账本数据的高度差，减少集群节点账本状态的混乱程度，也即"反熵"。

第 12 行，启动处理 GossipMessage_StateRequest 消息的协程，向他人应答其索要的区块。

当 PEER10 加入 mychannel，或已加入 mychannel 但 mychannel 的通道配置更新时，涉及 gossip 服务相关的配置（只关心通道组织的锚节点配置），典型地，如组织锚节点信息，将通过回调函数应用至 PEER10 的 gossip 服务，过程如代码清单 9-56 所示。

代码清单 9-56　core/peer/peer.go

```
1.  func (p *Peer) createChannel(cid string,l ledger.PeerLedger,...) {
2.    gossipEventer := p.GossipService.NewConfigEventer()
3.    gossipCallbackWrapper := func(bundle *channelconfig.Bundle) {
4.      gossipEventer.ProcessConfigUpdate(&gossipSupport{...})...
5.    }
6.    channel.bundleSource= channelconfig.NewBundleSource(..,gossipCallbackWrapper..)
7.  }//peer 节点加入通道时调用
```

在代码清单 9-56 中，第 2～5 行，创建 gossip 服务回调函数，该函数主要执行 ProcessConfigUpdate 方法，用于当 PEER10 加入通道或通道配置更新时，将新配置应用于 gossip 服务，如代码清单 9-57 所示。

第 6 行，创建 mychannel 的通道资源捆绑对象，该对象依次捆绑了 peer 节点各个服务（包括 gossip 服务）或模块的回调函数，当通道配置更新时，调用这些回调函数，以将新配置应用到各个服务或模块中。

代码清单 9-57　gossip/service/eventer.go

```
1.  func (ce *configEventer) ProcessConfigUpdate(config Config) {
2.    orgMap := cloneOrgConfig(config.Organizations())
3.    if ce.lastConfig != nil && reflect.DeepEqual(ce.lastConfig.orgMap, orgMap){...
4.    } else { //存在新配置
5.      var newAnchorPeers []*peer.AnchorPeer
6.      for , group := range config.Organizations() {newAnchorPeers = append(...)}
7.      newConfig := &configStore{orgMap: orgMap,anchorPeers: newAnchorPeers}
8.      ce.lastConfig = newConfig //存储最新的组织配置
9.      ce.receiver.updateAnchors(config) //应用新配置
10.   }
11. }
```

在代码清单 9-57 中，第 2～3 行，若 gossip 服务的当前配置不为空且与新配置中的组织配置一致，则说明新配置中无任何组织成员或组织锚节点的更新。

第 5～8 行，若 gossip 服务的当前配置为空（PEER10 加入通道时），或当前配置不为空且与新配置不一致，则获取组织中新的锚节点信息，并更新至 gossip 服务，如代码清单 9-58 所示。

代码清单 9-58　gossip/service/gossip_service.go

```
1.  func (g *GossipService) updateAnchors(config Config) {
2.      myOrg := string(g.secAdv.OrgByPeerIdentity(...))
3.      if !g.amIinChannel(myOrg, config) {...return}
4.      jcm := &joinChannelMessage{seqNum: config.Sequence(),...}
5.      for _, appOrg := range config.Organizations() {...}//加入通道时，配置中锚节点为空
6.      g.JoinChan(jcm, gossipcommon.ChannelID(config.ChannelID()))
7.  }
```

在代码清单 9-58 中，第 2~3 行，依据 PEER10 的身份获取组织的身份，然后判定当前节点所属的组织是否存在于通道配置中。

第 4~5 行，将新配置中每个组织的锚节点信息整理放入 jcm。jcm 是一个用于创建或改变通道成员列表的消息对象。

第 6 行，将 PEER10 的 gossip 服务加入 mychannel，或更新 gossip 服务中 mychannel 的组织锚节点配置，如代码清单 9-59 所示。

代码清单 9-59　gossip/gossip/gossip_impl.go

```
1.  func (g *Node) JoinChan(joinMsg api.JoinChannelMessage, channelID...) {
2.      g.chanState.joinChannel(joinMsg, channelID, g.gossipMetrics...)
3.      for _, org := range joinMsg.Members() {
4.          g.learnAnchorPeers(string(channelID), org, joinMsg.AnchorPeersOf(org))
5.      }
6.  }
```

在代码清单 9-59 中，第 2 行，在 gossip/gossip/chanstate.go 中实现，使用新配置在 gossip 服务的多通道状态路由器中创建或更新 mychannel 通道对象（gossip/gossip/channel/channel.go 中的 gossipChannel），以此将 gossip 服务加入 mychannel 或更新 gossip 服务中 mychannel 的组织配置。

第 3~5 行，若更新锚节点配置，则遍历每个组织的（新）锚节点，并使用节点发现器与之连接，获取锚节点所持有的组织成员关系列表。

系统通道配置中，联盟下的组织中不存在锚节点配置。因此，在创建一个应用通道时，应用通道从系统通道寻找相应组织配置填补自身配置后，应用通道的组织下依旧没有锚节点配置。也因此，在节点加入应用通道后，需要专门执行更新每个组织锚节点配置的交易。

9.5.3　服务流程

gossip 服务中，许多类型的消息，如领导消息、状态消息、私有数据、存活消息等，均在不同范围内散播，散播的具体过程基本一致。gossip 服务中消息散播的主要流程如图 9-4 所示。虚线左、右两侧分别是 gossip 集群中的两个节点 Node_A、Node_B，以及每个节点的 gossip 服务涉及的子模块。图 9-4 中的散播方向为从 Node_A 向 Node_B 散播，通过①~⑫的步骤，一步步将消息散播。同时，在 gossip 集群中，每个节点除了 leader 与 follower 角色在 Deliver 服务方面存在差异之外，所持有的其他子模块均一致，因此 Node_B 向 Node_A 或其他 gossip 节点散播消息的过程，与 Node_A 向 Node_B 散播消息的过程基本一致。

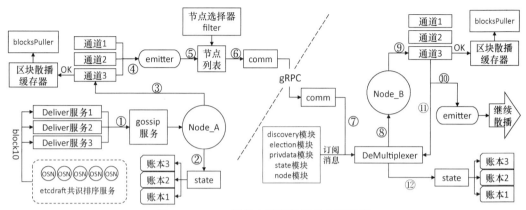

图 9-4　gossip 服务中消息散播的主要流程

这里以区块数据消息的散播流程为例，参见代码清单 9-31、代码清单 9-34，当 PEER10 节点 gossip 服务中的 Deliver 服务客户端从 orderer 端获取 mychannel 的一个区块后，如 block10，包含 tx1、tx2 两笔正常的背书交易，交由 gossip 服务处理，一方面存储至本节点，另一方面继续散播，分别如代码清单 9-60 和代码清单 9-61 所示。

代码清单 9-60　gossip/state/state.go

```
1.  func (s *GossipStateProviderImpl) AddPayload(payload *proto.Payload) error {
2.    return s.addPayload(payload, s.blockingMode)    //调用下面的方法
3.  }
4.  func (s *GossipStateProviderImpl) addPayload(payload, blockingMode) error {
5.    height, err := s.ledger.LedgerHeight()         //获取通道账本当前的高度
6.    if !blockingMode&&payload.SeqNum-height >=uint64(..StateBlockBufferSize){...}
7.    for blockingMode && s.payloads.Size() > s.config.StateBlockBufferSize*2 {
8.      time.Sleep(enqueueRetryInterval)             //休眠 enqueueRetryInterval
9.    }
10.   s.payloads.Push(payload)
11. }
12. func (s *GossipStateProviderImpl) deliverPayloads() {
13.   for {
14.     select {
15.     case <-s.payloads.Ready(): //缓存队列中存在等待被处理的 Payload
16.       for payload:= s.payloads.Pop(); payload !=nil; payload= s.payloads.Pop() {
17.         if err := pb.Unmarshal(payload.Data, rawBlock); err != nil {...continue}
18.         var p util.PvtDataCollections; if payload.PrivateData != nil {...}
19.         if err := s.commitBlock(rawBlock, p); err != nil {...}
20.       }
21.     }
22.   }
23. }
24. func (s *GossipStateProviderImpl) commitBlock(block, pvtData...) error {
25.   if err := s.ledger.StoreBlock(block, pvtData); err != nil {...return err}
26.   s.mediator.UpdateLedgerHeight(block.Header.Number+1, ...s.chainID))
27. }
```

在代码清单 9-60 中，第 6 行，若 state 是非阻塞模式的，且当前缓存队列已满，则直接返回

错误。

第 7～9 行，若 state 是阻塞模式的，且缓存队列大小已超过 2 × peer.gossip.state.blockBufferSize，则阻塞等待。

第 10 行，将含有 block10 的 Payload 放入 state 模块缓存队列中，并在第 15 行的分支中被取出。

第 16 行，循环从 state 模块缓存队列中取出 Payload，这里设定包含 block10。

第 17 行，解析 Payload 中的 block10。

第 18 行，尝试解析 Payload 中携带的 block10 对应的私有数据。这里 Payload 来自 Deliver 服务，不携带任何私有数据读写集。

第 19 行，调用第 24～27 行的方法，向节点本地通道账本中提交 block10 和对应的私有数据（为空）。

第 25 行，s.ledger 为 gossip/privdata/coordinator.go 中定义的 BlockAndPvtData 存储协调器，存储 block10 和对应的私有数据。

第 26 行，s.mediator 为 gossip 服务适配器对象，可简单地视为 gossip 服务对象，这里用之更新 gossip 服务的多通道状态路由器中 mychannel 通道的状态信息（账本高度）。此高度是 gossip 集群节点间交互索要拉取区块的基础。

代码清单 9-61　gossip/gossip/gossip_impl.go

```
1.  func (g *Node) Gossip(msg *pg.GossipMessage) { //继续在 gossip 集群中散播消息
2.    if err := protoext.IsTagLegal(msg); err != nil {panic(...)}
3.    sMsg := &protoext.SignedGossipMessage{GossipMessage: msg}
4.    if protoext.IsDataMsg(sMsg.GossipMessage) {
5.      sMsg, err = protoext.NoopSign(sMsg.GossipMessage)
6.    } else { _, err = sMsg.Sign(func(msg []byte) ([]byte, error) {...}) }
7.    if protoext.IsChannelRestricted(msg) {        //若是可在通道范围内传播的 gossip 消息
8.      gc := g.chanState.getGossipChannelByChainID(msg.Channel); if gc==nil {return}
9.      if protoext.IsDataMsg(msg) { gc.AddToMsgStore(sMsg) }
10.   }
11.   if g.conf.PropagateIterations == 0 {return}
12.   g.emitter.Add(&emittedGossipMessage{SignedGossipMessage:sMsg, filter:...})
13. }
```

在代码清单 9-61 中，第 2 行，针对各种类型的 gossip 消息，检查其传播范围是否合法。这里是包含 block10 的 GossipMessage_DataMsg 类型消息，需允许在通道内和组织内传播，即 msg.Tag 必须为 GossipMessage_CHAN_AND_ORG。

第 3～6 行，向 gossip 集群中散播非 GossipMessage_DataMsg 类型消息时，需通过对消息进行签名，以表明身份，供其他节点验证。这里是获取一个空签名的 gossip 签名消息，标记为 SGM10。

第 8 行，从多通道状态路由器 channelState 中获取 mychannel 的通道状态对象，若不存在，则说明本节点尚未加入 mychannel，无法散播属于 mychannel 的消息。

第 9 行，在 gossip/gossip/channel/channel.go 中实现，将 SGM10 存储至 mychannel 通道状态对象中的区块散播缓存器和区块拉取工具。

　　区块散播缓存器使用 gossip/gossip/msgstore/msgs.go 中定义的 messageStoreImpl，可依据消息类型执行不同的添加策略，判定加入的新消息是否有效。以专门存储包含区块的 GossipMessage_DataMsg 类型消息为例，通过 gossip/protoext/msgcomparator.go 中的 dataInvalidationPolicy 方法，比较要加入的消息 this 与存储器中已有的消息 that。this 与 that 序号不能一致，即节点接收散播消息时，同一序号的区块不予重复接收处理。this 与 that 序号差值小于或等于 peer.gossip.maxBlockCountToStore，则添加 this。this 与 that 序号差值大于 peer.gossip.maxBlockCountToStore，此时若 this 大于 that，则添加 this，清除 that；若 this 小于 that，则不予接收 this。在这种规则下，散播缓存器中始终最多只保留 peer.gossip.maxBlockCountToStore 个最新且不重复的区块数据消息，this 成功添加，标识着节点成功收到一个散播而来的区块。

　　区块拉取工具属于配合区块散播缓存器的联动工具，gossip 在散播区块时，几乎不可能顺序地接收区块，如[11,15]的 5 个区块，可能 PEER10 只接收到了 11、12、15 这 3 个区块，此时 PEER10 通过拉取工具每隔 peer.gossip.pullInterval 随机选择 peer.gossip.pullPeerNum 个其他节点尝试拉取剩余的 13、14 两个缺失的区块。以向 PEER21 拉取为例，设此时 PEER21 中已接收[11,15]所有的区块，参见 gossip/gossip/algo/pull.go，拉取过程如下。

　　（1）PEER10 用编号 88 代表 PEER21，向 PEER21 发送 Hello<88>消息。

　　（2）PEER21 收到 Hello 消息后，以区块序号为摘要，将 Digest<[11,12,13,14,15], 88>回复给 PEER10。

　　（3）PEER10 收到摘要后，以 88 得知其是 PEER21 回复的摘要，并将 13、14 存在于 PEER21 的信息登记。然后 PEER10 向 PEER21 发送 Request<[13,14], 88>，索要 13、14 两个区块。

　　（4）PEER21 收到索要请求后，按要求回复 Response<[block13, block14], 88>，将 block13、block14 发送给 PEER10。

　　因此，区块散播缓存器与区块拉取工具是一个联动对象，当散播缓存器存入一个区块时，说明本节点已经接收到了此区块，所以也将此区块的序号添加至区块拉取工具中，避免区块拉取工具再做“无用功”。两者的删除动作也保持一致。

　　第 11 行，若 core.peer.gossip.propagateIterations 的值为 0，表示配置 PEER10 将接收到的消息继续散播 0 次，即不散播，则直接返回。

　　第 12 行，将要散播的 SGM10 加入批量消息发射器 emitter 中，等待散播。在其 Add 方法中，当 emitter 缓存的待散播消息数量大于或等于 peer.gossip.maxPropagationBurstSize 时，将执行 p.emit，“发射”包含 SGM10 的一批消息，如代码清单 9-62 所示。

代码清单 9-62　gossip/gossip/batcher.go

```
1.  func (p *batchingEmitterImpl) emit() {       //发射（散播）一批消息
2.    if p.toDie() {return}; if len(p.buff) == 0 {return}
3.    msgs2beEmitted := make([]interface{}, len(p.buff))
4.    for i, v := range p.buff { msgs2beEmitted[i] = v.data }
5.    p.cb(msgs2beEmitted)
```

```
6.    p.decrementCounters()                    //将已达到规定散播次数的消息从缓存中清除
7.  }
```

在代码清单 9-62 中，第 2 行，若发射器已停止或缓存中无消息，则直接返回。

第 3～4 行，将当前缓存中的所有消息放入待发送数组。

第 5 行，散播一批消息，包含 SGM10。参见代码清单 9-53，p.cb 是一个回调函数，为创建 emitter 时赋予的 gossip 节点对象 Node 的 sendGossipBatch 方法，如代码清单 9-63 所示。

代码清单 9-63　gossip/gossip/gossip_impl.go

```
1.  func (g *Node) sendGossipBatch(a []interface{}) {
2.    msgs2Gossip := make([]*emittedGossipMessage, len(a))
3.    for i, e := range a { msgs2Gossip[i] = e.(*emittedGossipMessage) }//重新整理一遍
4.    g.gossipBatch(msgs2Gossip) //调用下面的方法
5.  func (g *Node) gossipBatch(msgs []*emittedGossipMessage) {
6.  func (g *Node) gossipBatch(msgs []*emittedGossipMessage) {
7.    var blocks...; var stateInfoMsgs...; ...; var leadershipMsgs...
8.    isABlock := func(o interface{})...; ...; isLeadershipMsg := func(o...)...
9.    blocks, msgs = partitionMessages(isABlock, msgs)
10.   g.gossipInChan(blocks, func(gc channel.GossipChannel) filter.RoutingFilter {
11.     //第二个参数用于创建一个联合类型的散播路由策略
12.     return filter.CombineRoutingFilters(gc.EligibleForChannel,
13.                                  gc.IsMemberInChan, g.IsInMyOrg) } )
14.   //后续分别处理状态消息、领导消息、组织内部消息、剩余消息的散播工作
15. }
16. func (g *Node) gossipInChan(messages []*..., chanRoutingFactory...) {
17.   totalChannels := extractChannels(messages) //解析出当批区块消息所属的所有通道
18.   for len(totalChannels) > 0 {                //依次遍历所有通道
19.     channel, totalChannels = totalChannels[0], totalChannels[1:] //取出第一个通道
20.     grabMsgs := func(o interface{}) bool{return bytes.Equal(...Channel,channel)}
21.     messagesOfChannel, messages = partitionMessages(grabMsgs, messages)
22.     gc := g.chanState.getGossipChannelByChainID(channel)          //获取通道对象
23.     membership := g.disc.GetMembership()
24.     if protoext.IsLeadershipMsg(messagesOfChannel[0].GossipMessage){...//领导消息
25.     }else{ peers2Send =filter.SelectPeers(...,membership,chanRoutingFactory(gc))}
26.     for _, msg := range messagesOfChannel { //遍历属于该通道的所有消息
27.       filteredPeers := g.removeSelfLoop(msg, peers2Send)
28.       g.comm.Send(msg.SignedGossipMessage, filteredPeers...)
29.     }
30.   }
31. }
```

在代码清单 9-63 中，第 6 行，gossipBatch 方法实质决定了散播算法：依据不同的消息类型，随机从 PEER10 掌握的通道成员关系列表中选择 peer.gossip.propagatePeerNum 个符合路由策略的节点，点对点地散播（推送）消息。

第 7～8 行，创建不同类型消息的存放数组和判定函数，这里分别处理区块数据消息、状态消息、组织内部消息、领导消息等。

第 9～13 行，从当批消息中分离出所有的区块数据消息，包含 SGM10，调用第 16～31 行的方法，在 mychannel 通道范围内，依据散播路由策略，将所有区块数据消息散播到筛选出的 gossip 节点，过程如下。

leader 节点向 follower 节点散播区块的路由策略由第二个参数创建，将创建一个联合类型的散播路由策略，在 gossip/filter/filter.go 中定义，要求当次筛选出的 gossip 节点必须依次通过 gc.EligibleForChannel、gc.IsMemberInChan、g.IsInMyOrg 的验证，保证每个节点在 mychannel 中是有效存活的、属于 mychannel 联盟关系且与 PEER10 同属 org1 组织。

（1）第 19～21 行，将属于 mychannel 的区块数据消息从当批消息中分离出来。

（2）第 22～25 行，依据散播路由策略，从 PEER10 拥有的成员关系列表中随机选出 PropagatePeerNum 个 gossip 节点放入发送列表。这里设定发送列表中只有 PEER11。

（3）第 27 行，参见代码清单 9-61，使用 SGM10 中自带的过滤器过滤发送列表，默认不过滤。

（4）第 28 行，使用节点通信模块 commImpl，点对点、并行地将 SGM10 发送至发送列表中的所有节点，这里即 PEER11。至此，PEER10 作为 leader 节点的散播工作完成。

以 PEER11 的视角来看，PEER11 在启动并加入 mychannel 后，也启动了 gossip 服务。PEER11 作为服务端，其通信模块 commImpl 接收从 PEER10 散播来的 SGM10 后，将之存储至本节点通道账本，并继续散播，如代码清单 9-64 和代码清单 9-65 所示。

代码清单 9-64　gossip/comm/comm_impl.go

```
1.  func (c *commImpl) GossipStream(stream proto.Gossip_GossipStreamServer)... {...
2.    h := func(m *protoext.SignedGossipMessage) { //处理接收到的gossip消息的函数
3.      c.msgPublisher.DeMultiplex(&ReceivedMessageImpl{conn: conn,...: m,...})
4.    }
5.    conn.handler = interceptAcks(h, ...) //ack.go中，简单添加了是否为ACK类型消息的判断
6.    return conn.serviceConnection()
7.  }
```

在代码清单 9-64 中，PEER11 作为 gossip 服务的 gRPC 服务端，在第 6 行，调用代码清单 9-65 中的方法，启动其在 gossip 集群中通过 gRPC 连接收、发 gossip 消息的协程。

代码清单 9-65　gossip/comm/conn.go

```
1.  func (conn *connection) serviceConnection() error {//与另外一个节点的gRPC服务连接
2.    go conn.readFromStream(errChan, msgChan)   //接收消息的协程，在下面定义
3.    go conn.writeToStream() //写入消息的协程
4.    for {
5.      select { ...
6.      case msg := <-msgChan: conn.handler(msg) //接收到的消息在此处获取，并被处理
7.      }
8.    }
9.  }
10. func (conn *connection) readFromStream(errChan..., msgChan...) {
11.   for {
12.     select {...
13.     default:
14.       envelope, err := stream.Recv() //接收gossip消息
15.       msg, err := protoext.EnvelopeToGossipMessage(envelope)
16.       select {... case msgChan <- msg:}      //将消息转给msgChan
17.     }
18.   }
19. }
```

在代码清单 9-65 中，第 6 行，接收到 SGM10，并交由代码清单 9-64 中第 2～4 行的函数处理。该函数将 SGM10 放入一个 ReceivedMessageImpl，这里标记为 RM10，然后将 RM10 交由通道消息分发器 ChannelDeMultiplexer 处理，如代码清单 9-66 所示。

代码清单 9-66　gossip/comm/demux.go

```
1.  func (m *ChannelDeMultiplexer) DeMultiplex(msg interface{}) {
2.    channels := m.channels
3.    for , ch := range channels {if ch.pred(msg) {select {...case ch.ch <- msg:}}}
4.  }
```

在代码清单 9-66 中，通道消息分发器用于将接收到的消息分发给订阅者。第 3 行，遍历当前所有已订阅的消息通道，当 RM10 通过某个通道的消息选择器（ch.pred）时，则将消息通过消息通道（ch.ch）传递给订阅者。参见代码清单 9-53，当 PEER11 作为 gossip 节点启动（go g.start()）时，订阅了一个只接收非空、非连接、非私有数据的 ReceivedMessage 类型消息的消息通道，并启动了接收协程。也即，RM10 将被传递给该订阅者，如代码清单 9-67 所示。

代码清单 9-67　gossip/gossip/gossip_impl.go

```
1.  func (g *Node) acceptMessages(incMsgs <-chan protoext.ReceivedMessage) {
2.    for {
3.      select {...
4.      case msg := <-incMsgs: g.handleMessage(msg)
5.      }
6.    }
7.  }
8.  func (g *Node) handleMessage(m protoext.ReceivedMessage) {
9.    msg := m.GetGossipMessage(); if !g.validateMsg(m) {return}
10.   if protoext.IsChannelRestricted(msg.GossipMessage) {      //通道范围内散播的消息
11.     if gc := g.chanState.lookupChannelForMsg(m); gc == nil {//未获取消息所属通道
12.       if g.IsInMyOrg(...) && protoext.IsStateInfoMsg(msg.GossipMessage) {
13.         if g.stateInfoMsgStore.Add(msg) {g.emitter.Add(&emittedGossipMessage{..})}}
14.       }
15.     } else {//成功获取消息所属通道
16.       if protoext.IsLeadershipMsg(m.GetGossipMessage().GossipMessage) {...}
17.       gc.HandleMessage(m)
18.     }
19.     return
20.   }
21. }
```

在代码清单 9-67 中，第 4 行，在 for-select 循环中接收到 RM10，并交由第 8～21 行的方法处理。

第 9 行，从 RM10 中解析出 SGM10，并验证 SGM10 中的签名（这里签名为空）、SGM10 的数据类型与散播范围是否相配。

第 10～20 行，SGM10 可在通道范围内散播时，将进入此分支。其中，第 11～14 行，若未获取消息所属通道，即 PEER11 未加入该通道，则只有该消息是通道状态消息时，才会处理该消息并继续在组织内散播；第 16～17 行，SGM10 将进入此分支，在第 17 行调用 mychannel 通道对象继续处理 RM10，如代码清单 9-68 所示。

代码清单 9-68　gossip/gossip/channel/channel.go

```
1.   func (gc *gossipChannel) HandleMessage(msg protoext.ReceivedMessage) {
2.     if !gc.verifyMsg(msg) {...return} //对于区块类型消息，主要验证消息是否属于该通道
3.     m := msg.GetGossipMessage()         //获取散播消息
4.     if !protoext.IsChannelRestricted(m.GossipMessage){...return}//是否可在通道内散播
5.     orgID := gc.GetOrgOfPeer(msg.GetConnectionInfo().ID)
6.     if len(orgID) == 0 {...return}; if !gc.IsOrgInChannel(orgID) {...return}
7.     if protoext.IsDataMsg(m.GossipMessage) || protoext.IsStateInfoMsg(...) {
8.       added := false  //区块数据消息中的区块是否成功添加到本节点账本中的标识
9.       if protoext.IsDataMsg(m.GossipMessage) { //区块类型消息
10.        if !gc.blockMsgStore.CheckValid(msg.GetGossipMessage()) {return}
11.        if !gc.verifyBlock(m.GossipMessage, msg.GetConnectionInfo().ID) {...return}
12.        added = gc.blockMsgStore.Add(msg.GetGossipMessage())
13.        if added { ...; gc.blocksPuller.Add(msg.GetGossipMessage()) }
14.      }else { ... }                          //通道状态类型消息
15.      if added {
16.        gc.Forward(msg)                       //在同目录下 chanstate.go 文件中实现
17.        gc.DeMultiplex(m)
18.      }
19.    }
20.  }
```

在代码清单 9-68 中，第 5～6 行，依据 RM10 中 PEER10 的连接信息，获取 RM10 所属的组织身份的 PKI，并查看该组织是否属于 mychannel，即判断散播 RM10 的节点所属组织与 PEER11 所属组织是否在同一通道内。

第 10 行，参见代码清单 9-61 中定义的区块散播缓存器，查看 SGM10 是否能够正常加入 PEER11 的散播缓存器，依此判定是否已有其他节点先于 PEER10 将 SGM10 散播至 PEER11。

第 11 行，在 internal/peer/gossip/mcs.go 中实现，如同 block10 通过 Deliver 服务进入 PEER10，当 block10 被散播至 PEER11 后，使用节点的消息验证对象 mcs 验证 SGM10 中包含的 block10。

第 12～13 行，将 SGM10 放入 PEER11 的区块散播缓存器，添加后，再将之放入区块拉取工具。

第 15～18 行，若成功放入，第 16 行，在 gossip 集群中进一步散播 RM10，散播过程与 PEER10 散播 SGM10 的过程一样。只有消息被成功放入散播缓存器的情况下，节点才会继续散播该消息，这保证了一条消息在 gossip 集群中散播的收敛性。第 17 行，将 SGM10 中包含 block10 的数据类型消息交由通道消息分发器，传递给订阅者。参见代码清单 9-55，在 PEER11 加入 mychannel 时，创建了服务于 mychannel 的 state 子模块，其中，向节点的通道消息分发器订阅了专用于接收 mychannel 通道 GossipMessage_DataMsg 类型消息的消息通道，并启动了接收消息的协程，如代码清单 9-69 所示。

代码清单 9-69　gossip/state/state.go

```
1.   func (s *GossipStateProviderImpl) receiveAndQueueGossipMessages(ch <-chan...) {
2.     for msg := range ch {
3.       go func(msg *proto.GossipMessage) {  //从订阅通道中获取消息
4.         if !bytes.Equal(msg.Channel, []byte(s.chainID)) {...return}//检查消息所属通道
5.         dataMsg := msg.GetDataMsg()          //获取数据类型消息中的区块
6.         if dataMsg != nil {
7.           if err:=s.addPayload(dataMsg.GetPayload(),nonBlocking); err!=nil{...return}
```

```
8.          } else { logger.Debug(...) }
9.       }()
10.  }
11. }
```

在代码清单 9-69 中，第 7 行，将解析出的包含 block10 的 Payload 放入 PEER11 的 state 模块的缓存队列中，进而将区块写入节点本地的 mychannel 账本。

9.6　发现服务 discovery

discovery 是自 Fabric 1.2 加入的服务。通常在静态配置下，Fabric SDK 或应用需要在本地静态地存储区块链网络拓扑结构配置和相关配置材料，主要包括通道信息、节点信息，如地址、身份证书，并预先设定哪些节点为背书节点、链码的背书策略等。在区块链网络节点或通道配置发生变化时，也需要相应地改变 Fabric SDK 或应用的静态配置并重新启动服务，这在针对实际的区块链网络部署的灵活性和服务的连续性方面是有缺陷的。因此我们需要 discovery 服务，discovery 是以 peer 节点为主体向外提供的一种查询服务，以通道为单位范围。Fabric SDK 或授权应用通过 gRPC 向 peer 节点发送查询请求，以获取 peer 节点所在通道的 4 类信息：通道组织 MSP 配置、节点成员关系列表、链码信息、peer 节点本地成员关系列表。这些查询服务可以动态地为试图连接 Fabric 区块链网络发起交易申请的 Fabric SDK 或应用提供必要的信息，如背书策略、背书节点、节点身份证书、节点账本高度、链码是否安装等。

这里所述的 discovery 服务，指 discovery 以 peer 节点为服务端主体，通过 gRPC 向外提供查询服务。同时，Fabric 在 cmd/discover 下，底层使用在 gopkg 网站下载的第三方库/alecthomas/kingpin.v2，实现了 discovery 客户端 discover，通过命令行执行。discovery 客户端读取配置，通过不同的子命令和参数，使用 TLS 连接，向服务端发送查询请求，此请求必须用与目标 peer 节点同组织下的身份进行签名，从而获取目标 peer 节点所在区块链网络的配置信息。对于 discovery 客户端的使用方法，可参见官方文档或执行 discovery --help 命令查看，在 Fabric SDK 或应用中，我们也可以自行实现 discovery 客户端功能。

gossip 服务中存在的 discovery 子模块与这里所述 discovery 服务不同，但存在部分联系，discovery 服务使用 gossip 服务下的 discovery 子模块获取通道节点成员列表，即 gossip 服务下的 discovery 子模块不隶属于 discovery 服务，但在功能上为 discovery 服务提供支持。

9.6.1　服务配置和原型定义

在 core.yaml 中的 peer.discovery 部分设定了 discovery 服务的配置，对应到 discovery/service.go 中的 Config 对象。enabled 设定 peer 节点是否开启 discovery 服务，authCacheEnabled 设定是否开启验证客户端请求有效性的缓存，authCacheMaxSize 设定保存验证缓存的个数，authCachePurgeRetentionRatio 设定清理缓存时保留缓存的百分比，orgMembersAllowedAccess 设定是否允许非管理员身份的客户端进行查询。

discovery 服务原型如代码清单 9-70 所示。

代码清单 9-70　fabric-protos-go/discovery/protocol.pb.go

```
1.  type DiscoveryServer interface{ Discover(...,*SignedRequest)(*Res...,...)}//服务端
2.  type DiscoveryClient interface{ Discover(...,in *SignedRequest,...)(...)}//客户端
3.  type discoveryClient struct    { cc *gRPC.ClientConn }    //客户端默认实现
4.  type Query struct {Channel string; Query isQuery_Query; ...}//查询请求,支持4类请求
5.  type Query_ConfigQuery struct {... *ConfigQuery}           //查询通道组织 MSP 配置
6.  type Query_PeerQuery struct       {... *PeerMembershipQuery}//查询节点成员关系列表
7.  type Query_CcQuery struct         {... *ChaincodeQuery}     //查询链码信息
8.  type Query_LocalPeers struct   {... *LocalPeerQuery}//查询 peer 节点本地成员关系列表
```

由于 discovery 服务所提供查询的信息散落在整个 peer 节点的各个模块中，因此 discovery 服务需要这些模块提供支持。获取支持的方式是持有 discovery/api.go 中定义的 Support 接口，该接口在 discovery/support 下实现，适配了通道配置、gossip、策略、链码等模块的能力。也因此，peer 节点提供的 discovery 服务所能够提供的信息，只能是在 peer 节点认知范围内的信息。比如，peer10.org10 真实存在于网络之中，但因网络延时或组织锚节点设置原因，peer0.org1 的 gossip 模块未及时存储 peer10.org10 节点信息，此时客户端请求 Query_PeerQuery，得到的应答中一定不会包括 peer10.org10 节点。

9.6.2　服务流程

在启用情况下，discovery 服务随 peer 节点启动，然后开始监听 discovery 客户端或 Fabric SDK 的查询请求。以 discovery 客户端向 peer0.org1 请求查询 mychannel 通道组织 MSP 配置信息为例，具体过程如代码清单 9-71 所示。

代码清单 9-71　internal/peer/node/start.go

```
1.  func serve(args []string) error { if coreConfig.DiscoveryEnabled {
2.    registerDiscoveryService(coreConfig,peerInstance,...) } //注册 discovery 服务
3.    go func(){...gRPCErr = peerServer.Start()...}()//启动 peer 服务,包括 discovery 服务
4.  }
5.  func registerDiscoveryService(coreConfig *peer.Config,...) {
6.    mspID := coreConfig.LocalMSPID
7.    localAccessPolicy := localPolicy(cauthdsl.SignedByAnyAdmin([]string{mspID}))
8.    if coreConfig.DiscoveryOrgMembersAllowed {
9.      localAccessPolicy = localPolicy(cauthdsl.SignedByAnyMember([]string{mspID}))
10.   }
11.   channelVerifier := discacl.NewChannelVerifier(ChannelApplicationWriters,...)
12.   acl := discacl.NewDiscoverySupport(channelVerifier, localAccessPolicy,...)
13.   gSup := ...; ccSup :=...; ea := ...; confSup := ...
14.   support := discsupport.NewDiscoverySupport(acl, gSup, ea, confSup, acl)
15.   svc := discovery.NewService(discovery.Config{...}, support)
16.   discprotos.RegisterDiscoveryServer(peerServer.Server(), svc)
17. }
```

在代码清单 9-71 中，创建 discovery 服务并将之注册至 peer0.org1 的 gRPC 服务端。

第 6~10 行，默认地，discovery 服务只允许组织管理员访问，因此创建一个符合 org1 组织

的 ANY Admins 本地策略对象，用于校验查询请求中客户端的签名。但若 peer.discovery. orgMembersAllowedAccess 设定为 true，即允许 org1 组织任一成员访问，则将本地策略更改为 ANY member。

第 11 行，创建指定应用通道/Channel/Application/Writers 策略的验证对象。

第 12 行，使用通道策略验证对象、本地策略对象、通道配置资源获取函数，创建一个权限控制工具，在 discovery/support/acl/support.go 中定义，为 discovery 服务提供两种能力：通过验证查询请求中的签名以判定客户端身份是否符合本地策略和应用通道写策略的能力、获取通道配置块序号的能力。

第 13～14 行，创建 discovery 服务的支持对象，以提供验证客户端能力、不同信息的查询能力。支持对象如下。

- □ gossip 服务支持对象，gSup，在 discovery/support/acl/support.go 中定义，为 discovery 服务提供获取通道成员关系列表的能力。
- □ 链码支持对象，ccSup，在 discovery/support/chaincode/support.go 中定义，为 discovery 服务提供获取通道部署的链码信息的能力。
- □ 背书策略分析工具，ea，在 discovery/endorsement/endorsement.go 中定义，为 discovery 服务提供分析链码背书策略并给定对应背书节点方案列表的能力。
- □ 通道配置支持对象，confSup，在 discovery/support/config/support.go 中定义，为 discovery 服务提供获取通道组织 MSP 配置的能力。

第 15～16 行，使用 discovery 配置、discovery 服务支持对象，创建 discovery 服务对象，并将之注册在 peer 节点的 gRPC 服务端。

当 discovery 客户端执行 discover config --configFile conf.yaml --channel mychannel --server peer0.org1:7051 命令时，向 peer0.org1 发送查询 mychannel 通道组织 MSP 配置的请求，过程如代码清单 9-72 所示。

代码清单 9-72　discovery/cmd/config.go

```
1.  func (pc *ConfigCmd) Execute(conf common.Config) error { //discover config 子命令
2.    server:= *pc.server; channel:= *pc.channel      //获取命令行指定的服务端地址、通道 ID
3.    req := discovery.NewRequest().OfChannel(channel).AddConfigQuery()
4.    res, err := pc.stub.Send(server, conf, req)
5.    return pc.parser.ParseResponse(channel, res) //解析查询请求的应答
6.  }
```

在代码清单 9-72 中，第 3 行，创建一个查询请求对象 Request，并在 discovery/client/client.go 中定义。该对象是一个集合对象，多个不同类型的查询项均可添加至同一个 Request，然后一次性发送至服务端。这里设置通道 ID 后，只添加一个 Query_ConfigQuery 类型的查询项。

第 4 行，读取 conf.yaml 中的 tlsconfig 配置（与服务端连接的 TLS 配置）、signerconfig 配置（代表 discover 的身份），对查询请求签名（标记为 SR1），底层使用 discovery 客户端，将 SR1 发

送至 peer0.org1。

当 peer0.org1 收到来自 discovery 客户端查询 mychannel 通道组织 MSP 配置的请求 SR1 时，处理过程如代码清单 9-73 所示。

代码清单 9-73　discovery/service.go

```
1.  func (s *service) Discover(ctx, request *...SignedRequest)(*...Response,...){
2.     req, err := validateStructure(ctx,request, s...TLS, ...)
3.     for _, q := range req.Queries {res =append(res, s.processQuery(q,request,...))}
4.     return &discovery.Response{Results: res}, nil //返回查询应答
5.  }
6.  func (s *service) processQuery(query *discovery.Query,...) *...QueryResult {
7.     if query.Channel != "" && !s.ChannelExists(query.Channel) {...return}
8.     if err :=s.auth.EligibleForService(query.Channel,...SignedData{...});...{...}
9.     return s.dispatch(query)
10. }
11. func (s *service) configQuery(q *discovery.Query) *discovery.QueryResult {
12.    conf, err := s.Config(q.Channel); if err != nil {...return...}
13.    return &discovery.QueryResult{Result:&...{ConfigResult: conf}}
14. }
```

在代码清单 9-73 中，第 2 行，解析 SR1，验证结构体完整性、客户端 TLS 证书。

第 3 行，遍历每项查询请求，这里只有 SR1，调用第 6～10 行的方法，查询相关信息，过程如下。

（1）第 7 行，使用 discovery 服务的 gossip 服务支持对象，查看 peer0.org1 节点是否加入了 mychannel 通道，若未加入，自然也无法提供该通道的配置信息，则直接返回。

（2）第 8 行，在 discovery/authcache.go 中实现，验证客户端请求中的签名是否符合本地策略（ANY Admins 或 ANY member）和 mychannel 通道写策略。

（3）第 9 行，依据查询项类型，派发处理查询项。针对 SR1 的类型，则使用第 11～14 行的方法处理。其中，第 12 行，使用通道配置支持对象，从 peer0.org1 本地 mychannel 账本中获取配置块，然后从中检索出 mychannel 通道中组织 MSP、orderer 集群 endpoint 的最新配置；第 13 行，返回查询的结果。

9.7　操作服务 operation

operation 服务以 Fabric 区块链网络中的节点（peer 或 orderer）为服务端主体，通过 HTTP 的 RESTful 访问接口，向外提供 4 个功能：日志级别管理、节点健康情况检查、节点版本信息获取、监控指标数据拉取。

❑ 日志级别管理，可通过 RESTful 访问接口/logspec，发送 GET 或 PUT 请求，来读取或改变节点运行的日志级别，如 curl peer0.org1:9443/logspec、curl -X PUT -d '{"spec": "chaincode=debug:info"}' peer0.org1:9443/logspec。

❑ 节点健康情况检查，可通过 RESTful 访问接口/healthz，发送 GET 请求，读取节点的健康情况，告知请求者节点的当前状态是否正常，如 curl peer0.org1:9443/healthz。

- ❑ 节点版本信息获取，可通过 RESTful 访问接口/version，发送 GET 请求，读取节点的版本信息。

- ❑ 监控指标数据拉取，Fabric 依靠成熟的第三方监控系统，通过让节点提供符合其要求的监控指标数据，向运维人员提供监控服务。当前 Fabric 2.0 支持 Prometheus、StatsD 两类第三方监控系统。

operation 属于监控运维服务，主要服务于区块链网络运维人员，因此它在 Fabric 中是一个独立于 Fabric 区块链网络的服务，客户端、服务端所使用的 TLS 证书原则上也应单独签发，独立于 Fabric 区块链网络 MSP 体系之外。当前 Fabric 2.0 所提供的 operation 服务功能比较简单，我们可以通过 curl、wget 等 HTTP 访问工具访问 operation 服务端。

Prometheus 是一个开源的监控和预警系统，项目仓库为 prometheus。启动 Prometheus 后，可配置其通过 operation 服务的 HTTP 访问地址，从 peer 节点或 orderer 节点拉取节点存储的监控指标数据，并以各种图表方式呈现数据和进行预警。对 Fabric 来说，这是 pull 形式的监控服务，监控指标数据存储于节点本地，因此可通过 RESTful 访问接口/metrics，发送 GET 请求，获取节点当前的监控指标数据。

StatsD 只是操作系统后台运行的一个接收处理监控指标数据的服务程序，相当于一个只负责收集监控指标数据的中间件，需配合诸如 Graphite 的监控工具使用。若将 Fabric 节点的监控服务配置为 StatsD 类型，则 peer 节点或 orderer 节点会主动将监控指标数据推送给 StatsD，再由 StatsD 的上层工具 Graphite 对监控指标数据进行呈现和预警。对 Fabric 来说，这是 push 形式的监控服务，节点本地不会存储任何监控指标数据，因此也无法通过 operation 服务从节点本地拉取监控指标数据。

Fabric 中监控指标数据支持 3 种：gauge，用于记录一个随时间变化可以自由增减的值，如记录温度的变化、记录 etcdraft 共识网络节点数量的变化、记录 orderer 端通信对象响应请求队列大小的变化；counter，用于累计值，如记录 Deliver 服务累计发送的区块数量；histogram，柱状图数据，用于总结性地分段（或分类）记录累计数据，如记录各个通道的出块累计耗时、记录一段时间内 Broadcast 服务验证交易的耗时。这 3 种类型的监控指标数据在 common/metrics/provider.go 中定义，针对 Prometheus、StatsD 两种监控系统，分别在 common/metrics/prometheus/provider.go、common/metrics/statsd/provider.go 中实现两类监控指标提供者，底层分别使用了第三方库 go-kit/kit 的 metrics/prometheus 和 metrics/statsd 中所定义的 3 种指标类型，以记录和提供节点运行时的各种监控指标数据。

Fabric 对监控指标数据的记录散落在整个区块链网络服务的各个模块中，统一定义在 metrics.go 文件中，如 orderer/common/blockcutter/metrics.go 中定义了用于监控各个通道出块累计耗时的 BlockFillDuration 直方图指标对象，BlockCutter 工具出块时，在 orderer/common/blockcutter/blockcutter.go 的 Ordered 方法中，执行 r.Metrics.BlockFillDuration.With("channel", r.ChannelID).Observe(0)（未出块，累计耗时为 0）或 r.Metrics.BlockFillDuration.With ("channel", r.ChannelID).Observe(time.Since(r.PendingBatchStartTime).Seconds())（出块，累计耗时秒数），监控一个通道的出块累计耗时。

9.7.1　服务配置和原型定义

operation 服务的配置分别在节点配置文件 core.yaml、orderer.yaml 中的 operation、metrics 部分。operation 下，listenAddress 设定服务监听的 endpoint，tls 下设定服务的 TLS 连接，tls.enabled 设定是否开启 TLS，tls.cert、tls.key 设定服务端的 TLS 证书、私钥，tls.clientAuthRequired 设定是否开启客户端 TLS 证书认证，tls.clientRootCAs 设定客户端 TLS 的 CA 证书。这里客户端与服务端的 TLS 证书应独立于 Fabric 区块链网络 MSP 体系。metrics 下，单独配置节点的监控指标，provider 设定节点监控指标提供者类型，包括 disabled、prometheus、statsd，其中 disabled 表示关闭，即在节点运行时不记录监控指标数据。statsd 下，设定当节点使用 push 形式向 StatsD 推送监控指标数据时，节点连接 StatsD 的方式、地址、推送频率、预设的推送指标的前缀。这些配置对应在源码 core/operations/systcm.go 中定义的 Options。

operation 服务的原型定义为 core/operations/system.go 中的 System，底层通过 HTTP 标准库，实现/logspec、/healthz、/metrics、/version 这 4 个 RESTful 接口。

9.7.2　服务流程

operation 服务随节点的启动而启动，这里以 peer0.org1 节点启动后开始监听 operation 服务请求，core.metrics.provider 值为 promethueus，运维人员通过命令行向节点发送 GET /metrics 请求，执行 wget -c --no-check-certificate peer0.org1:9443/metrics 命令从 peer0.org1 拉取监控指标数据为例，过程如代码清单 9-74 所示。

代码清单 9-74　internal/peer/node/start.go

```
1.  func serve(args []string) error {
2.    opsSystem := newOperationsSystem(coreConfig)
3.    err = opsSystem.Start(); if err != nil { return...}
4.    metricsProvider := opsSystem.Provider
5.    logObserver := floggingmetrics.NewObserver(metricsProvider)
6.    flogging.SetObserver(logObserver)
7.    serverConfig.ServerStatsHandler = comm.NewServerStatsHandler(metricsProvider)
8.    gossipService, err := initGossipService(policyMgr,metricsProvider,...)...
9.  }
10. func newOperationsSystem(coreConfig *peer.Config) *operations.System {
11.   return operations.NewSystem(operations.Options{...})
12. }
```

在代码清单 9-74 中，第 2 行，调用第 10 行的方法，进而调用代码清单 9-75 中的方法，创建 operation 服务端对象。

第 3 行，启动 operation 服务，开始监听 RESTful 接口的 HTTP 请求。若监控指标提供者类型设置为 statsd，则同时启动持续向 StatsD 进程发送监控指标数据的协程。

第 4～8 行，获取 operation 服务中负责创建 3 种监控指标数据的提供者对象，并以参数的形式将之传入节点各个服务或模块中，如 gossip 服务，供其使用。

代码清单 9-75　core/operations/system.go

```
1.  func NewSystem(o Options) *System {
2.      system := &System{logger: logger, options: o} //创建服务端对象
3.      system.initializeServer()
4.      system.initializeHealthCheckHandler()
5.      system.initializeLoggingHandler()
6.      system.initializeMetricsProvider()
7.      system.initializeVersionInfoHandler()
8.      return system
9.  }
10. func (s *System) initializeMetricsProvider() error {...
11.     switch providerType {
12.     case "prometheus":
13.       s.Provider= &prometheus.Provider{}; s.versionGauge= versionGauge(s.Provider)
14.       s.mux.Handle("/metrics",s.handlerChain(promhttp.Handler(), s...TLS.Enabled))
15.     }
16. }
```

在代码清单 9-75 中，第 3 行，初始化监听 9443 端口的 HTTP 服务端 s.httpServer 和 HTTP 请求多路转接器 s.mux，以实现 RESTful 风格的请求处理接口。

第 4 行，创建在 Hyperledger/fabric-lib-go/healthz/checker.go 中定义的/healthz 接口处理对象 HealthHandler，并注册至 s.mux。core.tls.enabled 是否开启，对该接口无影响。

第 5 行，创建在 common/flogging/httpadmin/spec.go 中定义的/logspec 接口处理对象 SpecHandler，并注册至 s.mux。

第 6 行，调用第 10～16 行的方法，依据 core.metrics.provider 设定的类型创建 statsd、prometheus 或 disabled 类型的监控指标提供者。若是 prometheus，同时将/metrics 接口处理对象注册至 s.mux，过程如下。

（1）第 13 行，创建 prometheus 监控指标提供者对象。

（2）第 14 行，注册/metrics 接口处理对象，该处理对象是一个 Handler 链，在 prometheus 仓库的 client_golang/prometheus/promhttp 所生成的 Handler 前，添加了 core/middleware 下 require_cert.go、request_id.go 定义的验证客户端证书（若 core.operations.tls.clientAuthRequired 设置为 true）、添加请求头信息 X-Request-ID 的中间件 Handler。当客户端发送请求，经过中间件 Handler 的处理后，由 promhttp.Handler 处理。在 prometheus 仓库的 client_golang/prometheus 中存在默认的指标注册、收集对象，在 peer0.org1 的各个服务或模块中通过 prometheus 监控指标提供者创建每个指标时，在底层调用第三方库自动完成默认的注册和收集，当 promhttp.Handler 处理请求时，将默认收集对象中的指标数据返回给客户端。

第 7 行，创建在 core/operations/version.go 中定义的/version 接口处理对象 VersionInfoHandler，并注册至 s.mux。

## 第 10 章

通道配置更新和交易验证

在理解通道服务的基础上，本章单独叙述通道配置更新流程，通道配置更新也是一笔交易，但在处理上稍有不同，这里以在通道中新添加一个组织为例，进行叙述。此外，以交易流程为顺序，本章讲述通道中处理一笔交易时涉及的各种验证环节，主要涉及两类验证：数据有效性验证，如验证交易的数据结构、多版本并发控制验证；身份有效性验证，如安全连接验证、数字签名的身份认证。

10.1 通道配置更新流程

通道配置更新交易，典型地，如组织锚节点更新、添加新组织等，其流程与将正常的背书交易发送至 orderer 集群之后的处理流程基本一致，而在此之前，一般需要以文件的形式手动整理通道配置更新交易，然后由各组织通过 peer channel signconfigtx 命令对通道配置更新交易进行签名，确保签名集合满足修改配置在通道中所对应的修改策略，即表示通道联盟中的各个组织均认可此配置更改，最后由其中一个组织将通道配置更新交易直接发送至 orderer 集群，执行共识排序等流程，直至该配置块存储至通道中所有组织 peer 节点的账本副本中。这个过程中，更改后的通道配置会被应用于通道、节点、链码等对象。

以应用通道为例，参见 6.9.1 节所述通道策略配置的内容和图 6-5，设定应用通道为 mychannel，由 Org1MSP、Org2MSP 两个组织组成，使用 etcdraft 类型的共识排序服务。现更改应用通道配置，添加新组织 Org3MSP，需满足 /Channel/Application/Admins 策略，具体为 MAJORITY Admins，即由 Org1MSP、Org2MSP 两个组织的管理员角色身份对配置更新交易进行签名背书，后经 Broadcast 服务、共识排序服务、Deliver 服务、gossip 服务，整个通道配置更新过程如下。

```bash
<!--bash--> # 升级过程中，需在执行命令之前适当配置如下环境变量
# 设置 MSP 证书目录前缀
export CRYPTO_PATH=/opt/gopath/src/…/hyperledger/fabric/peer/crypto
# 设置连接 orderer 节点的 endpoint、TLS 的 CA 证书
export ORDERER_ADDRESS=orderer.example.com:7050
export ORDERER_CA=$CRYPTO_PATH/ordererOrganizations/.../tlsca.example.com-cert.pem
export CHANNEL_NAME=mychannel # 设置应用通道 ID
```

```
# 设置 peer 服务端的 endpoint、TLS CA 证书
export CORE_PEER_ADDRESS=peer0.org1.example.com:7051
export CORE_PEER_TLS_ROOTCERT_FILE=$CRYPTO_PATH/peerOrganizations/.../tls/ca.crt
# 设置节点所代表组织的 MSP ID、身份角色 MSP 路径
export CORE_PEER_LOCALMSPID="Org1MSP"
export CORE_PEER_MSPCONFIGPATH=$CRYPTO_PATH/.../Admin@org1.example.com/msp
```

1. 手动整理通道配置更新交易

使用 peer、configtxgen、configtxlator、jq 等工具，在现有通道配置的基础上添加、修改通道配置，以形成新的通道配置更新交易，是最简单的方式。若读者熟悉通道配置块、通道配置交易、通道配置更新交易所涉及的 Envelope、Config、ConfigEnvelope、ConfigUpdateEnvelope、ConfigUpdate 等数据结构，亦可直接编写 JSON 格式的 Envelope。

（1）执行 cryptogen generate --config=./org3-artifacts/org3-crypto.yaml; configtxgen –configPath./org3-artifacts -printOrg Org3MSP > ./org3.json。参见 fabric-samples 仓库的 first-network/org3- artifacts 下 Org3MSP 的配置文件 org3-crypto.yaml、configtx.yaml，用之分别生成 Org3MSP 的 MSP 目录、通道配置材料 org3.json。

（2）执行 peer channel fetch config config.block -o $ORDERER_ADDRESS -c $CHANNEL_NAME --tls --cafile $ORDERER_CA，以 Org1MSP 管理员角色拉取 mychannel 现有最新通道配置块 config.block。

（3）执行 configtxlator proto_decode --input config.block --type common.Block | jq .data.data[0].payload.data.config > ./config.json，使用 configtxlator 解码 config.block 为 JSON 格式，并使用 jq 工具将其中的通道配置部分提取至 config.json。

（4）执行 jq -s '.[0] * {"channel_group":{"groups":{"Application":{"groups": {"Org3MSP":.[1]}}}}}' config.json org3.json > ./modified_config.json，使用 jq 工具将 org3.json 中的内容添加到 config.json 中的 Application.groups 下，即在 mychannel 现有配置中添加新组织 Org3MSP，生成修改后的通道配置材料 modified_config.json。

（5）执行 configtxlator proto_encode --input config.json --type common.Config --output ./config.pb; configtxlator proto_encode --input modified_config.json --type common.Config --output modified_config.pb; configtxlator compute_update --channel_id $CHANNEL_NAME --original config.pb --updated modified_config.pb --output org3_update.pb，使用 configtxlator 工具分别将旧配置 config.json、新配置 modified_config.json 编码为 Config 格式的文件，然后计算新旧配置的差值，生成 ConfigUpdate 格式的配置更新文件 org3_update.pb。

（6）执行 configtxlator proto_decode --input org3_update.pb --type common.ConfigUpdate | jq . > org3_update.json; echo '{"payload":{"header":{"channel_header":{"channel_id":"'"$CHANNEL_NAME"'","type":2}},"data":{"config_update":'$(cat org3_update.json)'}}}' | jq . > org3_update_in_envelope.json; configtxlator proto_encode --input org3_update_in_envelope.json --type common.Envelope --output org3_update_in_envelope.pb，使用 configtxlator 工具将 ConfigUpdate 格式的升级配置文件 org3_update.pb 解码为 JSON 格式的文件 org3_update.json，再使用 jq 工具拼写 JSON 格式的 Envelope，将配置更新内容放至 Envelope 的 Payload 字段，生成 JSON 格式的通道配置更新交易文件 org3_update_in_envelope.json，最后将 org3_update_in_envelope.json 编码为 Envelope 格式的通道配置更新交易文件 org3_update_in_envelope.pb。

2. 背书通道配置更新交易

mychannel 通道配置更新交易文件 org3_update_in_envelope.pb 中包含新添加的组织 Org3MSP，现需依据/Channel/Application/Admins 策略 MAJORITY Admins，分别使用 Org1MSP、Org2MSP 的管理员身份，执行 peer channel signconfigtx -f org3_update_in_envelope.pb，对 org3_update_in_envelope.pb 签名。类比正常的背书交易，此步等同执行 peer chaincode invoke 命令，将交易发送至背书节点模拟交易，并对交易模拟结果进行签名背书。

3. 发送通道配置更新交易

背书之后，以 Org1MSP 管理员身份执行 peer channel update -f org3_update_in_envelope.pb -c $CHANNEL_NAME -o $ORDERER_ADDRESS --tls --cafile $ORDERER_CA，向 orderer 节点发送 mychannel 通道配置更新交易，这里标记为 CUENV1，如代码清单 10-1 所示。

代码清单 10-1　internal/peer/channel/update.go
```
1.  func update(cmd *cobra.Command, args []string, cf ...) error { ...
2.    fileData, err := ioutil.ReadFile(channelTxFile)
3.    ctxEnv, err := protoutil.UnmarshalEnvelope(fileData)
4.    sCtxEnv, err := sanityCheckAndSignConfigTx(ctxEnv, cf.Signer)
5.    err = broadcastClient.Send(sCtxEnv)
6.  }
```
在代码清单 10-1 中，第 2~3 行，读取 org3_update_in_envelope.pb，并解析为 Envelope 对象，即 CUENV1。

第 4 行，在 internal/peer/channel/create.go 中实现，使用 peer 节点的签名工具，这里代表 Org1MSP 管理员，向 Envelope 进行追加签名。因此，在执行 peer channel signconfigtx 命令对 CUENV1 背书签名时，也可不使用 Org1MSP 管理员身份背书，在此执行 peer channel update 命令时将一并添加。

第 5 行，使用 Broadcast 客户端，将 CUENV1 发送至 orderer 端。orderer 端收到 CUENV1，过程如代码清单 10-2 所示。

代码清单 10-2　orderer/common/broadcast/broadcast.go
```
1.  func (bh *Handler) Handle(srv ...) error { ...
2.    for {
3.      msg, err := srv.Recv()
4.      resp := bh.ProcessMessage(msg, addr)
5.    }
6.  }
```

```
7.   func (bh *Handler) ProcessMessage(msg, addr) (...) { ...
8.     chdr,isConfig,processor, ... := bh.SupportRegistrarBroadcastChannelSupport(msg)
9.     if !isConfig { ...    //处理正常背书交易
10.    }else{                //处理配置更新交易
11.      config, configSeq, err := processor.ProcessConfigUpdateMsg(msg)
12.      if err = processor.WaitReady(); err != nil {return ...}
13.      err = processor.Configure(config, configSeq)
14.    }
15.  }
```

在代码清单 10-2 中，第 3～4 行，orderer 端收到 msg，即 CUENV1，并调用 ProcessMessage 方法继续处理。

第 8 行，判断 CUENV1 是否为配置更新交易，获取 mychannel 通道对象 ChainSupport。

第 11 行，验证和处理 CUENV1，将 CUENV1 由 HeaderType_CONFIG_UPDATE 类型的交易转为 HeaderType_CONFIG 类型的交易（下文标记为 CENV1，为 Envelope，Envelope.Payload 值为 ConfigEnvelope，ConfigEnvelope.LastUpdate 值为 CUENV1），并获取 mychannel 现有配置的序号，具体过程如代码清单 10-3 所示。

第 12 行，等待（查看）当前共识排序服务（是否）准备就绪。

第 13 行，将 CENV1 提交至 etcdraft 共识排序服务，具体过程如代码清单 10-5 所示。

代码清单 10-3　orderer/common/msgprocessor/standardchannel.go

```
1.   func (s *StandardChannel) ProcessConfigUpdateMsg(env ...) (config *cb.Envelope,
configSeq uint64, err error) {
2.     seq := s.support.Sequence()
3.     err = s.filters.Apply(env)
4.     configEnvelope, err := s.support.ProposeConfigUpdate(env)
5.     config, err = protoutil.CreateSignedEnvelope(...configEnvelope...)
6.     err = s.filters.Apply(config)
7.     err = s.maintenanceFilter.Apply(config)
8.     return config, seq, nil
9.   }
```

在代码清单 10-3 中，验证和处理 CUENV1。第 2 行，获取 mychannel 当前配置的序号，后续 CUENV1 单独出块时将使用此序号辅助验证。通道配置交易因为涉及通道配置的变更，每笔新配置交易需以通道现有配置为基础进行升级，即需落实一笔配置交易，才能处理下一笔配置交易。一笔交易在 Raft 网络中共识排序并出块需要花费一段时间，设定 mychannel 通道现有配置为 CF1（序号为 1），此时先提交了一笔基于 CF1 的通道配置更新交易 CF2（序号为 2），在 CF2 还未出块时，又提交了一笔通道配置更新交易 CF3（序号为 3），因为 CF2 未出块，CF3 依旧基于 CF1。所以在 CF3 出块时，需检查 CF2 是否出块，若出块，则后提交的配置交易需以 CF2 为基础进行升级。显然，依旧基于 CF1 的 CF3 不可能落块。

第 3 行，参见 9.3 节所述原子广播服务流程中使用过滤组检验交易的内容。

第 4 行，调用代码清单 10-4 中的方法，验证 CUENV1 中的配置项，据现有配置，将 CUENV1 整理为新配置 ConfigEnvelope，这里标记为 CE1。

第 5 行，将 CE1 放入 Envelope 中，并使用 orderer 节点身份进行签名，创建一个可以单独成块的配置交易，即 CENV1。

第 6 行，再次使用过滤组检验新构建的 CENV1，主要检查 CENV1 的大小是否符合通道配置中对交易大小的限制，以及 orderer 节点签名检查（非必要）。

第 7 行，在 orderer/common/msgprocessor/maintenancefilter.go 中实现，使用维护模式过滤对象，检查 CENV1 是否符合迁移规则。此步主要针对更换通道共识排序服务类型的配置交易，如从 Kafka 迁移至 etcdraft。

第 8 行，返回 CENV1 和 CENV1 基于的通道配置序号。

代码清单 10-4　orderer/common/multichannel/chainsupport.go

```
1.  func (cs *ChainSupport) ProposeConfigUpdate(configtx *cb.Envelope) (*cb.Config
Envelope, error) {
2.      env, err := cs.ConfigtxValidator().ProposeConfigUpdate(configtx)
3.      bundle, err := cs.CreateBundle(cs.ChannelID(), env.Config)
4.      if err = checkResources(bundle); err != nil {return ...}
5.      if err = cs.ValidateNew(bundle); err != nil {return ...}
6.      oldOrdererConfig, ok := cs.OrdererConfig()
7.      oldMetadata := oldOrdererConfig.ConsensusMetadata()
8.      newOrdererConfig, ok := bundle.OrdererConfig()
9.      newMetadata := newOrdererConfig.ConsensusMetadata()
10.     if err=cs.ValidateConsensusMetadata(oldMetadata,newMetadata,false)...{return..}
11.     return env, nil  //返回CE1
12. }
```

在代码清单 10-4 中，第 2 行，在 common/configtx/validator.go 中实现，使用通道的配置验证对象，将 HeaderType_CONFIG_UPDATE 类型的 CUENV1 转为 ConfigEnvelope，即 CE1，并验证 CE1 中的签名集合是否满足 CE1 中修改项的修改策略，确定 CE1 的序号（在 mychannel 现有通道配置序号的基础上增 1）。

第 3 行，依据 CE1 创建 mychannel 通道新的捆绑对象。

第 4 行，检查新配置的版本兼容性。

第 5 行，在 common/channelconfig/bundle.go 中实现，使用通道现有配置的捆绑对象，对比验证新的捆绑对象，保证新配置中的 Orderer、Application 和 Consortiums 这 3 组配置中的配置值是合理的。

第 6～9 行，参见 hyperledger/fabric-samples/first-network/configtx.yaml 中的 Profiles.Sample-MultiNodeEtcdRaft.Orderer.EtcdRaft.Consenters，获取 mychannel 现有 Raft 网络节点元数据、CE1 中新配置的 Raft 网络节点元数据。

第 10 行，在 orderer/consensus/etcdraft/chain.go 中实现，检查 CE1 中关于 Raft 网络节点的元数据是否会造成 Raft 网络的容错性失效，即 CE1 中新配置的节点数必须大于 mychannel 当前 Raft 网络 50% 的有效法定节点数。

代码清单 10-5　orderer/consensus/etcdraft/chain.go

```
1.  func (c *Chain) run() { ...
2.      for {
```

```
3.        select {
4.          case s := <-submitC:        //接收 Broadcast 服务发送来的 env
5.            batches, pending, err := c.ordered(s.req)
6.            c.propose(propC, bc, batches...)
7.          case app := <-c.applyC: //接收已共识排序的 etcdraft 消息（包含区块）
8.            c.apply(app.entries)
9.          }
10.      }
11.  }
12.  func (c *Chain) ordered(msg *orderer.SubmitRequest) (...) {
13.      seq := c.support.Sequence()
14.      if c.isConfig(msg.Payload) { //处理配置更新交易
15.          if msg.LastValidationSeq < seq {
16.              msg.Payload, ...= c.support.ProcessConfigMsg(msg.Payload)
17.          }
18.          batch := c.support.BlockCutter().Cut()
19.          batches = [][]*common.Envelope{}
20.          if len(batch) != 0 {batches = append(batches, batch)}
21.          batches = append(batches, []*common.Envelope{msg.Payload})
22.          return batches, false, nil
23.      } ... //之后的代码用于处理正常的背书交易
24.  }
25.  func (c *Chain) apply(ents []raftpb.Entry) { ...
26.      for i := range ents {
27.          switch ents[i].Type {
28.          case raftpb.EntryNormal:
29.              block := protoutil.UnmarshalBlockOrPanic(ents[i].Data)
30.              c.writeBlock(block, ents[i].Index)
31.          }
32.      }
33.  }
34.  func (c *Chain) writeBlock(block *common.Block, index uint64) { ...
35.      if protoutil.IsConfigBlock(block) {        //处理配置类型的区块
36.          c.writeConfigBlock(block, index); return
37.      } ...
38.  }
39.  func (c *Chain) writeConfigBlock(block *common.Block, index...) {
40.      hdr, err := ConfigChannelHeader(block) //获取 CB1 中 CENV1 的通道头
41.      c.configInflight = false        //将 etcdraft 共识网络正在处理配置交易的标识置为 false
42.      switch common.HeaderType(hdr.Type) {
43.      case common.HeaderType_CONFIG:              //处理配置类型的区块
44.          configMembership := c.detectConfChange(block)
45.          c.support.WriteConfigBlock(block, blockMetadataBytes)
46.          if configMembership.ConfChange != nil {...}
47.          else if configMembership.Rotated(...) {...}
48.      }
49.  }
```

参见 9.4 节所述的 etcdraft 共识排序服务流程，在代码清单 10-5 中，接收和处理 orderer 节点提交的交易消息，这里是 CENV1。

第 4 行，接收 CENV1。

第 5 行，调用第 12～24 行的方法，将交易整理成批，这里会单独将 CENV1 作为一个区块中的一批消息，处理过程如下。

（1）第 13 行，获取 mychannel 当前配置序号。

（2）第 15 行，若 CENV1 中的序号小于当前通道配置的序号，说明在从生成 CENV1 到运行至此处的这段时间内，已有另外一笔通道配置交易落块。

（3）第 16 行，在 orderer/common/msgprocessor/standardchannel.go 中实现，虽然 CENV1 已"过期"，但由于 CENV1 也是经过通道策略、序号大小等验证过的合法配置交易，这里会将 CENV1 重新"回锅"，使用 CENV1 中的 LastUpdate，即原 CUENV1，基于新的通道配置序号，重新执行代码清单 10-4 中的通道配置更新流程，只要 CENV1 与新的通道配置不冲突，也可继续落块。但这种情况在实际操作中较少出现，只可能出现在并发地发送通道配置更新交易时。

（4）第 18~22 行，将 BlockCutter 中已缓存的交易（可能没有）单独作为一批，将 CENV1 单独作为另一批，放入 batches 并返回。

第 6 行，将每批交易，这里是只包含 CENV1 的一批交易，放入一个区块，这里标记为 CB1。然后将 CB1 推送至 Raft 网络中进行共识排序。

第 7~8 行，etcdraft 共识网络的 leader 节点将 CB1 提交，等同于对 CB1 完成共识排序，这里将接收 CB1，并调用第 25~33 行的方法，应用 CB1 中的配置，并写入 mychannel 账本。

第 26 行，遍历 etcdraft 共识网络当次提交的一批 Entry，这里设定包含 CB1 对应的 Entry。

第 29 行，CB1 对应的 Entry 将进入 raftpb.EntryNormal 分支，并将 CB1 解析出来。

第 30 行，调用第 34~38 行的方法，进而调用第 39~49 行的方法，过程如下。

（1）第 44 行，与 mychannel 当前通道配置相比，计算 CENV1 中配置的 etcdraft 共识网络节点元数据的变动。

（2）第 45 行，将 CB1 写入 mychannel 账本，如代码清单 10-6 所示。

（3）第 46~47 行，若共识节点元数据的配置变动，如更换某现有节点的证书，或出现新增一个节点、删除一个现有节点的节点变动，则对 etcdraft 共识网络执行相应变动。

代码清单 10-6　orderer/common/multichannel/blockwriter.go
```
1.  func (bw *BlockWriter) WriteConfigBlock(block *cb.Block, encodedMetadataValue
    []byte) {
2.    ctx, err := protoutil.ExtractEnvelope(block, 0)
3.    payload, err := protoutil.UnmarshalPayload(ctx.Payload)
4.    chdr,...:= ...UnmarshalChannelHeader(payload.Header.ChannelHeader)
5.    switch chdr.Type {
6.    case int32(cb.HeaderType_CONFIG): //处理配置类型的区块
7.      configEnvelope, err := ...UnmarshalConfigEnvelope(payload.Data)
8.      err = bw.support.Validate(configEnvelope)
9.      bundle,... := bw.support.CreateBundle(..., configEnvelope.Config)
10.     oc, ok := bundle.OrdererConfig(); if !ok { logger.Panicf(...) }
11.     bw.support.Update(bundle)
12.   }
13.   bw.WriteBlock(block, encodedMetadataValue)//将区块写入账本
14. }
```
在代码清单 10-6 中，第 2~4 行，从 CB1 中解析 CENV1 和 CENV1 中的通道头信息。

第 7 行，解析 CENV1 中的配置 ConfigEnvelope，即 CE1。

第 8 行，在 common/configtx/validator.go 中实现，使用 mychannel 通道对象中的验证对象，验证新配置，主要再次验证 CENV1 中的签名集合是否满足所有修改项的修改策略。

第 9~11 行，依据新配置，创建 mychannel 通道新的捆绑对象，并更新 mychannel 通道对象中的配置。

第 13 行，将 CB1 写入 orderer 节点的 mychannel 账本。

参看 9.5 节所述 gossip 服务流程，经 Deliver 服务将 CB1 传送至 gossip 集群的 leader 节点，然后直接通过 leader 节点 gossip 服务中的 state 模块，将 CB1 写入本地的 mychannel 账本，过程如代码清单 10-7 所示。

代码清单 10-7　gossip/state/state.go

```
1.  func (s *GossipStateProviderImpl) AddPayload(payload *...) error {
2.     return s.addPayload(payload, s.blockingMode)
3.  }
4.  func (s *GossipStateProviderImpl) addPayload(payload..., blockingMode) error{...
5.     s.payloads.Push(payload)...
6.  }
7.  func (s *GossipStateProviderImpl) deliverPayloads() {
8.    for {
9.      select {
10.     case <-s.payloads.Ready():
11.       for payload := s.payloads.Pop();...; payload = s.payloads.Pop(){
12.         rawBlock := &common.Block{}
13.         if err := pb.Unmarshal(payload.Data, rawBlock); err != nil{continue}
14.         if payload.PrivateData != nil {...}
15.         if payload := s.commitBlock(rawBlock, p); err != nil {...}
16.       }
17.     }
18.   }
19. }
20. func (s *GossipStateProviderImpl) commitBlock(block,pvtData)... {
21.   if err := s.ledger.StoreBlock(block, pvtData); err != nil {...}
22.   s.mediator.UpdateLedgerHeight(block.Header.Number+1, ...chainID))
23. }
```

在代码清单 10-7 中，第 1~6 行，CB1 被加入 state 模块的缓存队列中。

第 10 行，当 state 模块的缓存队列已就绪（存在若干 Payload）时，在第 11~16 行会通过循环将当次就绪的 Payload 依次弹出。这里设定包含 CB1 对应的 Payload。

第 12~13 行，解析 CB1。

第 14 行，若 Payload 中私有数据不为空，则解析私有数据。因为 CB1 是通过 orderer 节点的 Deliver 服务获得的，所以私有数据一定为空。

第 15 行，调用第 20~23 行的方法，将 CB1 提交至 peer 节点本地的 mychannel 通道账本。

第 21 行，在 gossip/privdata/coordinator.go 中实现，使用私有数据协调器提交 CB1 和私有数据（这里为空）至本地账本和状态数据库，并将 CB1 中的配置应用至 peer 节点的 gossip 服务、所持的 orderer 节点资源、MSP 模块、服务根证书等配置（创建 mychannel 时，在 core/peer/peer.go 的 createChannel 方法中，执行 channel.bundleSource=channelconfig.NewBundleSource(...)，写入 peer 节点所持通道捆绑资源对象的回调参数）。

第 22 行，在 gossip/gossip/channel/channel.go 中实现，更新 gossip 服务的 mychannel 通道对象中的账本高度属性信息。

10.2　交易验证流程

Fabric 区块链网络处理一笔交易时，当交易离开一个域进入另一个域，均涉及对交易有效性的验证。这里的域，大至节点与节点之间、模块与模块之间，小至函数与函数之间、对象与对象之间。验证交易的有效性，涉及节点通信连接、交易数据结构、交易签名等方面。

10.2.1　TLS 连接验证

Fabric 区块链网络通信基于基础的 gRPC 服务，使用第三方库 gRPC。当一个节点将交易发送至另一个节点时，基础地，需通过节点间的 TLS 连接验证，包括 peer 节点与 orderer 节点、peer CLI 与 peer 节点、peer 节点与链码、orderer 节点与 orderer 节点（若共识排序服务为 etcdraft 类型）、orderer 节点与 Kafka（若共识排序服务为 Kafka 类型）、Fabric SDK 与 peer 节点、Fabric SDK 与 orderer 节点、discover 程序与 peer 节点（discovery 服务）、curl 等 HTTP 工具与 peer 节点（operation 服务）。gRPC 的 TLS 连接验证一般流程如下。

```golang
<!--golang-->
//-----------------------------------服务端-----------------------------------
//创建监听本地 TCP 网络的 8080 端口的监听对象 listener
listener, err := net.Listen("tcp", ":8080")
//使用服务端 TLS 证书、私钥，创建 gRPC/credentials 库默认的服务端 TLS 证书
cert, err := tls.LoadX509KeyPair("./server.crt", "./server.key")
certPool := x509.NewCertPool(); ca,err := ioutil.ReadFile("./server_ca.key")
certPool.AppendCertsFromPEM(ca)
creds := credentials.NewTLS(&tls.Config{
  ClientAuth: tls.RequireAndVerifyClientCert,
  Certificates: []tls.Certificate{cert}, RootCAs: certPool,
})
//将服务端 TLS 证书作为 gRPC 服务端选项之一
var serverOpts []gRPC.ServerOption; serverOpts = append(serverOpts, gRPC.Creds
(creds))
//使用 gRPC 服务端选项，创建 gRPC 服务端 gRPCServer
gRPCServer := gRPC.NewServer(serverOpts...)
//以健康服务对象 healthServer 为例，在 gRPC 服务端 gRPCServer 注册健康服务
pb.RegisterHealthServer(gRPCServer, healthServer)
//启动 gRPC 服务端，监听本地 8080 端口的请求
err = gRPCServer.Serve(listener)
//-----------------------------------客户端-----------------------------------
//读取客户端 TLS 证书、私钥和 CA 证书池，创建客户端 TLS 证书
cert, err := tls.LoadX509KeyPair("./client.crt", "./client.key")
certPool := x509.NewCertPool(); ca, err := ioutil.ReadFile("./client_ca.key")
certPool.AppendCertsFromPEM(ca)
```

```
creds := credentials.NewTLS(&tls.Config{
  ServerName:"peer0.org1", ClientAuth:tls.RequireAndVerifyClientCert,
  Certificates: []tls.Certificate{cert}, RootCAs: certPool,
})
//将客户端 TLS 证书作为客户端的拨号选项之一
var dialOpts []gRPC.DialOption; dialOpts = append(dialOpts,
gRPC.WithTransportCredentials(creds))
//使用含有客户端连接服务端 TLS 证书的拨号选项，创建包含上下文超时时间的拨号连接
ctx, cancel := context.WithTimeout(context.Background(), timeout)
conn, err := gRPC.DialContext(ctx, "22.12.22.12:8080", dialOpts...)
//使用客户端拨号连接，创建健康服务客户端 gRPC 对象，并向服务端发送 Check 请求
gRPCClient = pb.NewHealthClient(conn); gRPCClient.Check(...)
```

具体到 Fabric 中，以 peer CLI 向 peer 节点发送背书申请为例，TLS 连接验证过程如代码清单 10-8 至代码清单 10-11 所示。

代码清单 10-8　internal/peer/node/start.go

```
1.  func serve(args []string) error {
2.    serverConfig, err := peer.GetServerConfig()
3.    cs := comm.NewCredentialSupport()
4.    if serverConfig.SecOpts.UseTLS {
5.      cs = comm.NewCredentialSupport(...ServerRootCAs...)
6.      clientCert, err := peer.GetClientCertificate()
7.      cs.SetClientCertificate(clientCert)
8.    }
9.    peerServer, err := comm.NewGRPCServer(listenAddr, serverConfig)
10. }
```

在代码清单 10-8 中，当 peer 节点启动时，peer 节点作为背书节点，也是一个 TLS 服务端。第 2 行，在 core/peer/config.go 中实现，读取 core.yaml 中 peer.tls、peer.keepalive 部分的配置，作为 gRPC 服务端的配置，其中包括是否启用 TLS，服务端是否需验证客户端证书，服务端 TLS 证书、私钥，客户端 TLS CA 证书，服务端 TLS CA 证书。

第 3～8 行，在 core/comm/connection.go 中实现，创建用于 gRPC 客户端的 TLS 证书管理对象，其中包括客户端 TLS 证书、服务端 TLS CA 证书池。

第 9 行，调用代码清单 10-9 中的函数，依据服务端配置，创建 gRPC 服务端对象。

代码清单 10-9　core/comm/server.go

```
1.  func NewGRPCServer(address, serverConfig)(*GRPCServer,...){
2.    lis, err := net.Listen("tcp", address)
3.    return NewGRPCServerFromListener(lis, serverConfig)
4.  }
5.  func NewGRPCServerFromListener(listener,serverConfig) (...) {
6.    gRPCServer := &GRPCServer{address: ..., listener:...}
7.    var serverOpts []gRPC.ServerOption
8.    if secureConfig.UseTLS { ...
9.      creds := NewServerTransportCredentials(gRPCServer.tlsConfig,...)
10.     serverOpts = append(serverOpts, gRPC.Creds(creds))
11.   }
12.   gRPCServer.server = gRPC.NewServer(serverOpts...)
13.   return gRPCServer, nil
14. }
```

在代码清单 10-9 中，第 2 行，创建监听 peer 节点本地 endpoint 的监听对象。

第 3 行，调用第 5～14 行的函数，创建 gRPC 服务端对象，过程如下。

（1）第 6 行，创建 peer 节点的服务端对象。

（2）第 7～11 行，创建服务端 TLS 证书，并将之作为 gRPC 服务端选项之一。

（3）第 12～13 行，使用含有 TLS 证书的服务端选项，创建 gRPC 服务端对象并返回。

当 peer CLI 执行 peer chaincode invoke 命令发起一笔背书交易时，执行 internal/peer/chaincode/invoke.go 中的 chaincodeInvoke 函数，主要调用代码清单 10-10 中的函数。

代码清单 10-10　internal/peer/chaincode/common.go

```
1.  func chaincodeInvokeOrQuery(cmd, invoke, cf *...) (err) {
2.    proposalResp,...:=ChaincodeInvokeOrQuery(...cf.EndorserClients...)
3.  }
4.  func InitCmdFactory(cmdName...) (*ChaincodeCmdFactory,...) {
5.    var endorserClients []pb.EndorserClient
6.    if isEndorserRequired {              //若当前命令存在背书需求，则创建背书客户端
7.      for i, address := range peerAddresses {//循环遍历每个背书节点的地址
8.        endorserClient,..:=...GetEndorserClientFnc(address,tlsRootCert)
9.        endorserClients = append(endorserClients, endorserClient)
10.     }
11.   }
12. }
```

在代码清单 10-10 中，第 2 行，使用命令工厂 cf 中的背书客户端，向背书节点发送背书申请。这些背书客户端由第 4～12 行的函数使用背书节点的地址、服务端 TLS CA 证书（由命令行参数传入）创建。其中，第 8 行的 GetEndorserClientFnc 函数如代码清单 10-11 所示。

代码清单 10-11　internal/peer/common/peerclient.go

```
1.  func GetEndorserClient(address,tlsRootCertFile) (EndorserClient...){
2.    peerClient, err = NewPeerClientForAddress(address, tlsRootCertFile)
3.    return peerClient.Endorser()
4.  }
5.  func NewPeerClientForAddress(address,tlsRootCert..)(*PeerClient...){
6.    clientConfig := comm.ClientConfig{}
7.    secOpts := comm.SecureOptions{UseTLS:...RequireClientCert...}
8.    clientConfig.SecOpts = secOpts
9.    if clientConfig.SecOpts.UseTLS {...}
10.   return newPeerClientForClientConfig(address,..., clientConfig)
11. }
12. func newPeerClientForClientConfig(address,...) (*PeerClient...){
13.   gClient, err := comm.NewGRPCClient(clientConfig)
14.   pClient := &PeerClient{CommonClient: CommonClient{...}}
15.   return pClient, nil
16. }
17. func (pc *PeerClient) Endorser() (pb.EndorserClient, error) {
18.   conn, err := pc.CommonClient.NewConnection(pc.Address, ...)
19.   return pb.NewEndorserClient(conn), nil
20. }
```

在代码清单 10-11 中，第 2 行，调用第 5～11 行的函数，创建一个通用的 peer 节点 gRPC 客户端，过程如下。

（1）第 6～9 行，创建客户端配置，其中依据具体配置添加客户端 TLS 证书、服务端 TLS CA 证书池。

（2）第 10 行，调用第 12～16 行的函数。其中，第 13 行在 core/comm/client.go 中实现，解析客户端 TLS 证书和服务端 TLS CA 证书池，创建通用 gRPC 客户端。

第 3 行，调用第 17～20 行的方法，使用通用 gRPC 客户端，创建一个背书客户端。

10.2.2　身份认证

在 Fabric 区块链网络中，一笔交易能否被处理流程中的接收者接纳，或能否被判定有效，需验证该笔交易的发起者身份是否合法，或判定认可此笔交易的参与者身份是否满足有效的条件。即，验证交易所涉及的身份是否符合通道中所制定的各种策略，如通道写策略、通道验证策略、背书策略。在具体操作时，使用传统的 X.509 证书和背后的 PKI 体系代表身份（设定使用 BCCSPMSP，而非 IDEMIXMSP），底层使用 SHA 家族摘要算法和 ECDSA 加解密算法，一个身份使用自己的私钥对一笔交易进行签名，表示对该笔交易的认可，后续使用身份的证书（包含公钥）对签名进行验证，表示该笔交易已被签名所代表的身份认可。基础的 X.509 证书签名、验签过程如下。

```golang
<!--golang-->
    //-----------------------------------签名-----------------------------------
    //读取私钥，如 crypto/peerOrganizations/org1/peers/peer0/msp/keystore/priv_sk
    raw, err := ioutil.ReadFile("./priv_sk")
    //解析私钥证书中的数据
    block, _ := pem.Decode(raw)
    //若私钥被加密，则先使用密码 pwd 解密
    decrypted, err := x509.DecryptPEMBlock(block, pwd)
    //由于不确定私钥证书的具体格式，因此分别尝试各种格式的解析方法
    key, err = x509.ParsePKCS1PrivateKey(decrypted); //rsa.PrivateKey 格式
    key, err = x509.ParsePKCS8PrivateKey(decrypted); //期望是 ecdsa.PrivateKey 格式
    key, err = x509.ParseECPrivateKey(decrypted);    //ecdsa.PrivateKey 格式
    //使用 SHA-256，对数据[]byte("message")进行哈希计算，得到数据摘要
    h := sha256.New(); h.Write([]byte("message")); digest := h.Sum(nil)
    //设 key 为 ecdsa.PrivateKey 格式，用之对数据摘要进行签名，得到 r、s 两个大数（签名）
    r, s, err := ecdsa.Sign(rand.Reader, key, digest)
    //将 r、s 两个大数放入一个结构体 ECDSASignature，并将之编码为 ASN.1 格式，作为签名
    signature := asn1.Marshal(ECDSASignature{R:r, S:s})
    //-----------------------------------验签-----------------------------------
    //读取身份证书，如 crypto/peerOrganizations/org1/peers/peer0/msp/signcerts/peer0.pem
    data, err := ioutil.ReadFile(file); block, _ := pem.Decode(data)
    cert, err := x509.ParseCertificate(block.Bytes)
    pk, ok := cert.PublicKey.(*ecdsa.PublicKey) //期望是 ecdsa.PublicKey 格式
    sig := new(ECDSASignature); _, err := asn1.Unmarshal(signature, sig) //解码签名
    ok, err := ecdsa.Verify(pk, digest, sig.R, sig.S) //使用公钥，验证签名（签名中的两个
    大数 r、s）
```

具体到 Fabric 区块链网络中，一笔背书交易处理的整个流程中，对于身份认证，包括如下环节。

1. 背书节点验证交易发起者身份

背书节点对发起交易申请的客户端（peer CLI 或 Fabric SDK）身份、客户端身份是否符合

ACL（应用通道写策略）进行验证，如代码清单 10-12 所示。

代码清单 10-12　core/endorser/endorser.go

```
1.  func (e *Endorser) preProcess(up *...Proposal, channel *...) error {
2.    err := up.Validate(channel.IdentityDeserializer)
3.    if !e.Support.IsSysCC(up.ChaincodeName) {
4.      if err = e...CheckACL(...ChannelId, up.SignedProposal);...{...}
5.    }
6.  }
7.  func (e *Endorser) ProcessProposalSuccessfullyOrError(up) (...) {
8.    res, simulationResult,... := e.SimulateProposal(txParams...)
9.    prpBytes... :=...GetBytesProposalResponsePayload(simulationResult.)
10.   endorsement,mPrpBytes,...:= e...EndorseWithPlugin(...prpBytes,...)
11.   return &pb.ProposalResponse{Version:1,Endorsement:endorsement,...}
12. }
```

在代码清单 10-12 中，第 2 行，验证客户端身份，并确保交易申请未被篡改。

第 3～5 行，若调用的是应用链码，则检查客户端身份是否符合 ACL 的 peer/Propose 策略，参见 sampleconfig/configtx.yaml 中 Application.ACLs 下 peer/Propose 项的值，默认为/Channel/Application/Writers，即应用通道写策略。

2. 背书节点对背书申请签名

在代码清单 10-12 中，第 8 行，调用应用链码，模拟交易结果。

第 9～10 行，使用 escc 对交易结果进行背书。这里的 escc 为实现原系统链码 escc 功能的背书插件，在 core/handlers/endorsement/plugin/plugin.go 中默认实现，使用背书节点的身份，对交易结果进行背书签名。

第 11 行，返回背书应答。

3. 客户端接收背书应答、整理背书签名

这一环节如代码清单 10-13 所示。

代码清单 10-13　internal/peer/chaincode/common.go

```
1.  func ChaincodeInvokeOrQuery(spec,...) (...) {...
2.    responses, err := processProposals(endorserClients, signedProp)
3.    if invoke {//若是 invoke 调用命令
4.      env, err := protoutil.CreateSignedTx(prop, signer, responses...)
5.    }
6.  }
```

在代码清单 10-13 中，第 2 行，客户端（这里是 peer CLI）接收所有背书应答。

第 4 行，在 protoutil/txutils.go 中实现，比较背书应答的状态（调用的链码逻辑是否成功执行），将背书应答整理为背书交易，并使用 peer CLI 的身份对背书交易签名。

4. orderer 节点验证客户端身份

orderer 节点接收到客户端发送的背书交易，经调用，在代码清单 10-14 中验证客户端身份。

代码清单 10-14　orderer/common/msgprocessor/sigfilter.go

```
1.  func (sf *SigFilter) Apply(message *cb.Envelope) error {
2.    ordererConf, ok := sf.support.OrdererConfig()
3.    signedData, err := protoutil.EnvelopeAsSignedData(message)
4.    var policyName = sf.normalPolicyName
5.    policy, ok := sf.support.PolicyManager().GetPolicy(policyName)
6.    err = policy.EvaluateSignedData(signedData)
7.  }
```

在代码清单 10-14 中，第 2 行，获取系统通道配置。

第 3 行，将背书交易转为 SignedData 格式，方便后续处理。

第 4～5 行，使用通道策略管理者，获取系统通道写策略/Channel/Orderer/Writers 的对象。

第 6 行，验证 SignedData 中的客户端身份是否符合系统通道写策略。

5．orderer 节点在区块元数据中签名

当背书交易放入区块并写入通道账本时，在区块元数据中添加 orderer 节点身份的签名，如代码清单 10-15 所示。

代码清单 10-15　orderer/common/multichannel/blockwriter.go

```
1.  func (bw *BlockWriter) WriteBlock(block, encodedMetadataValue...) {
2.    go func() { bw.commitBlock(encodedMetadataValue) }()
3.  }
4.  func (bw *BlockWriter) commitBlock(encodedMetadataValue []byte) {
5.    bw.addLastConfig(bw.lastBlock)
6.    bw.addBlockSignature(bw.lastBlock, encodedMetadataValue)
7.    err := bw.support.Append(bw.lastBlock)//向 orderer 节点通道账本添加区块
8.  }
```

在代码清单 10-15 中，第 5 行，在区块元数据部的 BlockMetadataIndex_LAST_CONFIG 处添加当前通道配置块序号信息。

第 6 行，在区块元数据部的 BlockMetadataIndex_SIGNATURES 处添加 orderer 节点身份的签名。

6．peer 节点验证 orderer 节点身份

peer 节点通过 Deliver 服务将区块拉取到本地后，首先对区块中的签名进行验证，确保创建区块的 orderer 节点身份满足区块验证策略/Channel/Orderer/BlockValidation。在 internal/pkg/peer/blocksprovider/blocksprovider.go 的 processMsg 方法中，收到 Deliver 服务传送的区块，进入 case *orderer.DeliverResponse_Block 分支，如代码清单 10-16 所示。

代码清单 10-16　internal/pkg/peer/blocksprovider/blocksprovider.go

```
1.  func (d *Deliverer) processMsg(msg *orderer.DeliverResponse) error {
2.    switch t := msg.Type.(type) {
3.    case *orderer.DeliverResponse_Block://收到 Deliver 服务传送的区块
4.      d.BlockVerifier.VerifyBlock(...ChannelID, blockNum, t.Block)
5.    }
6.  }
```

在代码清单 10-16 中，第 4 行，调用代码清单 10-17 中的方法。d.BlockVerifier 在 internal/peer/node/start.go 中 peer 节点启动执行 serve 函数时，通过 messageCryptoService :=

peergossip.NewMCS(...)创建。

代码清单 10-17　internal/peer/gossip/mcs.go

```
1.  func (s *MSPMessageCryptoService) VerifyBlock(chainID common.ChannelID, seqNum
uint64, block *pcommon.Block) error {
2.    metadata, err := protoutil.GetMetadataFromBlock(block,
3.                               pcommon.BlockMetadataIndex_SIGNATURES)
4.    cpm := s.channelPolicyManagerGetter.Manager(channelID)
5.    policy, ok := cpm.GetPolicy(policies.BlockValidation)
6.    signatureSet := []*protoutil.SignedData{}
7.    for _, metadataSignature := range metadata.Signatures {...}
8.    return policy.EvaluateSignedData(signatureSet)
9.  }
```

在代码清单 10-17 中，第 2～3 行，获取区块元数据部 BlockMetadataIndex_SIGNATURES 处的签名集合。这里有 orderer 节点的签名。

第 4 行，获取区块所属应用通道的策略管理者。

第 5 行，获取区块所属应用通道的配置中的区块验证策略对象，即/Channel/Orderer/BlockValidation，默认值为 ANY Writers，表示存在/Channel/Orderer 下任一 orderer 组织的任一 member 角色节点的签名即可验证通过。

第 6～7 行，解析区块元数据部中的签名集合，一般只有一个 orderer 节点的签名。

第 8 行，使用区块验证策略对象，评估签名集合是否满足区块验证策略。

7. 交易的背书身份认证

在 gossip 服务中，当私有数据协调器 coordinator 向 peer 节点本地账本提交区块和私有数据时，首先会对区块所含的每笔交易进行验证，保证交易（Envelope）的数据格式是完整的、交易 ID 不重复、交易中的签名集合符合背书策略（原系统链码 vscc 的功能），如代码清单 10-18 所示。

代码清单 10-18　gossip/privdata/coordinator.go

```
1.  func (c *coordinator) StoreBlock(block, privateDataSets) error {
2.    err := c.Validator.Validate(block) //验证区块中的交易
3.  }
```

第 2 行，c.Validator 为创建应用通道时 core/peer/peer.go 的 createChannel 方法中执行 validator := &txvalidator.ValidationRouter{...}创建的交易验证路由器，针对 Fabric 2.0，则路由至代码清单 10-19 中的方法，验证区块中的交易。

代码清单 10-19　core/committer/txvalidator/v20/validator.go

```
1.  func (v *TxValidator) Validate(block *common.Block) error {
2.    txsfltr := ledgerUtil.NewTxValidationFlags(len(block.Data.Data))
3.    txidArray := make([]string, len(block.Data.Data))
4.    go func() {                                    //并行验证，提高验证效率
5.      for tIdx, d := range block.Data.Data {        //遍历区块中的所有交易
6.        go func(index int, data []byte) {
7.          v.validateTx(&blockValidationRequest{...}, results)
8.        }(tIdx, d)
```

```
9.       }
10.    }
11.    for i := 0; i < len(block.Data.Data); i++ {
12.      res := <-results                          //等待上文验证结果
13.      if res.err != nil {...}
14.      } else {                                  //上文验证通过
15.        txsfltr.SetFlag(res.tIdx, res.validationCode)
16.        //若交易有效，则收集该交易 ID
17.        if res.validationCode==..._VALID { txidArray[res.tIdx]=res.txid }
18.      }
19.    }
20.    markTXIdDuplicates(txidArray, txsfltr)
21.    err = v.allValidated(txsfltr, block)
22.    protoutil.InitBlockMetadata(block)
23.    block...Metadata[..BlockMetadataIndex_TRANSACTIONS_FILTER]=txsfltr
24. }
25. func (v *TxValidator) validateTx(req *blockValidationRequest,...){
26.    if env,err :=protoutil.GetEnvelopeFromBlock(d); err != nil {...}
27.    else if env != nil {                        //交易不为空
28.      if payload, txResult=..ValidateTransaction(env,..); txResult!=..._VALID{...}
29.      chdr, err := protoutil.UnmarshalChannelHeader(...ChannelHeader)
30.      if ...(chdr.Type) == common.HeaderType_ENDORSER_TRANSACTION {
31.        err... := v.checkTxIdDupsLedger(tIdx, chdr, v.LedgerResources)
32.        err, cde := v.Dispatcher.Dispatch(tIdx, payload, d, block)
33.      }
34.    }
35. }
```

在代码清单 10-19 中，第 2 行，创建区块中的交易有效性标识位组，在验证之前每个标识位值为 TxValidationCode_NOT_VALIDATED，表示未验证。

第 3 行，创建区块中的交易 ID 组，用于同一区块中所有有效交易的 ID 的去重。

第 4~10 行，并发地调用第 25~35 行的 validateTx 方法，验证同一区块中的每笔交易。并发数由 core.peer.validatorPoolSize 配置，默认值为节点服务器的 CPU 数量。验证过程如下。

（1）第 26~27 行，解析当笔交易 Envelope 并进入 else if env != nil 分支。

（2）第 28 行，在 core/common/validation/msgvalidation.go 中实现，验证交易的数据结构的完整性。

（3）第 29 行，解析交易的通道头，若交易是背书交易，则进入第 30 行的分支。

（4）第 31 行，通过尝试以交易 ID 从账本中查询交易的方法，验证交易 ID 是否与账本中已有的交易 ID 重复。

（5）第 32 行，使用背书插件验证交易的背书身份，如代码清单 10-20 所示。

第 11~19 行，循环等待验证结果，将验证结果放至 txsfltr 对应的标识位。若交易有效，则将交易 ID 先存放至 txidArray。

第 20 行，若同一区块中有效交易的 ID 重复，则将后续重复的交易的标识位标记为 TxValidationCode_DUPLICATE_TXID，表示交易 ID 重复错误。

第 21 行，确保区块中所有交易均被验证，即标识位不存在未验证的情况。

第 22~23 行，将区块中的交易有效性标识位组放至区块元数据部的 BlockMetadataIndex_

TRANSACTIONS_FILTER 处，作为区块中所有交易的验证结果。

代码清单 10-20　core/committer/txvalidator/v20/plugindispatcher/dispatcher.go

```
1.  func (v *dispatcherImpl) Dispatch(..., envBytes []byte, block *common.Block)
    (error, peer.TxValidationCode) {
2.    chdr, err := protoutil.UnmarshalChannelHeader(...ChannelHeader)
3.    hdrExt, err := ...UnmarshalChaincodeHeaderExtension(chdr.Extension)
4.    respPayload, err := protoutil.GetActionFromEnvelope(envBytes)
5.    if err =txRWSet.FromProtoBytes(respPayload.Results);...{return..}
6.    ccID := hdrExt.ChaincodeId.Name
7.    if ccID != respPayload.ChaincodeId.Name { return... }
8.    if respPayload.Events != nil {...}
9.    for _, ns := range txRWSet.NsRwSets {...}
10.   for ns := range wrNamespace { //遍历一笔交易中写集所属的所有命名空间
11.     validationPlugin, args, err := v.GetInfoForValidate(chdr, ns)
12.     ctx := &Context{...}
13.     if err = v.invokeValidationPlugin(ctx); err != nil {...}
14.   }
15.   return nil, peer.TxValidationCode_VALID
16. }
17. func (v *dispatcherImpl) invokeValidationPlugin(ctx *...) error {
18.   err := v.pluginValidator.ValidateWithPlugin(ctx)
19. }
```

在代码清单 10-20 中，第 2～3 行，解析交易的通道头、通道头中的扩展信息，扩展信息包含发起背书申请时所要调用的链码。

第 4～5 行，获取 Envelope 中的交易数据（ChaincodeAction），并解析其中的交易读写集。

第 6～8 行，获取扩展信息中所含的交易所调用的链码名，并将其与背书交易应答中的链码名、链码事件中的链码名比较，它们应该一致。

第 9 行，遍历交易读写集，验证交易读写集中的命名空间。这里的命名空间对应链码名，一笔交易中同一链码产生的读写集只能写在同一个命名空间下，同时标记存在写集的命名空间。

第 11 行，查询该命名空间（链码）在部署时，所指定的验证背书策略插件名称（默认为 vscc）和执行插件的参数（背书策略）。这两项数据在新、旧链码生命周期管理 _lifecycle、lscc 的实现中，按不同格式（ChaincodeData 或 ChaincodeDefinition）存储在不同的命名空间中。获取时，参见 core/chaincode/lifecycle/deployedcc_infoprovider.go 的 ValidationInfo 方法。

第 13 行，直接调用第 17～19 行的方法。其中，第 18 行，调用代码清单 10-21 中的方法，获取并使用验证背书策略插件，验证交易中的背书签名集合是否符合背书策略。

代码清单 10-21　core/committer/txvalidator/v20/plugindispatcher/plugin_validator.go

```
1.  func (pv *PluginValidator) ValidateWithPlugin(ctx *Context) error {
2.    //获取或创建指定通道和链码的验证背书策略插件
3.    plugin, err := pv.getOrCreatePlugin(ctx)
4.    err = plugin.Validate(ctx.Block, ctx.Namespace,...,...ctx.Policy))
5.  }
```

背书节点启动时，执行代码清单 10-22 中的代码，初始化验证背书策略插件，过程如下。

（1）第 2～4 行，将 core.yaml 中 peer.handlers.validators 定义的验证背书策略插件集合

validationPluginsByName 初始化给 peer 节点对象中的成员 pluginMapper。

（2）第 7～8 行，将 peer 节点对象中的验证背书策略插件集合赋给交易验证器。

代码清单 10-22

```
1.  func serve(args []string) error {
2.    libConf, err := library.LoadConfig()
3.    validationPluginsByName := reg.Lookup(library.Validation).(...)
4.    peerInstance.Initialize(...plugin.MapBasedMapper(validationPluginsByName),...)
5.  }//在 internal/peer/node/start.go 中实现背书节点启动时执行
6.  func (p *Peer) createChannel(...,pluginMapper plugin.Mapper,...){
7.    validator := &txvalidator.ValidationRouter{
8.      V20Validator: validatorv20.NewTxValidator(...)
9.    }
10. }//在 core/peer/peer.go 中实现创建应用通道时执行
```

验证背书策略插件默认实现为 core/handlers/validation/builtin/default_validation.go 中的 DefaultValidation，执行 Validate 方法时，将路由调用 Fabric 2.0 的插件继续验证，如代码清单 10-23 所示。

代码清单 10-23　core/handlers/validation/builtin/v20/validation_logic.go

```
1.  func (vscc *Validator) Validate(block *common.Block,namespace string,...,
    policyBytes []byte) commonerrors... {
2.    vscc.stateBasedValidator.PreValidate(uint64(txPosition), block)
3.    va, err := vscc.extractValidationArtifacts(block,...)
4.    txverr := vscc.stateBasedValidator.Validate(...)
5.    vscc.stateBasedValidator.PostValidate(namespace,...Number,...)
6.  }
```

在代码清单 10-23 中，第 2 行，在 core/common/validation/statebased/validator_keylevel.go 中实现，在一个区块范围内，预验证交易读写集中的每个键值对，防止同一个区块中前面交易的写集更改后面交易的读集中某键的值，即同一区块交易间的 MVCC 验证。

第 3 行，从交易数据中整理出用于验证的关键材料。

第 4 行，验证交易的背书签名集合是否满足链码级别、集合级别、键级别的背书策略。交易数据的背书签名集合为参数 va.endorsements。链码级别的背书策略为参数 policyBytes，是一个 []byte 格式的 SignaturePolicyEnvelope，在链码实例化时由 common/cauthdsl/policyparser.go 中的 FromString 工具函数生成。集合级别和键级别的背书策略，若有，则在验证时从状态数据库中读取。具体过程如代码清单 10-24 所示。

第 5 行，将当笔交易中验证过的键值对缓存起来，供验证同一区块的下笔交易时使用。

代码清单 10-24　core/common/validation/statebased/validator_keylevel.go

```
1.  func (klv *KeyLevelValidator) Validate(cc string,...)... {
2.    signatureSet := []*protoutil.SignedData{}
3.    for _, endorsement := range endorsements { //遍历交易背书集合
4.      data := make([]byte, len(prp)+len(endorsement.Endorser))
5.      copy(data, prp); copy(data[len(prp):], endorsement.Endorser)
6.      signatureSet = append(signatureSet, &protoutil.SignedData{...}
7.    }
```

```
8.    policyEvaluator := klv.pef.Evaluator(ccEP)
9.    rwset := &rwsetutil.TxRwSet{}
10.   if err := rwset.FromProtoBytes(rwsetBytes); err != nil {return...}
11.   return policyEvaluator.Evaluate(...,rwset.NsRwSets,cc,signatureSet)
12. }
13. func (p *baseEvaluator) Evaluate(...NsRwSets,ns, sd) ...Error {
14.   for _, nsRWSet := range NsRwSets {
15.     if nsRWSet.NameSpace != ns {continue}
16.     for _, pubWrite := range nsRWSet.KvRwSet.Writes {
17.       err := p.checkSBAndCCEP(ns,"",pubWrite.Key,blockNum,txNum,sd)
18.     }
19.     for _, pubMdWrite := range nsRWSet.KvRwSet.MetadataWrites {
20.       err := p.checkSBAndCCEP(...,pubMdWrite.Key,blockNum,txNum,sd)
21.     }
22.     ...
23.   }
24.   return p.CheckCCEPIfNoEPChecked(ns, blockNum, txNum, sd)
25. }
```

在代码清单 10-24 中，第 4～5 行，拼接"交易结果+签名身份"原始数据。

第 6 行，将一个待验证的背书数据放入集合，包括签名数据、签名身份、签名。

第 8 行，在 core/common/validation/statebased/v20.go 中实现，根据链码背书策略 ccEP 创建一个 Fabric 2.0 的背书策略评估对象。链码背书策略在部署链码时指定，如 AND ('Org1MSP.peer', 'Org2MSP.peer')，由 common/cauthdsl/policyparser.go 的 FromString 函数将之解析为 SignaturePolicy-Envelope，然后被作为链码数据 ChaincodeData 的成员写入状态数据库（参见 core/scc/lscc/lscc.go 的 executeDeploy 方法）。

第 9～10 行，解析交易中的读写集。

第 11 行，调用第 13～25 行的方法，遍历一笔交易的读写集，根据待验证的背书数据，使用背书策略评估对象，验证链码级别、集合级别、键级别的背书策略。

第 15 行，若不是此链码的读写集，则直接跳过。

第 16～22 行，遍历读写集中的公开写集、公开写集元数据、私有数据集合写集、私有数据集合写集元数据中的每个键，尝试从状态数据库中拉取键的背书策略并验证。参见 fabric-chaincode-go 仓库的 shim/interfaces.go 中定义的 SetStateValidationParameter 接口，用于将键级别的背书策略存储在状态数据库中。

第 24 行，在同目录下 v20.go 中实现，验证链码级别的背书策略。经调用，最终会执行代码清单 10-25 中的 Evaluate 方法。

代码清单 10-25　core/policy/application.go

```
1. func (a *ApplicationPolicyEvaluator) Evaluate(policyBytes []byte, signatureSet
   []*protoutil.SignedData) error {
2.   p:= &peer.ApplicationPolicy{};...:= proto.Unmarshal(policyBytes,p)
3.   switch policy := p.Type.(type) {
4.   case *peer.ApplicationPolicy_SignaturePolicy:
5.     return a.evaluateSignaturePolicy(...SignaturePolicy,signatureSet)
6.   }
7. }
```

```
8.   func (a *ApplicationPolicyEvaluator) evaluateSignaturePolicy(...){
9.     p, err := a.signaturePolicyProvider.NewPolicy(signaturePolicy)
10.    return p.EvaluateSignedData(signatureSet)
11. }
```

在代码清单 10-25 中，第 2 行，解析背书策略对象的具体类型，这里是通道签名策略类型，会进入第 4～5 行的分支，调用第 8～11 行的方法。

第 9 行，在 common/cauthdsl/policy.go 中实现，创建背书策略对象。

第 10 行，参见第 6 章所述签名策略或隐式元策略的 EvaluateSignedData 方法，使用背书策略对象，评估背书签名集合 signatureSet 是否满足背书策略。底层使用包含证书公钥的身份，验证私钥的签名，参见 bccsp/sw/ecdsa.go 中的 Verify 方法。

10.2.3　多版本并发控制验证

多版本并发控制（MVCC）验证，用于在 Fabric 区块链网络交易流程中，对并发处理的交易的读写集键值版本进行控制，防止出现双重支付（double spending）问题和幻读（phantom read）问题。

 举个例子

- 双重支付问题。假设两个客户端 C1、C2 并发地发起两笔交易 T1、T2，先后被背书节点模拟后背书。T1 读取 key_A 账户余额，值为 100 元，并存入 10 元，即 T1 中 key_A 当前余额为 110 元。T1 从生成到真正被提交至账本并生效需耗费一定时间。此时，T2 也读取 key_A 账户余额，因为 T1 还未生效，值仍为 100 元，并存入 20 元，即 T2 中 key_A 当前余额为 120 元。然后 T1、T2 被提交至 orderer 共识排序服务，T1 被编入 block1，T2 被编入 block2（或 T1、T2 均被编入 block3，T1 先于 T2）。当向账本中提交 block1 时，状态数据库中 key_A 的值被 T1 修改为 110 元；然后向账本中提交 block2 时，若不进行 MVCC 验证，则状态数据库中 key_A 的值被 T2 修改为 120 元。此时客户端 C1 查询 key_A 账户余额，为 120 元而非 110 元。这种因并发机制影响交易的事务性而造成的逻辑错误，被称为双重支付问题或"双花"问题。

- 幻读问题。假设今天是 9 日，当前状态数据库中 1 日至 9 日之间有 2 笔交易，总额为 90 元。现需汇总 1 日至 9 日间的交易总额作为提成基数，计算提成。客户端 C1 发起一笔交易 T1，成交金额为 10 元。T1 从生成到真正被提交至账本并生效需耗费一定时间。此时客户端 C2 发起一笔汇总交易 T2，范围查询并汇总 1 日至 9 日间的交易总额，由于 T1 还未生效，总额仍为 90 元。然后 T1、T2 被提交至 orderer 共识排序服务，T1 被编入 block1，T2 被编入 block2。当向账本中提交 block1 时，金额为 10 元的新交易被写入状态数据库；然后向账本中提交 block2 时，若不进行 MVCC 验证，T2 把 1 日至 9 日间的提成基数记为 90 元。此时客户端 C2 再次查询 1 日至 9 日间的提成基数，为 100 元而非 90 元。这种相同条件的查询操作，如客户端 C2 的操作，却得到不同记录结果的现象，被称为幻读。

Fabric 区块链网络并发处理交易时，在将包含若干笔交易的区块提交至账本之前，会分别对同一区块之内的交易、区块与区块间各自所含的交易，执行键级别的 MVCC 验证。

参见代码清单 10-23，在 gossip 模块内已对同一区块内的交易进行了 MVCC 验证。之后，当将区块中有效交易的写集真正提交至状态数据库之前，因为可能存在之前已提交区块的交易，把当前区块中的交易的读集的某个键值更改，所以还将在多个区块范围内，做最后一次 MVCC 验证。具体过程如代码清单 10-26 所示。

代码清单 10-26   core/ledger/kvledger/txmgmt/validator/valimpl/default_impl.go

```
1.  func (impl *DefaultImpl) ValidateAndPrepareBatch(blockAndPvtdata, doMVCCValidation
    bool) (...) { //MVCC 验证，并准备状态数据库的批量更新数据包
2.    if internalBlock, txsStatInfo, err= preprocessProtoBlock(...);err!= nil{...}
3.    if pubAndHashUpdates, err = impl.internalValidator.ValidateAndPrepareBatch(
4.                         internalBlock, doMVCCValidation); err != nil {...}
5.    if pvtUpdates, err= validateAndPreparePvtBatch(internalBlock,...);err!=nil{...}
6.  }
```

在代码清单 10-26 中，第 2 行，把区块转为方便后续验证的 internalBlock。

第 3～4 行，在 core/ledger/kvledger/txmgmt/validator/statebasedval/state_based_validator.go 中实现，从状态数据库中读取有效交易读集中每个键的版本号，包括私有数据部分，将其与交易读集中的版本号对比，实现对交易的 MVCC 验证。

第 5 行，通过计算得到交易中私有数据写集的哈希，将其与区块中对应的私有数据哈希比较，验证私有数据。

10.2.4   版本能力验证

Fabric 项目从最初 0.6 版本，一直迭代开发至本书所述的 2.0 版本。在迭代过程中，Fabric 项目尽量做到向前兼容，但随着项目的发展，出现了许多新功能，这些新功能有最低版本限制，如通道配置、账本数据格式、验证插件等方面的限制。具体实现上，从 Fabric 1.1 开始，Fabric 将这些版本兼容控制称为 Capabilities，即具有可以顺利运行某版本功能的能力，如某功能的 Capabilities 值为 V1_3:true，表示兼容 Fabric 1.3 的服务和功能。

Fabric 区块链网络是一个庞大的分布式系统，在实际应用过程中，可能由不同组织提供部分基础设施，共同组成一个网络。而这些组织所提供的基础设施或应用，如 peer 节点、orderer 节点或链码，可能基于不同版本的 Fabric，在这种情况下为了使整个区块链网络顺利运行，需对交易的版本能力进行验证，避免不兼容的数据格式或服务。

版本能力针对的是区块链网络范围，表示属于某一范围内的设施能够提供的服务能力。参见 fabric-samples 仓库的 first-network/configtx.yaml 中的 Capabilities 部分，Fabric 2.0 中，版本能力主要配置在联盟网络范围、应用通道范围、系统通道范围 3 个地方。在应用时，版本能力分别作为通道配置中.channel_group.values、.channel_group.groups.Application.values、.channel_group.groups. Orderer.values 的值。

在 common/capabilities 下的 channel.go、application.go、orderer.go 分别实现了上述 3 个版本

能力的验证对象。以 application.go 中的 ApplicationProvider 为例，当通过 NewApplicationProvider 函数创建应用通道范围的版本能力时，其拥有的能力通过参数 capabilities 被注册至成员 registry 中，其拥有的版本能力也相应由其成员 v11，v12，……，v20 进行标识。以从 Fabric 1.2 开始提供的 ACL 服务为例，在 ApplicationProvider 的 ACLs 方法中，返回 return ap.v12 || ap.v13 || ap.v142 || ap.v20，以标识是否支持 ACL。一个组织将一个应用通道 mychannel 的版本能力配置为 V2_0:true、V1_4_2:true、V1_3:false 并创建 mychannel。mychannel 运行时，所创建的 ApplicationProvider 的成员 v20、v142 为 true，v13 为 false。也因此，mychannel 只为 Fabric 2.0、Fabric 1.4.2 的基础设施（这里是 peer 节点）提供 ACL 的功能。若一个 Fabric 1.0 或 Fabric 1.3 的 peer 节点加入 mychannel，则不能使用 ACL。

现设定 Fabric 区块链网络中存在一个通道 mychannel，其通道配置中版本能力设定为 V2_0:true、V1_4_3:true，即 channelconfig/application.go 中定义的应用通道配置 ApplicationConfig. protos.Capabilities.Capabilities 中，将有 V1_4_2、V2_0 两个值。以一个 Fabric 2.0 的 peer 节点（这里标记为 PEER2_0）加入 mychannel 为例，参见 8.4 节所述加入应用通道的过程，将读取 mychannel 的通道配置，并据此验证 PEER2_0 是否适合加入 mychannel，如代码清单 10-27 所示。

代码清单 10-27　core/peer/peer.go

```
1.  func (p *Peer) createChannel(...) error {
2.    chanConf, err := retrievePersistedChannelConfig(l)
3.    bundle, err := channelconfig.NewBundle(cid, chanConf, p...)
4.    capabilitiesSupportedOrPanic(bundle)
5.  }
```

在代码清单 10-27 中，第 2 行，在 core/peer/configtx_processor.go 中实现，PEER2_0 从状态数据库中读取 mychannel 的通道配置数据。

第 3 行，在 common/channelconfig/bundle.go 中实现，依据通道配置数据，创建 mychannel 的捆绑资源，其中，构建 mychannel 的通道配置对象，包括联盟网络根配置、应用通道配置、系统通道配置、联盟配置。以应用通道配置为例，如代码清单 10-28 所示。

代码清单 10-28　common/channelconfig/application.go

```
1.  func NewApplicationConfig(appGroup,...)(*ApplicationConfig,...) {
2.    ac := &ApplicationConfig{...}
3.    if err := DeserializeProtoValuesFromGroup(appGroup,ac.protos);...{...}
4.  }
5.  func (ac *ApplicationConfig) Capabilities() ApplicationCapabilities {
6.    return capabilities.NewApplicationProvider(ac.protos.Capabilities.Capabilities)
7.  }
```

在代码清单 10-28 中，第 2 行，创建 PEER2_0 中使用的应用通道配置对象 ac。

第 3 行，将 mychannel 的通道配置数据解析至 ac 中，其中就包括将 V2_0 和 V1_4_3 两个通道版本放至 ac.protos.Capabilities.Capabilities 中。

第 4 行，PEER2_0 检查自身是否满足 mychannel 通道版本能力的要求，过程如代码清单 10-29 所示。

代码清单 10-29   core/peer/channel.go

```
1.   func capabilitiesSupportedOrPanic(res channelconfig.Resources) {
2.     ac, ok := res.ApplicationConfig()
3.     if err := ac.Capabilities().Supported(); err != nil {...}
4.     if err := res.ChannelConfig().Capabilities().Supported();...{...}
5.   }
```

在代码清单 10-29 中，第 2 行，获取 PEER2_0 所持的 mychannel 配置中的应用通道配置部分，即 ac。

第 3 行，PEER2_0 验证自身是否符合 ac 中版本能力的要求。首先，调用代码清单 10-28 中第 5~7 行的方法，使用 ac 拥有的 V2_0、V1_4_2 两个能力值，创建一个代码清单 10-30 中第 1 行定义的 ApplicationProvider，两个能力值被注册至其成员 registry 中。然后，调用代码清单 10-31 中的方法，遍历 registry 中已注册的 ac 的能力值，作为参数传入代码清单 10-30 中第 2~9 行的 HasCapability 方法。在 HasCapability 方法中，PEER2_0 表明自己拥有 V1_1、V1_2、V1_3、V1_4_2、V2_0 等版本的能力，因此符合 ac 中版本能力的要求。

第 4 行，与应用通道版本能力验证过程一致，验证 PEER2_0 是否符合 mychannel 的联盟网络根配置的版本能力要求。

代码清单 10-30   common/capabilities/application.go

```
1.   type ApplicationProvider struct {*registry; v11 bool...}
2.   func (ap *ApplicationProvider) HasCapability(capability string) bool {
3.     switch capability {
4.     case ApplicationV1_1: return true //表示拥有支持 V1_1 版本服务的能力
5.     ...
6.     case ApplicationV2_0: return true //表示拥有支持 V2_0 版本服务的能力
7.     ...
8.     }
9.   }
```

代码清单 10-31   common/capabilities/capabilities.go

```
1.   func (r *registry) Supported() error {
2.     for capabilityName := range r.capabilities {
3.       if r.provider.HasCapability(capabilityName) { continue }
4.       return errors...
5.     }
6.   }
```

当一个 1.4.0 版本的 peer 节点（这里标记为 PEER1_4_0）加入 mychannel 时，参见 1.4.0 版本的 Fabric 源码（项目仓库为 hyperledger/fabric/tree/v1.4.0），在 core/peer/peer.go 的 createChain 函数中也执行了 capabilitiesSupportedOrPanic(bundle)，PEER1_4_0 验证自身是否符合 mychannel 的版本能力要求。验证过程与 PEER2_0 节点的验证过程一致，PEER1_4_0 读取 mychannel 通道配置中 V2_0、V1_4_2 两个版本能力值，并注册至 common/capabilities/application.go 中定义的 ApplicationProvider。在 HasCapability 方法中，当 PEER1_4_0 验证自身是否拥有 V2_0 版本能力值时将返回 false，则 capabilitiesSupportedOrPanic 将直接崩溃退出，即 PEER1_4_0 不符合 mychannel 通道的版本能力要求，无法加入。

第11章

Fabric 区块链网络核心节点

节点在 Fabric 区块链网络中是可以直接看到的实体存在，包括 Fabric 节点 peer、orderer，以及第三方节点，主要是 Kafka、CouchDB 节点。本章以节点为主题，详述 peer、orderer 节点的命令结构和启动过程，启动过程则会涉及之前章节所述的各种模块、服务。对于第三方节点，本章主要叙述其关键配置。

11.1 peer 节点

在多通道架构下的 Fabric 区块链网络中，每个通道的联盟由若干个 orderer 组织和 peer 组织参与，每个 peer 组织拥有若干个 peer 节点。在理想环境下，这些 peer 组织表示一个个交易利益相关者，从区块链基础设施的角度理解，这些 peer 节点均是每个组织为整个区块链网络贡献的基础设施组成部分，共同维护着同一个区块链网络中所参与通道账本的一致性，保障本方和他方利益，实现交易数据的不可篡改性和分布式存储。

peer 节点与 peer 程序略有不同。peer 程序是一个可执行程序，peer 程序在操作系统或 Docker 容器内运行。peer 程序加入区块链网络后，在网络中形成一个节点，开始代表一个身份向网络提供服务。这些服务，如之前章节中所述的背书服务、散播服务、发现服务、操作服务等，peer 节点在这些服务中承担着不同的角色，如一个 peer 节点可以是命令客户端 peer CLI、账本副本节点、背书节点、锚节点、gossip 服务中的 leader 节点、discovery 服务端、operation 服务端，且这些角色并不互斥。

11.1.1 peer 程序的命令结构

peer 节点所使用的 peer 程序是客户端（peer CLI）、服务端一体的可执行程序，我们可以使用 peer 程序启动各类服务，也可以使用 peer 程序向服务端发起各种请求。在实际生产部署中，peer CLI 的角色一般由 Fabric SDK 实现。在底层主要使用第三方库 spf13/cobra 来组织 peer 程序的各级子命令。

peer 程序在 cmd/peer/main.go 中，主要引用 internal/peer 下的各级子命令实现。peer 程序的命

令结构如图 11-1 所示。

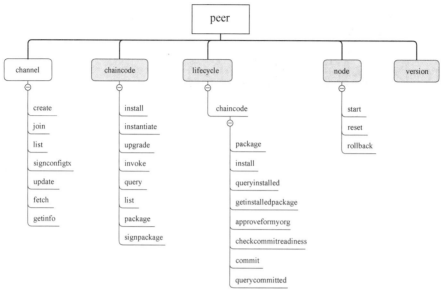

图 11-1　peer 程序的命令结构

❑ 二级子命令 channel，负责应用通道创建（create）、加入通道（join）、罗列节点加入的通道（list）、背书通道配置更新交易（signconfigtx）、更新通道配置（update）、拉取通道区块（fetch）、获取通道基本信息（getinfo）。如 peer channel create -c mychannel -f ./createchannel.tx --orderer orderer.example.com:7050。

❑ 二级子命令 chaincode，负责管理链码生命周期（旧）、调用链码，如应用链码的安装（install）、实例化（instantiate）、升级（upgrade）、调用（invoke）、查询（query）、罗列通道已实例化或节点已安装的链码（list）、将链码源码打包并签名（package）、背书指定链码包（signpackage）。如 peer chaincode instantiate -o orderer.example.com:7050 --tls --cafile $ORDERER_CA -C mychannel -n mycc -v 1.0 -c '{"Args":["init","a","100","b","200"]}' -P "AND ('Org1MSP.peer','Org2MSP.peer')"。

❑ 二级子命令 lifecycle，这是 Fabric 2.0 中新增的子命令，负责管理生命周期。Lifecycle 子命令下存在三级子命令 chaincode，负责链码生命周期的管理，旨在替换二级子命令 chaincode 中链码生命周期管理的功能。在功能定位上，旧版本 Fabric 中将链码调用和生命周期管理两者合为一体，在 Fabric 2.0 中将生命周期的概念独立出来，而链码生命周期管理是其中的一种。同时，新版本的链码周期管理最重要的变化之一是允许联盟中的组织通过批准交易的方式共同决定是否使用一个链码。链码生命周期管理包括：打包链码成.tar.gz 格式文件（package）、安装（install）、查询本地已安装链码（queryinstalled）、获

取一个已打包链码（getinstalledpackage）、以组织的身份批准一个链码定义
（approveformyorg）、检查一个链码是否已达到可以提交的条件（checkcommitreadiness）、
提交（commit）、查询一个通道中已提交的链码（querycommitted）。如 peer lifecycle
chaincode approveformyorg -o orderer.example.com:7050 --tls --cafile $ORDERER_CA
--channelID mychannel --name mycc --version 1.0 --init-required --package-id
mycc_v1:a7ca45a7cc85f1d89c905b775920361ed089a364e12a9b6d55ba75c965ddd6a9
--sequence 1 --signature-policy "AND ('Org1MSP.peer','Org2MSP.peer')"。

- ❑ 二级子命令 node，peer 节点管理，负责节点的启动（start）、节点账本重置（reset）、节点
  账本回滚（rollback）。如 peer node start。
- ❑ 二级子命令 version，输出 peer 节点的版本信息，包括链码容器版本、镜像名称、标签、
  peer 程序版本、提交哈希、所使用的 Go 语言版本、架构。如 peer version。

以 peer lifecycle chaincode install 命令为例，四级子命令 install 至根命令 peer 的构建过程如代
码清单 11-1 至代码清单 11-5 所示。

代码清单 11-1　internal/peer/lifecycle/chaincode/install.go

```
1.  func InstallCmd(i *Installer, cryptoProvider...) *cobra.Command {
2.      chaincodeInstallCmd := &cobra.Command{...}
3.      flagList := []string{"peerAddresses",...}
4.      attachFlags(chaincodeInstallCmd, flagList)
5.      return chaincodeInstallCmd
6.  }
```

在代码清单 11-1 中，第 2 行，创建 install 命令对象，设定 install 命令的用法、描述、执行
函数。

第 3~4 行，绑定 install 命令支持的 flag。

第 5 行，返回 install 命令对象。

代码清单 11-2　internal/peer/lifecycle/chaincode/chaincode.go

```
1.  var ( //定义与三级子命令 chaincode 及其所有四级子命令所支持的 flag 绑定的变量
2.      chaincodeLang   string ...
3.      outputDirectory  string
4.  )
5.  var chaincodeCmd = &cobra.Command{ ...
6.  PersistentPreRun: func(cmd *cobra.Command, args []string) {
7.      common.InitCmd(cmd, args)
8.      common.SetOrdererEnv(cmd, args)
9.  }
10. }
11. func Cmd(cryptoProvider bccsp.BCCSP) *cobra.Command {
12.     chaincodeCmd.AddCommand(PackageCmd(nil))
13.     chaincodeCmd.AddCommand(InstallCmd(nil, cryptoProvider))...
14.     return chaincodeCmd
15. }
```

在代码清单 11-2 中，第 5～10 行，创建三级子命令 chaincode。其中，第 6～9 行指定 chaincode 的子命令均会继承将先于子命令运行的函数，主要执行如下内容。

（1）第 7 行，调用代码清单 11-3 中的函数，InitConfig 用于读取 core.yaml 文件配置，InitCrypto 依据配置初始化本地 MSP 供 peer 程序使用。

（2）第 8 行，在 internal/peer/common/ordererenv.go 中定义，将命令行 flag 输入的 orderer 节点相关值放入 viper 中，供命令执行时连接 orderer 节点使用。

第 11～15 行，向 chaincode 命令中添加子命令，包括四级子命令 install。

代码清单 11-3　internal/peer/common/common.go

```
1.  func InitCmd(cmd *cobra.Command, args []string) {
2.    err := InitConfig(CmdRoot) ...
3.    err = InitCrypto(mspMgrConfigDir, mspID, mspType)
4.  }
```

代码清单 11-4　internal/peer/lifecycle/lifecycle.go

```
1.  func Cmd(cryptoProvider bccsp.BCCSP) *cobra.Command { ...
2.    lifecycleCmd.AddCommand(chaincode.Cmd(cryptoProvider))
3.    return lifecycleCmd
4.  }
```

在代码清单 11-4 中，创建二级子命令 lifecycle，并添加三级子命令 chaincode。

代码清单 11-5　cmd/peer/main.go

```
1.  var mainCmd = &cobra.Command{Use: "peer"}
2.  func main() {
3.    viper.SetEnvPrefix(common.CmdRoot)
4.    viper.AutomaticEnv()
5.    replacer := strings.NewReplacer(".", "_")
6.    viper.SetEnvKeyReplacer(replacer)
7.    mainFlags := mainCmd.PersistentFlags()
8.    mainFlags.String("logging-level", "", "Legacy logging...")
9.    cryptoProvider := factory.GetDefault()
10.   mainCmd.AddCommand(version.Cmd()) ...
11.   mainCmd.AddCommand(lifecycle.Cmd(cryptoProvider))
12.   if mainCmd.Execute() != nil { os.Exit(1) }
13. }
```

在代码清单 11-5 中，实现 peer 程序的 main 函数。第 1 行，创建 peer 程序的根命令。

第 3～6 行，使用 viper 获取环境变量的配置。common.CmdRoot 的值为 "core"，自动调整为 "CORE" 后被设置为环境变量的前缀。peer 命令运行时将读取运行系统中所有以 "CORE" 为前缀的环境变量，并将变量中的 "_" 替换为 "."，因为 viper 在读取配置时，读取 "A.B" 会将 B 视为 A 下的一个配置，读取 "A_B" 会将 A_B 视为一个配置。参见 fabric-samples 仓库的 first-network/base/peer-base.yaml 中对 peer 节点容器环境变量的配置，均为 "CORE_×××" 格式。

第 7～8 行，绑定 peer 程序的日志级别 flag。

第 9 行，创建默认的 BCCSP 实例，供二级子命令 lifecycle 执行时使用。

第 10～11 行，向 peer 程序的根命令中添加二级子命令，包括 lifecycle。

第 12 行，运行 peer 程序的根命令，依据命令行的子命令、flag 参数值，执行程序。

11.1.2　peer 节点的启动过程

参见 fabric-samples 仓库的 first-network/base/peer-base.yaml 中 peer 节点容器的 command 配置项设定的命令，peer 节点启动时，执行 peer node start 命令。peer node start 命令实现在 internal/peer/node/start.go 中，var nodeStartCmd = &cobra.Command{...}创建了 start 子命令，nodeStartCmd.RunE 指定了执行 start 子命令时所运行的 serve 函数，这也是我们多次引用的函数，如代码清单 11-6 所示。

代码清单 11-6　cmd/peer/main.go

```
1.  func serve(args []string) error {
2.    mspType := mgmt.GetLocalMSP(factory.GetDefault()).GetType()
3.    if mspType != msp.FABRIC { panic(...) }
4.    coreConfig, err := peer.GlobalConfig()
5.    platformRegistry := platforms.NewRegistry(...SupportedPlatforms...)
6.    opsSystem := newOperationsSystem(coreConfig)
7.    err = opsSystem.Start()
8.    listenAddr := coreConfig.ListenAddress
9.    serverConfig, err := peer.GetServerConfig() ...
10.   peerServer, err := comm.NewGRPCServer(listenAddr, serverConfig)
11.   peerInstance := &peer.Peer{Server: peerServer,...}
12.   localMSP := mgmt.GetLocalMSP(factory.GetDefault())
13.   signingIdentity, err := localMSP.GetDefaultSigningIdentity()
14.   gossipService, err := initGossipService(...)
15.   peerInstance.LedgerMgr = ledgermgmt.NewLedgerMgr(...)
16.   abServer := &peer.DeliverServer{...}
17.   pb.RegisterDeliverServer(peerServer.Server(), abServer)
18.   ccSrv, ccEndpoint, err := createChaincodeServer(coreConfig, ...)
19.   chaincodeSupport := &chaincode.ChaincodeSupport{...}
20.   ccSupSrv := pb.ChaincodeSupportServer(chaincodeSupport)
21.   pb.RegisterChaincodeSupportServer(ccSrv.Server(), ccSupSrv)
22.   go ccSrv.Start()
23.   client, err = createDockerClient(coreConfig)
24.   dockerVM = &dockercontroller.DockerVM{...}
25.   externalVM := &externalbuilder.Detector{...}
26.   buildRegistry := &container.BuildRegistry{}
27.   containerRouter := &container.Router{...}
28.   for _, cc := range []scc.SelfDescribingSysCC{...} {
29.     scc.DeploySysCC(cc, chaincodeSupport)
30.   }
31.   peerInstance.Initialize(...)
32.   if coreConfig.DiscoveryEnabled {registerDiscoveryService(...)}
33.   serverEndorser := &endorser.Endorser{...}
34.   auth := authHandler.ChainFilters(serverEndorser, authFilters...)
35.   pb.RegisterEndorserServer(peerServer.Server(), auth)
36.   go func() { //启动 peer 节点的 gRPC 服务端，开始监听请求
37.     if gRPCErr = peerServer.Start(); gRPCErr != nil {...}
38.     serve <- gRPCErr
```

```
39.     }()
40.     return <-serve
41.  }//该函数较庞杂，以上示例截取和归纳了核心步骤
```

在 serve 函数执行过程中，创建了 peer 节点核心对象 Peer，并启动了节点参与区块链网络的所需的各种模块和服务，核心过程如下。

在代码清单 11-6 中，第 2～3 行，获取 peer 节点本地 MSP 类型。当前 Fabric 2.0 中，peer 节点本地只支持 BCCSPMSP 类型的 MSP，IDEMIXMSP 在使用方面存在多种限制，很多情况下不符合 peer 服务的应用场景，因此这里暂不支持 IDEMIXMSP。

第 4 行，在 core/peer/config.go 中实现，通过 viper 工具从环境变量、core.yaml 中获取 peer 节点的所有配置，供节点的各个模块、服务使用。

第 5 行，注册当前支持的链码容器平台。当前支持 Go、Java、Node.js 这 3 种。

第 6～7 行，创建并启动节点的 operation 服务。

第 8～10 行，获取 peer 节点的服务端配置，创建 gRPC 服务端。

第 11 行，创建 peer 节点的核心对象。

第 12～13 行，获取 peer 节点的本地 MSP 对象、签名身份对象。

第 14 行，初始化 peer 节点的 gossip 服务。

第 15 行，创建 peer 节点的账本管理者。

第 16～17 行，创建并注册 PeerDeliver 服务，用于响应 peer channel fetch 请求、peer 客户端或 Fabric SDK 的落块事件监听请求。

第 18～22 行，在 peer 节点与链码通信时，peer 节点为服务端，链码为客户端。这里在 peer 节点中创建了 gRPC 服务端，注册了监听处理链码请求的服务，然后启动了服务协程。

第 23～27 行，创建构建和运行应用链码的内、外部虚拟机对象，对应 Docker、外部服务这两种应用链码生命周期管理的方式。

第 28～30 行，创建并部署 Fabric 2.0 中内置系统链码实例，包括旧版本生命周期管理链码 lscc、新版本生命周期管理链码_lifecycle、配置管理链码 cscc、查询管理链码 qscc。

第 31 行，初始化 peer 节点，包括恢复已存在的各个账本、通道对象和通道服务。

第 32 行，若配置启用，则创建并注册 peer 节点的 discovery 服务。

第 33～35 行，创建并注册 peer 节点的背书服务。

11.2　orderer 节点

orderer 节点在 Fabric 区块链网络中主要负责 3 件事，即验证交易、排序出块、将区块传回 peer 集群，统称为共识排序服务。orderer 集群是 Fabric 区块链网络的核心，单独的 orderer 集群实质上已经完成了区块链最重要的交易共识。在整个 Fabric 区块链网络中，将 peer 集群视作客户端，则 orderer 集群为服务端，orderer 集群为 peer 集群提供共识排序服务，peer 集群只是在复制已共识过的交易数据。peer 集群专心服务于应用，orderer 集群为底层服务系统，专心服务于

peer 集群。需要注意的是，验证交易时主要验证交易的大小、客户端的身份是否满足应用通道的 /Channel/Orderer/Writers 策略，并未验证交易自身是否有效（包括 MVCC、背书策略等方面的验证）。orderer 集群的共识排序服务虽然重要，但只是整个区块链网络交易共识的一环，重点在于排序服务，即联盟各组织就"一笔交易在账本中的位置"达成共识。

在联盟层面，orderer 节点也归属一个组织，orderer 集群可由若干个 orderer 组织组成。理想场景中，orderer 集群应由不同组织提供的节点组成，这些组织共同形成一个系统通道的联盟，系统通道依据策略，负责应用通道的创建和配置更新，由此管理、控制整个区块链网络。

当共识排序服务类型为 etcdraft 时，orderer 节点还承担了 etcdraft 共识网络节点的角色，在 etcdraft 共识网络中既是客户端，也是服务端，参与 etcdraft 共识网络的共识过程。若 orderer.yaml 中 General.Cluster 未单独配置，则两个角色使用同一套 gRPC 服务配置和服务端。

11.2.1　orderer 程序的命令结构

orderer 程序的命令结构较 peer 程序相对简单，在 cmd/orderer/main.go 中实现，主要引用 orderer/common/server/main.go 中的主函数启动服务。使用在 gopkg 网站下载的第三方库/ alecthomas/kingpin.v2，创建 start、version 两个二级子命令，其中 start 是默认的子命令，即当执行 orderer 程序时，默认表示执行 orderer start 命令。

11.2.2　orderer 节点的启动过程

参见 fabric-samples 仓库的 first-network/base/peer-base.yaml 中 orderer 节点容器的 command 配置项设定的命令，orderer 节点启动时，执行 orderer start 命令。orderer start 命令实现如代码清单 11-7 所示。

代码清单 11-7　orderer/common/server/main.go

```
1.   var ( //创建 orderer 根命令，以及 start（默认）、version 子命令
2.     app = kingpin.New("orderer", "Hyperledger Fabric orderer...")
3.     _ = app.Command("start", "Start the orderer node").Default()
4.     ...
5.   )
6.   func main() {
7.     fullCmd := kingpin.MustParse(app.Parse(os.Args[1:]))
8.     if fullCmd == version.FullCommand() { return }
9.     conf, err := localconfig.Load()
10.    cryptoProvider := factory.GetDefault()
11.    signer, signErr := loadLocalMSP(conf).GetDefaultSigningIdentity()
12.    opsSystem := newOperationsSystem(conf.Operations, conf.Metrics)
13.    if err = opsSystem.Start(); err != nil {logger.Panicf(...)}
14.    metricsProvider := opsSystem.Provider
15.    serverConfig := initializeServerConfig(conf, metricsProvider)
16.    gRPCServer := initializeGRPCServer(conf, serverConfig)
17.    lf, _, err := createLedgerFactory(conf, metricsProvider)
18.    if conf.General.BootstrapMethod == "file" {...}
19.    crypto.TrackExpiration(...)
20.    tlsCallback := func(bundle *channelconfig.Bundle) {...}
```

```
21.    manager := initializeMultichannelRegistrar(...)
22.    server := NewServer(...)
23.    go handleSignals(addPlatformSignals(map[os.Signal]func(){...}))
24.    if !reuseGRPCListener && clusterType {go clusterGRPCServer.Start()}
25.    if conf.General.Profile.Enabled{go initializeProfilingService(...)}
26.    ab.RegisterAtomicBroadcastServer(gRPCServer.Server(), server)
27.    gRPCServer.Start()
28. }
```

在代码清单 11-7 中，第 7~8 行，若执行 version 子命令，则输出 orderer 节点版本信息后退出执行。否则执行 start 子命令。

第 9 行，在 orderer/common/localconfig/config.go 中实现，从 orderer.yaml、环境变量中加载 orderer 节点本地的配置，若某配置项未设定，则统一使用默认配置 Defaults 中的值。

第 10~11 行，创建 orderer 节点默认 BCCSP、本地 MSP、签名身份对象。

第 12~14 行，创建并启动 orderer 节点的 operation 服务，获取其中的监控指标提供者，供 orderer 节点的各个子模块使用。

第 15~16 行，初始化 orderer 节点的 gRPC 配置，并用之初始化节点的 gRPC 服务端。

第 17 行，创建 orderer 节点使用的账本工厂，在 common/ledger/blockledger/fileledger/factory.go 中实现，用于创建和管理节点本地各个通道的账本，参见图 7-6 所示的账本领域模型，底层使用了简化块文件存储对象。

第 18 行，当 orderer 节点的启动模式设置为 file（Fabric 2.0 只支持 file 形式的创世纪块），且共识排序服务类型为 etcdraft 时，依据配置，查看 orderer 节点作为 etcdraft 节点是否复用 orderer 节点自身的 gRPC 服务端，整理 etcdraft 节点的 gRPC 服务配置和服务端。若当前 orderer 节点不存在于任一应用通道账本，则说明该节点是第一次启动，则先创建系统通道账本。

第 19 行，追踪 orderer 节点服务端 TLS 证书、客户端 TLS CA 证书、节点身份证书的过期事件。当距证书过期时间还有一周时，此追踪协程将以警告级别日志的形式进行预警。

第 20 行，创建更新 orderer 节点 gRPC 服务端 TLS CA 证书、作为 etcdraft 节点服务端 TLS CA 证书的回调函数，用于当通道中关于 orderer 节点的配置发生变化时，同步更新 orderer 节点的 gRPC 服务端。

第 21 行，初始化 orderer 节点的多通道注册管理者，创建或恢复系统通道、应用通道对象，并启动通道服务。

第 22 行，创建 orderer 节点 gRPC 服务端对象，用于向外提供原子广播服务。

第 23 行，创建处理 orderer 节点所在操作系统的信号，支持 SIGTERM 信号。若命令行执行 kill orderer_pid，可以释放 orderer 节点的运行资源并停止 orderer 节点。

第 24 行，若 orderer 节点作为 etcdraft 节点，不复用 orderer 节点自身的 gRPC 服务端，则单独启动 orderer 节点作为 etcdraft 节点的 gRPC 服务端，开始监听 etcdraft 共识网络中其他节点的共识请求。

第 25 行，初始化 orderer 节点的 Profile 服务。该服务相当于静态版的 discovery 服务，目的也是让 Fabric SDK 或应用客户端获取 Fabric 区块链网络拓扑结构，但返回的是通道网关（gateway）文件内容，Fabric SDK 或应用客户端可依之创建与区块链网络的连接。

第 26～27 行，将原子广播服务注册至 orderer 节点的 gRPC 服务端，启动服务端，开始监听来自 peer CLI、Fabric SDK 或应用客户端的请求。

11.3　第三方节点

11.3.1　ZooKeeper、Kafka 节点和共识排序服务

ZooKeeper 提供分布式协调服务，通过接口，为分布式系统提供负载均衡、协调通知、集群管理、分布式锁、分布式队列等功能。Kafka 是一个高扩展性的分布式流处理平台，通过实时的数据流管道，提供"发布/订阅"流服务，底层使用 ZooKeeper 服务来协调管理集群中的节点、同步节点间的副本数据。ZooKeeper/Kafka 组建的是一个拥有低延时、高吞吐量、高并发、高容错的分布式流处理平台，可以作为分布式消息系统，也可以作为分布式中间数据存储系统，这些特性为 Fabric 区块链网络所需的共识排序服务提供了良好的基础。

在 Kafka 集群网络中，将 Kafka 节点称为 broker 节点。Kafka 以主题区分不同业务的消息，每个主题下可以有多个分区（partition），在单个分区内，Kafka 保证消息是有序的，以偏移量（offset）作为消息的 ID。每个分区可存在多个副本（replica），分布式存储于 broker 节点上，这些节点组成了一个副本同步集合 ISR（In-Sync Replicas，同步副本），ISR 中维护一个 leader 节点，负责接收生产者的消息并写入分区（也是副本之一），其余节点均为 follower 节点，只复制 leader 节点的副本，当 leader 节点宕机时，将重新选举。因此，Kafka 的容错性的关键在于分区的副本数，若一个分区的副本数为 N，则允许 $N-1$ 个节点宕机。

具体到 Fabric 对 Kafka 集群的使用，在 Kafka 类型的共识排序服务下，一个通道对应 Kafka 中一个主题，一笔交易对应 Kafka 中一条消息。由于 Kafka 只保证一个分区中消息的顺序性，同一主题下多个分区之间的消息不存在顺序关系，因此 Fabric 中一个通道在 Kafka 的一个主题下只创建一个分区。orderer 节点既是 Kafka 集群的生产者，也是消费者。多个 orderer 节点作为生产者，并发地从 peer 集群接收交易，将交易作为一条消息发送至 Kafka 指定主题下的唯一分区，由 Kafka 将收到的消息顺序存储在分区中。然后 orderer 节点作为消费者，从 Kafka 集群的 broker 节点的指定主题下的唯一分区中消费已排序的消息，并按配置切块后，存储至本地通道账本中。整个过程实现在 orderer/consensus/kafka 下，参见 8.2 节所述系统通道启动的内容，主要使用了第三方库 Shopify / sarama，作为使用 Kafka 集群服务的客户端，生产、消费消息（交易）。

具体到部署 Fabric 区块链网络时，ZooKeeper、Kafka 节点的容器先后启动时，均直接运行各自容器内的/docker-entrypoint.sh 脚本，先将以"ZOOKEEPER_""KAFKA_"为前缀的环境变量写入 ZooKeeper、Kafka 配置文件中，然后分别运行/zookeeper-3.4.14/bin/zkServer.sh、/opt/kafka/

bin/kafka-server-start.sh，启动 ZooKeeper、Kafka 服务。这些启动信息由 hyperledger 项目下的 fabric-baseimage 仓库中，images/zookeeper、Kafka 下用于构建 ZooKeeper、Kafka 镜像的 Dockerfile 文件中的 ENTRYPOINT、CMD 项指定。

参见 1.4.8 版本的 fabric-samples 仓库，在 first-network/docker-compose-kafka.yaml 中配置了 ZooKeeper、Kafka 节点容器。Kafka 节点的主要环境变量配置项如下。

❑ KAFKA_BROKER_ID。它指定了一个 broker 节点 ID。

❑ KAFKA_LISTENERS、KAFKA_ADVERTISED_LISTENERS。两者都是 Kafka 服务监听请求的 endpoint。前者一般不配置，使用默认的内部地址，如 0.0.0.0:9092。后者会被 Kafka 注册至 ZooKeeper，是向外界暴露的监听地址，一般在跨域的公网上部署 Kafka 节点时需配置此项，如 PLAINTEXT://kafka.example.com:9092，orderer 节点或其他 Kafka 节点可通过公网，访问此地址并发送请求。

❑ KAFKA_UNCLEAN_LEADER_ELECTION_ENABLE。在 Fabric 区块链网络中，此值默认且必须为 false。在 ISR 中，每个副本保持同步。当一个副本 Replica_New 落后于 ISR 中的副本时，如 ISR 中副本最新消息的偏移量为 100，Replica_New 最新消息的偏移量为 5，不允许 Replica_New 所在的 broker 节点参与 leader 节点选举。因为此时若 Replica_New 所在的 broker 节点当选为 leader 节点，ISR 中的副本将以 Replica_New 为准，则[6,100] 区间的消息可能丢失。这一点不适用于共识排序服务，因为 Fabric 不存在可以让 orderer 节点重新生产[6,100]区间消息的功能。

❑ KAFKA_MIN_INSYNC_REPLICAS、KAFKA_DEFAULT_REPLICATION_FACTOR。这里标记前者为 M，后者为 N，Kafka 集群有效 broker 节点数量为 K。M 为一条消息成功提交至 ISR 中的最小副本数，N 为一个分区的副本数。两者遵从 $1<M<N<K$。如 M 为 3，N 为 5，orderer 节点生产一条消息 ENV 发送至 Kafka 指定主题下的唯一分区，当 ENV 成功存储至该分区的 3 个副本后即可返回，告诉 orderer 端 ENV 已被 Kafka 成功处理，剩余的 2 个副本，后续继续从 leader 节点复制 ENV，如此，在保证容错性的前提下，可提高 Kafka 处理消息的效率。因此，M 最小为 2，N 最小为 3。这也决定了 K 的最小值，需遵循 $N<K$，即 K 的最小值为 4。K 必须大于 N，因为若设定 $K=N$，共识排序服务虽可运行，但不再具有容错性，此时任一 Kafka 节点宕机，集群中只剩下 $N-1$ 个节点，创建新通道时，将无法创建主题分区的 N 个副本。

❑ KAFKA_OFFSETS_TOPIC_REPLICATION_FACTOR。位移主题副本的数量，标记为 O。位移主题和普通的主题一样，但位移主题是由 Kafka 内部控制和创建的（在消费者第一次消费分区消息时），用于记录消费者对分区的消费偏移量，如此当消费者重启时，消费者可以从上次终止的地方继续消费。该项配置值 $M<O<K$，默认值为 3。

❑ KAFKA_MESSAGE_MAX_BYTES、KAFKA_REPLICA_FETCH_MAX_BYTES。前者限

定了一条 Kafka 消息的最大值，默认值为 1MB，由于这里 Kafka 消息来自 orderer 节点生产的交易，而系统通道中配置了交易的大小，因此 KAFKA_MESSAGE_MAX_BYTES 应不小于系统通道所定义的 AbsoluteMaxBytes（参见 sampleconfig/configtx.yaml）。后者限定了 broker 节点复制一条消息的最大值，该值应不小于前者，否则，如 KAFKA_MESSAGE_MAX_BYTES 为 10MB，KAFKA_REPLICA_FETCH_MAX_BYTES 仅为 5MB，当一个 6MB 的消息被 leader 节点写入分区后，其他 follower 节点将无法复制此消息到副本中。

以上配置项通过 docker-entrypoint.sh 脚本，导入 Kafka 容器内的 Kafka 服务配置文件 /opt/kafka/config/server.properties，如 KAFKA_MIN_INSYNC_REPLICAS，将以 min.insync.replicas 的格式导入。然后使用此配置文件，启动 Kafka 节点服务。

在系统通道配置中，参见 sampleconfig/configtx.yaml，Orderer.OrdererType，可定义 Kafka 为共识排序服务，Orderer.Kafka.Brokers 定义了 Kafka 集群 broker 节点的 endpoint。在 orderer.yaml 中的 Kafka 部分，定义了 orderer 节点与 Kafka 节点通信时连接、生产者、消费者的重试（retry）配置，以及连接的 TLS 配置。

需要指出的是，无论是 ZooKeeper 还是 Kafka，它们都是第三方软件，具有一定的复杂性和学习成本，通过其提供共识排序服务，加大了 Fabric 区块链网络的复杂度，增加了整个网络部署的"重量"和维护难度。从项目工程的角度考量，Kafka 类型的共识排序服务作为 Fabric 的核心部件，与 Fabric 之间形成了"供应商→客户"的关系，存在潜在的上游风险传导。Kafka 类型的共识排序服务在 Fabric 2.0 中已处于 deprecated 状态。

11.3.2　CouchDB 节点与状态数据库

CouchDB 是一个面向文档的非关系数据库，通过 HTTP API 提供以 JSON 文档的形式存储数据的服务。在 Fabric 区块链网络中，peer 集群中的节点将 CouchDB 当作状态数据库，与之通信，写入和查询 peer 节点本地账本副本中的有效交易的键值对、私有数据，这些数据统一被称作状态值（state value），每个通道的状态值各自存储在 CouchDB 的不同数据库中。

peer 节点的 CouchDB 客户端实现为 core/ledger/util/couchdb/couchdb.go 中的 CouchDatabase，在 handleRequestWithRevisionRetry、handleRequest 方法中通过 http.Client 访问 CouchDB 的服务的 API URL，如 couchdb0:5984/db1/uuid，从 CouchDB 中读、写数据，管理 CouchDB 的索引。参见 fabric-samples 仓库的 first-network/docker-compose-couch.yaml 中对 CouchDB 容器配置的环境变量 COUCHDB_USER、COUCHDB_PASSWORD，peer 节点与 CouchDB 之间连接的安全性由 CouchDB 端的用户管理机制保障，通过本地访问 CouchDB 节点 API URL，创建用户和用户密码，并赋予用户角色，以此控制客户端的访问。Peer 节点在连接时需提供用户名和密码，在 peer 节点 core.yaml 中 ledger.state.couchDBConfig.username、password 处配置。

在 core.yaml 的 ledger.state 中配置了 peer 节点如何使用状态数据库，其中 ledger.state.

couchDBConfig 部分详细配置了 CouchDB，包括要连接的 CouchDB 地址、用户名、密码、请求响应超时时间、写入和查询范围限制等。

同 ZooKeeper、Kafka 第三方节点一样，CouchDB 镜像由 fabric-baseimage 仓库的 images/couchdb/Dockerfile 编译生成，当 CouchDB 节点容器启动时，直接执行容器内的 /docker-entrypoint.sh 脚本，先将以"COUCHDB_"为前缀的环境变量导入配置文件，然后执行 /opt/couchdb/bin/couchdb，启动 CouchDB。

第 **12** 章

链码生命周期管理

本章以链码的生命周期管理为主题，叙述系统链码和应用链码。对于系统链码，重点叙述它的启动过程。对于应用链码，这是我们接触最多的链码，我们首先需要厘清应用链码与系统链码、容器载体的关系，然后从操作和实现两方面，重点叙述它的安装、实例化、升级的全生命周期管理。另外，在 Fabric 2.0 中，应用链码已可以作为外部服务单独部署，本章也将详述其操作和实现。

链码又被称为智能合约，本质上是一段代码，用于实现业务逻辑功能，生成交易数据。在 Fabric 中，链码分为系统链码（system chaincode）和应用链码（application chaincode）。系统链码负责处理 Fabric 区块链网络自身所提供的服务的维护交易，如加入应用通道、管理应用链码的生命周期，其随 peer 节点启动而启动，通过 Go 语言内置的 chan 与 peer 程序进行通信。应用链码由开发者依据业务逻辑通过编程实现，主要处理的是应用业务数据，经多个组织背书批准，安装、提交至应用通道中，在 Docker 容器中可以作为独立的外部服务运行，通过 gRPC 与 peer 节点进行通信，供客户端（peer CLI 或 Fabric SDK）调用。

系统链码、应用链码均遵循 fabric-chaincode-go 仓库的 shim/interfaces.go 中 Chaincode 接口的定义。接口包含 Init、Invoke 两个方法。Init 方法负责初始化链码，以使链码达到可以正确执行业务逻辑的状态。Invoke 方法用于客户端调用，负责统一处理具体的业务逻辑。同时，系统链码、应用链码与 peer 节点交互处理消息的流程基本一致，如图 9-1 所示的背书服务流程。

链码服务于通道。链码处理的数据来源于账本，经处理后的数据最终又写入账本中。在形式上，系统链码运行在 peer 节点内部，应用链码通过 peer 节点启动，任何通道联盟成员的 peer 节点只要在本地安装了链码包，均可启动应用链码。

Fabric 2.0 之前版本中，应用链码生命周期管理主要包含安装、部署、更新、打包、签名等操作，由调用链码的 peer chaincode 子命令实现。在 Fabric 2.0 中，除兼容旧版本的应用链码生命周期管理外，又把生命周期管理的功能单独作为一个服务模块，即 lifecycle 服务模块，将应用链码生命周期管理归属生命周期管理，并对应用链码准予运行的机制做了更改，由 peer lifecycle chaincode 子命令实现，主要包括打包、安装、批准、提交、检查、查询等。将来，链码生命周期管理将从 peer chaincode 子命令中剥离，专由 peer lifecycle chaincode 子命令实现。

　　同时，链码在 Fabric 发展过程中有向插件化、微服务化方向发展的趋势。链码本质上是运行在通道中的一段符合业务逻辑的代码，业务性质较强，因此将之插件化、微服务化可以更加灵活地依据业务需求进行迭代、部署和维护，也可大大扩展 Fabric 区块链网络的合作边界和链码的服务能力。Fabric 1.2 之前版本中，对交易的背书、验证功能分别由系统链码 escc、vscc 完成，从 Fabric 1.2 起，escc、vscc 已作为背书插件、交易验证插件，服务于区块链网络交易，用户可以以插件的方式，自行实现背书和验证逻辑。Fabric 2.0 之前版本中，应用链码生命周期管理只能基于 Docker 容器，而 Fabric 2.0 中，应用链码已经可以作为一个微服务，独立于 Fabric 区块链网络，单独运行。但链码的插件化、微服务化也并非"百利而无一害"，链码不再完全意义上地属于 Fabric 区块链网络，在业务定位、开发协作、日志监控等方面可能会引入新的问题。

12.1　系统链码

12.1.1　系统链码的类型和功能

　　系统链码的服务对象是 Fabric 区块链网络服务自身。在 Fabric 2.0 中，存在 4 个系统链码：负责加入通道和查询通道配置块的 cscc、负责应用链码生命周期管理的 lscc（旧）、负责查询本地账本数据的 qscc、负责应用链码生命周期管理的_lifecycle（新）。这些均是 Fabric 区块链网络自身所提供的服务。出于兼容性的需要，通过 lscc 操作的链码，_lifecycle 也能继续对之进行操作。

　　cscc、lscc 和 qscc 在 core/scc 下实现，_lifecycle 在 core/chaincode/lifecycle/scc.go 中实现。

　　在旧版本 Fabric 中，vscc、escc 也为系统链码，但在 Fabric 2.0 中，这两个链码的功能以插件的形式存在，分别在 core/handlers/endorsement/builtin/default_endorsement.go、core/handlers/validation/builtin/default_validation.go 中默认实现。

12.1.2　系统链码的初始化

　　当 peer 节点启动时，系统链码也随之启动，可参见 11.1.2 节关于 peer 节点的启动过程的内容。这里以_lifecycle 为例，在生命周期管理服务 lifecycle 的支持下，叙述_lifecycle 系统链码完整的初始化过程。

1. serve 函数

　　当 peer 节点启动时，将执行 serve 函数。其中，对所支持的系统链码进行部署，如代码清单 12-1 所示。

代码清单 12-1　internal/peer/node/start.go

```
1.   func serve(args []string) error {
2.       ...
3.       lifecycleSCC := &lifecycle.SCC{...}
4.       chaincodeSupport := &chaincode.ChaincodeSupport{...}
```

```
5.    for ,cc := range []scc.Self..SysCC{lsccInst,csccInst,qsccInst,lifecycleSCC} {
6.      if enabled, ok := chaincodeConfig.SCCWhitelist[cc.Name()]; !ok || !enabled
7.      { continue }
8.      scc.DeploySysCC(cc, chaincodeSupport)
9.    }
10. }
```

在代码清单 12-1 中，第 3 行，创建 _lifecycle 系统链码实例，在 core/chaincode/lifecycle/scc.go 中定义。

第 4 行，创建链码支持对象 chaincodeSupport，包含链码生命周期管理所需的所有数据和功能，如调用分发器、ACL 提供者、应用通道配置检索对象、链码部署信息提供者、链码启动器、链码容器控制器、内建系统链码列表等。

第 5~9 行，遍历所有内建系统链码进行部署，包括 _lifecycle。其中，第 7 行，查看是否启用 _lifecycle，在 core.yaml 中的 chaincode.system 下设置；第 8 行，调用 DeploySysCC 函数对 _lifecycle 进行实际部署。

2. DeploySysCC 函数

如代码清单 12-2 所示，执行 DeploySysCC 函数，对 _lifecycle 进行实际的部署工作。

代码清单 12-2　core/scc/scc.go

```
1.  func DeploySysCC(sysCC SelfDescribingSysCC, chaincodeStreamHandler
    ChaincodeStreamHandler) {
2.    ccid := ChaincodeID(sysCC.Name())
3.    done := chaincodeStreamHandler.LaunchInProc(ccid)
4.    peerRcvCCSend := make(chan *pb.ChaincodeMessage)
5.    ccRcvPeerSend := make(chan *pb.ChaincodeMessage)
6.    go func() {
7.      stream := newInProcStream(peerRcvCCSend, ccRcvPeerSend)
8.      err := chaincodeStreamHandler.HandleChaincodeStream(stream)
9.    }
10.   go func(sysCC SelfDescribingSysCC) {
11.     stream := newInProcStream(ccRcvPeerSend, peerRcvCCSend)
12.     err := shim.StartInProc(ccid, stream, sysCC.Chaincode())
13.   }(sysCC)
14.   <-done
15. }
```

在代码清单 12-2 中，第 2~3 行，查看 _lifecycle 的启动状态，获取监控启动状态的 chan，调用代码清单 12-3 中的方法。

第 4~5 行，创建两个 peer 节点与 _lifecycle 相互收发消息的 chan，一个用于 "peer 发，chaincode 收"，一个用于 "chaincode 发，peer 收"。

第 6~9 行，启动 peer 端与 _lifecycle 交互的协程。其中，第 7 行，在 core/scc/inprocstream.go 中实现，使用上文创建的两个 chan，创建 peer 端与 _lifecycle 通信的对象，这里标记为 PEER_STREAM；第 8 行，使用 PEER_STREAM 启动与 _lifecycle 的通信进程。

第 10~13 行，启动 _lifecycle 与 peer 端交互的协程。其中，第 11 行，使用上文创建的两个

chan，创建_lifecycle 与 peer 端通信的对象，这里标记为 CC_STREAM；第 12 行，创建处理 peer 端消息的 Handler，并使用通信对象启动与 peer 端通信的进程。

第 14 行，监听_lifecycle 的启动状态，等待其准备就绪。

代码清单 12-3　core/chaincode/chaincode_support.go

```
1.  func (cs *ChaincodeSupport) LaunchInProc(ccid string) <-chan struct{} {
2.      launchStatus, ok := cs.HandlerRegistry.Launching(ccid)
3.      if ok { chaincodeLogger.Panicf(...) }
4.      return launchStatus.Done()
5.  }
```

在代码清单 12-3 中，第 2 行，在 core/chaincode/handler_registry.go 中实现，从注册链码 Handler 的对象中查看_lifecycle 是否处于已启动、正在启动、已注册的状态，若均不是，则创建监听_lifecycle 启动状态的 chan。

第 3 行，若启动_lifecycle 的进程已存在，则直接崩溃退出，即不允许重复启动多个_lifecycle。

第 4 行，返回监听_lifecycle 启动状态的 chan。

3. peer 端与_lifecycle 的通信进程

如代码清单 12-4 所示，peer 端启动与_lifecycle 的通信进程。

代码清单 12-4　core/chaincode/chaincode_support.go

```
1.  func (cs *ChaincodeSupport) HandleChaincodeStream(stream ..ChaincodeStream)... {
2.      handler := &Handler{...}
3.      return handler.ProcessStream(stream)
4.  }
```

在代码清单 12-4 中，第 2 行，创建专用于处理_lifecycle 消息的 Handler，这里标记为 PEER_LIFECC_HANDLER。在 peer 端，每个链码均有一个专属的 Handler。

第 3 行，使用 PEER_LIFECC_HANDLER 调用代码清单 12-5 中的方法，启动 peer 端与_lifecycle 交互的进程。

代码清单 12-5　core/chaincode/handler.go

```
1.  func (h *Handler) ProcessStream(stream ccintf.ChaincodeStream) error {
2.      h.streamDoneChan = make(chan struct{}); defer close(h.streamDoneChan)
3.      var keepaliveCh <-chan time.Time; if h.Keepalive != 0 {...}
4.      receiveMessage := func() {
5.        in, err := h.chatStream.Recv(); msgAvail <- &recvMsg{in, err}
6.      }
7.      go receiveMessage()
8.      for {
9.        select {
10.       case rmsg := <-msgAvail:
11.         switch {...
12.           default:
13.             err := h.handleMessage(rmsg.msg)
14.             go receiveMessage()
15.         }
16.       ...
```

```
17.      case <-keepaliveCh:
18.        h.serialSendAsync(...)
19.        continue
20.      }
21.    }
22. }
```

在代码清单 12-5 中，第 2 行，创建用于标识与_lifecycle 通信结束的 chan。

第 3 行，创建心跳触发器，用于在第 18 行处定时向_lifecycle 发送心跳消息，心跳间隔由 core.yaml 中的 chaincode.keepalive 设定。

第 4～7 行，启动使用 PEER_STREAM 接收_lifecycle 消息的协程。从_lifecycle 接收的消息将被转发至 msgAvail。这里只是先行接收一次_lifecycle 启动后发送的"注册"消息，也会触发下一步的循环接收。

第 8～21 行，循环接收并处理来自_lifecycle 的消息。正常的链码消息在第 10 行处被接收，并在第 12～14 行的 default 分支中，先执行 err := h.handleMessage(rmsg.msg)处理当次链码消息，之后再次执行 go receiveMessage()接收下一个_lifecycle 消息，形成依次循环接收链码消息的效果。

4．_lifecycle 与 peer 端的通信进程

如代码清单 12-6 所示，_lifecycle 启动与 peer 端的通信进程。

代码清单 12-6　fabric-chaincode-go/shim/shim.go

```
1.  func StartInProc(chaincodename string, stream ClientStream, cc Chaincode) error {
2.    return chaincodeAsClientChat(chaincodename, stream, cc)
3.  }
4.  func chaincodeAsClientChat(chaincodename string, stream ClientStream, cc
    Chaincode) error {
5.    return chatWithPeer(chaincodename, stream, cc)
6.  }
7.
8.  func chatWithPeer(chaincodename string, stream PeerChaincodeStream, cc Chaincode)
    error {
9.    handler := newChaincodeHandler(stream, cc)
10.   ...
11.   err = handler.serialSend(&peerpb.ChaincodeMessage{ Type:
12.                     peerpb.ChaincodeMessage_REGISTER, Payload: payload})
13.   ...
14.   go receiveMessage()
15.   for {
16.     select {
17.     case rmsg := <-msgAvail:
18.       switch {...
19.       default:
20.         err := handler.handleMessage(rmsg.msg, errc)
21.         go receiveMessage()
22.       }
23.     case sendErr := <-errc: ...
24.     }
25.   }
26. }
```

在代码清单 12-6 中，经第 1、4 行调用，最终执行 chatWithPeer 函数，其过程同 peer 端启动与_lifecycle 的通信进程基本一致。

特殊的地方在于，第 9 行，创建用于处理 peer 端消息的 Handler，这里标记为 LIFECC_HANDLER，stream 为与 peer 节点通信的对象，cc 为_lifecycle 链码对象。第 11~12 行，向 peer 端发送一条"注册"消息，告之_lifecycle 自身已开始启动，可以开始初始化。

5. peer 端与_lifecycle 通信的初始化

peer 与_lifecycle 两端各自启动与对方交互的进程后，_lifecycle 首先发送一条注册类型（ChaincodeMessage_REGISTER）的链码消息至 peer 端，开始链码通信初始化的过程。

Peer 端在代码清单 12-5 的第 14 行处收到此注册消息，调用代码清单 12-7 中的方法处理。

代码清单 12-7　core/chaincode/handler.go

```
1.  func (h *Handler) handleMessage(msg *pb.ChaincodeMessage) error {
2.    if msg.Type == pb.ChaincodeMessage_KEEPALIVE { return nil }
3.    switch h.state {
4.      case Created: return h.handleMessageCreatedState(msg)
5.      case Ready: return h.handleMessageReadyState(msg)
6.      default: ...
7.    }
8.  }
9.  func (h *Handler) handleMessageCreatedState(msg *pb.ChaincodeMessage) error {
10.   switch msg.Type {
11.   case pb.ChaincodeMessage_REGISTER: h.HandleRegister(msg)
12.   default: ...
13.   }
14. }
15. func (h *Handler) HandleRegister(msg *pb.ChaincodeMessage) {...
16.   err = h.Registry.Register(h)
17.   err := h.serialSend(&pb.ChaincodeMessage{Type: pb.ChaincodeMessage_REGISTERED})
18.   h.state = Established
19.   h.notifyRegistry(nil)
20. }
```

在代码清单 12-7 中，第 4 行，PEER_LIFECC_HANDLER 的初始状态为 Created，因此执行第 9 行的 handleMessageCreatedState 方法；又因为是注册消息，所以执行第 15 行的 HandleRegister 方法。

第 16 行，在 core/chaincode/handler_registry.go 中实现，遵循注册消息的指示，在 peer 端注册专属于_lifecycle 的 PEER_LIFECC_HANDLER。一经注册，若再次执行代码清单 12-2 的第 3 行代码，将触发 panic。

第 17 行，peer 端向_lifecycle 发送 PEER_LIFECC_HANDLER "已注册"的消息。

第 18 行，标记 PEER_LIFECC_HANDLER 的状态为 Established，即已与_lifecycle 建立通信连接。

第 19 行，向_lifecycle 发送"准备就绪"消息并标记 PEER_LIFECC_HANDLER 的状态为 Ready，同时结束监听_lifecycle 启动状态的等待，即代码清单 12-2 的第 14 行处的等待。

_lifecycle 先后接收到 peer 端发来的"已注册""准备就绪"消息，交由代码清单 12-6 的第 20 行处理，调用 fabric-chaincode-go 仓库的 shim/handler.go 的 handleMessage 方法处理，处理过程与上述 peer 端处理 ChaincodeMessage_REGISTER 消息的过程基本一致，最终 PEER_LIFECC_HANDLER 将先后被标记为 Established、Ready 状态。至此 peer 端与_lifecycle 的通信初始化完毕，可开始接收交易请求。

12.2　应用链码

应用链码在遵循标准接口定义的前提下，用于描述实际的商业业务逻辑，实现联盟成员认可的交易。Fabric 2.0 中，支持 Go、Node.js、Java 这 3 种编程语言。

定义一个应用链码，除了链码源码实现外，还涉及：私有数据集合配置文件 collections_config.json、安装信息元数据 metadata.json（可自动生成）、状态数据库索引配置目录 META-INF（CouchDB 类型的状态数据库可用）、背书策略、背书插件、验证插件、是否需要初始化（必须先调用且只需调用一次链码的 Init 方法，Invoke 方法才可用）。

应用链码的配置在 core.yaml 的 chaincode 部分。builder 定义了编译应用链码所使用的镜像，Go、Java、Node.js 定义了运行不同编程语言的应用链码使用的镜像，timeout、keepalive 定义了链码容器与背书节点连接的参数，system 定义了使用系统链码的白名单，externalBuilders 定义了链码作为外部服务的配置。

12.2.1　应用链码与系统链码的关系

应用链码与系统链码都是遵循链码接口定义所实现的智能合约，它们只在功能定位上有所区别。应用链码与_lifecycle、lscc 系统链码关系紧密，因为_lifecycle、lscc 两者负责应用链码的生命周期管理和调用。在应用链码实现的逻辑中，也可通过接口定义的 InvokeChaincode 方法，像调用其他应用链码一样，调用系统链码。

12.2.2　应用链码与容器的关系

链码运行于容器之内。在 Fabric 中，将链码运行的载体统一视为容器（container），有 3 种类型：虚拟内存容器、Docker 容器、外部服务虚拟容器。系统链码运行于虚拟内存容器，应用链码运行于 Docker 容器或外部服务虚拟容器。

容器存在两个基本操作，即构建（build）和运行（launch）。构建的工作是为运行应用链码做必要的准备，如编译链码程序、镜像或检查外部服务的连接信息，对应 peer lifecycle chaincode install 命令。运行的工作是启动应用链码或与外部已运行的服务建立通信，使应用链码参与到通道交易服务中，对应 peer lifecycle chaincode commit 命令。

管理应用链码的不同类型容器的对象为 core/container/container.go 中定义的容器路由器 Router，持有 Docker 容器构建器 DockerBuilder、外部服务虚拟容器构建器 ExternalBuilder，分别在 core/container/dockercontroller/dockercontroller.go、core/container/externalbuilder/externalbuilder.go 中实现。两个容器构建器构建出的链码实例存储在 Router 的 containers 成员中。

这里以 Docker 容器为例，如图 12-1 所示，当应用链码以 Docker 容器的方式运行时，在底层主要调用第三方库 fsouza / go-dockerclient，peer 节点将作为 Docker 客户端，通过所在系统的 var/run/docker.sock 套接字（core.yaml 中的 vm.endpoint 设定）访问 Docker 服务守护进程，构建、运行应用链码 Docker 容器。具体地，peer 节点将使用 hyperledger/fabric-ccenv 镜像编译应用链码，使用 hyperledger/fabric-baseos 作为基础镜像构建应用链码镜像。接下来，我们将详细叙述构建、运行应用链码 Docker 容器的过程。

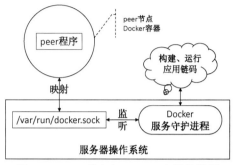

图 12-1　peer 节点与 Docker 容器的关系

1．serve 函数

当 peer 节点启动时，将执行 serve 函数。其中，创建所支持的不同类型容器的构建、运行对象，并启动后台监听链码事件的协程，如代码清单 12-8 所示。

代码清单 12-8　internal/peer/node/start.go

```
1.  func serve(args []string) error {
2.    ...
3.    if coreConfig.VMEndpoint != "" {
4.      client, err = createDockerClient(coreConfig)
5.      dockerVM = &dockercontroller.DockerVM{...}
6.    }
7.    externalVM := &externalbuilder.Detector{...}
8.    containerRouter := &container.Router{
9.      DockerBuilder: dockerVM, ExternalBuilder: externalVM,
10.     PackageProvider: &persistence.FallbackPackageLocator{...}
11.   }
12.   containerRuntime := &chaincode.ContainerRuntime{
13.     BuildRegistry: buildRegistry, ContainerRouter: containerRouter,
14.   }
15.   chaincodeLauncher := &chaincode.RuntimeLauncher{
16.     ...,Runtime: containerRuntime,...
17.   }
18.   chaincodeSupport := &chaincode.ChaincodeSupport{...}
19.   custodianLauncher := custodianLauncherAdapter{
20.     launcher: chaincodeLauncher, streamHandler: chaincodeSupport,
21.   }
22.   go chaincodeCustodian.Work(buildRegistry, containerRouter, custodianLauncher)
23. }
```

在代码清单 12-8 中，第 3～11 行，分别创建 Docker 容器构建器、外部服务虚拟容器构建器，并用之创建容器路由器 Router。

第 12～21 行，使用 Router 和其他对象，创建一个用于 lifecycle 应用链码生命周期管理的链码容器运行工具 Launcher。Router 自身有构建、运行链码容器的能力，但不同类型的容器运行时所需的其他对象大相径庭，因此又创建包含 Router 的 RuntimeLauncher。最后使用 RuntimeLauncher 和 ChaincodeSupport，创建"增强版"链码运行工具 custodianLauncherAdapter，供后台监听链码事件的协程使用。

第 22 行，在 core/chaincode/lifecycle/custodian.go 中实现，将链码状态注册对象、Router、custodianLauncherAdapter 传入 lifecycle 的链码监管协程，开始监听构建、运行、停止应用链码容器的通知。

2. 构建链码 Docker 镜像

执行安装应用链码 mycc 的命令后，将通知链码监管协程，告之 mycc 已安装。链码监管协程使用 Router 的 Build 方法，构建 mycc 的 Docker 镜像，如代码清单 12-9 所示。

代码清单 12-9　core/container/container.go

```
1.  func (r *Router) Build(ccid string) error {
2.    if r.ExternalBuilder != nil {
3.      _, mdBytes, codeStream, err := r.PackageProvider.Get...Package(ccid)
4.      instance, err = r.ExternalBuilder.Build(ccid,mdBytes,codeStream)
5.    }
6.    if instance == nil {
7.      metadata, _, codeStream, err := r.PackageProvider.Get...Package(ccid)
8.      instance, err = r.DockerBuilder.Build(ccid, metadata, codeStream)
9.    }
10.   ...
11.   r.containers[ccid] = instance
12. }
```

在代码清单 12-9 中，第 2～5 行，若设定链码作为外部服务，即背书节点的 core.yaml 中 chaincode.externalBuilders 处设置不为空，则优先使用外部服务虚拟容器构建对象构建链码外部服务，所做的工作一般是整理链码端连接信息，编译启动链码（可选）。

第 6～9 行，若未将链码设定为外部服务，或构建过程出错，构建出的 mycc 实例将为 nil，则调用代码清单 12-10 中的方法，依据链码 ID、链码包元数据、链码包源码数据，构建 mycc 的 Docker 镜像，如 dev-peer0.org1-mycc_1-10e4...8f20。具体过程如代码清单 12-10 所示。

代码清单 12-10　core/container/dockercontroller/dockercontroller.go

```
1.  func (vm *DockerVM) Build(ccid , metadata, codePackage) (container.Instance,...){
2.    imageName, err := vm.GetVMNameForDocker(ccid)
3.    ccType := strings.ToUpper(metadata.Type)
4.    _, err = vm.Client.InspectImage(imageName)
5.    switch err {
6.    case docker.ErrNoSuchImage:
7.      dockerfileReader, err := vm.PlatformBuilder.GenerateDockerBuild(ccType,
8.                                              metadata.Path, codePackage)
9.      err = vm.buildImage(ccid, dockerfileReader)
10.   case ...
11.   }
12.   return &ContainerInstance{DockerVM:vm, CCID:ccid, Type:ccType}, nil
13. }
```

第 2 行，依据链码 ID，以一定的格式和规则，确定 mycc 的镜像名称。

第 3 行，从链码包元数据中获取链码的运行平台类型，这里设定为 GOLANG。

第 4 行，使用 Docker 客户端向 Docker 服务端发送命令，检查 mycc 的镜像名称是否可用。

第 5～11 行，若 mycc 的镜像名称可用，则进入 case docker.ErrNoSuchImage 分支。首先执行第 7～8 行，在 core/chaincode/platforms/builder.go 中实现，使用 GOLANG 平台的创建工具，具体调用 core/chaincode/platforms/golang/platform.go 中的实现，创建一个包含用于生成 mycc 镜像的 Dockerfile 内容的可读数据流。再执行第 9 行，使用 Dockerfile 内容的可读数据流，调用 Hyperledger/fabric-ccenv 镜像编译 mycc 源码（被编译成名为 chaincode 的程序）、构建生成 mycc 的 Docker 镜像。

第 11 行，存储已构建的 mycc 的容器实例。这里的容器是 Fabric 中的容器概念，实质是一个包含 mycc 镜像信息、Docker 客户端等用于启动运行链码 Docker 容器的对象。

3. 启动链码 Docker 容器

执行提交 mycc 链码定义的命令后，将通知链码监管协程，告之 mycc 已安装且可运行。链码监管协程使用 Launcher 的 Launch 方法，启动 mycc 的 Docker 容器，如代码清单 12-11 所示。

代码清单 12-11　core/chaincode/runtime_launcher.go

```
1.  func (r *RuntimeLauncher) Launch(ccid, streamHandler extcc.StreamHandler) error {
2.    launchState, alreadyStarted := r.Registry.Launching(ccid)
3.    if !alreadyStarted { ...
4.      go func() {
5.        ccservinfo, err := r.Runtime.Build(ccid)
6.        if ccservinfo != nil {
7.          err = r.ConnectionHandler.Stream(ccid,ccservinfo,streamHandler)
8.          launchState.Notify(); return
9.        }
10.       ccinfo, err := r.ChaincodeClientInfo(ccid)
11.       err = r.Runtime.Start(ccid, ccinfo)
12.       exitCode, err := r.Runtime.Wait(ccid)
13.       launchState.Notify(errors.Errorf("... %d", exitCode))
14.     }
15.   }
16.   ...
17. }
```

在代码清单 12-11 中，第 2 行，从链码容器状态注册管理对象中查询当前 mycc 容器的启动状态。

第 3～15 行，若 mycc 容器尚未启动，则启动一个协程，运行 mycc 的 Docker 容器。

（1）第 5 行，再次调用 Build 方法，但这次不为构建 mycc，构建后再次调用 Build 方法将直接返回已构建 mycc 实例的服务端信息。以 Docker 方式构建 mycc 实例时，服务端信息为 nil。

（2）第 6～9 行，针对将链码作为独立外部服务所构建的 mycc 实例，此时使用 mycc 服务端的信息和 ChaincodeSupport，建立 peer 节点与 mycc 之间的通信，并阻塞，不再向下执行。

（3）第 10 行，继续执行，则 mycc 实例是以 Docker 方式构建的。这里将链码作为客户端，peer 节点作为服务端，创建 mycc 容器连接 peer 容器的连接配置，包含 peer 节点的监听地址、TLS 配置，其中 TLS 证书数据由 core/chaincode/accesscontrol/access.go 中的 Authenticator 生成。

（4）第 11 行，底层调用 Router 的 Start 方法，将路由至 Docker 容器构建器，调用代码清单 12-12 中的方法，进而调用代码清单 12-13 中的方法，启动 mycc 容器。

（5）第 12～13 行，等待 mycc 容器启动结束，并通知注册 mycc 容器的启动状态。

代码清单 12-12　core/container/container.go

```
1.  func (r *Router) Start(ccid string, peerConnection *ccintf.PeerConnection)error {
2.    return r.getInstance(ccid).Start(peerConnection)
3.  }//获取代码清单 12-9 构建的 mycc 实例，并调用其 Start 方法
```

代码清单 12-13　core/container/dockercontroller/dockercontroller.go

```
1.  func (vm *DockerVM) Start(ccid, ccType, peerConnection *...PeerConnection) error{
2.    imageName, err := vm.GetVMNameForDocker(ccid)
3.    containerName := vm.GetVMName(ccid)
4.    vm.stopInternal(containerName)
5.    args, err := vm.GetArgs(ccType, peerConnection.Address)
6.    env := vm.GetEnv(ccid, peerConnection.TLSConfig)
7.    err = vm.createContainer(imageName, containerName, args, env)
8.    if peerConnection.TLSConfig != nil { ... }
9.    err = vm.Client.StartContainer(containerName, nil)
10. }
```

在代码清单 12-13 中，第 2～3 行，使用 Docker 客户端获取 mycc 镜像名，并依之确定容器名。

第 4 行，若容器名被正在运行的容器占用，则停止该容器。

第 5～6 行，依据 mycc 连接 peer 节点的配置，生成启动 mycc 容器时所执行的命令、环境变量集。命令如 chaincode -peer.address=peer0.org1:7052，环境变量如 CORE_PEER_TLS_ENABLED=true。

第 7 行，依据镜像名、容器名、启动命令、环境变量集，使用 Docker 客户端创建一个 mycc 容器对象。

第 8 行，若 mycc 与 peer 节点间通过 TLS 进行安全通信，则需将 mycc 使用的客户端 TLS 证书上传至 mycc 容器。

第 9 行，使用 Docker 客户端，启动 mycc 的 Docker 容器。

12.2.3　应用链码的安装交易过程

这里设定，以 Go 语言实现的应用链码 mycc 的源码，存放在 ./cc_src_path 目录下，需 Org1MSP、Org2MSP 组织批准，在 mychannel 通道中进行安装、实例化为例，叙述 peer lifecycle chaincode 实现的应用链码生命周期管理。

1. 本地打包链码

Fabric 2.0 中，链码安装包的格式已从 Google Protocol Buffers(Protobuf) 格式变为符合 POSIX 规范的 GZIP 压缩格式，即 .tar.gz 压缩包，方便检索、查看和将链码作为外部服务。我们可以依

据 Fabric 设定链码压缩包规范，自行通过 tar 等压缩工具，打包链码。我们也可以使用 peer CLI 执行 peer lifecycle chaincode package mycc.tar.gz --path ./cc_src_path --lang golang --label mycc_1.0，将 ./cc_src_path 目录下使用 Go 语言实现的应用链码源码，打包成 mycc.tar.gz，链码标签为 mycc_1.0。

打包时，将执行代码清单 12-14 中的方法，具体为第 3 行所定义的方法。

代码清单 12-14　internal/peer/lifecycle/chaincode/package.go

```
1.   func PackageCmd(p *Packager) *cobra.Command {
2.     chaincodePackageCmd := &cobra.Command{ ...
3.       RunE: func(cmd *cobra.Command, args []string) error {
4.         if p == nil {
5.           pr := packaging.NewRegistry(packaging.SupportedPlatforms...)
6.           p = &Packager{PlatformRegistry: pr, Writer: &pers...}
7.         }
8.         p.Command = cmd; return p.PackageChaincode(args)
9.       },...
10.    }
11.  }
12.  func (p *Packager) PackageChaincode(args []string) error {
13.    if p.Command != nil { p.Command.SilenceUsage = true }
14.    p.setInput(args[0])
15.    return p.Package()
16.  }
```

在代码清单 12-14 中，第 4～7 行，若打包对象为空，则首先注册 Fabric 支持的链码编程语言平台，平台对象在 core/chaincode/platforms 下的 Go、Node.js、Java 中实现，依据各平台应用链码实现的特点，负责各自源码、源码依赖项、状态数据库索引配置的检查、打包。然后创建链码打包对象，包括文件系统读写对象 Writer，用于固化存储链码压缩包。

第 8 行，调用第 12 行定义的方法，使用命令行参数，打包链码。

第 14 行，设定打包链码的参数信息，包括链码所在路径、链码语言、链码标签、输出的链码压缩包名称。

第 15 行，使用指定的平台对象，创建两个文件。文件一：链码包元数据文件 metadata.json，包括链码类型、链码源码在链码包中的路径、链码标签，如 {"path":".../hyperledger/.../abstore", "type":"golang","label":"mycc_1"}。文件二：链码源码包 code.tar.gz，将链码源码（包括 go.mod、vendor、状态数据库索引配置目录 META-INF）按 metadata.json 中 path 指定的路径放至 src 目录下，打包成 code.tar.gz。最后将两个文件打包成 mycc.tar.gz。

2. 安装链码

安装链码是一笔正常的背书交易，只不过所调用的链码为系统链码 _lifecycle。成功安装后，链码安装包将存储于背书节点本地，可供查询和其他客户端拉取。peer CLI 通过执行 peer lifecycle chaincode install mycc.tar.gz --peerAddresses peer0.org1:7051 --tlsRootCertFiles ./peer0.org1/tls/ca.crt，将链码压缩包 mycc.tar.gz 安装至 peer0.org1 节点本地，并构建链码（编译链码或生成链码镜像）。

安装时，将执行代码清单 12-15 中的方法，具体为第 3 行所定义的方法。

代码清单 12-15　internal/peer/lifecycle/chaincode/install.go

```
1.  func InstallCmd(i *Installer, cryptoProvider bccsp.BCCSP) *cobra.Command {
2.    chaincodeInstallCmd := &cobra.Command{ ...
3.      RunE: func(cmd *cobra.Command, args []string) error {
4.        if i == nil {
5.          ccInput := &ClientConnectionsInput{...}
6.          c, err := NewClientConnections(ccInput, cryptoProvider)
7.          i = &Installer{...}
8.        }
9.        return i.InstallChaincode(args)
10.     },...
11.   }
12. }
13. func (i *Installer) InstallChaincode(args []string) error {
14.   if p.Command != nil { p.Command.SilenceUsage = true }
15.   i.setInput(args)
16.   return i.Install()
17. }
18. func (i *Installer) Install() error {
19.   err := i.Input.Validate()
20.   pkgBytes, err := i.Reader.ReadFile(i.Input.PackageFile)
21.   serializedSigner, err := i.Signer.Serialize()
22.   proposal, err := i.createInstallProposal(pkgBytes,serializedSigner)
23.   signedProposal, err := signProposal(proposal, i.Signer)
24.   return i.submitInstallProposal(signedProposal)
25. }
26. func (i *Installer) createInstallProposal(pkgBytes, creatorBytes []byte) (...) {
27.   ...
28.   ccInput := &pb.ChaincodeInput{Args: [][]byte{[]byte("InstallChaincode"),
29.                                     installChaincodeArgsBytes}}
30.   cis := &pb.ChaincodeInvocationSpec{...}
31.   proposal, _, err := protoutil.CreateProposalFromCIS(...)
32.   return proposal, nil
33. }
```

在代码清单 12-15 中，第 4～8 行，若安装对象为空，则创建。其中，第 5 行，整理连接背书节点的背书客户端的参数，主要有两个来源：命令行参数、通道 peer 节点连接配置文件（由 --connectionProfile 指定，这里未使用）。第 6 行，依据客户端参数，创建用于连接 peer、orderer 节点的各类客户端，这里是背书客户端。第 7 行，使用背书客户端、文件系统读写对象、peer CLI 身份，创建链码安装对象。

第 9 行，调用第 13 行定义的方法，使用链码安装对象，安装 mycc.tar.gz。先执行第 15 行设置输入的参数（这里只有一个链码压缩包名称），再执行第 16 行安装链码，具体为第 18～25 行中实现的过程。

第 19～20 行，验证输入参数，使用文件系统读写对象，读取 mycc.tar.gz。

第 21 行，获取 peer CLI 的身份，代表发起安装链码背书申请的客户端。

第 22 行，调用第 26～33 行的方法，创建背书申请，其中包含调用_lifecycle 的链码调用说明书（CIS）、调用链码时所用的参数数组（索引 0 处为调用的方法名，索引 1 处为 mycc.tar.gz 压缩包数据）。该背书申请是一个无通道背书交易，即安装阶段，链码不存在通道归属的概念，已安装的链码可以根据需要实例化在任何通道中。

第 23 行，使用 peer CLI 的身份对背书申请签名，以表明发起背书申请的客户端身份。

第 24 行，使用客户端向背书节点发送安装链码的背书申请，并返回安装结果。

参见 8.4 节所述调用系统链码 cscc 执行加入应用通道的配置交易（与安装链码同为无通道背书交易）过程，经处理，将执行代码清单 12-16 中的 Invoke 方法。

代码清单 12-16　core/chaincode/chaincode_support.go

```
1.  func (cs *ChaincodeSupport) Invoke(txParams, chaincodeName, input)
    (*pb.ChaincodeMessage, error) {
2.    ccid,cctype:= cs.CheckInvocation(txParams, chaincodeName, input)
3.    h, err := cs.Launch(ccid)
4.    return cs.execute(cctype, txParams, chaincodeName, input, h)
5.  }
6.  func (cs *ChaincodeSupport) execute(cctyp, txParams, namespace, input,
    h *Handler) (*pb.ChaincodeMessage, error) {
7.    input.Decorations = txParams.ProposalDecorations
8.    payload, err := proto.Marshal(input)
9.    ccMsg := &pb.ChaincodeMessage{...}
10.   timeout := cs.executeTimeout(namespace, input)
11.   ccresp, err := h.Execute(txParams, namespace, ccMsg, timeout)
12. }
```

在代码清单 12-16 中，第 2 行，检查调用信息，判断本次所调用的链码是否需先初始化，即需先执行一次链码的 Init 接口。这里_lifecycle 不需要。

第 3 行，在未启动的情况下，启动调用的链码，并返回专用于处理_lifecycle 消息的 Handler。参见 12.1.2 节关于系统链码的初始化的内容，这里_lifecycle 已启动。

第 4 行，调用第 6~12 行的方法，使用 Handler 调用_lifecycle，处理安装 mycc 的交易，过程如下。

（1）第 7~9 行，使用代码清单 12-15 中生成的 ChaincodeInput，创建一条发送给_lifecycle 的链码消息，为 ChaincodeMessage_TRANSACTION 类型，这里标记为 CM1。

（2）第 10~11 行，在 core/chaincode/handler.go 中实现，将 CM1 发送至_lifecycle，在超时时间内等待_lifecycle 执行安装 mycc.tar.gz 完毕。

参见 12.1.2 节所述_lifecycle 与 peer 端的通信进程的内容，在代码清单 12-6 的 chatWithPeer 函数中，_lifecycle 接收到 CM1，并执行 err := handler.handleMessage(rmsg.msg, errc)将消息交由 Handler 处理，处理过程如代码清单 12-17 所示。

代码清单 12-17　fabric-chaincode-go/shim/handler.go

```
1.  func (h *Handler) handleMessage(msg *pb.ChaincodeMessage, errc chan error)... {
2.    if msg.Type == pb.ChaincodeMessage_KEEPALIVE {...}
3.    switch h.state {
4.    case ready: err = h.handleReady(msg, errc)...
```

```
5.     }
6.   }
7.   func (h *Handler) handleReady(msg *pb.ChaincodeMessage, errc chan error) error {
8.     switch msg.Type {
9.     ...
10.    case pb.ChaincodeMessage_TRANSACTION:
11.      go h.handleStubInteraction(h.handleTransaction, msg, errc)
12.      return nil
13.    }
14.  }
15.  func (h *Handler) handleStubInteraction(handler stubHandlerFunc, msg *pb.
     ChaincodeMessage, errc chan<- error) {
16.    resp, err := handler(msg)
17.    h.serialSendAsync(resp, errc)
18.  }
19.  func (h *Handler) handleTransaction(msg *pb.ChaincodeMessage) (*pb.Chaincode
     Message, error) {
20.    input:= &pb.ChaincodeInput{}; ...proto.Unmarshal(msg.Payload,input)
21.    stub, err := newChaincodeStub(...)
22.    res := h.cc.Invoke(stub)
23.    resBytes, err := proto.Marshal(&res);
24.    return &pb.ChaincodeMessage{Type: pb.ChaincodeMessage_COMPLETED...}
25.  }
```

在代码清单 12-17 中，第 3～5 行，由于当前_lifecycle 的 Handler 处于 ready 状态，进入 case ready 分支，执行第 7 行的方法；又由于 CM1 为交易类型消息，进入 case pb.ChaincodeMessage_ TRANSACTION 分支，执行第 15 行的方法。

第 16 行，handler 的值为第 19～25 行的方法，用来处理 CM1，过程如下。

（1）第 20 行，解析代码清单 12-15 中生成的 ChaincodeInput。

（2）第 21～22 行，创建当次调用_lifecycle 的 stub，调用_lifecycle。

（3）第 23～24 行，返回调用_lifecycle 执行安装 mycc.tar.gz 的结果。

第 17 行，回复背书节点，告之安装结果。

其中，调用_lifecycle，将 mycc.tar.gz 安装在背书节点本地的详细过程如代码清单 12-18 所示。

代码清单 12-18　core/chaincode/lifecycle/scc.go

```
1.   func (i *Invocation) InstallChaincode(input *lb.InstallChaincodeArgs) (proto.
     Message, error) {
2.     args := stub.GetArgs()
3.     if channelID = stub.GetChannelID(); channelID != "" {...}
4.     sp, err := stub.GetSignedProposal()
5.     err = scc.ACLProvider.CheckACL(fmt.Sprintf("%s/%s", LifecycleNamespace,
6.                                        args[0]), stub.GetChannelID(), sp)
7.     outputBytes, err := scc.Dispatcher.Dispatch(...)
8.     ...
9.   }
10.  func (i *Invocation) InstallChaincode(input *lb.InstallChaincodeArgs) (proto.
     Message, error) {
11.    installedCC,...:=i.SCC.Functions.InstallChaincode(input.ChaincodeInstallPackage)
12.    return &lb.InstallChaincodeResult{Label:..., PackageId:...}
13.  }
```

在代码清单 12-18 中，第 2 行，获取调用链码的参数，即上文的 ChaincodeInput。

第 3 行，安装链码不属于通道背书服务，因此不需要进行应用通道版本能力检查。

第 4 行，获取 peer CLI 发送的签名背书申请。

第 5~6 行，检查背书申请中客户端的签名，验证其是否满足通道配置中 ACL 的 InstallChaincode 方法策略。参见 sampleconfig/configtx.yaml 中 Application.ACLs._lifecycle/ CheckCommitReadiness 策略控制项，它用于控制谁有资格调用_lifecycle 的 CheckCommitReadiness 方法，即执行 peer lifecycle chaincode checkcommitreadiness 命令。

第 7 行，根据 args[0]所指定的方法名 InstallChaincode、args[1]中的 mycc.tar.gz 数据，使用 _lifecycle 的调用分发器（在 core/dispatcher/dispatcher.go 中实现），判断所调用方法的参数、返回值后，具体执行第 10 行定义的 Invocation 的 InstallChaincode 方法进行安装操作。

第 11 行，安装 mycc.tar.gz，具体调用代码清单 12-19 中的方法。

第 12 行，返回已安装的链码包 ID、链码标签。

代码清单 12-19　core/chaincode/lifecycle/lifecycle.go

```
1.  func (ef *ExternalFunctions) InstallChaincode(chaincodeInstallPackage)
    (*chaincode.InstalledChaincode, error) {
2.    pkg, err := ef.Resources.PackageParser.Parse(chaincode...Package)
3.    packageID, err := ef.Resources.ChaincodeStore.Save(pkg...Label,
4.                                          chaincodeInstallPackage)
5.    buildStatus, ok := ef.BuildRegistry.BuildStatus(packageID)
6.    if !ok {
7.      err := ef.ChaincodeBuilder.Build(packageID)
8.      buildStatus.Notify(err)
9.    }
10.   <-buildStatus.Done()
11.   if ef.InstallListener != nil {
12.     ef.InstallListener.HandleChaincodeInstalled(pkg.Metadata, packageID)
13.   }
14.   return &chaincode.InstalledChaincode{PackageID:...,Label:...}
15. }
```

在代码清单 12-19 中，第 2 行，在 core/chaincode/persistence/chaincode_package.go 中实现，读取安装包 mycc.tar.gz 中源码、元数据、状态数据库索引配置，放入 ChaincodePackage。

第 3~4 行，在 core/chaincode/persistence/persistence.go 中实现，以"链码标签:安装包 SHA-256 哈希值"格式，作为链码包 ID，也作为 peer 节点内部使用的链码 ID，还作为文件名，如 mycc_1.0:10e4...8f20，将 mycc.tar.gz 的数据固化存储至链码安装路径下。链码安装路径为 core.yaml 中 peer.fileSystemPath 指定目录下的 lifecycle/chaincodes 子目录。

第 5~10 行，依据链码包 ID，获取 mycc 的构建状态。若未构建，参见 12.2.2 节所述构建链码镜像的内容，则使用容器路由器，将构建的命令路由至 Docker 容器或外部服务构建器，开始构建并等待构建结束。

第 11~13 行，若存在链码安装监听者对象，则调用代码清单 12-20 中的方法，处理链码 mycc 的安装事件，主要处理安装链码的缓存信息，并配合执行相应动作。这在发生 peer 节点重启后能够自动重新运行之前已运行的链码容器或安装 mycc 过程中断等特殊情况下非常有用。

第 14 行，向调用者返回已安装的链码信息：链码包 ID、链码标签。

代码清单 12-20　core/chaincode/lifecycle/cache.go

```
1.  func (c *Cache) HandleChaincodeInstalled(md, packageID) {
2.    c.handleChaincodeInstalledWhileLocked(false, md, packageID)
3.  }
4.  func (c *Cache) handleChaincodeInstalledWhileLocked(initializing, md, packageID){
5.    hashOfCCHash := string(util.ComputeSHA256(encodedCCHash))
6.    localChaincode, ok := c.localChaincodes[hashOfCCHash]
7.    if !ok {
8.      localChaincode = &LocalChaincode{...}
9.      c.localChaincodes[hashOfCCHash] = localChaincode
10.     c.chaincodeCustodian.NotifyInstalled(packageID)
11.   }
12.   for channelID, channelCache := range localChaincode.References {
13.     for chaincodeName, cachedChaincode := range channelCache {
14.       c.chaincodeCustodian.NotifyInstalledAndRunnable(packageID)
15.     }
16.   }
17.   if !initializing {
18.     //在 core/chaincode/lifecycle/event_broker.go 中实现
19.     c.eventBroker.ProcessInstallEvent(localChaincode)
20.     //在 core/chaincode/lifecycle/metadata_manager.go 中实现
21.     c.handleMetadataUpdates(localChaincode)
22.   }
23. }
```

在代码清单 12-20 中，第 5～6 行，计算链码包 ID 的哈希，查看本地缓存中是否存在该链码的信息。

第 7～11 行，若不存在该链码的信息，该链码如 mycc 一样是第一次安装，则创建添加 mycc 的本地缓存信息，并通知链码监管协程，告之 mycc 已安装。参见 12.2.2 节，链码监管协程在 peer 节点启动时已经启动。

第 12～16 行，遍历各通道的链码使用信息，若当前安装的 mycc 是一个在通道中已通过其他背书节点提交了的链码，则执行 c.chaincodeCustodian.NotifyInstalledAndRunnable(packageID)，通知链码监管协程在本节点启动 mycc。这里 mycc 尚未提交，不需要执行此步。

第 17～22 行，非初始化本地已有链码时，即像 mycc 这样第一次安装的链码，则首先处理其他服务或模块的链码安装事件监听，当前只有状态数据库对象（在 core/ledger/kvledger/txmgmt/privacyenabledstate/common_storage_db.go 中实现）在此作为代理监听对象，监听链码安装事件，在状态数据库中创建链码包中配置的索引（链码目录下的 META-INF 目录）；其次处理更新其他服务或模块中与通道链码相关的元数据。在 internal/peer/node/start.go 的 serve 函数中，metadataManager := lifecycle.NewMetadataManager()和 metadataManager.AddListener(…)只添加了通过执行 gossipService.UpdateChaincodes(…)以更新 gossip 服务的通道状态中链码信息的监听对象。

3. 查询、获取已安装链码

在背书节点上安装 mycc 后，peer CLI 或 Fabric SDK 可以从该背书节点查询、获取已安装链码。通道的联盟参与者可通过查询、获取已安装链码的命令，查看链码源码，以决定是否批准链码。与安装链码一样，查询、获取已安装链码是正常的背书交易，需要客户端向背书节点发送背书申请，通过背书节点调用_lifecycle，属于查询类交易。查询对应 peer lifecycle chaincode queryinstalled 子命令，客户端需满足通道 ACL 中_lifecycle/QueryInstalledChaincodes 项的策略。要获取对应的 peer lifecycle chaincode getinstalledpackage 子命令，客户端需满足通道 ACL 中_lifecycle/GetInstalledChaincodePackage 项的策略。

查询时，peer CLI 执行 peer lifecycle chaincode queryinstalled --peerAddresses peer0.org1:7051 --tlsRootCertFiles ./peer0.org1/tls/ca.crt，返回 peer0.org1 节点已安装的所有链码和链码在通道中的引用信息，在 internal/peer/lifecycle/chaincode/queryinstalled.go 中实现，以 args := &lb.QueryInstalledChaincodesArgs{}; argsBytes, err := proto.Marshal(args); ccInput := &pb.ChaincodeInput{Args: [][]byte{[]byte("QueryInstalledChaincodes"), argsBytes}}作为调用_lifecycle 的参数输入。参见安装 mycc 的执行过程，经调用，查询 mycc 链码包的背书申请在代码清单 12-21 中处理。

代码清单 12-21　core/chaincode/lifecycle/scc.go

```
1.  func (i *Invocation) QueryInstalledChaincodes(input *lb.QueryInstalled
    ChaincodesArgs) (proto.Message, error) {
2.    chaincodes := i.SCC.Functions.QueryInstalledChaincodes()
3.    result := &lb.QueryInstalledChaincodesResult{}
4.    for _, chaincode := range chaincodes {...}
5.    return result, nil
6.  }
```

在代码清单 12-21 中，第 2 行，在 core/chaincode/lifecycle/lifecycle.go 中实现，从背书节点本地链码缓存中读取所有链码信息。

第 3～5 行，从本地节点已安装的链码缓存数据中整理、返回链码信息。

获取已安装链码包时，peer CLI 执行 peer lifecycle chaincode getinstalledpackage--package-id mycc_1.0:10e4...8f20 --output-directory ./cc_out_path --peerAddresses peer0.org1:7051 –tlsRootCertFiles ./peer0.org1/tls/ca.crt，从背书节点 peer0.org1 拉取 mycc 链码包，写入客户端本地./cc_out_path 目录下，在 internal/peer/lifecycle/chaincode/getinstalledpackage.go 中实现，以 args := &lb.GetInstalledChaincodePackageArgs{PackageId: i.Input.PackageID}; argsBytes, err := proto.Marshal(args); ccInput := &pb.ChaincodeInput{Args: [][]byte{[]byte("GetInstalledChaincodePackage"), argsBytes}} 作为调用_lifecycle 的参数输入。经调用，获取 mycc 链码包的背书申请在代码清单 12-22 中处理。

代码清单 12-22　core/chaincode/lifecycle/scc.go

```
1.  func (i *Invocation) GetInstalledChaincodePackage(input *lb.GetInstalled
    ChaincodePackageArgs) (proto.Message, error) {
2.    pkgBytes, err := i...GetInstalledChaincodePackage(input.PackageId)
3.    return &lb.GetInstalledChaincodePackageResult{...}
4.  }
```

在代码清单 12-22 中，第 2 行，在 core/chaincode/lifecycle/lifecycle.go 中实现，从背书节点本地的链码安装目录下读取 mycc_1.0:10e4...8f20.tar.gz。

第 3 行，返回 mycc 链码包。

12.2.4 应用链码的实例化交易过程

一个组织批准 mycc 表示认可的具体方式，是向通道状态数据库的组织私有数据集合中提交 mycc 的链码参数和链码参数元数据，分别为 core/chaincode/lifecycle/lifecycle.go 中定义的 ChaincodeParameters、fabric-protos-go 仓库的 peer/lifecycle/db.pb.go 中定义的 StateMetadata。链码参数包含如下 3 方面。

- ❑ 背书信息，如版本号、是否需要初始化、背书插件名。
- ❑ 验证信息，如验证插件名称、验证参数（一般为背书策略，如 OR('Org1MSP.peer', 'Org2MSP.peer')）。
- ❑ 私有数据集合配置，如./collections_config.json 中的内容。

链码参数元数据则用于记录 ChaincodeParameters 的类型、成员列表。

在这里，链码参数数据来源于 peer CLI 的命令行参数输入。向组织私有数据集合中提交 mycc 的链码参数和链码参数元数据的键值对格式，为 "namespaces/metadata/命名空间#次序号 =StateMetadata" "namespaces/fields/命名空间#次序号/成员名:成员值"，具体如表 12-1 所示。

表 12-1　批准链码参数的存储格式

键	值
namespaces/metadata/mycc#1	{datatype:"ChaincodeParameters",["EndorsementInfo","ValidationInfo","Collections"]}
namespaces/fields/mycc#1/EndorsementInfo	{Version:"1.3",EndorsementPlugin:"escc",InitRequired: true}
namespaces/fields/mycc#1/ValidationInfo	{ValidationPlugin: "vscc", ValidationParameter: 二进制的背书策略}
namespaces/fields/mycc#1/Collections	{私有数据集合配置 JSON 体}

通道联盟中的一些组织可能不需要使用和运行 mycc，自然也不会安装 mycc，但因为 Channel/Application/LifecycleEndorsement 策略的限制，可能需要这些组织批准 mycc，以保证 mycc 在通道中能够顺利提交、运行。组织批准 mycc 的具体方式是向状态数据库的私有数据集合中提交链码参数，因此，一个节点在未安装 mycc 的情况下，也可以执行批准命令。

当一个节点代表自己的组织批准 mycc 时，上述键值对被写入组织私有数据写集，之后被作为交易模拟结果中的私有数据，经 gossip 服务散播至同组织内所有节点的私有状态数据库中，即一个组织只需批准一次 mycc。

在一个组织批准 mycc 之后，才可以提交 mycc。提交的具体方式是向公开状态数据库提交 mycc 的链码定义和链码定义元数据。链码定义为 core/chaincode/lifecycle/lifecycle.go 中定义的

ChaincodeDefinition，包含如下两方面。

- ❑ 次序号，指链码被定义的次数，如 1。次序号在提交 mycc 链码定义时写入，以 1 为始，每提交一次，递增一次。
- ❑ 链码参数内容，只有提交后，批准的链码参数才有效，符合链码参数的链码才能被应用。链码定义元数据则用于记录 ChaincodeDefinition 的类型、成员列表。

提交 mycc 后，mycc 链码定义中每项的值和链码定义元数据被写入交易模拟结果中的公开数据写集，之后被作为交易模拟结果放入一个背书交易，经 orderer 节点排序出块和 Deliver 服务，发送至通道各组织的 peer 节点并提交至各自的状态数据库中，作为通道中最新可用的链码定义，即一个通道中只需一个组织提交一次 mycc 即可。提交的数据格式与批准类似，具体如表 12-2 所示。

表 12-2　提交链码定义的存储格式

键	值
namespaces/metadata/mycc	{datatype:"ChaincodeParameters",["EndorsementInfo","ValidationInfo","Collections"]}
namespaces/fields/mycc/Sequence	1（次序号）
namespaces/fields/mycc/EndorsementInfo	{Version:"1.3",EndorsementPlugin:"escc",InitRequired: true}
namespaces/fields/mycc/ValidationInfo	{ValidationPlugin: "vscc", ValidationParameter: 二进制的背书策略}

在批准、提交链码的处理过程中，所有的判断、读取、写入均围绕表 12-1、表 12-2 所述格式数据进行操作。例如通过查看一个组织私有数据集合中是否存有上述 mycc 完整的定义数据，可证明一个组织是否已批准一个链码。提交 mycc 前，会检查一个组织是否已批准 mycc。

1．批准链码

通道的联盟参与者依据 Channel/Application/LifecycleEndorsement 指定的策略，默认值为 MAJORITY Endorsement，以提交链码参数的方式批准一个应用链码，这是 Fabric 2.0 的应用链码生命周期管理功能中增加的重要功能，是 Fabric 区块链网络实现共识的一环，能够增强联盟参与者各方权益的保障。peer CLI 通过执行 peer lifecycle chaincode approveformyorg -o orderer0:7050 --tls true --cafile ./orderer0/tls/tlsca.pem --peerAddresses peer0.org1:7051 --tlsRootCertFiles ./peer0.org1/tls/ca.crt --channelID mychannel --signature-policy "OR('Org1MSP.peer', 'Org2MSP.peer')" --collections-config ./collections_config.json --name mycc --version 1.0 --init-required --package-id mycc_1.0:10e4... 8f20 --sequence 1，向 peer0.org1 节点发送背书申请，以背书节点身份所代表的组织 org1，批准 mycc 链码，将 mycc 链码参数写入 org1 的私有数据集合。

批准 mycc 的命令在 internal/peer/lifecycle/chaincode/approveformyorg.go 中实现，以 args := &lb.ApproveChaincodeDefinitionForMyOrgArgs{...}; argsBytes, err := proto.Marshal(args); ccInput :=

&pb.ChaincodeInput{Args: [][]byte{[]byte(approveFuncName), argsBytes}}作为调用_lifecycle 的参数输入。经调用，背书申请在代码清单 12-23 中处理。

代码清单 12-23　core/chaincode/lifecycle/scc.go

```
1.  func (i *Invocation) ApproveChaincodeDefinitionForMyOrg(input ...) (proto.
    Message, error) {
2.      err := i.validateInput(input.Name, input.Version, input...)
3.      var packageID string
4.      if input.Source!= nil {switch source:=input...Type.(type) {...}}
5.      cd := &ChaincodeDefinition{...}
6.      err := i.SCC.Functions.ApproveChaincodeDefinitionForOrg(...,i.Stub,
7.                                     &ChaincodePrivateLedgerShim{...})
8.      return &lb.ApproveChaincodeDefinitionForMyOrgResult{}
9.  }
```

在代码清单 12-23 中，第 2 行，验证 peer CLI 调用输入参数。

第 3~4 行，根据输入参数，获取链码包 ID，若链码包 ID 为空，则说明该组织不打算使用 mycc，只批准 mycc。

第 5 行，依据输入参数，创建 mycc 的链码定义，这里标记为 CD1，其中包含组织将要批准的 mycc 链码参数。

第 6~7 行，调用代码清单 12-24 中的方法，批准链码 mycc。参数中，i.Stub 为链码端的 Stub，用于从背书节点的状态数据库中获取公开数据；&ChaincodePrivateLedgerShim{...}在同目录下 ledger_shim.go 中定义，用于从背书节点获取组织私有数据集合中的私有数据。

第 8 行，返回批准结果。

代码清单 12-24　core/chaincode/lifecycle/lifecycle.go

```
1.  func (ef *ExternalFunctions) ApproveChaincodeDefinitionForOrg(chname, ccname
    string, cd *ChaincodeDefinition, packageID string,publicState ReadableState,
    orgState...) error {
2.    currentSequence, err := ef.Resources.Serializer.DeserializeFieldAsInt64(
3.                             NamespacesName, ccname,..., publicState)
4.    if currentSequence == requestedSequence && requestedSequence == 0 {return...}
5.    if requestedSequence < currentSequence {return errors...}
6.    if requestedSequence > currentSequence+1 {return errors...}
7.    err := ef.SetChaincodeDefinitionDefaults(chname, cd)
8.    if requestedSequence == currentSequence {...}
9.    privateName := fmt.Sprintf("%s#%d", ccname, requestedSequence)
10.   if requestedSequence == currentSequence+1 {
11.     uncommittedMetadata, ok, err := ef.Resources.Serializer.DeserializeMetadata(
12.                             NamespacesName, privateName, orgState)
13.     if ok {
14.       err := ef.Resources.Serializer.Deserialize(NamespacesName,...)
15.       err := uncommittedParameters.Equal(cd.Parameters())
16.     }
17.   }
18.   err := ef.Resources.Serializer.Serialize(NamespacesName, privateName,
19.                             cd.Parameters(), orgState)
20.   err := ef.Resources.Serializer.Serialize(ChaincodeSourcesName, privateName,
```

```
21.                                         &ChaincodeLocalPackage{...}, orgState)
22. }
```

在代码清单 12-24 中，第 2～3 行，以 "namespaces/fields/mycc/Sequence" 作为键，获取当前已提交的有效的 mycc 的链码定义的次序号，若尚不存在，则为 0。

第 4～6 行，判断批准的次序号与状态数据库中现存的次序号的大小。

第 7 行，调用输入的参数，即关于批准 mycc 的定义项，若未指定，则使用默认值。

第 8 行，若批准的次序号与现存的次序号相同，说明当前批准的 CD1 是一个已被提交过的链码定义，则先后从状态数据库中读取已提交的链码定义元数据、链码定义，并将之与 CD1 进行比较，确保 CD1 与已提交的链码定义完全一致，然后才能写入自己组织的私有状态集合中。

第 9 行，确定将 CD1 作为私有数据存储的命名空间格式，即 "链码名#次序号"。

第 10～17 行，若批准的次序号比现存的次序号大 1，说明当前批准的 CD1 是新版本 mycc 的链码定义，则首先从组织私有数据集合中读取现存 mycc 的链码参数元数据，成功读取后，依据链码参数元数据，从组织私有数据集合中读取现存 mycc 的链码参数；然后比较现存 mycc 的链码参数与 CD1 中的链码参数，若一致，则说明当前要批准的新版本 mycc 与旧版本 mycc 完全一样，没有必要作为新次序号的链码参数进行批准，直接返回错误。

第 18～19 行，将组织要批准的链码参数和对应链码参数元数据写入组织私有数据集合。

第 20～21 行，将 mycc 链码包 ID 写入组织私有数据集合，若链码包 ID 为空，则标识该链码不可调用。

2. 查询链码就绪状态

peer CLI 或 Fabric SDK 在提交 mycc 之前，可以查询 mycc 的批准状态是否已满足 Channel/Application/LifecycleEndorsement 策略，以此判断提交 mycc 的准备工作是否就绪。peer CLI 通过执行 peer lifecycle chaincode checkcommitreadiness --tls true --peerAddresses peer0.org1:7051 --tlsRootCertFiles ./peer0.org1/tls/ca.crt --peerAddresses peer0.org2:7051 --tlsRootCertFiles ./peer0.org2/tls/ca.crt --channelID mychannel --signature-policy "OR('Org1MSP.peer', 'Org2MSP.peer')" --collections-config ./collections_config.json --name mycc --version 1.0 --init-required --package-id mycc_1.0:10e4...8f20 --sequence 1，向 peer0.org1、peer0.org2 节点发送背书申请，查看 org1、org2 两个组织是否已批准 mycc。

查看链码就绪状态的命令在 internal/peer/lifecycle/chaincode/checkcommitreadiness.go 中实现，以 args := &lb.CheckCommitReadinessArgs{...}; argsBytes, err := proto.Marshal(args); ccInput := &pb.ChaincodeInput{Args: [][]byte{[]byte(checkCommitReadinessFuncName), argsBytes}} 作为调用 _lifecycle 的参数输入。经调用，背书申请在代码清单 12-25 中处理。

代码清单 12-25   core/chaincode/lifecycle/scc.go

```
1.  func (i *Invocation) CheckCommitReadiness(input ...) (proto.Message, error) {
2.    opaqueStates, err := i.createOpaqueStates()
```

```
3.    cd := &ChaincodeDefinition{...}
4.    approvals,..:=i.SCC.Functions.CheckCommitReadiness(...,cd,i.Stub,opaqueStates)
5.    return &lb.CheckCommitReadinessResult{Approvals: approvals}, nil
6.  }
```

在代码清单 12-25 中，第 2 行，获取 mychannel 通道配置中存在的所有组织，确定每个组织的私有数据集合名称，用于获取每个组织的私有数据。

第 3 行，依据输入参数，创建要查询的 mycc 链码定义，这里标记为 CD1，其中包含 mycc 链码参数。

第 4 行，调用代码清单 12-26 中的方法，查询 mycc 就绪状态。

第 5 行，返回收集的每个组织批准 mycc 的情况。

代码清单 12-26　core/chaincode/lifecycle/lifecycle.go

```
1.  func (ef *ExternalFunctions) CheckCommitReadiness(chname, ccname string, cd,
    publicState, orgStates []...) (map[string]bool, error) {
2.    currentSequence, err := ef.Resources.Serializer.DeserializeFieldAsInt64(
3.                                  NamespacesName, ccname,..., publicState)
4.    if cd.Sequence != currentSequence+1 {return errors...}
5.    err := ef.SetChaincodeDefinitionDefaults(chname, cd)
6.    approvals, err = ef.QueryOrgApprovals(ccname, cd, orgStates)
7.    return approvals, nil
8.  }
9.  func (ef *ExternalFunctions) QueryOrgApprovals(name string, cd, orgStates []...)
    (map[string]bool, error) {
10.   privateName := fmt.Sprintf("%s#%d", name, cd.Sequence)
11.   for _, orgState := range orgStates {
12.     match, err := ef.Resources.Serializer.IsSerialized(NamespacesName,
13.                                 privateName, cd.Parameters(), orgState)
14.     approvals[org] = match
15.   }
16. }
```

在代码清单 12-26 中，第 2～3 行，从公开状态数据库中查询现存的次序号。

第 4 行，检查 mycc 就绪状态是为了提交 mycc 链码定义，而提交的次序号应在现存的次序号基础上增 1，否则直接返回错误。

第 5 行，若调用输入的参数，即关于 mycc 的定义项，未指定，则使用默认值。

第 6 行，调用第 9～16 行的方法，查询每个组织批准 mycc 的情况。其中，第 10 行，确定将 CD1 作为私有数据存储的命名空间格式，即"链码名#次序号"；第 11～15 行，循环遍历每个组织，通过查询每个组织私有数据集合中是否存储 CD1 中链码参数的数据，判断每个组织批准 mycc 的情况。

3. 提交链码定义

在通道联盟参与者批准 mycc，达到可提交的条件后，可以对 mycc 进行提交，提交 mycc 表示通道联盟参与者在应用链码 mycc 的权限配置、功能实现等方面达成共识，可以在通道中运行并提供服务，产生账本交易数据。在提交 mycc 的背书交易至账本和状态数据库之前，会验证该背书交易是否满足 Channel/Application/LifecycleEndorsement 策略。若顺利提交，链码事件监听管理进程将监听到提交 mycc 的交易，并在本地启动 mycc 链码。

peer CLI 通过执行 peer lifecycle chaincode commit -o orderer0:7050 --tls true --cafile ./orderer0/tls/tlsca.pem --peerAddresses peer0.org1:7051 --tlsRootCertFiles ./peer0.org1/tls/ca.crt --peerAddresses peer0.org2:7051 --tlsRootCertFiles ./peer0.org2/tls/ca.crt --channelID mychannel --signature-policy "OR('Org1MSP.peer', 'Org2MSP.peer')" --collections-config ./collections_config.json --name mycc --version 1.0 --init-required --package-id mycc_1.0:10e466073762c89059a988 16dd47186aaca611a4d 707813a4e7251fa0a248f20 --sequence 1，向 peer0.org1、peer0.org2 节点发送背书申请，分别代表 org1、org2 两个组织对 mycc 链码定义进行背书。

提交链码的命令在 internal/peer/lifecycle/chaincode/commit.go 中实现，以 args := &lb.CommitChaincodeDefinitionArgs{...}; argsBytes, err := proto.Marshal(args); ccInput := &pb.ChaincodeInput {Args: [][]byte{[]byte(commitFuncName), argsBytes}}作为调用 _lifecycle 的参数输入。经调用，背书申请在代码清单 12-27 中处理。

代码清单 12-27　core/chaincode/lifecycle/scc.go

```
1.  func (i *Invocation) CommitChaincodeDefinition(input ...)(proto.Message, error){
2.    err := i.validateInput(input.Name,...Version, input.Collections)
3.    orgs := i.ApplicationConfig.Organizations()
4.    opaqueStates := make([]OpaqueState, 0, len(orgs))
5.    for _, org := range orgs {
6.      opaqueStates = append(opaqueStates, &ChaincodePrivate...Shim{...})
7.      if org.MSPID() == i.SCC.OrgMSPID { myOrg = i.SCC.OrgMSPID }
8.    }
9.    if myOrg == "" {return nil, errors.Errorf(...)}
10.   cd := &ChaincodeDefinition{...}
11.   approvals, err := i.SCC.Functions.CommitChaincodeDefinition(...)
12.   if !approvals[myOrg] {return nil, errors.Errorf(...)}
13.   return &lb.CommitChaincodeDefinitionResult{}, nil
14. }
```

在代码清单 12-27 中，第 2 行，验证 peer CLI 调用输入参数。

第 3～8 行，遍历 mychannel 通道配置中所有的组织，创建用于查询每个组织私有数据的对象，同时确定本节点所属的组织。

第 9 行，若本节点所属的组织为空，说明本节点所属的组织未加入 mychannel，则直接返回错误。

第 10 行，依据输入参数，创建要查询的 mycc 链码定义，这里标记为 CD1。

第 11 行，调用代码清单 12-28 中的方法，提交 mycc 的链码定义。

第 12 行，若本组织尚未批准 mycc，则返回错误，已写入交易模拟结果集的 CD1 和 CD1 的元数据将不会被 peer CLI 放入背书交易，本组织的背书签名也不会添加至背书交易。

第 13 行，返回成功提交的结果。

代码清单 12-28　core/chaincode/lifecycle/lifecycle.go

```
1.  func (ef *ExternalFunctions) CommitChaincodeDefinition(chname, ccname, cd,
    publicState, orgStates []...) (map[string]bool, error) {
2.    approvals,...:= ef.CheckCommitReadiness(chname,ccname,cd,publicState,orgStates)
3.    err = ef.Resources.Serializer.Serialize(NamespacesName,ccname,cd,publicState)
4.    return approvals, nil
5.  }
```

在代码清单 12-28 中，第 2 行，直接调用查询链码就绪状态的方法，获取 mychannel 中各个组织批准 mycc 的情况。

第 3 行，将 CD1 各项键值对和 CD1 对应的元数据写入交易模拟结果写集。

第 4 行，返回 mychannel 中各个组织批准 mycc 的情况。

4．验证 LifecycleEndorsement 策略

peer CLI 或 Fabric SDK 在提交 mycc 链码定义时，需要收集满足 Channel/Application/LifecycleEndorsement 策略的背书签名，如此，当写集包含 CD1 和 CD1 元数据的背书交易（这里标记为 ENV1）被发送至 orderer 排序出块后，通过 Deliver 服务发送至 mychannel 各组织 peer 节点并向节点本地账本和公开状态数据库提交时，才能通过 Channel/Application/LifecycleEndorsement 策略验证。参见 10.2.2 节所述身份验证的内容，获取写集（这里包含 mycc 的链码定义，即表 12-2 所示的键值对）所在的命名空间（链码）的背书策略验证插件名称和执行验证插件的参数，供后续验证交易的背书策略时使用。这里提交 mycc 链码定义的背书交易调用的是_lifecycle，具体将调用代码清单 12-29 中的方法，获取_lifecycle 的验证插件和参数。

代码清单 12-29　core/chaincode/lifecycle/deployedcc_infoprovider.go

```
1.  func (vc *ValidatorCommitter) ValidationInfo(channelID, chaincodeName, qe...)
    (plugin string, args []byte, ...error) {
2.    exists, definedChaincode, err := vc.Resources.ChaincodeDefinitionIfDefined(
3.                             chaincodeName, &SimpleQueryExecutorShim{...})
4.    if !exists { return "", nil, nil, nil }
5.    if chaincodeName == LifecycleNamespace {
6.      b, err := vc...LifecycleEndorsementPolicyAsBytes(channelID);
7.      return "vscc", b, nil, nil
8.    }
9.    return ...ValidationPlugin, ...ValidationParameter, nil, nil
10. }
```

在代码清单 12-29 中，第 2～3 行，在 core/chaincode/lifecycle/lifecycle.go 中实现，从状态数据库中获取链码的 ChaincodeDefinition（其中包含链码的验证信息），这里是_lifecycle，默认直接返回一个空的 ChaincodeDefinition。

第 4 行，若链码定义不存在，则直接返回错误。这里是_lifecycle，exists 为 nil。

第 5～8 行，获取并返回_lifecycle 的验证插件和参数，参数为一个策略对象。其中，第 6 行，获取参数，在 core/chaincode/lifecycle/lifecycle.go 中实现。若 mychannel 通道配置中定义了 Channel/Application/LifecycleEndorsement 策略，参见 sampleconfig/configtx.yaml 中的 Application.

Policies.LifecycleEndorsement，则直接使用该策略作为参数；否则，会创建一个需由 mychannel 中一半以上组织成员背书签名的策略作为参数。

第 9 行，返回的是应用链码定义中验证插件、验证参数。这里不会执行至此。

5. 启动链码

当 ENV1 通过策略验证后，在将之提交至 peer 节点本地账本和公开状态数据库时，将调用账本交易管理者中放置的状态监听器的 HandleStateUpdates 方法，执行各自的动作。参见 7.10.3 节关于状态监听器的叙述，这些状态监听器实际是整个交易流程中 Fabric 一部分的模块对象，当一笔特定交易被提交时，这些模块需要据此更新自身的数据或服务，以达到在整个 Fabric 区块链网络中继续协同工作的目的。在这里，每个节点链码生命周期管理的状态监听器是 core/chaincode/lifecycle/cache.go 中定义的 Cache，当 ENV1 提交时，即 mycc 在 mychannel 中已处于可用状态，需调用 Cache 启动 mycc 链码服务。详细启动过程如下。

当 peer 节点启动时，将执行代码清单 12-30，创建并将 Cache 作为一个状态监听器，放入 peer 节点对象账本管理者的初始化工具中。

创建 mychannel 通道时，在 core/peer/peer.go 的 CreateChannel 方法中执行了 l, err := p.LedgerMgr.CreateLedger(cid, cb)，使用 peer 节点账本管理者创建了 mychannel 通道的账本，参见 7.10.4 节关于创建节点账本的内容，将一组包含 Cache 的状态监听器赋值给 mychannel 通道账本中的交易管理者。

代码清单 12-30   internal/peer/node/start.go

```
1.  func serve(args []string) error { ...
2.    lifecycleCache := lifecycle.NewCache(...)
3.    peerInstance.LedgerMgr = ledgermgmt.NewLedgerMgr(
4.      &ledgermgmt.Initializer{ ...
5.        StateListeners: []ledger.StateListener{ lifecycleCache }
6.        ...
7.      )
8.    }
9.  }
```

安装 mycc 的 peer 节点的交易管理者向状态数据库提交 ENV1 之前，会执行代码清单 12-31 中的方法，执行 MVCC 验证，并触发对_lifecycle 命名空间写集感兴趣的状态监听器，即 Cache，由 Cache 向后台链码监管协程发送启动 mycc 容器的命令，将之启动。

代码清单 12-31   core/ledger/kvledger/txmgmt/txmgr/lockbasedtxmgr/lockbased_txmgr.go

```
1.  func (txmgr *LockBasedTxMgr) ValidateAndPrepare(blockAndPvtdata, doMVCCValidation
    bool) ([]..., []byte) { ...
2.    err := txmgr.invokeNamespaceListeners(); ...
3.  }
4.  func (txmgr *LockBasedTxMgr) invokeNamespaceListeners() error {
5.    for _, listener := range txmgr.stateListeners {
6.      stateUpdatesForListener := extractStateUpdates(...)
7.      if len(stateUpdatesForListener) == 0 {continue}
```

```
8.        committedStateQueryExecuter := &queryutil.QECombiner{...}
9.        postCommitQueryExecuter := &queryutil.QECombiner{...}
10.       trigger := &ledger.StateUpdateTrigger{...}
11.       err := listener.HandleStateUpdates(trigger)
12.     }
13. }
```

在代码清单 12-31 中，第 2 行，调用第 4～13 行的方法，触发_lifecycle 状态监听，过程如下。

（1）第 5 行，遍历交易管理者中放置的所有状态监听器。

（2）第 6～7 行，解析出状态监听器对当批写集所属的命名空间中感兴趣的部分，若感兴趣的部分为空，说明状态监听器要监听的交易不在此批写集之中，则直接跳过。这里，ENV1 中的写集属于_lifecycle 命名空间，Cache 对_lifecycle 感兴趣，将解析出 ENV1 的写集。

（3）第 8～10 行，创建 Cache 要使用的状态触发器。

（4）第 11 行，调用代码清单 12-32 中的方法，更新本地关于 mycc 的缓存信息，并启动 mycc 容器。

代码清单 12-32　core/chaincode/lifecycle/cache.go
```
1.  func (c *Cache) HandleStateUpdates(trigger *ledger.StateUpdateTrigger) error{...
2.     updates, ok := trigger.StateUpdates[LifecycleNamespace]
3.     dirtyChaincodes := map[string]struct{}{}
4.     for _, publicUpdate := range updates.PublicUpdates {...}
5.     channelCache, ok := c.definedChaincodes[channelID]
6.     if ok {for collection, ... := range updates.CollHashUpdates {...}
7.     err := c.update(false, channelID, dirtyChaincodes, ...)
8.   }
9.  func (c *Cache) update(initializing bool, channelID string, dirtyChaincodes...,
       qe ledger.SimpleQueryExecutor) error { ...
10.    if localChaincode.Info != nil {
11.       c.chaincodeCustdian.NotifyInstalledAndRunable(localChaincode.Info.PackageID)
12.    }else { logger.Debugf(...) } ...
13. }
```

在代码清单 12-32 中，第 2 行，获取_lifecycle 命名空间的写集，如表 12-2 所示，即 CD1 和 CD1 元数据。

第 3～4 行，依据写集中 CD1 的键的格式，使用正则表达式过滤当前正在提交的应用链码名称，这里是 mycc。通过比较，若存在新的 mycc 链码定义数据，说明本地缓存中的 mycc 数据已经"脏了"，需依之更新。

第 5 行，获取 Cache 中 mychannel 通道本地缓存的链码信息。

第 6 行，若 mychannel 在本地存在已提交链码的缓存数据，则解析写集的私有数据哈希中是否存在本节点所属组织感兴趣的私有数据哈希。这部分私有数据哈希是安装链码时，写入组织私有数据集合的链码参数对应的哈希（私有数据经 gossip 服务在组织内散播，对应的哈希随背书交易经 orderer 节点→Deliver 服务→peer 节点，在此提交）。若存在，则说明该组织安装了新版本的链码，本地缓存中对应的链码参数也需要更新。

第 7 行，调用第 9～13 行的方法，依据确定已经"脏了"的链码名称，这里包含 mycc，根据实际情况，更新节点本地 Cache 中缓存的 mycc 在 mychannel 的安装信息、批准信息、定义信息；并执行第 11 行的方法，在本地已安装 mycc 的情况下，通知链码监管协程，告之 mycc 已安装且可运行，链码监管协程将负责启动 mycc。

当链码监管协程接收到 mycc 已安装且可运行的通知后，将执行代码清单 12-33 中的方法，启动 mycc 容器。

代码清单 12-33 core/chaincode/lifecycle/custodian.go

```
1.  func (cc *ChaincodeCustodian) Work(buildRegistry, builder, launcher) {
2.    for {
3.      if len(cc.choreQueue) == 0 && !cc.halt {cc.cond.Wait()}
4.      chore := cc.choreQueue[0]
5.      if chore.runnable {
6.        err := launcher.Launch(chore.chaincodeID); continue
7.      }
8.    }
9.  }
10. func (cc *ChaincodeCustodian) NotifyInstalledAndRunnable(chaincodeID string) {
11.   cc.choreQueue = append(cc.choreQueue, &chaincodeChore{...})
12.   cc.cond.Signal()
13. }
```

在代码清单 12-33 中，第 3 行，收到通知，结束等待，向下运行。

第 4 行，从任务队列头部中取出一个任务，这里设定为第 10～13 行（由代码清单 12-32 的第 11 行调用）创建的运行 mycc 的任务。

第 5～7 行，运行应用链码 mycc。mycc 启动后，参见 12.1.2 节所述系统链码的初始化过程，mycc 与 peer 节点之间也会进行一系列注册、建立连接、准备就绪的状态互动通信。

12.2.5 应用链码的升级交易过程

升级一个应用链码，只需根据 lifecycle 的链码生命管理周期操作，依次执行打包、安装、批准、提交操作即可。若不更新应用链码的源码，而只更新应用链码的链码定义，如背书策略，则不需要重新执行打包、安装操作。升级链码时，批准、提交的链码定义的值，如链码包 ID、次序号，需依据升级需要进行更新。升级后，新版本的链码将启动。peer CLI 可执行 peer lifecycle chaincode querycommitted --tls true --peerAddresses peer0.org1:7051 --tlsRootCertFiles ./peer0.org1/tls/ca.crt --channelID mychannel --name mycc 命令，查询 mycc 已提交的链码定义信息。

12.2.6 应用链码作为外部服务

在 Fabric 2.0 之前，应用链码只依赖于 Docker 服务，peer 程序中 Go、Java、Node.js 链码语言相关的代码实现了对应用链码 Docker 容器的内部构建、启动。如此，整个应用链码的生命周期管理必须以运用 Docker 服务的方式实现，Fabric 在拓展应用链码服务时，比如增加 Ruby、Python 应用链码的支持，需要在 peer 程序中增加一套完整的平台代码。在实际部署中，Fabric 区块链网络也必须依赖于 Docker 服务。

　　现在，Fabric 2.0 已经可以将应用链码作为一个外部服务，在实现上有两种方式：一种是将链码视为完全独立的外部服务（即 External Service），在 Fabric 区块链网络之外单独编译、部署、运行，peer 节点只负责"形式上"的构建、运行；另一种是将链码视为一个可构建/运行的外部模块（即 External Builders and Launchers），由 peer 节点负责在节点内部（一般是 peer 节点容器内）构建、运行应用链码，但构建、运行的过程可自定义实现。这样很大程度上解耦了应用链码与 peer 节点、Docker 服务的强绑定关系，应用链码在实现和部署方式上也很容易进行拓展，整个 Fabric 区块链网络在特定情况下甚至可以抛弃 Docker，比如，使用 Kubernetes 部署或在树莓派开发板上运行背书节点。

　　应用链码作为外部服务参与到 Fabric 区块链网络中，依旧遵循 lifecycle 实现的应用链码生命周期管理，如表 12-3 所示。

表 12-3　各种方式的应用链码生命周期管理过程

角色、管理过程	管理方式		
	Docker	外部服务	
		独立的外部服务	可构建/运行的外部模块
角色	peer 节点为服务端，链码为客户端	peer 节点为客户端，链码为服务端	peer 节点为服务端，链码为客户端
打包链码	应用链码源码、metadata.json	connection.json、metadata.json	应用链码源码、metadata.json
构建/安装链码	peer 程序使用 go-dockerclient 库、fabric-ccenv 镜像编译应用链码程序、Docker 镜像	peer 程序在容器内部依次执行 bin/detect、bin/build、bin/release，检测 peer 节点是否具备访问外部链码的条件	peer 程序在容器内部依次执行 bin/detect、bin/build、bin/release（可选），检测链码元数据、依赖等，编译链码
批准链码定义	正常执行	正常执行	正常执行
运行/提交链码定义	启动应用链码 Docker 容器	使用 connection.json 中的连接信息，通过 gRPC 访问外部链码服务端，与之建立通信	peer 程序在容器内部执行 bin/run，启动链码程序，链码作为客户端将访问 peer 节点，与 peer 节点建立通信

　　下面以 fabric-samples 仓库的 chaincode/fabcar/external 中的应用链码 fabcar 作为独立的外部服务为例，如图 12-2 所示，叙述其在 peer 节点 lifecycle 应用链码生命周期管理下的具体构建、运行的过程。

1. 独立部署 fabcar

　　在 fabric-samples 仓库的 chaincode/fabcar/external 中，我们需要单独编译、部署 fabcar 链码，并将之运行。

　　执行 docker build -t hyperledger/fabcar-sample，使用 Dockerfile 编译 fabcar 链码的 Docker 镜像。执行时，若出现拉取 fabcar 源码依赖包因超时而失败的情况，可在 Dockerfile 中的 go get 命令前

添加 GOPROXY 变量值，指定代理。

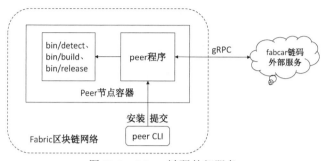

图 12-2　fabcar 链码外部服务

执行 docker run -it --rm --name fabcar.org1.example.com --hostname fabcar.org1.example.com --env-file chaincode.env --network=net_test hyperledger/fabcar-sample，启动 fabcar 链码的 Docker 容器。此时，fabcar 作为外部服务已运行且处于可访问状态。

合理情况下，在提交 fabcar 链码定义操作之前，fabcar 应已运行并处于可访问状态。如此，提交 fabcar 链码定义后，peer 端与 fabcar 将直接建立通信连接，fabcar 处于可调用状态。但这一点不是必须的，若 fabcar 未处于可访问状态，不影响提交 fabcar 链码定义的操作，只是 peer 端将无法立即与 fabcar 建立连接，之后若产生调用 fabcar 的交易，peer 端的 ChaincodeSupport 会在调用时再次尝试建立与 fabcar 的连接。

2. 配置 peer 节点的 fabcar 外部服务

peer 节点作为客户端若想访问外部独立运行的 fabcar，需知道其连接信息，如连接地址、TLS 证书等，这些信息被放至 connection.json 文件，如 {"address": "fabcar.peer0.org1.com:9999", "dial_timeout": "10s","tls_required": "true","client_auth_required": "true","client_key": "私钥内容","client_cert": "证书内容","root_cert": "根证书内容"}，对应 core/container/externalbuilder/instance.go 中定义的 ChaincodeServerUserData。

peer 节点在将 fabcar 作为一个外部服务"构建"时，无须负责编译链码，因此打包链码安装包时，connection.json 将被作为唯一的"源码"，打包进 code.tar.gz，并与 metadata.json 一同打包至 fabcar.tar.gz。随后，正常地对 fabcar 执行安装、批准、提交等操作。

安装链码时，peer 节点使用 core.yaml 中 chaincode.externalBuilders 下设定的构建器，模仿 Heroku 构建云应用服务的模式，构建一个外部应用链码。参见 12.2.2 节所述构建链码 Docker 镜像的过程，若 externalBuilders 下设定了若干个外部应用链码服务构建器，则优先使用这些构建器，依次尝试构建外部应用链码。

每个构建器中，name 定义了构建器名称，path 定义了构建过程中所使用的构建程序所在的路径，environmentWhitelist（可选）定义了运行构建程序时使用的 peer 节点环境变量的白名单。

　　构建时，peer 端通过 os/exec 库顺序执行 path 下开发者编写的 bin/detect、bin/build、bin/release 这 3 个构建程序，使 peer 端处于可以"运行"外部应用链码的状态。构建程序可以是 Shell 脚本或其他形式的可执行程序，在遵循输入参数、退出码规则的基础上，自定义实现。输入参数是固定的，由 peer 节点控制，我们在编写构建程序时可以使用这些输入参数。构建程序运行成功时退出码为 0，运行失败时退出码非 0。前面的构建程序执行成功，后面的构建程序才会继续执行。

　　需要注意，构建程序一般是在 peer 容器内部执行的，而 Fabric 2.0 官方的 peer 容器运行的是 Alpine Linux。所以，在编写构建程序时，需考虑 Alpine Linux 的限制，如 detect 是一个 Bash 脚本，但默认地，peer 容器使用的 Alpine Linux 中不存在 Bash，需要在执行安装链码操作之前，在 peer 容器内部先安装 Bash。

　　构建器具体执行过程如下。

　　（1）执行 bin/detect。输入 2 个参数：源码目录（将 code.tar.gz 内容解压至的目录）、元数据目录（metadata.json 所在的目录）。一般用于检测安装在 peer 端 fabcar.tar.gz 中的材料，确保 fabcar 具备可构建的条件、后续 bin/build 能顺利执行，如依据第 1 个参数找到 connection.json 文件，检查连接信息；依据第 2 个参数找到 metadata.json 文件，检查其中的 fabcar 元信息。

　　（2）执行 bin/build。输入 3 个参数：源码目录、元数据目录、build 输出目录。在检测成功的情况下，一般用于转换 mycc.tar.gz 中的内容，构建外部应用链码运行的基础材料，并放至 build 输出目录，如依据第 1 个参数找到 fabcar 源码，编译应用链码程序。这里不需要编译链码，只需简单地将 connection.json 复制到 build 输出目录即可。

　　（3）执行 bin/release。输入 2 个参数：build 输出目录、release 输出目录。一般用于整理 build 输出目录下的内容，将可运行的链码程序、运行依赖文件放至 release 输出目录。这里不存在任何链码程序，只需简单地将 connection.json 复制到 release 输出目录下的 chaincode/server 目录即可。由此可以看出，在将 fabcar 作为完全独立的外部服务时，peer 端所执行的构建过程也完全是"形式上"的构建过程。

　　以上 3 个构建程序，以 Shell 脚本的形式编写，示例如下。

 # bin/detect 构建程序
```
#!/bin/bash
set -euo pipefail
METADIR=$2
# 检查链码元数据中的类型，使用了 jq 工具
if [ "$(jq -r .type "$METADIR/metadata.json")" == "external" ]; then
    exit 0
fi
exit 1
```

 # bin/build 构建程序
```
#!/bin/bash
set -euo pipefail
SOURCE=$1
OUTPUT=$3
#检查源码目录下是否存在 connection.json 文件
```

```
if [ ! -f "$SOURCE/connection.json" ]; then
    >&2 echo "$SOURCE/connection.json not found"
    exit 1
fi
# 将 connetion.json 复制到 build 输出目录
cp $SOURCE/connection.json $OUTPUT/connection.json
exit 0
```

 # bin/release 构建程序

```
#!/bin/bash
set -euo pipefail
BLD="$1"
RELEASE="$2"
# 将 connection.json 放至 release 输出目录下的 chaincode/server 目录
if [ -f $BLD/connection.json ]; then
   mkdir -p "$RELEASE"/chaincode/server
   cp $BLD/connection.json "$RELEASE"/chaincode/server
   # 若 connection.json 中指定了 TLS 证书，则需在这里添加将证书复制到
   # release 输出目录下 chaincode/server/tls 目录的操作
   exit 0
fi
exit 1
```

批准 fabcar 链码定义，与正常批准操作一致。

提交 fabcar 链码定义，与正常提交操作一致。成功操作之后，peer 端将使用 release 输出目录下 connection.json 中的连接信息，连接外部的 fabcar 链码服务。

3. peer 节点构建 fabcar 外部服务

当执行 peer lifecycle chaincode install 安装 fabcar 时，参见 12.2.2 节所述构建链码 Docker 容器镜像的过程，经调用，peer 节点将执行代码清单 12-34 中的方法，构建 fabcar 外部服务实例。

代码清单 12-34　core/container/externalbuilder/externalbuilder.go

```
1.  func (d *Detector) Build(ccid string, mdBytes []byte, codeStream io.Reader)
    (*Instance, error) {
2.    if len(d.Builders) == 0 {return nil, nil}
3.    i, err := d.CachedBuild(ccid); if i != nil {return i, nil}
4.    buildContext, err := NewBuildContext(ccid, mdBytes, codeStream)
5.    defer buildContext.Cleanup()
6.    builder := d.detect(buildContext)
7.    err := builder.Build(buildContext)
8.    err := builder.Release(buildContext)
9.    durablePath := filepath.Join(d.DurablePath, SanitizeCCIDPath(ccid))
10.   ...
11.   err = MoveOrCopyDir(logger, buildContext.BldDir, durableBldDir)
12.   return &Instance{PackageID: ccid,...}, nil
13. }
14. func (b *Builder) Detect(buildContext *BuildContext) bool {
15.   detect := filepath.Join(b.Location, "bin", "detect")
16.   cmd := b.NewCommand(detect, ...SourceDir, ...MetadataDir)
17.   err := b.runCommand(cmd)
18. }
19. func (b *Builder) Build(buildContext *BuildContext) error {
20.   build := filepath.Join(b.Location, "bin", "build")
```

```
21.    cmd := b.NewCommand(build,...SourceDir,...MetadataDir,...BldDir)
22.    err := b.runCommand(cmd)
23. }
24. func (b *Builder) Release(buildContext *BuildContext) error {
25.    release := filepath.Join(b.Location, "bin", "release")
26.    _, err := os.Stat(release); if os.IsNotExist(err) {return nil}
27.    cmd := b.NewCommand(release, ...BldDir, ...ReleaseDir)
28.    err = b.runCommand(cmd)
29. }
```

在代码清单 12-34 中，第 2～3 行，若 core.yaml 中的 chaincode.externalBuilders 下未设定构建器，则直接返回 nil。若 fabcar 外部服务实例已构建过，则从缓存中取出并返回。

第 4～5 行，否则，继续构建 fabcar 外部服务实例。创建一个构建上下文对象，主要创建一个临时构建目录，包含源码目录、元数据目录、build 输出目录、release 输出目录，用于在构建过程中临时存放数据、文件。构建结束后此临时目录会被清除。

第 6 行，循环遍历所有的构建器，依次调用第 14～18 行的 Detect 方法，执行每个构建器的 bin/detect 程序，并返回第一个执行成功的构建器。

第 7 行，使用第一个成功执行 bin/detect 的构建器，调用第 19～23 行的 Build 方法，继续执行 bin/build 程序。

第 8 行，在成功执行 bin/build 的情况下，调用第 24～29 行的 Release 方法，继续执行 bin/release 程序。若 bin/release 不存在，则不执行。

第 9～11 行，在 peer 节点的 d.DurablePath 目录下创建 fabcar 正式的构建目录，创建构建信息文件 build-info.json，并将上文构建过程中临时创建的 build 输出目录、release 输出目录复制到此目录。d.DurablePath 为 core.yaml 中 peer.fileSystemPath 配置的目录下的 externalbuilder/builds 目录，如/var/hyperledger/production/externalbuilder/builds。

第 12 行，返回已成功构建的 fabcar 外部服务实例。

4. peer 节点建立与 fabcar 外部服务的通信

当执行 peer lifecycle chaincode commit 提交 fabcar 链码定义时，参见 12.2.2 节所述启动链码 Docker 容器的过程，经调用，peer 节点将执行代码清单 12-35 中的方法，建立与 fabcar 外部服务的通信。至此，fabcar 作为外部服务，可为 Fabric 区块链网络提供链码调用。

代码清单 12-35　core/chaincode/runtime_launcher.go

```
1.  func (r *RuntimeLauncher) Launch(ccid string, streamHandler...) error {...
2.  launchState, alreadyStarted := r.Registry.Launching(ccid)
3.  if !alreadyStarted { ...
4.    go func() {
5.      ccservinfo, err := r.Runtime.Build(ccid)
6.      if ccservinfo != nil {
7.        err = r.ConnectionHandler.Stream(ccid, ccservinfo, ...)
8.        launchState.Notify(errors.("connect to %s terminated", ccid))
9.      }
10.   }
```

```
11.   }
12. }
```

在代码清单 12-35 中，第 2 行，获取 fabcar 的运行状态，在它未运行的情况下，进入第 3 行的 if 分支。

第 5 行，调用代码清单 12-36 中的方法，查看 fabcar 是否已成功构建。

第 6～9 行，当成功获取 fabcar 外部服务的连接信息时，peer 节点将调用代码清单 12-37 中的方法，建立与 fabcar 的通信。

代码清单 12-36　core/chaincode/container_runtime.go

```
1.  func (c *ContainerRuntime) Build(ccid string) (*ChaincodeServerInfo, error) {
2.    buildStatus, ok := c.BuildRegistry.BuildStatus(ccid)
3.    if !ok{err:=c.ContainerRouter.Build(ccid); buildStatus.Notify(err)}
4.    <-buildStatus.Done()
5.    if err := buildStatus.Err(); err != nil {return nil, errors...}
6.    return c.ContainerRouter.ChaincodeServerInfo(ccid)
7.  }
```

在代码清单 12-36 中，第 2～3 行，查看 fabcar 的构建状态，若未构建，则会尝试构建。这里 fabcar 已构建，ok 值为 true，将不会再次执行构建过程。

第 5 行，检查已构建 fabcar 的构建结果是否存在错误。

第 6 行，在 core/container/container.go 中实现，获取已构建的 fabcar 外部服务实例并返回 fabcar 外部服务端的连接信息，即 connection.json 文件中的信息。

代码清单 12-37　core/chaincode/extcc/extcc_handler.go

```
1.  func (i *ExternalChaincodeRuntime) Stream(ccid, ccinfo, sHandler) error {
2.    conn, err := i.createConnection(ccid, ccinfo)
3.    client := pb.NewChaincodeClient(conn)
4.    stream, err := client.Connect(context.Background())
5.    sHandler.HandleChaincodeStream(stream)
6.  }
```

在代码清单 12-37 中，第 2～3 行，使用连接信息，创建与 fabcar 外部服务连接的 gRPC 客户端。

第 4 行，建立连接，获取收发链码消息的 gRPC 流对象。

第 5 行，sHandler 为 ChaincodeSupport，在 core/chaincode/chaincode_support.go 中实现。参见 12.1.2 节所述 peer 端与 _lifecycle 通信的初始化过程，这里将使用 gRPC 流对象，启动 peer 节点与 fabcar 外部服务交互的进程。

第**13**章

Fabric 区块链网络部署

本章主要包含实际操作的内容，以官方示例 fabric-samples 为蓝本，叙述如何一步步部署 Fabric 区块链网络。其中，主要介绍网络涉及的各个组件的来源、结构，以及重要的操作步骤。本章共叙述两种部署 Fabric 区块链网络的方式：Docker 和 K8s。

13.1　Fabric SDK

13.1.1　Fabric SDK 的分类

在实际部署时，一般将 Fabric SDK 作为 API 的提供者，为上层应用或对外服务提供 Fabric 区块链网络底层服务。当前官方实现的 Fabric SDK 项目均托管于 GitHub 网站，以编程语言分类，有 fabric-sdk-java、fabric-sdk-node、fabric-sdk-go、fabric-sdk-py，分别对应编程语言 Java、Node.js、Go、Python。

13.1.2　Fabric SDK 在 Fabric 区块链网络中的角色

Fabric SDK 本质是一个 Fabric 基础对象、功能的封装集合和客户端框架实现，旨在方便开发人员快速开发出符合产品业务需求的服务模块，如将 fabric-sdk-node 整体作为一个包，引入第三方应用开发项目，开发出内部使用或对外提供服务的数据上链 API。从网络架构角度讲，Fabric SDK 具有衔接性，衔接上层应用和底层 Fabric 区块链网络，用于处理应用层的区块链交易调用请求，可以兼顾调用请求的合法性甄别、并发平衡等工作。同时，Fabric SDK 也具有隔离性，隔离上层应用和底层 Fabric 区块链网络，减少上层应用变动对底层 Fabric 区块链网络的影响。

对上层应用来说，Fabric SDK 是服务端，上层应用将交易请求发送至 Fabric SDK 所提供的 API。对于底层 Fabric 区块链网络来说，Fabric SDK 是客户端，它将应用层交易请求以可接受的形式发送至 Fabric 区块链网络。

使用 Fabric SDK 开发 Fabric 区块链网络客户端，以另一种方式完成 peer CLI 的工作。例如调用应用链码发起一笔背书交易，可以通过执行 peer CLI 实现，也可以通过调用 Fabric SDK 提供的 API 实现。peer CLI 基本的工作流程为：收集命令行参数→打包背书申请→签名背书申请→通过 gRPC 发送背书申请至 Fabric 区块链网络节点→接收并处理背书应答。Fabric SDK 的工作流程类似：收集 API 传入参数→打包背书申请……。

13.2 Fabric 镜像

13.2.1 Fabric 区块链网络中的核心镜像

在正常情况下，Fabric 区块链网络中的各种节点均运行于 Docker 容器之内，对应使用的镜像均在 Docker Hub 的 Fabric 官方仓库 Hyperledger 中，核心镜像有 fabric-peer、fabric-orderer、fabric-ccenv、fabric-javaenv、fabric-nodeenv、fabric-baseos、fabric-ca，工具类和第三方镜像有 fabric-tools、fabric-zookeeper、fabric-kafka、fabric-couchdb。

- ❑ fabric-peer：peer 节点的载体，构建文件为 images/peer/Dockerfile，基础镜像为 Alpine Linux 系统的 alpine。启动时，运行 peer node start 命令，读取容器环境变量和$FABRIC_CFG_PATH/core.yaml 中的配置。

- ❑ fabric-orderer：orderer 节点的载体，构建文件为 images/orderer/Dockerfile，基础镜像为 Alpine Linux 系统的 alpine。启动时，运行 orderer 命令，读取容器环境变量和$FABRIC_CFG_PATH/orderer.yaml 中的配置。

- ❑ fabric-ccenv、fabric-javaenv、fabric-nodeenv：应用链码编译环境镜像。在以 Docker 容器方式启动使用 Go、Java 或 Node.js 语言的应用链码之前，将使用对应镜像编译链码。以 fabric-ccenv 镜像为例，构建文件为 images/ccenv/Dockerfile，基础镜像为 Alpine Linux 系统的 alpine。peer 节点在实例化应用链码时，将使用 fabric-ccenv 启动一个容器，编译应用链码。编译出的应用链码程序，将放入应用链码镜像，在应用链码容器启动时执行。

- ❑ fabric-baseos：构建应用链码镜像的基础镜像，包含应用链码运行的必要环境。构建文件为 images/baseos/Dockerfile，基础镜像为 Alpine Linux 系统的 alpine。在使用 peer lifecycle chaincode install 命令安装链码时，由 peer 节点控制使用，用以构建应用链码镜像。

- ❑ fabric-ca：Fabric 项目实现的 CA 系统镜像，项目地址为 hyperledger/fabric-ca，可用以为 Fabric 区块链网络中的节点、SDK 等签发、存储身份证书。在官方示例 fabric-samples 中，节点 msp 目录下的身份证书统一由 cryptogen 工具静态生成。在实际生产部署时，存在为每个组织部署一个 CA 系统镜像的需求，以动态地管理组织成员的证书。但在真实落地时，因 Fabric CA 系统镜像自身的完善性、政策和商业环境等问题，Fabric CA 系统镜像的使用空间有限。

- ❑ fabric-tools：Fabric 工具镜像，封装了 Fabric 相关的环境、程序，在实际运行时以 peer CLI 的角色出现，作为 Fabric 区块链网络的维护节点。构建文件为 images/tools/Dockerfile，基础镜像为 Alpine Linux 系统的 alpine。

- ❑ fabric-zookeeper、fabric-kafka、fabric-couchdb：Fabric 区块链网络可能使用到的第三方镜

像，分别封装了 ZooKeeper、Kafka、CouchDB 软件。在 fabric-baseimage 仓库中构建，构建文件在 images 目录下，基础镜像为 Debian Linux 系统的 alpine。

13.2.2　获取 Fabric 核心镜像

下面介绍获取 Fabric 核心镜像的几个方法。

（1）本地编译。在 Fabric 源码目录下执行 make docker 命令，可以本地编译 Fabric 所有有效镜像，或执行 make peer-docker 命令，单独编译 peer 节点镜像。

（2）脚本下载。使用 scripts/bootstrap.sh 脚本，具体执行./bootstrap.sh -sb 命令，从 Docker Hub 拉取 Fabric 官方提供的镜像。

（3）从 Docker Hub 下载。访问 Docker Hub 官网，搜索 hyperledger 仓库，下载官方镜像，如执行 docker pull hyperledger/fabric-peer:2.0。

13.3　Fabric 的编译

13.3.1　编译工程文件 Makefile

Fabric 项目工程使用 GNU Make 工具进行编译。GNU Make 工具读取运行目录下的 Makefile，依据命令行参数指定的编译目标（target），使用目标的编译规则执行编译，生成目标，包括但不限于可执行程序、项目文档、清理工作等。

Makefile 的规则既简单又复杂，下面先描述一下 Fabric 项目中 Makefile 涉及的若干概念和规则。

- ❏ 变量和通配符。在 Makefile 中，可以使用变量。以 "key=value" 的格式，正常定义和赋值变量。"=" 也可以用 "+=" "?=" ":=" 代替，分别表示在变量原值基础上添加一个值、变量之前未赋值时赋值、覆盖变量现有的值。赋值后，引用变量的格式为 "$(key)"。Makefile 中也存在特殊变量，如 $$、$*、$@、$(@D)，分别表示 make 运行进程 ID、make 命令所有参数、目标的文件名、目标的目录部分。默认地，Makefile 支持通配符，如*、%、?，分别表示任意个字符、0 或多个字符、单个字符。

- ❏ 函数。在 Makefile 中，可以使用函数，这些函数为内置函数，如 eval、patsubst、subst、word、abspath、shell、foreach，分别表示参数展开函数、模式字符串替换函数、字符串替换函数、获取单词函数、获取绝对路径函数、运行 Shell 命令函数、循环函数。

- ❏ 引用子 Makefile。与编程语言中引入包的机制一样，通过 "include 子 Makefile" 的格式，Makefile 可以引用其他的 Makefile。例如在 Fabric 项目根目录下，Makefile 为主 Makefile，引用了 docker-env.mk、gotools.mk 两个子 Makefile。引入后，可视为将 docker-env.mk、gotools.mk 两个文件中的内容完整地复制到引入的位置。

- ❏ target:prerequisites 规则。Makefile 中非常重要的一条简单规则，即 "目标:先决条件"，要

实现前面的目标，需要后面的先决条件成立。无论多么复杂的 Makefile 编译过程，均遵循这条简单的规则。目标和先决条件均是一个标识符，可以由任何字符组成。如"gotools: gotools-install"，表明要实现 gotools 这个目标，需要先满足 gotools-install 这个先决条件。先决条件可以是执行的命令，也可以是其他的目标。目标中，存在一个特殊符号".PHONY"，表示一个伪目标。伪目标不能被其他目标作为先决条件，只能显式地执行先决条件，如".PHONY:clean"，表示必须执行 make clean 命令，才能实现该目标。在 Fabric 项目工程根目录的 Makefile 的头部注释中，罗列了 Fabric 中能够编译的目标，如 all、checks、release、peer、orderer、peer-docker、orderer-docker。

13.3.2　编译 Fabric 项目工程

以本地编译 peer 程序为例，在 Fabric 项目工程根目录下执行 make peer 命令，将执行 Makefile 中 peer 目标的编译规则，内容如配置清单 13-1 所示。

配置清单 13-1　Makefile

```
1.   RELEASE_EXES = orderer $(TOOLS_EXES) #定义包含 peer 目标的变量
2.   TOOLS_EXES = configtxgen ... discover idemixgen peer
3.   ##生成 release 版本可执行程序的目标和先决条件
4.   .PHONY: $(RELEASE_EXES)
5.   $(RELEASE_EXES): %: $(BUILD_DIR)/bin/%
6.   ##生成 peer 程序所执行的命令
7.   $(BUILD_DIR)/bin/%: GO_LDFLAGS=$(METADATA_VAR:%=-X $(PKGNAME)/common/metadata.%)
8.   $(BUILD_DIR)/bin/%:          ##$(BUILD_DIR)为同目录下的.build 目录
9.        @echo "Building $@"      ##输出构建日志
10.       @mkdir -p $(@D)          ##创建$(BUILD_DIR)/bin 目录
11.       GOBIN=$(abspath $(@D)) go install -tags "$(GO_TAGS)" -ldflags "$(GO_LDFLAGS)"
          $(pkgmap.$(@F))
12.       @touch $@
```

在配置清单 13-1 中，第 1~2 行，将要编译的 peer 程序连同其他工具程序赋值给变量 TOOLS_EXES。在此我们也可以看出，在整个 Fabric 项目工程中，peer 程序被视作一种服务的工具。然后连同 orderer 程序赋值给变量 RELEASE_EXES，整体作为 Fabric 项目中 release 版本的运行程序集合。

第 4~5 行，在执行 make peer 命令时，peer 程序是目标。在 Makefile 中，$(RELEASE_EXES) 整体作为一个伪目标，即不论执行 make orderer 命令、make configtxgen 命令还是执行 make peer 命令，均执行此处的伪目标。而$(RELEASE_EXES)又作为一个目标，其先决条件是%: $(BUILD_DIR)/bin/%，前后的%表示如果目标是 peer 程序，则其先决条件为$(BUILD_DIR) /bin/peer。

第 7~12 行，先决条件$(BUILD_DIR)/bin/%，在这里是$(BUILD_DIR)/bin/peer，又作为一个目标，其先决条件为，使用 common/metadata/metadata.go 中的变量值为 GO_LDFLAGS 变量赋值，然后执行 GOBIN=... go install -tags... -ldflags ...，将 peer 程序编译、安装至$(BUILD_DIR)/bin 目录下。

13.4 官方示例 fabric-samples

fabric-samples 是 Fabric 官方提供的基础示例项目，主要包括 Fabric 区块链网络部署、应用链码等内容，专用于引导用户体验、入门学习、测试 Fabric 区块链网络的基本特性和操作。项目仓库为 hyperledger/fabric-samples，随 Fabric 版本更新。

13.4.1 fabric-samples 的结构

fabric-samples 的结构如下。

❑ chaincode 目录，存放了所有应用链码示例，各有侧重，以体现 Fabric 可支持的应用链码特性。abac 为 A、B Account 的缩写，主要实现对 A、B 两个账户的 crud 操作（create、read、update、delete 操作），是非常基础的应用链码。abstore 与 abac 实现类似，但实现了 Go、Java、Node.js 这 3 种编程语言版本的相关操作。fabcar 为 fabulous car 的缩写，用于对汽车信息进行存储、查询，除了多语言版本外，还作为一个外部服务的示例。marbles02 主要对弹珠颜色、所有者等信息进行存储，作为使用状态数据库索引的示例，示范了如何对存储数据的键进行设计和调用更丰富的链码查询方法，如范围查询、分页查询、富查询。marbles02_private 在应用状态数据库索引的基础上，增加了私有数据集合的应用示例。sacc 是一个概念化和场景化的应用链码，简单地实现了在 Fabric 区块链上管理资产。

❑ chaincode-docker-devmode 目录，该目录下的示例展示了如何以开发模式（development mode）运行应用链码。正常模式下，开发人员需通过 peer lifecycle chaincode 生命周期管理命令将应用链码部署之后，方可调用测试。而在开发模式下，开发人员可以直接编译和启动应用链码，方便测试。

❑ first-network 目录，从 fabric-samples 1.0 即存在的一个目录，该目录下的示例展示了如何部署、使用一个 Fabric 区块链网络，包括如何配置网络中的节点、启动网络，在网络中执行创建通道、加入通道、更新通道、管理应用链码生命周期、调用链码、查询链码等操作。这些操作体现了 Fabric 2.0 的特性，也尽量兼容了旧版本 Fabric 的特性。

❑ test-network 目录，fabric-samples 2.0 中新增的 Fabric 区块链网络示例目录，旨在替换 first-network。该目录下的示例摒弃了 Kafka 等已处于 deprecated 状态的 Fabric 区块链网络特性，较 first-network 更简洁、直接，更符合 Fabric 2.0 特性。默认情况下，该目录下的示例启动的 Fabric 区块链网络包括 1 个通道联盟、2 个 peer 组织 Org1 和 Org2，每个 peer 组织各 1 个 peer 节点，以及 1 个 orderer 组织，包含 1 个 orderer 节点，提供 etcdraft 类型的共识排序服务。

❑ fabcar 目录，存放了一个展示如何使用 fabric-sdk-java、fabric-sdk-node 开发 Fabric SDK 客户端的应用示例。

❑ commercial-paper 目录，存放了一个贴近现实商业交易场景的应用示例，用于展示如何使用 test-network 部署 Fabric 区块链网络，实现两个独立商业组织间的票据交易，如发行商业票据、购买商业票据、承兑商业票据。

❑ interest_rate_swaps 目录，存放了一个贴近现实金融商业交易的应用示例，用于展示如何针对 Fabric 区块链网络的参与者（在这里，是利率交换的提供方、需求方、监管方），使用链码级别的背书策略、键级别的背书策略，构建一个信任模型，在 Fabric 区块链网络中实现可信利率交换交易。

❑ high-throughput 目录，Fabric 区块链网络完整处理一笔交易需要一定的时间，如此，在交易高并发的情况下会产生问题。例如，一个交易量大的 APP 的对公账户，每一秒可能会产生成千上万笔收取或支付的交易，若每笔交易均单独提交，则存在很大的概率，大部分交易在 MVCC 验证时将被标记为无效交易。该目录下的示例，用于展示如何通过设计链码数据模型，降低在高并发的情况下 Fabric 区块链网络发生双重支付问题的概率。

13.4.2　部署 first-network

first-network 部署的 Fabric 区块链网络名称为 byfn，是 build your first network 的缩写。默认地，byfn 网络只部署在一台服务器上，包含 1 个 mychannel 通道、2 个 peer 组织 Org1 和 Org2，每个 peer 组织各 2 个 peer 节点、2 个 CouchDB 数据库，以及 1 个 orderer 组织，包含 5 个 orderer 节点，1 个 mycc 应用链码，1 个 peer CLI 节点。

first-network 目录下主要有如下几类文件。

❑ crypto-config.yaml 文件。cryptogen 工具读取的文件，用于生成联盟中各个组织的 MSP 证书，放至 crypto-config 目录。

❑ configtx.yaml 文件。configtxgen 工具读取的文件，用于配置系统通道配置、应用通道配置，生成 genesis 块、应用通道配置交易文件。

❑ .env 文件。一个隐藏文件，docker-compose 工具运行时读取该文件中的变量值，应用于 docker-compose-file 文件。这里 COMPOSE_PROJECT_NAME 定义了 docker-compose 启动的项目工程名称，IMAGE_TAG 定义了启动容器所使用的镜像 tag。

❑ docker-compose-file 文件。它用于设定启动 Fabric 区块链网络节点容器的配置，如一系列 docker-compose-×××.yaml 文件、base 目录下的.yaml 文件。

❑ byfn.sh 脚本。它用于管理 byfn 网络的 Shell 脚本，如启动、停止等。启动时，若选择默认选项，则只需执行 byfn.sh up，即可启动一个 Fabric 区块链网络。

❑ scripts 目录。它用于存放启动 Fabric 区块链网络后，peer CLI 节点使用的用于执行创建通道、加入通道、管理链码生命周期等操作的脚本。

❑ eyfn.sh 脚本。eyfn，即 extend your first network，用于扩展 byfn 网络的 Shell 脚本，为应用通道添加一个新的组织。

byfn.sh 脚本执行的过程，较全面地描述了部署一个 Fabric 区块链网络需做的工作和操作步骤。在理解 byfn.sh 的基础上，我们可以自定义部署、启动更符合实际项目需求的 Fabric 区块链网络。下面以执行./byfn.sh up -s couchdb 为例，介绍 byfn 网络详细的部署、使用过程。

1. 下载、拉取必要的工具和 Fabric 核心镜像

部署过程中需使用 cryptogen、configtxgen、configtxlator 等工具和 Fabric 核心镜像，可使用 Fabric 源码目录下的 scripts/bootstrap.sh 脚本，执行 bootstrap.sh -s，下载官方提供的已编译工具包 Hyperledger-fabric-Linux-amd64-2.0.0.tar.gz，拉取 Fabric 核心镜像。工具包需解压至 fabric-samples 根目录。

2. 编写各类配置文件

依据 Fabric 区块链网络部署需求，编写 crypto-config.yaml、configtx.yaml、docker-compose-cli.yaml、docker-compose-etcdraft2.yaml、docker-compose-couch.yaml 文件。

3. 生成组织证书

执行 export PATH=${PWD}/.../bin:${PWD}:$PATH; export FABRIC_CFG_PATH=${PWD}，将工具包所在目录添加至系统 PATH 环境变量，将 configtx.yaml 所在目录设置为 Fabric 配置目录（$FABRIC_CFG_PATH）。之后的操作均在 first-network 目录下执行。

执行 cryptogen generate --config=./crypto-config.yaml，创建 crypto-config 目录，存放 cryptogen 工具读取 crypto-config.yaml 文件生成的各组织节点所使用的 MSP 证书。

4. 生成创世纪块、通道配置、组织配置

执行 configtxgen -profile SampleMultiNodeEtcdRaft -channelID byfn-sys-channel -outputBlock ./channel-artifacts/genesis.block，读取$FABRIC_CFG_PATH 下 configtx.yaml 文件中 Profiles 下的 SampleMultiNodeEtcdRaft 配置，创建系统通道 byfn-sys-channel 的创世纪块，存放至 channel-artifacts。系统通道的创世纪块是整个 Fabric 区块链网络的第 1 个区块，包含整个网络的配置，用于启动网络。

执行 configtxgen -profile TwoOrgsChannel -outputCreateChannelTx ./channel-artifacts/channel.tx -channelID mychannel，读取 $FABRIC_CFG_PATH 下 configtx.yaml 文件中 Profiles 下的 TwoOrgsChannel 配置，创建应用通道 mychannel 的通道配置交易 channel.tx，存放至 channel-artifacts。channel.tx 包含应用通道的配置，用于创建 mychannel 通道。

执行 configtxgen -profile TwoOrgsChannel -outputAnchorPeersUpdate ./channel-artifacts/Org1MSPanchors.tx -channelID mychannel -asOrg Org1MSP，读取$FABRIC_CFG_PATH 下 configtx.yaml 文件中 Profiles 下 TwoOrgsChannel 中组织 Org1MSP 下的 AnchorPeers 配置，创建 mychannel 通道配置交易 Org1MSPanchors.tx，存放至 channel-artifacts。Org1MSPanchors.tx 用于更新 Org1MSP 组织的锚节点。执行相同操作，创建用于更新 Org2MSP 组织的锚节点的通道配置交易

Org2MSPanchors.tx。

5．启动 byfn 网络

执行 docker-compose -f docker-compose-cli.yaml -f docker-compose-etcdraft2.yaml -f docker-compose-couch.yaml up -d，使用 docker-compose 工具，读取.env、docker-compose-×××.yaml 文件，启动 byfn 网络的各个节点。启动后，等待一段时间，由于 byfn 网络默认使用的是 etcdraft 共识排序服务，为了使底层由 5 个 orderer 节点组成的 etcdraft 共识网络达到就绪状态，在启动 byfn 网络之后，应等待若干秒再继续操作。

执行 docker exec cli scripts/script.sh mychannel 3 go 10 false true，将在 cli 容器中运行 scripts/script.sh 脚本，创建和使用应用通道、应用链码等。可替代地，这里我们可以执行 docker exec -it cli bash 进入 peer CLI 容器内部，手动完成 scripts/script.sh 的工作，如以下步骤所示。

6．创建、加入应用通道

执行 export CORE_PEER_LOCALMSPID=Org1MSP; export CORE_PEER_MSPCONFIGPATH= /opt/.../Admin@org2.example.com/msp，设置 Org1MSP 组织管理员身份。在执行创建通道、加入通道、管理应用链码生命周期等操作时，需以不同组织的身份角色执行，我们可以通过设置这 2 个环境变量，切换 peer CLI 代表的身份。执行 export CORE_PEER_ADDRESS= peer0.org1. example.com; export CORE_PEER_TLS_ROOTCERT_FILE=/opt/.../tls/ca.crt，设置背书节点地址，我们可通过设置这 2 个环境变量，切换交易所要发送到的背书节点的地址。另外，cli 容器也映射了操作所需的组织 MSP 证书、通道材料、abstore 链码等。

执行 peer channel create -o orderer.example.com:7050 -c mychannel -f ./channel-artifacts/ channel.tx --tls true --cafile /opt/.../tlsca.example.com-cert.pem，以 Org1MSP 组织管理员身份，以 peer0.org1.example.com 为背书节点，创建 mychannel 通道。成功创建后，将生成 mychannel 通道的第 1 个 mychannel.block 文件。

执行 peer channel join -b mychannel.block，分别以 Org1MSP、Org2MSP 组织管理员身份，向 peer0.org1.example.com、peer1.org1.example.com、peer0.org2.example.com、peer1.org2.example.com 这 4 个背书节点发送背书申请，将 4 个背书节点加入 mychannel。

7．更新应用通道各组织锚节点配置

执行 peer channel update -o orderer.example.com:7050 -c mychannel -f ./channel-artifacts/ Org1MSPanchors.tx --tls true --cafile /opt/.../tlsca.example.com-cert.pem，以 Org1MSP 组织管理员身份，以 peer0.org1.example.com 为背书节点，更新 mychannel 通道中 Org1MSP 组织的锚节点。执行相同操作，更新 Org2MSP 组织的锚节点。

8. 部署、使用应用链码

执行 cd $GOPATH/src/.../hyperledger/fabric-samples/chaincode/abstore/go，切换至 abstore 链码目录下，执行 go mod vendor，下载 abstore 源码的依赖库。然后执行 cd -，返回原目录。

执行 peer lifecycle chaincode package mycc.tar.gz --path .../hyperledger/fabric-samples/chaincode/abstore/go --lang golang --label mycc_1，将$GOPATH/src/.../abstore/go 目录下的 abstore 链码源码打包为 mycc.tar.gz。

执行 peer lifecycle chaincode install mycc.tar.gz，以 Org1MSP 组织管理员身份，以 peer0.org1.example.com 为背书节点，将 mycc.tar.gz 安装至 peer0.org1.example.com 节点，并返回 mycc 的链码包 ID，这里设定是 mycc:a1b2c3。执行相同操作，将 mycc 安装至 peer0.org2.example.com 节点。成功安装 mycc 后，将生成 mycc 链码镜像。

执行 peer lifecycle chaincode approveformyorg --tls true --cafile /opt/.../tlsca.example.com-cert.pem --channelID mychannel --name mycc --version 1 --init-required --package-id mycc:a1b2c3 --sequence 1 --waitForEvent，以 Org1MSP 组织管理员身份，以 peer0.org1.example.com 为背书节点，批准 mycc 链码定义，这里的链码定义未指定背书策略，在执行时将使用默认值。执行相同操作，使组织 Org2MSP 批准 mycc 链码定义。

执行 peer lifecycle chaincode checkcommitreadiness --channelID mycc --name mycc --peerAddresses peer0.org1.example.com --tlsRootCertFiles /opt/.../peer0.org1.example.com/tls/ca.crt --version 1 --sequence 1 --output json --init-required（可选的步骤），以 Org1MSP 组织管理员（或成员）身份，以 peer0.org1.example.com 为背书节点，查询 mycc 链码定义被批准的情况。

执行 peer lifecycle chaincode commit -o orderer.example.com:7050 --tls true --cafile /opt/.../tlsca.example.com-cert.pem --channelID mychannel --name mycc --peerAddresses peer0.org1.example.com --tlsRootCertFiles /opt/.../peer0.org1.example.com/tls/ca.crt --peerAddresses peer0.org2.example.com --tlsRootCertFiles /opt/.../peer0.org2.example.com/tls/ca.crt --version 1 --sequence 1 --init-required，以 Org1MSP 组织管理员身份，分别向 peer0.org1.example.com、peer0.org2.example.com 节点发送提交 mycc 链码定义的背书申请，提交 mycc 链码定义。以 Org1MSP 组织管理员身份，是为了满足 mychannel 的通道写策略。向 peer0.org1.example.com、peer0.org2.example.com 发送背书申请，是为了满足 mychannel 的 LifecycleEndorsement 策略。成功提交 mycc 链码定义后，mycc 链码容器将启动并提供链码服务。

执行 peer chaincode invoke -o orderer.example.com:7050 --tls true --cafile /opt/.../tlsca.example.com-cert.pem -C mychannel -n mycc --peerAddresses peer0.org1.example.com --tlsRootCertFiles /opt/.../peer0.org1.example.com/tls/ca.crt --peerAddresses peer0.org2.example.com --tlsRootCertFiles /opt/.../peer0.org2.example.com/tls/ca.crt --isInit -c '{"Args":["Init","a","100", "b","100"]}'，以 Org1MSP 组织管理员身份，分别向 peer0.org1.example.com、peer0.org2.example.com 节点调用

mycc，初始化链码，这里初始化 a、b 两个账户的余额为 100 元。这里交易必须由 mychannel 中两个组织同时背书，因为上文批准、提交 mycc 链码定义时未指定背书策略，则使用默认值，为 MAJORITY Endorsement。

执行 peer chaincode invoke -o orderer.example.com:7050 --tls true --cafile /opt/.../tlsca.example.com-cert.pem -C mychannel -n mycc --peerAddresses peer0.org1.example.com --tlsRootCertFiles /opt/.../peer0.org1.example.com/tls/ca.crt --peerAddresses peer0.org2.example.com --tlsRootCertFiles /opt/.../peer0.org2.example.com/tls/ca.crt -c '{"Args":["invoke","a","b","10"]}'，以 Org1MSP 组织管理员身份，分别向 peer0.org1.example.com、peer0.org2.example.com 节点发送背书申请，调用 mycc，从 a 账户向 b 账户转账 10 元。

执行 peer chaincode query -C mychannel -n mycc -c '{"Args":["query","a"]}'，以 Org1MSP 组织管理员（或成员）身份，以 peer0.org1.example.com 为背书节点，查询 peer0.org1.example.com 节点本地 a 账户的余额，这里查询结果应为 90 元。

13.4.3　扩展 first-network

byfn 网络的 mychannel 通道对应使用联盟 SampleConsortium，包含 2 个 peer 组织 Org1、Org2，每个 peer 组织各 2 个 peer 节点。在实际操作中，可以执行 eyfn.sh 拓展 byfn 网络，为已部署的 mychannel 添加新的参与者 Org3，具体步骤如下。

（1）执行 export PATH=${PWD}/.../bin:${PWD}:$PATH; export FABRIC_CFG_PATH=${PWD}/org3-artifacts，将工具包所在目录添加至系统 PATH 环境变量，将 Org3 组织配置 configtx.yaml 所在目录设置为 Fabric 配置目录。之后的操作均在 first-network 目录下执行。

（2）执行 cryptogen generate --config=./org3-artifacts/org3-crypto.yaml，cryptogen 工具读取./org3-artifacts/org3-crypto.yaml 文件，生成 Org3 组织所使用的 MSP 证书。

（3）执行 configtxgen -printOrg Org3MSP > ./channel-artifacts/org3.json，使用 org3-artifacts/configtx.yaml，生成 Org3 组织配置。

（4）执行 IMAGE_TAG=2.0.0 docker-compose -f docker-compose-org3.yaml -f docker-compose-couch-org3.yaml up -d，启动 Org3 组织的 peer 节点、CouchDB 节点容器。

（5）执行通道配置更新交易，参见 10.1 节所述通道配置更新的流程。

13.4.4　以 Kubernetes 为容器，部署 first-network

Kubernetes 简称 k8s，是谷歌开源的一款容器管理系统，适用于部署大型分布式商业应用，其与 Fabric 区块链网络具有天然的相适性。在旧版本的 Fabric 中，运行区块链网络的一些机制，如应用链码的生命周期管理，与 k8s 的容器生命周期管理、网络命名空间等机制存在部分冲突，这些问题在 Fabric2.0 中得到了较好的解决。典型地，可以将链码作为一个单独的 Service 进行部署，参与到由 k8s 管理的 Fabric 区块链网络集群中。

与以 Docker 容器的方式直接部署 Fabric 区块链网络节点不同，使用 k8s 对一个节点（peer 或 orderer）进行部署的方式如图 13-1 所示。

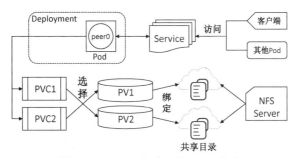

图 13-1　以 k8s 方式部署 peer0 节点

图 13-1 中涉及如下与 k8s 相关的基本概念。

❑ NFS Server，一种用于多机间的网络文件存储的服务，类似于 Windows 中的共享文件夹，在 k8s 中则是所支持的一类存储卷（volume）。其他类型的存储卷有 awsElasticBlockStore、azureDisk、configMap 等。NFS Server 以共享目录的方式提供存储卷，可用于持久化存储节点的数据，如 peer0 的账本。

❑ PV（Persistent Volume），为 k8s 中的持久化存储卷，是一种泛化的存储对象，拥有空间大小、访问模式等属性。存储使用者（Pod）可直接使用 PV，而无须关心其绑定的存储卷的类型、连接方式、存储实现方式等细节。

❑ PVC（Persistent Volume Claim），为 k8s 中的持久化存储卷声明，是一种"申领"的概念，即 PVC 依据自身对存储大小、访问能力等方面的要求，向 k8s 集群"申领"绑定一个 PV。k8s 以一定的策略，从集群中甄选出满足条件且最合适的 PV，绑定至该 PVC。

❑ Deployment，一种资源控制器，用于管理 Pod。其他类型的资源控制器有 ReplicaSet、DaemonSet、StatefulSet 等。k8s 以 Pod 为最小的管理单元，想象一个豌豆荚，里面包含若干个豌豆，Pod 就是一组相关的容器，共享命名空间、数据卷和虚拟网段。Pod 分为自主式 Pod 和由资源控制器控制的 Pod，区别在于前者由我们自定义部署，"形单影只"，不受 k8s 维护；后者则由 k8s 管理、维护。图 13-1 中，一个 Deployment 中定义了一个 Pod，该 Pod 中运行了一个 peer0 容器，当该 Pod 因各种原因宕机时，资源控制器会由 k8s 自动创建一个新的 Pod，以维护 Pod 数为 1。

❑ Service，将一组 Pod 应用所提供的功能公开为一种服务，供客户端或集群中的其他 Pod 访问，公开的方式有 ClusterIP（默认）、NodePort、ExternalName 等。同一个 Pod，可以由多个 Service 同时代理。在图 13-1 中，peer0 所提供的服务，如背书服务，由 Service 统一代理，访问 Service，即访问 peer0。

需要指出的是，k8s 具有极强的兼容性，往往一类资源可以兼容多种方案。因而在同一网络的具体部署设计上，可以有多种实现方案。图 13-1 所示的部署 Fabric 区块链网络节点的方式，也只是众多可实现方案中的一种，在操作上较为容易。

如表 13-1 所示，设定集群有 3 台服务器，master 作为集群主节点（管理节点），node01、node02 作为集群从节点，负责运行 Fabric 区块链网络节点的 Pod，其中 node02 也负责运行 NFS Server。我们分别在 master、node01、node02 上，以 root 用户，执行环境准备、安装 k8s 工具等操作。

表 13-1   k8s 集群节点示例

主机名	角色	IP 地址	系统	运行 Pod
master	主节点	192.168.1.10	Ubuntu Server 18.04	管理节点，不运行具体的 Pod
node01	从节点	192.168.1.11	Ubuntu Server 18.04	Fabric 节点
node02	从节点	192.168.1.12	Ubuntu Server 18.04	Fabric 节点、chaincode、cli、NFS

1. 环境准备

执行 swapoff -a，临时关闭 swap，重启机器后失效。或编辑/etc/fstab，删除 swap 挂载，重启机器，永久性关闭 swap。

创建并编辑/etc/seLinux/conf，写入 SELINUX=disabled，禁用 seLinux。

创建并编辑 kubernetes.conf，写入如下内核参数，禁用 IPv6、开启网桥模式。然后将其复制至/etc/sysctl.d 下，执行 sysctl -p /etc/sysctl.d/kubernetes.conf 使其生效。

```
net.ipv6.conf.all.disable_ipv6=1
net.ipv6.conf.default.disable_ipv6=1
net.ipv6.conf.lo.disable_ipv6=1
net.bridge.bridge-nf-call-ip6tables=1
net.bridge.bridge-nf-call-iptables=1
```

执行 lsmod | grep ip_vs，查看 ipvs 模块是否开启。若未开启，执行 ls /lib/modules/$(uname -r)/kernel/net/netfilter/ipvs|grep -o "^[^.]*" >> /etc/modules，将 ipvs 模块追加至系统启动模块列表，重启系统。

安装 Docker（略）。创建并编辑/etc/docker/daemon.json，写入 { "exec-opts":["native.cgroupdriver= systemd"] }，然后执行 service docker restart，重启 Docker，将 Docker 的控制组驱动模式更改为 k8s 推荐的 systemd。

2. 安装 k8s 工具[①]

执行 apt-get install -y apt-transport-https curl，安装相关辅助工具。

执行 curl -s .../apt-key.gpg | apt-key add -，添加 k8s 软件源的 GPG 密钥。k8s 软件源可以选择国内云服务商或高校开放的软件镜像站。

创建并编辑/etc/apt/sources.list.d/kubernetes.list，添加 k8s 的软件源信息，如"deb 源地址

---

① 参见 Kubernetes 官方在线文档中关于生产环境安装 k8s 的内容。

kubernetes-xenial main"。

执行 apt-get update && apt-get install -y kubelet kubeadm kubectl，安装 k8s 工具 kubelet、kubeadm、kubectl。

执行 systemctl enable kubelet.service，启动 k8s 后台服务。

3．初始化控制平面

控制平面（control plane）是 k8s 中的一个概念，可简单地理解为 k8s 的 master 命令集可控制的集群范围，在此范围内，master"发号施令"，形成一个控制平面。这里控制平面即 master、node01、node02 这 3 台机器。初始化控制平面，需在 master 上执行如下操作。

（1）执行 kubeadm config images pull --image-repository registry.aliyuncs.com/google_containers --kubernetes-version v1.19.3，从阿里云的仓库拉取 1.19.3 版本的 k8s 集群镜像，包括 kube-proxy、kube-apiserver、kube-scheduler、etcd、coredns、pause，这些均为 k8s 集群运行时所需使用的组件镜像。拉取后，执行 docker tag registry.aliyuncs.com/google_containers/kube-proxy:v1.19.3 k8s.gcr.io/kube-proxy:v1.19.3，将所有镜像变为 k8s.gcr.io 仓库（k8s 控制平面初始化运行时默认使用的仓库）下的镜像。

（2）执行 kubeadm config print init-defaults > kubeadm-config.yaml，将 k8s 集群默认初始化配置输出至 kubeadm-config.yaml 文件中，编辑该配置文件：修改 localAPIEndpoint.advertiseAddress 的值为 master 的 IP 地址 192.168.1.10、kubernetesVersion 的值为 v1.19.3，在 networking 下添加配置项 podSubnet: 10.244.0.0/16，该网段为 k8s 集群所使用的 flannel 组件的默认网段。

（3）执行 kubeadm init --config=kubeadm-config.yaml | tee kubeadm-init.log，初始化 k8s 控制平面，并将初始化日志保留至 kubeadm-init.log 中。

（4）查看 kubeadm-init.log，在日志尾部存在"To start using your cluster, you need ... as a regular user:"，叙述了若想使用初始化的 k8s 集群，需先执行如下命令。

```
mkdir -p $HOME/.kube
sudo cp -i /etc/kubernetes/admin.conf $HOME/.kube/config
sudo chown $(id -u):$(id -g) $HOME/.kube/config
```

（5）从项目仓库 flannel 的 Documentation 中下载 flannel 服务配置文件 kube-flannel.yml，然后执行 kubectl create -f kube-flannel.yml，启动 flannel 服务。flannel 是 k8s 支持的一类覆盖网络（overlay network），为 k8s 集群 Pod 提供跨节点的网络通信服务。

4．从节点加入集群

在 master 上将控制平面初始化完毕后，node01、node2 可执行 kubeadm-init.log 尾部"Then you can join any number of worker nodes ... on each as root:"下的命令，如 kubeadm join 192.168.1.38:6443 --token abcdef.012... --discovery-token-ca-cert-hash sha256:2ada5910f8e...，加入集群。

在 master 上执行 kubectl get node -n kube-system，查看集群节点状态，若为 Ready，则 k8s

集群初始化成功。

5. 启用 NFS Server

在 node02 上执行如下命令，启用 NFS Server，设置共享目录，并创建 Fabric 区块链网络各节点所使用的存储目录。

（1）执行 apt-get install -y nfs-kernel-server，安装 NFS Server。

（2）执行 mkdir -p /mnt/fabric，创建一个共享目录，然后执行 chown -R nobody:nogroup /mnt/fabric && chmod 777 /mnt/fabric，更改共享目录的所有者和所属组为 nobody:nogroup，访问权限为 777（不安全，可依据实际需求分配权限）。

（3）编辑/etc/exports，添加/mnt/fabric 192.168.1.0/24(rw,sync,no_subtree_check)内容，允许集群中 192.168.1.0 网段的节点访问/mnt/fabric 目录，并拥有读写权限。然后执行 exportfs -a，在集群中分享目录。

（4）执行 systemctl restart nfs-kernel-server，重启 NFS Server。

（5）在 node01 上执行 apt-get install nfs-common，安装 NFS Client。

（6）在 node01 上执行 mount -t nfs 192.168.1.12:/mnt/fabric /mnt/test，将 node02 的共享目录/mnt/fabric 挂载至 node01 的/mnt/test 目录，以测试共享目录是否设置成功。

（7）在 node01 的/mnt/test 目录下，执行 mkdir -p data/peers/org{1,2}/peer{0,1} data/orderers/orderer{0,1,2,3,4} artifacts/{channel,chaincode,crypto-config}，在 data 下创建各节点持久化存储数据的目录，在 artifacts 下创建持久化存储创世纪块、通道配置、链码、组织节点 MSP 证书的目录。注意，这里是在 node01 的/mnt/test 目录下创建的，这样创建的目录或文件，所有者仍为 nobody:nogroup，k8s 集群中的 Pod 才有权限访问这些目录下的内容。若直接在 node02 的/mnt/fabric 目录下以 root 身份创建以上目录，创建后需再次执行 chown -R nobody:nogroup /mnt/fabric。

6. 部署 first-network

在 k8s 集群初始化后，即可部署 first-network。主要部署 orderer、peer、cli、chaincode 这 4 类节点，均以图 13-1 所示的方式进行部署，这里只以部署一个运行 peer0.org1 节点的 Deployment 为例，需创建或修改如配置清单 13-2 至配置清单 13-6 的内容，然后执行部署。

配置清单 13-2　peer-org1-namespace.yaml

```
1.  apiVersion: v1 #用于创建专属于 peer 组织 org1 的命名空间
2.  kind: Namespace
3.  metadata:
4.    #专属于 peer0.org1 节点的 PVC、Deployment、Pod、Service 应同在该命名空间中
5.    name: peer-org1
```

配置清单 13-3　peer0-org1-pv-pvc.yaml

```
1.  apiVersion: v1              #PV 没有命名空间属性，属于全局共有
2.  kind: PersistentVolume      #使用 PV 绑定 NFS Server 的共享目录
```

```
3.   metadata:
4.     name: peer-org1-msp-pv
5.     labels:
6.       app: peer-org1-msp-pv
7.   spec:                          #设定该 PV 的存储能力和访问能力
8.     capacity:
9.       storage: 100Mi
10.    accessModes:
11.      - ReadWriteMany
12.    nfs:                         #将 PV 绑定至 node02 所提供的 NFS 共享目录下，组织 org1 的证书目录
13.      path: /mnt/fabric/artifacts/crypto-config/peerOrganizations/org1
14.  server: 192.168.1.12 #node02 的 IP
15.  ---                            #每种资源之间必须以---进行隔离
16.  apiVersion: v1
17.  kind: PersistentVolumeClaim    #使用 PVC，向 k8s 申领上述定义的 PV。
18.  metadata:
19.    namespace: peer-org1         #所属命名空间
20.    name: peer-org1-msp-pvc      #该 PVC 的名称
21.  spec:
22.    accessModes:                 #访问 PV 的模式
23.      - ReadWriteMany
24.    resources:                   #对 PV 的需求
25.      requests:
26.        storage: 100Mi
27.    selector:
28.      matchLabels:              #设定此匹配标签的要求，则一定会匹配至上述 PV
29.        app: peer-org1-msp-pv
```

配置清单 13-4　peer0-org1-deployment.yaml

```
1.   apiVersion: apps/v1
2.   kind: Deployment               #用于控制运行 peer0.org1 节点 Pod 的控制器
3.   metadata:
4.     namespace: peer-org1 #运行 peer0.org1 节点的 Pod 归属于 peer-org1 组织命名空间
5.     name: peer0-deployment
6.   spec:
7.     replicas: 1                   #只允许运行一个副本，否则，Fabric 区块链网络中实际将有 2 个 peer0.org1。
8.     selector:
9.     matchLabels:
10.      peer-id: peer0 #控制器匹配标签，用于识别 Pod，该处为匹配 peer-org1 命名空间下的 peer0
11.    template:                     #Deployment 控制的 Pod 副本的模板
12.      metadata:
13.        labels:
14.          peer-id: peer0 #需要与上文控制器匹配的标签一致，控制器才能控制以该模板创建的 Pod
15.      spec:
16.        containers:              #Pod 所运行的容器列表，这里只运行一个 peer0 的容器
17.        - name: peer0
18.          image: hyperledger/fabric-peer:2.0   #容器所使用的镜像
19.          imagePullPolicy: IfNotPresent         #容器拉取策略，若镜像已存在，则不再拉取。
20.          env: #参看 first-network/base/peer-base.yaml 中设定的 peer 节点所需的环境变量
21.            - name: CORE_PEER_ID
22.              value: peer0-org1
23.            - name: ....    #peer 节点所需的其他环境变量
24.          workingDir: /opt/gopath/src/.../hyperledger/fabric/peer #节点工作目录
25.          ports:                  #Pod 暴露的容器端口，peer 程序默认监听容器的 7051 端口
26.            - containerPort: 7051
27.          command: ["peer","node","start"] #容器启动后所执行的命令，peer node start
```

```
28.          volumeMounts:
29.            - name: msp-path                    #Pod 挂载的存储卷名称，在这里使用
30.              subPath: peers/peer0-svc.peer-org1/msp #msp-path 数据卷下的子目录
31.              mountPath: /etc/hyperledger/fabric/msp
32.            - name: ...                          #其他挂载的存储卷
33.          volumes:                               #Pod 挂载的存储卷
34.            - name: msp-path                     #存储卷名称
35.              persistentVolumeClaim:             #使用同一命名空间中创建的 PVC
36.                claimName: peer-org1-msp-pvc     #指向使用 NFS 共享目录的 PV
37.            - name: ...                          #其他数据卷
38. ---
39. apiVersion: v1
40. kind: Service #创建用于访问上述 Deployment 中运行的 Pod
41. #以$(name).$(namespace)格式，为该 Service 的访问域名，这里则为 peer0-svc.peer-org1
42. #客户端或其他 Pod 访问 peer0-svc.peer-org1:7051，即为访问上述 Pod 中运行的 peer0.org1
43. metadata:
44.   namespace: peer-org1 #同属于 peer-org1 命名空间
45.   name: peer0-svc
46. spec:
47.   selector:
48.     peer-id: peer0            #用于匹配同一命名空间下的 Pod，即上述 Deployment 中运行的 Pod
49.   ports:
50.     - name: peer0-endpoint
51.       protocol: TCP
52.       port: 7051             #peer0-svc.peer-org1 服务向外公开的端口，这里设定也是 7051
53.       targetPort: 7051       #绑定的 Pod 暴露的端口，即 peer0.org1 容器中 peer 程序所监听的端口
```

配置清单 13-5　crypto-config.yaml

```
1.  PeerOrgs: #用于生成 peer 组织的 MSP 证书，参见 first-network/crypto-config.yaml
2.    - Name: Org1
3.  Domain: org1
4.  EnableNodeOUs: true
5.  Specs:
6.    - Hostname: peer0
7.      #设定节点 CN，值为 peer0-org1-deployment.yaml 文件中定义的 peer0.org1 的 Service 的访问地址
8.      #cryptogen 工具会将此 CN 写入 peer0 的身份证书、TLS 证书中
9.      #在 Fabric 区块链网络中，节点间以此 CN 作为节点的访问地址
10.     #在 k8s 部署中，peer0 运行在 Pod 中，其他节点若想访问 peer0，须通过 Service 公开的服务地址
11.     #因此这里应将 CN 设定为 k8s 中 peer0 对应的 Service 的访问地址。
12.     CommonName: peer0-svc.peer-org1
13.   - Hostname: peer1
14.     CommonName: peer1-svc.peer-org1
```

配置清单 13-6　configtx.yaml

```
1.  Organizations: #用于生成通道联盟配置，参见 first-network/configtx.yaml
2.    - &Org1
3.      Name: Org1MSP
4.      ...
5.      AnchorPeers:
6.        #同 crypto-config.yaml 中设定 CN 的缘由一致，这里组织锚节点的访问地址
7.        #亦改为节点 Pod 对应的 Service 访问地址
8.        - Host: peer0-svc.peer-org1
9.          Port: 7051
```

参见 13.4.2 节，使用配置清单 13-5 和配置清单 13-6 的 crypto-config.yaml、configtx.yaml 文件，生成 org1 组织的 MSP 证书、创世纪块、通道配置等，并将这些文件材料复制到 node02 的共享目录/mnt/fabric/artifacts 下，供 peer0.org1 启动时使用。然后在 master 上执行如下操作，操作结果如图 13-2 所示。

```
root@master:~/fabric# kubectl get namespace
NAME              STATUS   AGE
default           Active   48m
kube-node-lease   Active   48m
kube-public       Active   48m
kube-system       Active   48m
peer-org1         Active   43m
peer-org2         Active   43m
root@master:~/fabric#
root@master:~/fabric# kubectl get pvc -n peer-org1
NAME                 STATUS  VOLUME             CAPACITY  ACCESS MODES  STORAGECLASS  AGE
chaincode-org1-pvc   Bound   chaincode-org1-pv  100Mi     RWX                         43m
peer-org1-data-pvc   Bound   peer-org1-data-pv  10Gi      RWX                         43m
peer-org1-msp-pvc    Bound   peer-org1-msp-pv   100Mi     RWX                         43m
root@master:~/fabric#
root@master:~/fabric# kubectl get deployment -n peer-org1
NAME              READY   UP-TO-DATE   AVAILABLE   AGE
peer0-deployment  1/1     1            1           42m
peer1-deployment  1/1     1            1           42m
root@master:~/fabric#
root@master:~/fabric# kubectl get pod -n peer-org1
NAME                               READY  STATUS   RESTARTS  AGE
peer0-deployment-7f9997bc9b-rq654  1/1    Running  0         43m
peer1-deployment-6b95d84bb6-z4zxj  1/1    Running  0         43m
root@master:~/fabric#
root@master:~/fabric# kubectl get service -n peer-org1
NAME       TYPE       CLUSTER-IP      EXTERNAL-IP  PORT(S)   AGE
peer0-svc  ClusterIP  10.96.229.175   <none>       7051/TCP  43m
peer1-svc  ClusterIP  10.109.49.158   <none>       7051/TCP  43m
```

图 13-2　peer0.org1 节点部署结果

（1）执行 kubectl apply -f peer-org1-namespace.yaml，使用配置清单 13-2 所示的 peer-org1-namespace yam1 文件，创建组织 org1 的命名空间 peer-org1。运行 peer0.org1 节点的 Pod 所涉及的 PVC、Deployment、Service 均应在此命名空间内创建。

（2）执行 kubectl apply -f peer0-org1-pv-pvc.yaml，使用配置清单 13-3 所示的 peer0-org1-pv.pvc.yam1 文件，创建 peer0.org1 所使用的 PV、对应的 PVC。

（3）执行 kubectl apply -f peer0-org1-deployment.yaml，使用配置清单 13-4 所示的 peer0-org1-deployment.yaml 文件，创建 Deployment，该 Deployment 将始终维持一个运行 peer0.org1 的 Pod。同时，创建一个连接该 Pod 的 Service，向外公开 peer0.org1 的服务。

第 **14** 章

国内区块链技术的发展

本章主要是论述性的内容，简要地叙述当前国内区块链发展的现状，以及区块链技术与网络信息安全、自主可控等技术热点之间存在的联系和相互作用的可能性。最后，介绍 Fabric 项目当前的发展状态，并提出改造 Fabric、实践自主可控的 3 个方向，即应用国家商用密码算法、改善性能、与其他技术融合，这也是后续章节所呈现的内容。

14.1　区块链技术应用发展趋势浅析

在全球范围内，区块链作为一项可以推动互联网底层基础设施交互方式变革，促进社会生产、生活高效融合发展的关键技术，仍处于新兴阶段，各国发展的起点基本一致。而在我国，发展区块链技术则拥有更为优越的政策、市场、技术条件。

2019 年以来，区块链技术已被作为国家战略技术，多个地区先后建立了区块链产业园区，快速出台各级配套监管和引导政策，助力区块链技术更快速、更稳定、更健康地落地和发展。国家"新基建"的一系列导向性投入带来的数字化转型需求，又为区块链产业带来了新的机遇。

根据中国互联网络信息中心发布的统计报告，2020 年我国网民数量已经达到 9.89 亿。虽然区块链作为底层技术，一般并不为上层用户直接感知，但庞大的用户数量为区块链技术在国内的发展提供了巨大的施展空间和市场动力。

当前我国已建成全球最大的信息通信网络，5G 网络的建设亦处于领先地位。国内互联网、金融企业，尤其是头部企业，拥有众多技术人才储备。这为区块链技术在国内的发展提供了坚实的技术支撑。事实上，国内较为大型的区块链平台，也均由头部企业推出，如蚂蚁的 AntChain、腾讯的 TrustSQL、华为区块链服务等。

中国信息通信研究院（简称中国信通院）发布的《区块链白皮书（2020 年）》中指出，区块链技术，以联盟链为代表，在我国的落地过程中，已逐渐趋向成熟，向数据流通更高效、网络规模更广泛、技术运维更精细、平台安全更可控的方向发展。主要应用落地的领域，占比前 5 从高到低依次为金融、供应链（金融）、溯源、政务和公共服务，以及知识产权保护。同时，区块链技术也在向基础设施的定位靠近，不断与其他技术积极融合，渗透到各个行业和各种应用场景中，形成功能更加丰富的服务平台。

1. 区块链技术趋向实用①

技术成熟度曲线如图 14-1 所示，一项新兴技术的成熟，一般需要经历 5 个时期：诞生的促动期、过高期望的峰顶期、泡沫化的低谷期、理性的上升期、生产化的繁荣期。

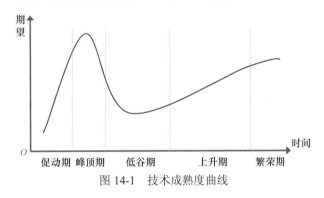

图 14-1 技术成熟度曲线

区块链技术的出现，在初期即引来了资本的关注，在促动期与峰顶期内，国内与区块链相关的投融资规模、企业数量不断以膨胀的姿态进行增长，并在 2018 年达到了顶峰，融资规模超过 10 亿美元，企业数量近 800 家，其中不乏跟风和泡沫。从 2019 年开始，国内与区块链相关的投融资规模、新增企业数量开始下降，表明区块链技术已经慢慢进入低谷期。2020 年前三季度，国内与区块链相关的投融资规模只有约 3.5 亿美元，新增企业已趋近于个位数。

然而，当浪潮退去，资本市场和行业回归理性，区块链技术自然也会沉淀下来，顺着原有道路理性地发展。至 2020 年，国家互联网信息办公室先后通过备案了四批次区块链企业。在这些企业的技术和应用分布中，在区块链技术具有天然优势的金融、供应链金融行业占比分别达到 25%和 11%。但同时出现了众多新领域，如法律、医疗健康、物联网，占比分别达到了 4%、3% 和 2%。可以说，当前国内区块链技术正在努力挤除泡沫，创新区块链技术，以深耕场景落地和国产化为目标，逐步迈向上升期，朝着使用方向发展，并更加关注技术的性能、实用性、可控性和合规性。

2. 区块链技术的割据

当国内出现区块链技术的"风口"，入局的企业快速增长。中华人民共和国工业和信息化部直属赛迪区块链研究院发布的《2020 年上半年中国区块链企业发展研究报告》显示，截至 2020 年 6 月，区块链技术相关企业注册数已超过 4 万，而国内互联网巨头也尽在其中。显然，在区块链技术这个领域，处于"诸侯割据，群雄并起"的局面，各家纷纷推出自己的区块链品牌、平台、技术概念、技术协议，并将数据作为技术生态的资源进行争夺，尽力收入自己的区块链网络中。

---

① 本节数据来源：中国信息通信研究院。

这是市场经济和利益驱动的必然结果，属于良性竞争，在之后也会经历一段长时间的优胜劣汰的过程。但是，不可忽视的是，这种局面事实上掩盖了区块链技术作为底层基础设施所必须有的普遍适用性，也阻碍了区块链技术的普及。区块链技术可以用于解决数据孤岛问题，而这种局面恰恰造就了区块链级别的数据孤岛。当前阶段，也出现了各种跨链技术，但均基于各种自定义的协议，依然存在同样的问题。

3. 区块链联盟

有割据，也会有"合纵"。区块链技术在国内发展的过程中，也出现了一些自上而下发起的区块链联盟组织，旨在促进成员间在技术创新、生态应用等方面加强合作，形成合力，共同推进区块链技术在国内的发展。例如 2018 年由中国信通院牵头发起的"可信区块链推进计划"，至 2020 年末，企业成员数已达 400 多[①]，在区块链标准体系制定、区块链底层技术研究、区块链技术行业应用落地等方面起到了良好的推动作用，拥有比较大的影响力。

区块链联盟的建立和发展，虽然不能彻底消除各种区块链技术的分歧（事实上也无须消除，因为每一种区块链技术都会有优点，也会有缺点），但客观上会大大减少各自为战造成的"内卷"和阻力，在一定的技术标准体系下，发掘成员间共同的利益，促进成员间各类异构区块链技术的彼此兼容，形成较为良好的区块链技术发展生态和良性循环。

4. 国家法定数字人民币体系（DC/EP）的关键助力

在区块链技术应用的众多场景中，价值交换是不可或缺的一环，在二进制世界中用于表现价值的主体是数字货币。自 2014 年以来，通过一系列研究、研发工作的实施，由国家信用背书，旨在替代 M0 的法定数字人民币[②]，已先后在深圳、苏州、雄安、北京等地进行了试点应用。虽然 DC/EP 只应用了区块链的相关特性，更多的是使用和实现了货币地址、防篡改、可追溯等区块链概念，但其坚持技术的"未知论"，因而具有广泛的适用性，其中自然也可以对接现有区块链技术。

通过利用法定数字货币对价值进行锚定，区块链技术可以更加深入和智能地完成更多应用场景下的自动协同任务，如自动履约和结算，充分体现和放大区块链在分布式技术方面的优势，极大地促进区块链技术更广泛的落地应用，推动区块链技术的发展。

5. 区块链技术未被充分利用

区块链技术的核心功能是"分布式记账"，为了实现该功能，同时实现了共识、可追溯、防篡改等核心特性，用以辅助核心功能。从服务的角度出发，区块链技术处于服务的底层，属于基础服务，为上层应用赋能。

---

① 数据来源：可信区块链推进计划官方网站。
② 参见北京大学国家发展研究院于 2020 年 12 月发布的《周小川：数字化时代货币与支付的演进原则》一文。

当前阶段，上层应用五花八门，区块链技术在与上层应用结合时，区块链技术的角色往往被定义为一个分布式数据库，即只使用其分布式记账的功能。而对于如 Fabric 一样拥有身份管理体系的区块链技术，其所包含的一大核心功能——基于身份和角色的权限治理，往往被简化使用或直接忽略。

以 Fabric 为例，Fabric 的身份和角色与共识体系结合紧密，变动身份和角色的具体实现，如添加一个角色支持，则涉及修改整个共识体系的代码。也因此，在 Fabric 迭代至 2.0 版本时，相对于上层应用复杂的权限管理需求，Fabric 的权限治理功能依旧显得不易维护和简陋。但为区块链网络参与者设计合理的身份和角色，合理地使用权限治理功能，往往可以让区块链技术在服务应用中发挥更大作用，所形成的网络服务也更加可信。

6．与其他技术结合的挑战依然严峻

区块链技术的优势在于数据的防篡改、协作能力等，但作为底层的基础服务，这些技术特性很难被上层服务感知。同时，区块链技术的核心功能相对单一，需要利用自身的优势，作为协作的一环，与上层服务或其他技术结合，如 AI 识别、边缘计算、大数据分析等，才能形成可以推向市场的产品。当前阶段，国内市场对于区块链技术应用场景的探讨和认知已趋向成熟，也不断涌现大中型的落地项目，但在与其他技术深入、有效地结合方面，依然处于探索和尝试的阶段，面临严峻的挑战，而区块链技术和行业的触角最终能够延伸的边界，正取决于此。

14.2　区块链技术与网络信息安全

进入 21 世纪以来，信息技术以强大的推力，不断推动我国经济的高速发展，促进整个经济产业结构的优化和调整。而且除自身发展之外，信息技术也以强大的生态能力，渗透到其他传统行业，利用数字化、智能化的技术，革新传统行业，帮助每个传统行业进一步向前发展。在如今"万物互联"的时代，信息技术产业已经成为我国经济的重要支柱，并渗透至社会生产、生活的各个方面，与国家安全之间存在重大关联，也与每个人息息相关。

伴随着信息技术产业的发展，我国的网络信息安全面临严重威胁。传统的分布式拒绝服务（Distributed Denial of Service，DDoS）攻击、高级持续性威胁（Advanced Persistent Threat，APT）攻击等针对国内网络基础设施的攻击事件暗流涌动。国家互联网应急中心发布的《2019 年中国互联网网络安全报告》显示，仅 2019 年，来自境外流量超过 10Gbit/s 的大流量 DDoS 攻击事件日均 120 余起，以活跃度较高的 Gafgyt 僵尸网络家族为例，其每月发起的攻击事件次数，如图 14-2 所示。同时，全年捕获计算机恶意程序样本数量超过 6200 万个，日均传播次数达 824 万余次，累计发现重要数据或大量公民个人信息的泄露风险与事件 3000 余起，并且这些风险已经逐步渗透到云计算、工业物联网等领域。

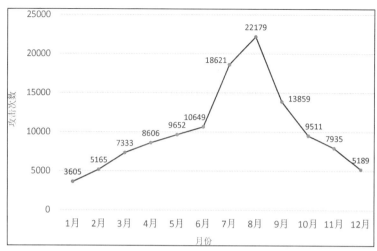

图 14-2　2019 年 Gafgyt 僵尸网络家族攻击事件统计

针对上述的现状，在政策方面，近年来我国已陆续制定、实施了一系列网络信息安全相关的标准和法律法规，如网络安全等级保护 2.0 标准、《中华人民共和国网络安全法》。在技术方面，国内网络信息安全技术相关的企业数量不断增加，生产研发端和网络信息安全需求端的资金投入规模也在同步增长，网络信息安全产业规模不断扩大。

在国际标准化组织（International Organization for Standardization，ISO）制定的开放系统互连（Open System Interconnection，OSI）模型中，描述了对应的信息系统安全结构。其中，在安全服务方面，规定信息系统必须包含身份认证服务、访问控制服务、数据完整性服务、数据机密性服务、抗抵赖性服务；在安全机制方面，规定信息系统必须包含数据加密、数字签名、业务流填充、数据交换、数据完整性、访问控制、路由控制和公证。

在我国，于 2019 年实施的网络安全等级保护 2.0 标准中，一般以信息系统被侵入或破坏后受侵害的主体和危害程度为标准，对网络安全技术的保护等级从低到高共划分为 5 级。例如第一级网络安全保护，适用于小型企业等一般的信息系统，该类系统被侵入或破坏后，会对企业、公民造成一定损害，但不会危害国家安全、社会秩序和公共利益。而第五级网络安全保护，则适用于国家重要领域的极端重要的系统，若该类系统被侵入或破坏，将严重危害国家安全、社会秩序和公共利益。同时，该标准特别地对云计算、移动互联网、物联网、工业互联网这 4 类特殊且广泛应用的网络的安全进行了"私人定制"，如对于云计算，在通用的网络安全保护技术要求的基础上，额外添加用户账号保护、虚拟化安全等技术要求。

以第三级网络安全保护为例，其通用的网络安全保护技术要求包括用户身份鉴定、自主访问控制、标记和强制访问控制、系统安全审计、用户数据完整性保护、用户数据保密性保护、客体安全重用、可信验证、配置可信检查、入侵检测和恶意代码防范。在此基础上，云计算又添加了用户身份鉴别、用户账户保护、安全审计、数据备份和恢复、镜像和快照安全等技术要求。云计算等级保护安全技术设计框架如图 14-3 所示，该框架可作为网络信息安全防护设计的一个示例。

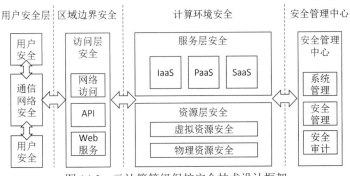

图 14-3　云计算等级保护安全技术设计框架

若不讨论上述网络安全技术的标准，只从上层服务和应用的角度出发，网络的信息安全基本可以简单地分为两类：一类是传输、存储的安全，当传输、存储信息时，需保证信息不被窃听、篡改，且不易丢失；另一类是系统或软件不能存在可被利用的漏洞和恶意的"后门"，被利用或私自为他人传送数据等获取数据的途径。

1. 区块链技术加强网络信息安全

无论是国际标准化组织规定的 OSI 模型的安全服务或安全机制，还是我国制定的网络安全等级保护标准，其所要求的安全技术，部分在区块链技术中均有应用。可以说，区块链技术可以加强网络信息安全。

用户身份鉴定、自主访问控制方面，在拥有"权限治理"功能的区块链技术中，如 Fabric，由于"权限治理"背后的支撑是基于数字签名的身份和角色，我们可以设计网络参与者的身份和角色，对网络节点、用户的身份以及身份所拥有的权限进行鉴定和访问控制。

用户数据完整性保护、用户数据保密性保护方面，区块链技术使用的共识算法，如 PoW、PBFT 等，以及可追溯的链状数据结构，可以有效地防止数据被恶意篡改，并保证恶意节点发起的恶意交易不被认可。区块链技术普遍使用的分布式部署、记账，可以有效地避免单点问题导致的数据丢失，加大传统 DDoS 攻击的难度。以经典的公链网络以太坊为例，攻击者单独攻击一个或若干个节点，篡改账本数据，这种行为并没有太大意义，因为篡改后的数据并不会被全网络认可。攻击者只有掌握全网 50%以上的算力，才有可能实现有效的篡改和攻击，当区块链网络节点足够多时，这种情况只限于理论上的可能。

可信验证方面，在拥有智能合约的区块链技术中，如 Fabric，一个智能合约经多方签名认可，被部署至区块链系统。这里智能合约可被视为"应用程序"，其是可以被可信验证的。在区块链网络中产生的交易，需经由共识算法被确定为有效交易，即在交易的关键环节，系统调用的主体、客体和操作，也是可以被可信验证的。

区块链技术本身就是网络信息技术的一种，在硬件基础设施的支持下，利用技术手段，保证分布式账本中存储数据的读、写安全，主要解决的是第一类安全问题。区块链技术普遍使用的安全连接协议，如 HTTPS、TLS，保证接入区块链网络中的节点均为合法节点。针对第二类安全问题，则依赖于各个区块链系统自身实现的目的和细节。较为令人欣喜的是，作为新兴技术，绝大多数主流的区块链项目，以开源的形式存在，如此在使用和研究时，我们可以深入其实现的细节，以确保不存在第二类安全问题。

2. 区块链技术应用于网络信息安全

区块链技术也可以直接应用于网络信息安全，作为技术的一环，融入传统的网络信息安全产品，如防火墙。利用区块链技术的不可篡改、分布式记账等特性，存储网络信息安全防护在用户安全、访问层、服务层、安全管理中心等方面的关键信息，可以有效地增强网络信息安全产品的防护能力，在单个节点被侵入和破坏后，不影响整个网络的防护能力。

一些旧的网络系统或服务，由于开发时间较早，版本老旧或维护滞后，往往累积了大量漏洞，容易引发数据安全问题。在原有的安全防护技术基础之上进行迭代，又可能需要付出过高的成本。因此，可以考虑通过在旧的网络系统或服务中运用区块链技术，低成本且高效地增强其安全性。

14.3　区块链技术与自主可控

在"信息化时代"，信息技术已经渗透到各行各业，成为最重要的生产力之一。而在竞争日益激烈的国际环境下，我国持续对供给侧进行引导改革，摆脱制约因素，在信息科技领域实现自主可控的国产化替代，则是大势所趋。当前阶段，信息科技领域的国产化替代已走过了从无到有，从赢弱到缩小与先进水平的差距，再到可基本满足商业需求的多个阶段，已经在政务、金融、军事、科研等核心领域实现了部分落地[①]，部分产品已经达到或超越国际先进水平。

但实现自主可控的国产化替代依旧任重道远，面临重重挑战。从底层技术到上层应用，自主可控的国产化替代的产业链条如表 14-1 所示。

表 14-1　信息科技领域的国产化替代链条

类型	细分领域
硬件	CPU，GPU，存储（闪存、硬盘），大型商用服务器
基础软件	操作系统（PC、移动端、IoT），高性能数据库，中间件（编译器、基础功能库、核心算法等）
应用软件	办公软件，行业软件，安全软件，科研软件（生物、天文、数学等）

在信息技术领域，自主可控是目的，国产化替代是方法。实现自主可控的国产化替代的途径，从来源角度，大致可分为两种：一是从零开始，自主创新，完整地实现；二是借助现有成果，在

---

① 参见《金融电子化》杂志 2014（8）期，《实现关键技术的自主可控——倪光南院士谈国产化替代》。

现有成果基础上实现。针对这两种途径，存在如下两个误区。

❑ 实现国产化替代必须百分之百地从零开始，完整地实现，才算作国产化，即只能走第一条路。如此既无必要，也不现实，如同写一篇文章不必造字，人类的知识、技术均是累积和传承的，在信息技术领域尤是如此。除自主创新之外，在尊重知识产权的前提下，借鉴、使用可以借鉴、使用的现有成果，尤其是开源形式的成果，可以有效地避免"重复造轮子"的问题，更为高效地实现国产化替代。

❑ 借助现有成果只是拿来使用。借助现有成果绝不是简单地拿来使用，而是在掌握其实现细节的基础上，"择其善者而从之，其不善者而改之"，甚至更进一步，实现自主创新，如此才是自主可控。即便是一个开源的系统，若使用者没有能力及时定位和弥补已经发现的漏洞，这也远非实现自主可控。

此外，当前市场环境下，一项技术的生命力很大程度上取决于其生态的完整性。例如 iOS、Android 的流行，本质上是由不计其数的应用和繁荣的生态圈支撑的。自主可控的国产化替代技术的生命力，亦是如此。因此，在积极实现自主可控的国产化替代的同时，也需要提高技术的兼容性，积极发展相关生态，吸引开发人员开发配套应用，使技术和生态进入相互融合、促进的产业化发展轨道中。

参见表 14-1，区块链技术介于基础软件与应用软件之间。一方面，区块链技术可以作为底层基础服务设施，为上层应用提供服务，赋予其区块链技术的特性；另一方面，区块链技术依赖于操作系统、数据库等基础软件，自身的服务质量、安全性等，也受这些基础软件的影响。

而对于区块链技术的国产化替代，难度相对较小，因为存在众多已经受大范围验证的优秀开源区块链项目，我们完全可以积极"拥抱"这些开源项目，在现有成果基础上，掌握其实现的细节，确保其不存在恶意"后门"等信息安全隐患的情况下，依据自身需求，弥补发现的漏洞，进行改造使用，或创新现有的区块链技术理念，融合其他成熟技术，打造属于自己的区块链系统。

事实上，我国在区块链技术方面已经实现了很大程度的国产化替代，且自研区块链平台已经逐渐成为主流，而现有流行的开源区块链项目正逐渐转变为被自研区块链平台所支持的扩展对象。从 2013 年至 2020 年，我国区块链发明专利申请量达 2.1 万余件，授权量达 998 件，远远高于其他国家[①]。国内技术实力雄厚的互联网巨头均推出了富有特色的自研区块链平台，如蚂蚁的 AntChain、腾讯的 TrustSQL，这些区块链平台，以市场和场景落地为方向，不拘泥于早期区块链技术先行者所采用的技术和概念，如网络架构、共识算法、完全去中心化等，针对多个行业，提供了丰富的场景支持和解决方案，在性能、易用性等方面也远远优于开源区块链项目。

---

① 数据来源：中国信通院《区块链白皮书（2020 年）》。

14.4　Fabric 的发展与自主可控

Fabric 项目从 2016 年最初的 0.6 版本，迭代至 2020 年末的 2.3 发行版本。迭代过程中，0.6 版本迭代至 1.0 版本，项目的架构发生了重大变化，抛弃了原有的 PBFT 共识，改用 ZooKeeper+Kafka 组成的排序服务；划分出 peer 与 orderer 两类节点角色，也划分出背书、排序、提交的交易流程，这些基本特性沿用至今。从 1.0 版本至 1.4 版本之间的迭代，主要集中对功能、易用性、易维护等方面进行不断的改进。从 1.4 版本迭代至 2.0 版本，主要在应用链码部署方式和生命周期管理、私有数据的权限治理等方面进行了革新，也进行了部分性能优化。

在 Fabric 所有版本中，1.4.x、2.2.x 是两个长期支持（Long-Term Support，LTS）的发行版本，1.4.x 版本维护至 2021 年 4 月，之后不再维护，2.2.x 版本则是当前正在维护的 LTS 发行版本。从版本数字上也可以知晓，本书基于的 2.0 版本虽然不是 LTS 版本，但 2.0 版本在 2.x 系列中拥有最小特征，在此基础上，2.2.x 版本对 2.0 版本进行了功能细节、漏洞的修补，也符合本书所述 Fabric 的架构、服务、功能、特性等，如应用链码的分布式治理、应用链码作为外部服务等。

Fabric 实现的是一个底层区块链服务系统，除了 Fabric，在超级账本的项目仓库下还存在多个与区块链技术相关的子项目，这些子项目基于不同的方面，可以辅助和支持 Fabric，部分如表 14-2 所示。

表 14-2　与 Fabric 相关的超级账本子项目

项目	类型	功能
Cello	工具	一个区块链管理系统，也可以理解为一个 BaaS 的操作平台，旨在可以快速建立一个或多个区块链网络，并有效地管理区块链网络
Caliper	工具	一个区块链系统性能基准指标框架，用于对一个区块链网络的性能进行测试，并生成测试报告
Explorer	工具	一个区块链 Web 应用，即区块链浏览器，提供浏览、调用、部署区块链网络，查询区块、交易等功能

Fabric 项目在全球已有超过 250 个企业会员，国内的华为、蚂蚁、腾讯等"巨头"位列其中，也都推出了自研或类 Fabric 的区块链产品，在金融、供应链溯源、政务和公共服务、电子存证、版权保护等领域开拓了众多应用场景，Fabric 也得到了较为广泛的应用和支持。当前市场环境下，基于 Fabric 的商业化应用，有如下 3 个方向。

❑ 基础设施即服务（Infrastructure as a Service，IaaS），主要向市场提供热插拔式的服务器节点等，作为 Fabric 区块链网络的节点基础设施。

❑ 平台即服务（Platform as a Service，PaaS），主要向市场提供由用户搭建、运行自定义区块链网络的平台服务。实际上，各大厂商更愿意将此服务的概念衍生为区块链即服务（Blockchain as a Service，BaaS），但服务的功能定位与 PaaS 一致。

❑ 软件即服务（Software as a Service，SaaS），主要向市场提供各种基于区块链网络的服务，并且在这些服务中，可自定义功能模块，如供应链领域的溯源、国际贸易领域的跨境交易、司法领域的存证等。

其中，Fabric 的后两个方向的应用占比较大，在使其落地到各种政务、公共服务、商业服务等基础设施的过程中，也必须对 Fabric 实现自主可控的国产化替代，通过掌握 Fabric 实现的细节，弥补漏洞和杜绝"后门"，依据国家或行业标准，对其进行改造。当前，除落地产品需求方面的改造外，在底层基础技术方面，Fabric 存在如下主要的改造方向。

❑ 应用国家商用密码算法。2010 年至今，我国已陆续公布和实施了多种国家商用密码算法，并出台了多个国家行业标准，2020 年 1 月，《中华人民共和国密码法》也正式开始实施。这些措施引导和推荐在涉及加、解密技术的服务中使用国家商用密码算法，而对于列入网络关键设备和网络安全专用产品目录的设备或产品，则必须使用国家商用密码算法。所以，应用国家商业密码算法是 Fabric 合规落地、安全运行的标准要求。

❑ 改善性能。通过改造，提升 Fabric 区块链网络处理数据的性能。当前阶段，Fabric 与其他开源区块链系统一样，因分布式、共识等技术特性，导致整个网络处理数据的性能偏低。以官网提供的关于 Go 语言智能合约 Create Asset（写入一次）接口的测试数据（CouchDB 状态数据库）为例，在不同数据块大小的条件下，每秒交易量（Transactions Per Second，TPS）介于 70 和 350 之间[①]，相较成熟的大规模商用系统每秒数万甚至数十万笔交易的处理性能，相去甚远。所以，改善性能是 Fabric 大规模应用的市场要求。

❑ 与其他技术融合。通过改造，提高 Fabric 的兼容性，加快 Fabric 与其他技术的融合。新兴技术的出现，其生命力的延续，很重要的一部分取决于与现有技术的兼容。兼容现有流行技术，转化和吸纳旧系统生产的数据和开发人员，可以极大地减少 Fabric 发展和落地的阻碍，扩展其生态圈的范围。同时，在现今越来越庞杂和多样的服务技术体系中，任何单一技术的能力都是有限的，"术业有专攻"，与其他技术对接、融合，可以较好地弥补 Fabric 的缺陷，扩展 Fabric 的使用场景。所以，与其他技术融合是 Fabric 发展的生态要求。

---

① 数据来源：超级账本 Caliper 性能测试报告官方网站。

第 **15** 章

Fabric 的国产化之路

本章主要是实践性的内容，作为"抛砖引玉"，从加解密算法和性能优化两个领域，叙述对 Fabric 的改造实践。前者先分析应用国家商用密码算法的难点和方向，然后以改造代码的方式呈现。后者先分析 Fabric 的性能模型，然后依据性能模型，重点叙述 Fabric 2.0 中已做的性能优化工作，以及几种优秀的性能优化方案。

15.1 超级账本社区与中国的桥梁

超级账本是一个开源的全球化项目，该定位决定了其下的子项目（如 Fabric）实现的架构、功能会以通用性为重要的技术标准。但通用性与个性往往是对立的，"夫筑城郭，立仓库，因地制宜"，技术的发展也是如此，Fabric 中使用或缺失的一些技术，并不符合我国的行业标准和实际商业场景的落地需求。

1. 超级账本中国技术工作组

超级账本中国技术工作组（TWGC），作为国内技术开发人员、用户与超级账本社区之间的桥梁，着力于示范性地解决超级账本在国内应用和发展过程中存在的技术性问题，以促进区块链技术在我国的应用和发展。

2. 超级账本中国技术工作组中的国产化实践项目

超级账本中国技术工作组的项目仓库为 Hyperledger-TWGC，当前处于初期阶段，主要涉及 Fabric 相关项目的改造工作，有如下两个方向：
- 国家商用密码算法改造；
- Fabric 性能优化。

15.2 加解密算法领域的国产化实践

15.2.1 应用国密算法的重要性

互联网领域的各种前沿技术，如 5G、区块链、大数据、人工智能，在各种商业利益和现实需求的推动下，不断地取得创新和突破，但无论如何发展，网络和信息安全问题都是每一项技术无法忽视的基础问题。这个问题，在复杂的国际环境中，会影响我国国家安全的核心领域，如政务、军事、金融、科研等领域的关键网络设施，会影响各类国之重器的研发、制造和安全运行；在社会各种商业环境中，会影响正常的商业秩序和各个商业机构机密信息的安全；在日常生活中，会影响每个家庭、每个人的财产和信息的安全。

加解密算法，是网络和信息安全这条红线的重要支撑之一。国际上较早且广泛应用的加解密相关算法，包括 SHA 系列、DES、AES、RSA、ECDSA 等，以这些加解密算法为基础，出现了各种网络安全连接协议，如 SSL、TLS、HTTPS，更上层的封装协议，如 RPC、gRPC，这些协议在网络中实现客户端与服务器之间的相互认证，保证传输的数据不被篡改。以这些加解密算法为基础，也出现了代表身份的数字证书和 PKI 数字证书管理体系，使用数字证书代表节点或用户，实现节点间的相互认证，或用户主体身份、权限的管理。

为了在加解密算法领域实现国产自主可控，提供更高效、更安全的算法，2010 年至今，国家密码管理局已陆续发布和实施了一系列国家商用密码算法（简称国密算法），如表 15-1 所示。

表 15-1　国密系列算法

名称	类型	简要描述	同类算法
SM2	椭圆曲线公钥密码算法	非对称加密,基于椭圆曲线加解密机制,密钥长度为 192 至 512bit（推荐 256bit）	RSA、ECDSA、ECDH
SM3	密码杂凑算法	对长度小于 264bit 的消息，生成长度为 256bit 的杂凑值	MD5、SHA 系列
SM4	分组密码算法	对称加密，分组长度与密钥长度均为 128bit	AES
SM1、SM7	分组密码算法	未公开算法，依赖于硬件实现，如非接触式射频芯片	
SM9	标识密码算法	使用了 SM2、SM3、SM4，以信息标识（如身份证号）为公钥，实现椭圆曲线加解密，如此，可摒弃传统 CA 的证书颁发、管理等	
ZUC	流密码算法	分为 128bit、256bit 两种安全性长度，适用于对流数据进行加密，如用于 4G、5G 移动通信	

2020 年 1 月，《中华人民共和国密码法》正式实施。之后，密码领域相关的一系列国家标准，如《信息安全技术　签名验签服务器技术规范》（GB/T 38629-2020）、《信息安全技术 SM9 标识密码算法》系列（GB/T 38635—2020）等，也颁布实施。这些举措进一步规范和推动了国家商业密码算法在我国社会经济生活各领域中的应用和发展。

15.2.2　Fabric 应用国密算法的难点和方向

虽然 Fabric 的架构设计具有明显的模块化、可插拔的特征，经第 4 章所述，我们知道，加解密相关的服务，主要由 BCCSP 模块实现，且具有良好的现有接口，但在一个项目中应用国密算法，绝不是改造一个模块的简单问题。对 Fabric 项目来说，主要有如下难点。

- ❑ 涉及底层通信协议的改造，如 TLS、gRPC。
- ❑ 涉及相关配套工具的改造，如 configtxgen、discover。
- ❑ 涉及相关配套项目的改造，如 Fabric CA、Fabric SDK。
- ❑ 涉及多种编程语言，如当前 Fabric SDK 存在 Go、Java、Node.js、Python 语言版本。进而涉及跨编程语言国密算法实现的相互认证的问题。
- ❑ 国密算法的多种编程语言的基础库不完善，底层实现的标准也可能存在冲突。
- ❑ 涉及 Fabric 多版本的改造，以及兼容 Fabric 项目的迭代要求。
- ❑ 涉及国家标准、行业规范等方面的要求。
- ❑ 可能涉及部分操作系统的库改造，因为 Fabric 支持 PKCS11 形式的 BCCSP，而 PKCS11BCCSP 是以加载操作系统中动态库的方式执行加解密任务的。进一步地，这些动态库可能依赖 OpenSSL，也可能直接依赖 Linux 内核中的 libcrypto、libssl 库。

尽管如此，TWGC 也在倾力解决这些问题，努力完成预定目标，形成一整套完备的国密算法开发套件，并被超级账本社区接受，纳入 Fabric 的主版本。而在本书的这一节，我们只简单地把目光聚焦于 Fabric 主体的国密改造，且只局限于"软件"方式的 Go 语言实现。

首先，我们需要分析 Fabric 应用加解密算法的地方，以此确定国密改造的方向。Fabric 使用的加解密功能主要由 BCCSP 模块提供，参见 4.1.2 节所述 swbccsp 的初始化过程，底层均以调用标准库或第三方库的形式实现加解密功能，罗列如下。

- ❑ crypto/sha256、crypto/sha512、golang.org/x/crypto/sha3，提供 SHA 家族各种长度的摘要算法。
- ❑ crypto/ecdsa，提供非对称的 ECDSA 椭圆曲线签名算法。
- ❑ crypto/aes，提供对称的 AES 加密算法。

此外，Fabric 使用 X.509 格式的证书作为节点身份，使用 TLS、gRPC 作为节点间连接认证和通信的协议，而 gRPC 底层涉及使用 TLS 协议。因此，我们还需关注如下两个标准库。

- ❑ crypto/x509，提供解析 X.509 格式证书、密钥的功能。
- ❑ crypto/tls，提供 TLS 连接功能。

然后，参见表 15-1，SM2 对应 ECDSA，SM3 对应 SHA-256，SM4 对应 AES，秉承"按图索骥"的思路，在 Fabric 根目录、vendor 目录下第三方库 gRPC 和 hyperledger 目录下，执行 grep -E "crypto\/x509|crypto\/tls|crypto\/sha256|crypto\/ecdsa|crypto\/aes" * -r -n --include=*.go --exclude=*test.go --exclude-dir={vendor,mock,mocks,test}，搜索上述标准库，所列结果基本覆盖了国密改造涉及的所有源码文件列表，如图 15-1 所示。

```
root@wyz:~/go/src/▓▓▓▓ ▓▓▓/hyperledger/fabric# grep -E "crypto\/x509
bccsp/sw/conf.go:11:    "crypto/sha256"
bccsp/sw/keygen.go:20:        "crypto/ecdsa"
bccsp/sw/aes.go:21:    "crypto/aes"
bccsp/sw/fileks.go:11:        "crypto/ecdsa"
bccsp/sw/keyimport.go:11:        "crypto/x509"
...
protoutil/txutils.go:11:        "crypto/sha256"
root@wyz:~/go/src/▓▓▓▓ ▓▓▓/hyperledger/fabric#
```

图 15-1　国密改造源码文件列表

当前，有如下开源项目已实现 Go 语言版本的国密算法库，TWGC 也对其进行了整理，这也是我们在对 Fabric 进行国密改造时可以引用的库。

❑ 北京大学信息安全实验室开源的 GMSSL，原项目仓库为 guanzhi/GmSSL，借助于 OpenSSL，提供了多语言的国密算法、X.509 证书、TLS 实现。TWGC 收录整理为 pku-gm。

❑ 中国网安开源的 CryptoGM，原项目仓库为 cetcxinlian/cryptogm，提供了 Go 语言的国密算法、X.509 证书、TLS 实现。其中，后两者是在标准库 crypto/tls、cyrpto/x509 基础上改造而成的，在原有功能基础上，添加了对国密算法的支持。TWGC 收录整理为 ccs-gm。

❑ 苏州同济区块链研究院开源的 GMSM，项目仓库为 tjfoc/gmsm、tjfoc/gmtls，其他直接实现了应用国密的 Fabric、Fabric CA 项目（针对 Fabric 1.0）。TWGC 收录整理为 tjfoc-gm。

具体改造时，在现有国密库的基础上，大致存在如下两个改造方向。

❑ 自下而上，依据图 15-1 所示文件和库的调用，在源码中直接使用国密算法库一一替换，然后使用国密库，实现原有逻辑。

❑ 自上而下，参考图 15-1 所示文件和库的调用，遵循 Fabric 源码的结构，从 BCCSP 模块入手，一一添加国密算法的接口和实现，与现有加解密算法兼容。其余模块的改造，同类功能实现尽量集中复用。

15.2.3　Fabric 国密改造实践

从改造的便利性来说，苏州同济区块链研究院和中国网安提供的开源库，代码库分类清晰，较容易应用到 Fabric 的国密改造。GMSSL 其实作为一个 OpenSSL 的分支，如 OpenSSL 一样，非常全面，但其主要目的并非用于其他项目的改造，现有 Go 语言的功能接口较少，所以将之用于 Fabric 主体的国密改造较为困难。

下面，我们以自上而下的方式，选择使用 GMSSL 生成国密证书，使用由 TWGC 整理的 ccs-gm 库，实现支持国密算法的签名、验签、TLS 连接等关键功能，对 Fabric 进行实践性的国密改造。然后，部署一个只包含 1 个 orderer 节点（solo 模式）、1 个 peer 节点的 Fabric 区块链网络，对国密改造进行验证。

1.创建组织国密 MSP 目录

生成组织国密 MSP 目录的方法有两种，一是通过对 Fabric CA 或 cryptogen 进行国密改造，二是直接使用 GMSSL。这里选择后者，以 peer 节点为例，所需生成的证书如表 15-2 所示。

表 15-2　组织国密 MSP 目录证书

组织	节点	CA 证书	CA 颁发证书
peerorg1	peer0	身份 CA 证书	peer 节点身份证书、管理员身份证书、普通用户身份证书
		TLS CA 证书	peer 节点服务端证书、管理员客户端证书、普通用户客户端证书

在生成国密证书时，可通过执行 openssl x509 -in xxx.pem -noout -text 命令查看证书结构，依据节点需要，配置 X.509 证书中 Subject、X509v3 extensions 部分，如图 15-2 所示。

```
Subject: CN = peer0.peerorg1, C = CN,......    <------ 证书主体
Subject Public Key Info:
    ...
X509v3 extensions:                             <------ 证书扩展信息
    X509v3 Basic Constraints: critical         <------ 证书基本约束
        CA:FALSE
    X509v3 Key Usage: critical                 <------ 证书公钥用途
        Digital Signature, Key Encipherment
    X509v3 Extended Key Usage:                 <------ 证书公钥扩展用途
        TLS Web Server Authentication, TLS Web Client Authentication
    X509v3 Authority Key Identifier:           <------ AKI, 发行者（公钥）标识
        keyid:3F:C0:E3:57:99:B1:19:C9:......
    X509v3 Subject Key Identifier:             <------ SKI, 证书（公钥）标识
        3F:C0:E3:57:99:B1:19:C9:8E:2F:......
    X509v3 Subject Alternative Name:           <------ SAN, 证书支持的备用域名
        DNS:peer0.peerorg1
Signature Algorithm: sm2sign-with-sm3
```

图 15-2　X.509 证书部分结构

以生成 peer0.peerorg1 节点身份证书为例，其他证书生成方法类似，具体过程如下。

（1）安装 make、gcc、openssl1.1，安装过程省略，这些软件是编译 GMSSL 的前提。

（2）访问 GmSSL 的项目仓库，下载并进入 GMSSL 项目，依次执行./config、make、make install 命令，配置、编译[①]、安装 GMSSL。安装后，可执行 gmssl version，验证是否安装成功。GMSSL 的操作方式与 OpenSSL 一致。

（3）编写配置文件 ca.cnf，用于生成证书时，配置 X.509 证书的扩展信息，如配置清单 15-1 所示[②]。可执行 gmssl x509 -in xxx.pem -noout -text，参照由 cryptogen 工具生成的组织 MSP 证书的扩展信息，配置相同的内容。

（4）执行 gmssl ecparam -genkey -name sm2p256v1 -out ca.peerorg1.key && gmssl pkcs8 -in ca.peerorg1.key -topk8 -nocrypt -out ca.peerorg1.priv_sk，创建 CA 证书私钥，并转为 PKCS8 格式。

（5）执行 gmssl req -sm3 -subj /CN=ca.peerorg1/O=peerorg1/C=CN/ST=Beijing/L=Beijing -new

---

① 参见 GMSSL 官网在线文档。下载后，在 go/gmssl/build.go 中，若交叉编译命令为"cgo darwin"（针对 Darwin 系统），需修改为"cgo"，才能在 Ubuntu 中编译。

② 参见 OpenSSL 官方在线文档中关于 x509v3_config 的内容。

-key ca.peerorg1.priv_sk -out ca.peerorg1.csr，创建 CA 证书签发申请。其中，-subj 指定了证书的主体，可添加 OU 字段，如 OU=Admin。

（6）执行 gmssl x509 -req -sm3 -days 3650 -extfile ca.conf -extensions v3_ca -signkey ca.peerorg1. priv_sk -in ca.peerorg1.csr -out ca.peerorg1.pem，创建自签名 CA 证书，作为组织 peerorg1 的身份根证书。其中，-extfile 指定了使用的配置文件，-extensions 指定了配置文件中证书使用的扩展信息，参见配置清单 15-1。

（7）创建节点 peer0.peerorg1 身份证书的私钥 peer0.peerorg1.priv_sk、签发申请 peer0. peerorg1.csr，过程与第（4）、（5）步相同。

（8）执行 gmssl x509 -req -sm3 -days 3650 -CAcreateserial -extfile ca.conf -extensions v3_req -CA ca.peerorg1.pem -CAkey ca.peerorg1.priv_sk -in peer0.peerorg1.csr -out peer0.peerorg1.pem，使用组织 peerorg1 的身份根证书，签发 peer0.peerorg1 节点身份证书。这里使用了 v3_req 的配置，参见配置清单 15-1。

配置清单 15-1　ca.conf

```
1.  [ v3_ca ]  #自定义配置标识，生成 CA 证书时使用的配置
2.  basicConstraints = critical,CA:TRUE  #证书基本约束：是否为 CA 证书
3.  #证书公钥用途，这里依次有数字签名、密钥加密、认证 CRL、认证证书等功能，可根据证书需要增、删
4.  keyUsage = critical, digitalSignature, keyEncipherment, cRLSign, keyCertSign
5.  #证书公钥扩展用途，这里依次有 TLS 服务端认证、TLS 客户端认证等功能，可根据证书需要增、删
6.  extendedKeyUsage = serverAuth, clientAuth
7.  subjectKeyIdentifier=hash  #证书的 SKI
8.  [ v3_req ]  #生成被签发证书时使用的配置，类似于 v3_ca
9.  ...
10. #以下配置项，可依据证书的类型和需要，有选择性地添加至上述配置中
11. authorityKeyIdentifier=keyid:always,issuer  #AKI，一般用于被签发的证书
12. subjectAltName=@peer_server_dns_names  #SAN，一般用于 TLS 服务端证书，这里引用下面的配置
13. [ peer_server_dns_names ]
14. DNS.1 = peer0.peerorg1
15. DNS.2 = peer
```

依据上述方法，分别生成表 15-2 中所列证书、私钥。然后，按照组织 MSP 的目录结构，将证书、私钥文件以规范的名称，放入 MSP 目录，最终形成 Fabric 区块链网络节点使用的 MSP 目录。

2．Fabric 主体改造

首先，准备工作：访问 ccs-gm 的项目仓库，下载 ccs-gm，将之放入 Fabric 的 vendor 目录下新建的 Hyperledger-TWGC 目录下，进入 ccs-gm，执行 GO111MODULE=on go mod vendor，下载 ccs-gm 依赖库。

然后，参照图 15-1，对 Fabric 主体进行改造，具体方法如下。

❑ bccsp、core/comm 下的源码，涉及国密证书、加解密算法的实现和 gRPC 服务端、客户端（包含 TLS 安全连接）的建立，需重点改造，如代码清单 15-1 至代码清单 15-22（重点呈现改动的代码）所示。其余处，因 css-gm/x509、ccs-gm/tls 在标准库 crypto/x509、crypto/tls

原有功能的基础上添加了对国密的支持，所以直接将引用的标准库改为 css-gm/x509、
ccs-gm/tls 即可。

❑ 可选改造的源码。由于 Fabric 模块化的设计，因此，在以测试为目的的情况下，若不使
用一些模块或服务，对应源码可以忽略。如果上文已通过 GMSSL 生成了组织 MSP 证书，
则 internal/cryptogen 下的源码可不必改造。如果只使用 SW 类型的 BCCSP，则 bccsp/
idemix、bccsp/pkcs11 下的源码可不必改造。

在代码清单 15-1 中，添加国密算法常量、国密算法的 BCCSP 工具选项。

代码清单 15-1 bccsp/opts.go

```
1.  const (  //定义国密算法常量
2.    SM2 = "SM2" //默认为 256 位
3.    SM2ReRand = "SM2_RERAND" //派生 SM2 公钥、私钥的算法
4.    SM4 = "SM4" //默认为 128 位
5.    SM3 = "SM3"                    //默认为 256 位
6.  )
7.  type SM2KeyGenOpts struct { Temporary bool }      //SM2 私钥的生成选项
8.  func (opts *SM2KeyGenOpts) Algorithm() string { return SM2 }
9.  func (opts *SM2KeyGenOpts) Ephemeral() bool { return opts.Temporary }
10. type SM4KeyGenOpts struct { Temporary bool } ... //实现与 SM2KeyGenOpts 一致
11. type SM4CBCPKCS7ModeOpts struct {} //SM4 CBC 模式的加密选项
12. type SM4ECBPKCS7ModeOpts struct {} //SM4 ECB 模式的加密选项
13. type SM3Opts struct{}                    //SM3 算法的哈希选项
14. func (opts *SM3Opts) Algorithm() string { return SM3 }
15. type SM2PrivateKeyImportOpts struct {Temporary bool}  //SM2 私钥转换选项
16. type SM2GoPublicKeyImportOpts struct {Temporary bool} //Go 语言对象 SM2 私钥的转换选项
17. type SM2PKIXPublicKeyImportOpts struct {Temporary bool}//DER 格式 SM2 私钥的转换选项
18. type SM4PrivateKeyImportOpts struct { Temporary bool } //SM4 私钥转换选项
19. func (opts *SM2PrivateKeyImportOpts) Algorithm() string { return SM2 }
20. func (opts *SM2PrivateKeyImportOpts) Ephemeral() bool { return opts.Temporary }
21. ...//第 14~16 行的转换选项的实现，与 SM2PrivateKeyImportOpts 类似
22. type SM2ReRandKeyOpts struct{Temporary bool;Expansion []byte}//派生 SM2 公、私钥选项
23. func (opts *SM2ReRandKeyOpts) Algorithm() string { return SM2ReRand }
24. func (opts *SM2ReRandKeyOpts) Ephemeral() bool { return opts.Temporary }
25. func (opts *SM2ReRandKeyOpts) ExpansionValue() []byte { return opts.Expansion }
```

在代码清单 15-2 中，当 BCCSP 的工厂创建 BCCSP 实例时，将默认的哈希算法改为 SM3。

代码清单 15-2 bccsp/factory/

```
1.  func GetDefault() bccsp.BCCSP { ...
2.    SwOpts: &SwOpts{HashFamily: "SM3", ...//将 BCCSP 默认使用的哈希算法改为 SM3
3.  }//在 factory.go 中实现
4.  func GetDefaultOpts() *FactoryOpts { ...
5.    SwOpts: &SwOpts{HashFamily: "SM3", ...//将 BCCSP 默认使用的哈希算法改为 SM3
6.  }//在 opts.go 中实现
```

在代码清单 15-3 中，在 SWBCCSP 的安全项配置中添加对 SM3、SM4 的支持，供创建 BCCSP
工具时使用。

代码清单 15-3 bccsp/sw/conf.go

```
1.  import ( ".../Hyperledger-TWGC/ccs-gm/sm3" ) //添加引用 SM3 库
2.  type config struct { ... sm4BitLength  int}         //添加 SM4 的密钥长度，默认为 16 位
```

```
3.  func (conf *config) setSecurityLevel(securityLevel int, hashFamily string)...{
4.    switch hashFamily {...
5.    case "SM3":   //设置 BCCSP 的安全等级时，添加对 SM3 的支持
6.      err = conf.setSecurityLevelSM3(securityLevel)
7.    }
8.  }
9.  func (conf *config) setSecurityLevelSM3(level int) (err error) {
10.     switch level {
11.     case 256:  //P256 曲线
12.         conf.ellipticCurve = elliptic.P256(); conf.hashFunction = sm3.New
13.         conf.sm4BitLength = 16 //默认密钥长度
14.     default: err = fmt.Errorf("Security level not supported [%d]", level)
15.     }
16.     return
17. }//新添加的方法，对 SM3 算法的安全等级的支持
```

在代码清单 15-4 中，为 SWBCCSP 的密钥存储工具添加存储 SM2、SM4 密钥的支持。

代码清单 15-4　bccsp/sw/fileks.go

```
1.  import ( ".../Hyperledger-TWGC/ccs-gm/sm2" ) //添加引用 SM2 库
2.  /*以公、私钥文件的后缀进行区分，对公、私钥进行存储和读取。改造前，×××_key 为 AES 的密钥
    文件，×××_pk 为公钥文件，×××_sk 为私钥文件。需添加对 SM2、SM4 密钥的存储和读取的支持，
    这里以 SM2 私钥为例*/
3.  type fileBasedKeyStore struct {...}
4.  func (ks *fileBasedKeyStore) GetKey(ski []byte) (bccsp.Key, error) {...
5.    switch suffix {...
6.    case "sm2sk":  //以 sm2sk 作为 SM2 私钥文件的后缀
7.      key, err := ks.loadSM2PrivateKey(hex.EncodeToString(ski)); if err != nil{...}
8.      k, ok := key.(*sm2.PrivateKey)
9.      if ok { return &sm2PrivateKey{k} } else{ return nil, errors.New(...) }
10.   }
11. }
12. func (ks *fileBasedKeyStore) loadSM2PrivateKey(alias string) (interface{}, ...){
13.   path := ks.getPathForAlias(alias, "sm2sk")//以 "私钥 SKI_sm2sk" 格式，读取 SM2 私钥
14.   raw, err := ioutil.ReadFile(path); if err != nil {return nil, err}
15.   privateKey, err := utils.PEMtoPrivateKey(raw, ks.pwd); if err != nil {...}
16.   return privateKey, nil
17. }
18. func (ks *fileBasedKeyStore) StoreKey(k bccsp.Key) (err error) {...
19.   switch kk := k.(type) {
20.   case *sm2PrivateKey: //添加对 SM2 私钥存储的支持
21.     err = ks.storeSM2PrivateKey(hex.EncodeToString(k.SKI()), kk.privKey)
22.     if err != nil { return fmt.Errorf(...) }
23.   }
24. }
25. func (ks *fileBasedKeyStore) storeSM2PrivateKey(alias.., privateKey...) {
26.   rawKey, err := utils.PrivateKeyToPEM(privateKey, ks.pwd); if err != nil {...}
27.   if err=ioutil.WriteFile(ks.getPathForAlias(alias,"sm2sk"), rawKey, 0600) ...
28. }
```

在代码清单 15-5 中，为 SWBCCSP 的 Key 派生工具添加对 SM2 的支持。

代码清单 15-5　bccsp/sw/keyderiv.go

```
1.  import ( ".../Hyperledger-TWGC/ccs-gm/sm2" ) //添加引用 SM2 库
2.  type ecdsaPublicKeyKeyDeriver struct{} ...   //ECDSA 公钥派生工具
3.  type ecdsaPrivateKeyKeyDeriver struct{} ...   //ECDSA 私钥派生工具
```

```
4.  type sm2PrivateKeyKeyDeriver struct{}        //添加 SM2 的私钥派生工具
5.  func (kd *sm2PrivateKeyKeyDeriver) KeyDeriv(key bccsp.Key, opts...) (...) {
6.    if opts == nil { return nil, errors.New(...) }
7.    sm2K := key.(*sm2PrivateKey)
8.    reRandOpts, ok := opts.(*bccsp.SM2ReRandKeyOpts); if !ok { return nil,...}
9.    tempSK := &sm2.PrivateKey{
10.     PublicKey: sm2.PublicKey{ //(X,Y)是一个点，代表公钥
11.       Curve: sm2K.privKey.PublicKey.Curve, X: new(big.Int), Y: new(big.Int) },
12.     D: new(big.Int),          //D 代表私钥
13.   }
14.   //在原曲线上，经计算，更换一个新的点
15.   var k =new(big.Int).SetBytes(reRandOpts.ExpansionValue());
16.   var one = new(big.Int).SetInt64(1)
17.   n := new(big.Int).Sub(sm2K.privKey.PublicKey.Params().N, one)
18.   k.Mod(k, n); k.Add(k, one)
19.   tempSK.D.Add(sm2K.privKey.D, k)
20.   tempSK.D.Mod(tempSK.D, sm2K.privKey.PublicKey.Params().N)
21.   tempX, tempY := sm2K.privKey.PublicKey.ScalarBaseMult(k.Bytes())
22.   tempSK.PublicKey.X, tempSK.PublicKey.Y = tempSK.PublicKey.Add(
23.                     sm2K.privKey.PublicKey.X, sm2K.privKey.PublicKey.Y,
24.                     tempX, tempY)
25.   isOn := tempSK.Curve.IsOnCurve(tempSK.PublicKey.X, tempSK.PublicKey.Y)
26.   if !isOn {return nil, errors.New(...")} //确保新计算的点在原曲线上
27.   return &sm2PrivateKey{tempSK}, nil     //返回派生的 SM2 私钥
28. }//该过程与 ECDSA 私钥派生工具的 KeyDeriv 方法一致
29. type sm2PublicKeyKeyDeriver struct{}//SM2 公钥派生工具，与 ECDSA 公钥派生工具实现过程一致
```

在代码清单 15-6 中，为 SWBCCSP 的 Key 生成工具添加对 SM2 的支持。

代码清单 15-6　bccsp/sw/keygen.go

```
1.  import ( "...../Hyperledger-TWGC/ccs-gm/sm2" ) //添加引用 SM2 库
2.  type sm2KeyGenerator struct {} //SM2 私钥对象生成工具
3.  func (kg *sm2KeyGenerator) KeyGen(opts bccsp.KeyGenOpts) (bccsp.Key, error) {
4.    priv, err := sm2.GenerateKey(rand.Reader); if err != nil { return nil, err }
5.    return &sm2PrivateKey{ priv }, nil
6.  }
7.  type sm4KeyGenerator struct { keylen int/*默认为 16*/} //SM4 私钥对象生成工具
8.  func (kg *sm4KeyGenerator) KeyGen(opts bccsp.KeyGenOpts) (bccsp.Key, error) {
9.    key := make([]byte, kg.keylen); _, err := rand.Read(key)
10.   if err != nil { return nil, err }
11.   return &sm4PrivateKey{ key, false }, nil
12. }
```

在代码清单 15-7 中，为 SWBCCSP 的 Key 导入转化工具添加对 SM2 公、私钥转化的支持。

代码清单 15-7　bccsp/sw/keyimport.go

```
1.  import(  "...../Hyperledger-TWGC/ccs-gm/sm2" //添加引用 SM2 库
2.    gmx509 "...../Hyperledger-TWGC/ccs-gm/x509" //添加替换引用支持国密的 X.509 证书库
3.  )
4.  type x509PublicKeyImportOptsKeyImporter struct {bccsp *CSP}
5.  func (ki *x509PublicKeyImportOptsKeyImporter) KeyImport(raw interface{},...)...{
6.    cert, ok:=raw.(*gmx509.Certificate); if !ok{return...} //判断是否是 X.509 证书
7.    switch pk := cert.PublicKey.(type) {...
8.    case *sm2.PublicKey:                        //添加对国密证书中 SM2 公钥的支持
9.      return ki.bccsp.KeyImporters[reflect.TypeOf( //调用下面 sm2GoPublicKey 导入工具
10.       &bccsp.SM2GoPublicKeyImportOpts{})].KeyImport(
```

```
11.         pk,&bccsp.SM2GoPublicKeyImportOpts{Temporary: opts.Ephemeral()})
12. }}//导入 X.509 证书对象，获取公钥对象
13. type sm2GoPublicKeyImportOptsKeyImporter struct {}
14. func (ki *sm2GoPublicKeyImportOptsKeyImporter) KeyImport(raw interface{},...)...{
15.   pk, ok := raw.(*sm2.PublicKey); if !ok { return nil, errors.New(...) }
16.   return &sm2PublicKey{ pk }, nil
17. }//导入 Go 语言的 SM2 公钥对象，转化为 sm2PublicKey
18. type sm2PKIXPublicKeyImportOptsKeyImporter struct {}
19. func (ki *sm2PKIXPublicKeyImportOptsKeyImporter) KeyImport(raw interface{},...)...{
20.   der, ok:= raw.([]byte)
21.   if !ok { return nil,... };  if len(der) == 0 { return nil,... }
22.   lowLevelKey, err :=utils.DERToPublicKey(der); if err !=nil{ return nil,... }
23.   sm2PK, ok := lowLevelKey.(*sm2.PublicKey); if !ok { return nil,... }
24.   return &sm2PublicKey{sm2PK}, nil
25. }//导入 DER 格式的 SM2 公钥，转化为 sm2PublicKey
26. type sm2PrivateKeyImportOptsKeyImporter struct {}
27. func (ki *sm2PrivateKeyImportOptsKeyImporter) KeyImport(raw interface{},...)...{
28.   der, ok :=raw.([]byte); if !ok{return nil,...}; if len(der)==0{return nil,...}
29.   lowLevelKey, err := utils.DERToPrivateKey(der); if err != nil {return nil,...}
30.   sm2SK, ok := lowLevelKey.(*sm2.PrivateKey); if !ok {return nil,...}
31.   return &sm2PrivateKey{sm2SK}, nil
32. }//导入 DER 格式的 SM2 私钥，转化为 sm2PrivateKey
33. type sm4PrivateKeyImportOptsKeyImporter struct {}
34. func (ki *sm4PrivateKeyImportOptsKeyImporter) KeyImport(raw interface{},...)...{
35.   sm4Raw, ok:=raw.([]byte); if !ok {return nil,...}; if sm4Raw==nil{return nil,...}
36.   if len(sm4Raw) != 16 { return nil,... } //SM4 私钥默认长度为 16 位
37.   return &sm4PrivateKey{utils.Clone(sm4Raw), false}, nil
38. }//导入一个二进制 SM4 私钥，复制该私钥，转化为 sm4PrivateKey
```

在代码清单 15-8 中，为 SWBCCSP 实现 SM2 的签名工具、验签工具。

代码清单 15-8　bccsp/sw/sm2.go（新添加的文件）

```
1.  //参见同目录下 ecdsa.go 的实现
2.  import ( "..../Hyperledger-TWGC/ccs-gm/sm2" ) //添加引用 SM2 库
3.  type sm2Signer struct{} //SM2 签名工具
4.  func (s *sm2Signer) Sign(k bccsp.Key, digest []byte, opts...) ([]byte, error) {
5.      return signSM2(k.(*sm2PrivateKey).privKey, digest, opts)
6.  }
7.  func signSM2(k *sm2.PrivateKey, digest []byte, opts...) ([]byte, error) {
8.      r, s, err := sm2.SignWithDigest(rand.Reader, k, digest)
9.      if err != nil { return nil, err }
10.     return utils.MarshalSM2Signature(r, s)
11. }
12. type sm2PrivateKeyVerifier struct{} //SM2 验签工具
13. func (v *sm2PublicKeyKeyVerifier) Verify(k ..., sig, digest []byte, opts...)..{
14.     return verifySM2(k.(*sm2PublicKey).pubKey, signature, digest, opts)
15. }
16. func verifySM2(k *sm2.PublicKey, signature, digest []byte, opts...) (bool,...){
17.     r, s, err := utils.UnmarshalSM2Signature(signature); if err != nil {...}
18.     return sm2.VerifyWithDigest(k, digest, r, s), nil
19. }
```

在代码清单 15-9 中，为 SWBCCSP 实现 SM2 的公、私钥 Key 对象，供 SWBCCSP 使用。

代码清单 15-9　bccsp/sw/sm2key.go（新添加的文件）

```
1.  //参见同目录下 ecdsakey.go 的实现
```

```
2.  import ( ".../Hyperledger-TWGC/ccs-gm/sm2"      //添加引用 SM2 库
3.    ".../Hyperledger-TWGC/ccs-gm/sm3"              //添加引用 SM3 库
4.    gmx509 ".../Hyperledger-TWGC/ccs-gm/x509"
5.  ) //添加替换引用国密算法库
6.  type sm2PrivateKey struct{ //SM2 私钥对象，实现 bccsp.Key 接口
7.    privKey *sm2.PrivateKey
8.  }
9.  func (k *sm2PrivateKey) Bytes() (raw []byte, err error) {
10.   return gmx509.MarshalECPrivateKey(k.privKey)
11. }
12. /*X.509 标准中，只定义了密钥 SKI 字段，但未规定 SKI 的生成算法，只要能保证唯一性，SKI 能代表
        密钥即可。例如将公钥的 SHA-1 哈希值作为 SKI，或 "4 位类型值+0100+至少 60 位的密钥哈希值" 组成
        SKI。这里我们简单地将密钥的 SM3 哈希值作为 SKI，但其与使用 GMSSL 生成的国密证书中的 SKI 不一致*/
13. func (k *sm2PrivateKey) SKI() []byte {//此处计算的 SKI 只用于 BCCSP 存储和读取密钥
14.   if k.privKey == nil { return nil }
15.   raw := elliptic.Marshal(k.privKey.Curve, k.privKey.X, k.privKey.Y)
16.   hasher :=sm3.New(); hasher.Write([]byte{0x01}); hasher.Write([]byte(raw))
17.   return hasher.Sum(nil)
18. }
19. func (k *sm2PrivateKey) Symmetric() bool { return false }
20. func (k *sm2PrivateKey) Private() bool { return true }
21. func (k *sm2PrivateKey) PublicKey() (bccsp.Key, error) {
22.   return &sm2PublicKey{&(k.privKey.PublicKey)}, nil
23. }
24. type sm2PublicKey struct { pubKey *sm2.PublicKey }//SM2 公钥对象，实现 bccsp.Key 接口
25. func (k *sm2PublicKey) Bytes() (raw []byte, err error) {
26.   raw, err= gmx509.MarshalPKIXPublicKey(k.pubKey); if err!=nil{return...}; return
27. }
28. func (k *sm2PublicKey) SKI() []byte {
29.   if k.pubKey == nil {return nil}
30.   raw := elliptic.Marshal(k.pubKey.Curve, k.pubKey.X, k.pubKey.Y)
31.   hasher := sm3.New(); hasher.Write([]byte{0x01}); hasher.Write([]byte(raw))
32.   return hasher.Sum(nil)
33. }
34. func (k *sm2PublicKey) Symmetric() bool { return false }
35. func (k *sm2PublicKey) Private() bool { return false }
36. func (k *sm2PublicKey) PublicKey() (bccsp.Key, error) { return k, nil }
```

在代码清单 15-10 中，为 SWBCCSP 实现 SM4 的加密工具、解密工具。

代码清单 15-10　bccsp/sw/sm4.go（新添加的文件）

```
1.  //参见同目录下 aes.go 的实现
2.  import( ".../Hyperledger-TWGC/ccs-gm/sm4" )//添加引用 SM4 库
3.  //加解密数据时，无须对原始数据按 PKCS7Padding 模式进行填充或去填充，在 SM4 库中已实现此功能
4.  func SM4CBCPKCS7Encrypt(key bccsp.Key, src []byte, opts...) ([]byte, error) {
5.    sm4PrivateKey, ok:= key.(*sm4PrivateKey); if !ok { return nil,... }
6.    return sm4.Sm4Cbc(sm4PrivateKey.privKey, src, sm4.ENC)
7.  }
8.  func SM4ECBPKCS7Encrypt(key bccsp.Key, src []byte, opts...) ([]byte, error) {
9.    sm4PrivateKey, ok := key.(*sm4PrivateKey); if !ok { return nil,... }
10.   return sm4.Sm4Ecb(sm4PrivateKey.privKey, src, sm4.ENC)
11. }
12. func SM4CBCPKCS7Decrypt(key bccsp.Key, src []byte, opts...) ([]byte, error) {
13.   sm4PrivateKey, ok := key.(*sm4PrivateKey); if !ok { return nil,... }
14.   return sm4.Sm4Cbc(sm4PrivateKey.privKey, src, sm4.DEC)
15. }
```

```
16. func SM4ECBPKCS7Decrypt(key bccsp.Key, src []byte, opts...) ([]byte, error) {
17.    sm4PrivateKey, ok := key.(*sm4PrivateKey); if !ok { return nil,... }
18.    return sm4.Sm4Ecb(sm4PrivateKey.privKey, src, sm4.DEC)
19. }
20. type sm4pkcs7Encryptor struct{} //SM4 加密工具
21. func (e *sm4pkcs7Encryptor) Encrypt(k bccsp.Key,plaintext []byte,opts...)...{
22.    switch opts.(type) {
23.    case bccsp.SM4CBCPKCS7ModeOpts: return SM4CBCPKCS7Encrypt(k, plaintext, opts)
24.    case bccsp.SM4ECBPKCS7ModeOpts: return SM4ECBPKCS7Encrypt(k, plaintext, opts)
25.    default: return nil, fmt.Errorf(...)
26.    }
27. }
28. type sm4pkcs7Decryptor struct{} //SM4 解密工具
29. func (*sm4pkcs7Decryptor) Decrypt(k bccsp.Key, ciphertext []byte, opts...)...{
30.    switch opts.(type) {
31.    case bccsp.SM4CBCPKCS7ModeOpts: return SM4CBCPKCS7Decrypt(k, ciphertext, opts)
32.    case bccsp.SM4ECBPKCS7ModeOpts: return SM4ECBPKCS7Decrypt(k, ciphertext, opts)
33.    default: return nil, fmt.Errorf(...)
34.    }
35. }
```

在代码清单 15-11 中，在创建 SWBCCSP 实例时，添加各类国密的加密、解密、签名、验签、哈希计算、生成、派生、导入转化等工具与对应选项的映射。

代码清单 15-11　bccsp/sw/new.go

```
1. import( ".../Hyperledger-TWGC/ccs-gm/sm3" ) //添加引用 SM3 库
2. func NewDefaultSecurityLevel(keyStorePath string) (bccsp.BCCSP, error) {...
3.    return NewWithParams(256, "SM3", ks) //创建 BCCSP 时，哈希算法改为默认使用 SM3
4. }
5. func NewDefaultSecurityLevelWithKeystore(keyStore bccsp.KeyStore)(bccsp.BCCSP...){
6.    return NewWithParams(256, "SM3", keyStore)
7. }
8. func NewWithParams(securityLevel.., hashFamily.., keyStore..)(bccsp.BCCSP,...){...
9.    swbccsp.AddWrapper(reflect.TypeOf(&sm4PrivateKey{}), &sm4pkcs7Encryptor{})
10.    swbccsp.AddWrapper(reflect.TypeOf(&sm4PrivateKey{}), &sm4pkcs7Decryptor{})
11.    swbccsp.AddWrapper(reflect.TypeOf(&sm2PrivateKey{}), &sm2Signer{})
12.    swbccsp.AddWrapper(reflect.TypeOf(&sm2PrivateKey{}), &sm2PrivateKeyVerifier{})
13.    swbccsp.AddWrapper(reflect.TypeOf(&sm2PublicKey{}), &sm2PublicKeyKeyVerifier{})
14.    swbccsp.AddWrapper(reflect.TypeOf(&bccsp.SM3Opts{}), &hasher{hash: sm3.New})
15.    swbccsp.AddWrapper(reflect.TypeOf(&bccsp.SM2KeyGenOpts{}),&sm2KeyGenerator{})
16.    swbccsp.AddWrapper(reflect.TypeOf(&bccsp.SM4KeyGenOpts{}),&sm4KeyGenerator{16})
17.    swbccsp.AddWrapper(reflect.TypeOf(&sm2PrivateKey{}),&sm2PrivateKeyKeyDeriver{})
18.    swbccsp.AddWrapper(reflect.TypeOf(&sm2PublicKey{}),&sm2PublicKeyKeyDeriver{})
19.    swbccsp.AddWrapper(reflect.TypeOf(&bccsp.SM2PrivateKeyImportOpts{}),
20.                       &sm2PrivateKeyImportOptsKeyImporter{})
21.    swbccsp.AddWrapper(reflect.TypeOf(&bccsp.SM2GoPublicKeyImportOpts{}),
22.                       &sm2GoPublicKeyImportOptsKeyImporter{})
23.    swbccsp.AddWrapper(reflect.TypeOf(&bccsp.SM2PKIXPublicKeyImportOpts{}),
24.                       &sm2PKIXPublicKeyImportOptsKeyImporter{})
25.    swbccsp.AddWrapper(reflect.TypeOf(&bccsp.SM4PrivateKeyImportOpts{}),
26.                       &sm4PrivateKeyImportOptsKeyImporter{})
27. }
```

在代码清单 15-12 中，在工具函数中添加处理 SM2 公钥、私钥的支持，用于将之在各种格式间转换，如 DER 转为 PEM、Key 转为 PEM。

代码清单 15-12　bccsp/utils/keys.go

```
1.   import( ".../Hyperledger-TWGC/ccs-gm/sm2"      //添加引用 SM2 库
2.     gmx509 ".../Hyperledger-TWGC/ccs-gm/x509"     //添加引用 X509 库
3.   ) //添加替换引用国密库，将源码中引用 crypto/x509 的地方，修改为引用 gmx509
4.   var (
5.   //参见行业标准 GM/T 0006-2012，GMSSL 生成国密证书所用算法组为 sm2sign-with-sm3，对应 oid 如下
6.     oidSignatureSM2WithSM3 = asn1.ObjectIdentifier{1, 2, 156, 10197, 1, 501}
7.   )
8.   func oidFromNamedCurve(curve elliptic.Curve) (asn1.ObjectIdentifier, bool) {...
9.     switch curve {
10.    case sm2.P256(): return oidSignatureSM2WithSM3, true //添加对 SM2 算法的支持
11.    }
12.  }
13.  func PrivateKeyToDER(privateKey interface{}) ([]byte, error) {
14.    if privateKey == nil { return nil, errors.New(...) }
15.    return gmx509.MarshalECPrivateKey(privateKey)
16.  }//改造前只支持 ecdsa.PrivateKey，gmx509 则同时支持 ecdsa.PrivateKey、sm2.PrivateKey
17.  func PrivateKeyToPEM(privateKey interface{}, pwd []byte) ([]byte, error) {...
18.    switch k := privateKey.(type) {
19.    case *ecdsa.PrivateKey: ...
20.    case *sm2.PrivateKey: //添加对 SM2 私钥的支持，转换过程与 ecdsa.PrivateKey 一致
21.      if k == nil { return nil, errors.New(...) }
22.      oidNamedCurve, ok := oidFromNamedCurve(k.Curve); if !ok {return nil,...}
23.      privKeyBytes := k.D.Bytes()
24.      paddedPrivKey := make([]byte, (k.Curve.Params().N.BitLen()+7)/8)
25.      copy(paddedPrivKey[len(paddedPrivKey)-len(privKeyBytes):], privKeyBytes)
26.      asn1Bytes, err := asn1.Marshal(ecPrivateKey{
27.        Version: 1, PrivateKey: paddedPrivKey,
28.        PublicKey: asn1.BitString{ Bytes: elliptic.Marshal(k.Curve, k.X, k.Y) },
29.      })
30.      if err != nil { return nil, fmt.Errorf(...) }
31.      var pkcs8Key pkcs8Info; pkcs8Key.Version = 0
32.      pkcs8Key.PrivateKeyAlgorithm = make([]asn1.ObjectIdentifier, 2)
33.      //SM2 公钥无独立的 oid，因此这里使用 ECDSA 公钥的 oid
34.      pkcs8Key.PrivateKeyAlgorithm[0] = oidPublicKeyECDSA
35.      pkcs8Key.PrivateKeyAlgorithm[1] = oidNamedCurve
36.      pkcs8Key.PrivateKey = asn1Bytes
37.      data, err := asn1.Marshal(pkcs8Key); if err != nil {return nil,...}
38.      return pem.EncodeToMemory(&pem.Block{Type:"PRIVATE KEY", Bytes:data}), nil
39.    }
40.  }
41.  func PrivateKeyToEncryptedPEM(privateKey interface{},pwd []byte) ([]byte,..){...
42.    switch k := privateKey.(type) {
43.    case *ecdsa.PrivateKey, *sm2.PrivateKey: //添加对 SM2 私钥的支持
44.      if err != nil {return nil,...}
45.      raw, err := gmx509.MarshalECPrivateKey(k); if err != nil {return nil, err}
46.      block, err := gmx509.EncryptPEMBlock(rand.Reader, "PRIVATE KEY",
47.                                            raw, pwd, gmx509.PEMCipherAES256)
48.      if err != nil { return nil, err }
49.      return pem.EncodeToMemory(block), nil
50.    }
51.  }
52.  func DERToPrivateKey(der []byte) (key interface{}, err error) {
53.    if key, err = gmx509.ParsePKCS1PrivateKey(der); err == nil {return key, nil}
54.    if key, err = gmx509.ParsePKCS8PrivateKey(der); err == nil {
55.      switch key.(type) {
```

```
56.      case *ecdsa.PrivateKey, *sm2.PrivateKey: return //添加对 SM2 私钥的支持
57.      default: return nil, errors.New(...)
58.    }}
59.    if key, err = gmx509.ParseECPrivateKey(der); err == nil { return }
60.    return nil, errors.New("Invalid key type...")
61. }
62. func PublicKeyToPEM(publicKey interface{}, pwd []byte) ([]byte, error) {...
63.    switch k := publicKey.(type) {
64.    case *ecdsa.PublicKey, *sm2.PublicKey: ...//添加对 SM2 公钥的支持
65.      if k==nil{return nil...}; PubASN1, err := gmx509.MarshalPKIXPublicKey(k)...
66.    }
67. }
68. func PublicKeyToDER(publicKey interface{}) ([]byte, error) {...
69.    switch k := publicKey.(type) {
70.    case *ecdsa.PublicKey, *sm2.PublicKey: //添加对 SM2 公钥的支持
71.      if k==nil{return nil...}; PubASN1, err := gmx509.MarshalPKIXPublicKey(k)...
72.    }
73. }
74. func PublicKeyToEncryptedPEM(publicKey interface{}, pwd []byte) ([]byte,...){...
75.    switch k := publicKey.(type) {
76.    case *ecdsa.PublicKey, *sm2.PublicKey: ...//添加对 SM2 公钥的支持
77.      raw, err := gmx509.MarshalPKIXPublicKey(k); if err != nil {return nil, err}
78.      block, err := gmx509.EncryptPEMBlock(rand.Reader, "PUBLIC KEY",
79.                                          raw, pwd, gmx509.PEMCipherAES256)
80.    }
81. }
```

在代码清单 15-13 中，为工具函数添加将 DER 格式的国密证书转为证书对象的支持。

代码清单 15-13　bccsp/utils/x509.go

```
1.  import( gmx509 ".../Hyperledger-TWGC/ccs-gm/x509" )//添加替换引用国密库
2.  func DERToX509Certificate(asn1Data []byte) (*gmx509.Certificate, error) {
3.      return gmx509.ParseCertificate(asn1Data) //将引用改为 gmx509
4.  }
```

在代码清单 15-14 中，添加国密签名对象，以及序列化、反序列化国密签名的工具函数。

代码清单 15-14　bccsp/utils/sm2.go（新添加的文件）

```
1.  type SM2Signature struct { R, S *big.Int } //参见同目录下 ecdsa.go 的实现
2.  func MarshalSM2Signature(r, s *big.Int) ([]byte, error) {
3.    return asn1.Marshal(SM2Signature{r, s})
4.  }//序列化 SM2 的签名
5.  func UnmarshalSM2Signature(raw []byte) (*big.Int, *big.Int, error) {
6.    sig:=new(SM2Signature); _,err:=asn1.Unmarshal(raw, sig); if err!=nil{return...}
7.    if sig.R == nil {return nil,...}; if sig.S == nil {return nil,..}
8.    if sig.R.Sign() != 1 {return nil,...};  if sig.S.Sign() != 1 {return nil,..}
9.    return sig.R, sig.S, nil
10. }//反序列化 SM2 的签名
```

在代码清单 15-15 中，添加国密常量，供创建 gRPC 服务的 TLS 连接选项时使用。

代码清单 15-15　core/comm/config.go

```
1.  import(
2.    gmtls ".../Hyperledger-TWGC/ccs-gm/tls"
3.    gmx509 ".../Hyperledger-TWGC/ccs-gm/x509"
4.  )//添加替换引用国密库
```

```
5.   var (
6.     DefaultGMTLSCipherSuites = []uint16{ //添加国密 TLS 连接的加密算法组
7.       gmtls.GMTLS_SM2_WITH_SM4_SM3, //参见 ccs-gm/tls/gm_support.go 中支持的国密算法组
8.       gmtls.GMTLS_ECDHE_SM2_WITH_SM1_SM3,...
9.   )
10. //其余部分，直接替换引用 gmtls、gmx509 即可
```

在代码清单 15-16 和代码清单 15-17 中，在创建 gRPC 客户端时，依据 ccs-gm 库的要求，添加对国密 TLS 连接的配置支持。

代码清单 15-16　core/comm/client.go

```
1.   import( ".../Hyperledger-TWGC/ccs-gm/sm2"
2.     gmtls ".../Hyperledger-TWGC/ccs-gm/tls"
3.     gmx509 ".../Hyperledger-TWGC/ccs-gm/x509"
4.   )//添加替换引用国密算法库
5.   type GRPCClient struct {tlsConfig *gmtls.Config,...} //使用 gmtls 库的 TLS 配置
6.   func (client *GRPCClient) parseSecureOptions(opts SecureOptions) error {...
7.     client.tlsConfig = &gmtls.Config{..., MinVersion: gmtls.VersionTLS12}
8.     if len(opts.ServerRootCAs) > 0 {...
9.       client.tlsConfig.RootCAs=gmx509.NewCertPool(); for _, certBytes...{...}
10.      if block, _ := pem.Decode(opts.ServerRootCAs[0]); block != nil {
11.        rc, err := gmx509.ParseCertificate(block.Bytes); if err != nil { return...}
12.        if _, isGM := rc.PublicKey.(*sm2.PublicKey); isGM {
13.          //若是国密 TLS 证书，则为 TLS 配置添加 GMSupport 对象
14.          //gmtls 会判断 TLS 配置中 GMSupport 是否为 nil，来决定是否执行支持国密的 TLS 连接
15.          client.tlsConfig.GMSupport = &gmtls.GMSupport{}
16.          client.tlsConfig.MinVersion = gmtls.VersionGMSSL //客户端的 TLS 最低版本
17.        }
18.      }
19.    }
20. }//客户端与服务端进行 TLS 握手时，双方会协商所用算法组、版本等，因此双方的 TLS 连接配置要对应
21. //其余部分，直接替换引用 gmtls、gmx509 即可
```

代码清单 15-17　core/comm/connection.go

```
1.   import(
2.     gmtls ".../Hyperledger-TWGC/ccs-gm/tls"
3.     gmx509 ".../Hyperledger-TWGC/ccs-gm/x509"
4.   )//添加替换引用国密库，直接替换引用 gmtls、gmx509 即可
```

在代码清单 15-18 中，创建 gRPC 服务端的通信证书时，添加对国密 TLS 连接配置的支持。在创建 gRPC 服务端实例时，会调用该方法生成通信证书。

代码清单 15-18　core/comm/creds.go

```
1.   import(
2.     gmtls ".../Hyperledger-TWGC/ccs-gm/tls"
3.   )//添加替换引用国密库
4.   func NewServerTransportCredentials(serverConfig *gmtls.Config,...)... {...
5.     //若是国密 TLS 连接，则指定服务端的 TLS 最低版本也为 VersionGMSSL
6.     if serverConfig.GMSupport != nil { serverConfig.MinVersion=gmtls.VersionGMSSL }
7.     else { serverConfig.MinVersion = gmtls.VersionTLS12 }
8.   }
9.   //其余部分，直接替换引用 gmtls 即可
```

在代码清单 15-19 中，当创建 gRPC 服务端实例时，添加对国密 TLS 连接配置的支持。

代码清单 15-19　core/comm/server.go

```
1.   import( ".../Hyperledger-TWGC/ccs-gm/sm2"
2.     gmtls ".../Hyperledger-TWGC/ccs-gm/tls"
3.     gmx509 ".../Hyperledger-TWGC/ccs-gm/x509"
4.   )//添加替换引用国密算法库
5.   func NewGRPCServerFromListener(listener..., serverConfig...)(*GRPCServer,...) {...
6.     if secureConfig.UseTLS {
7.       if secureConfig.Key != nil && secureConfig.Certificate != nil {
8.         cert, err := gmtls.X509KeyPair(secureConfig.Certificate, secureConfig.Key)
9.         if err != nil { return nil, err }
10.        gRPCServer.serverCertificate.Store(cert)
11.        , isGM := cert.PrivateKey.(*sm2.PrivateKey)//若是国密私钥，则证明是国密 TLS 连接
12.        if len(secureConfig.CipherSuites) == 0 {        //若 TLS 连接配置中支持的算法组为空
13.          if isGM {
14.            secureConfig.CipherSuites = DefaultGMTLSCipherSuites }//国密算法组
15.          else{ secureConfig.CipherSuites = DefaultTLSCipherSuites }
16.        }
17.        getCert := func(_ *gmtls.ClientHelloInfo) (*gmtls.Certificate, error) {...}
18.        gRPCServer.tlsConfig = &gmtls.Config{
19.          /*参见《SM2 密码算法使用规范》（GM/T 0009-2012），在密钥协商时，服务端使用双证书
20.          模式（分别用于认证和加密）。gmtls 支持单证书、双证书两种模式，默认为后者。上文中，
21.          若使用 GMSSL 只生成了单证书（Fabric 的配置体系，也使用单证书配置方式），但服务端使
22.          用双证书模式，则这里可简单地将同一证书作为两个证书来使用*/
23.          Certificates: []gmtls.Certificates{cert, cert}
24.          ...
25.        }
26.        if isGM {//若是国密 TLS 连接，则为 TLS 配置添加 GMSupport 和指定最低版本为 VersionGMSSL
27.          gRPCServer.tlsConfig.GMSupport = &gmtls.GMSupport{}
28.          gRPCServer.tlsConfig.MinVersion = gmtls.VersionGMSSL
29.        }
30.        if serverConfig.SecOpts.TimeShift > 0 {...}
31.        gRPCServer.tlsConfig.ClientAuth = gmtls.RequestClientCert
32.        ...
33.      }
34.    }
35.  }
36.  //其余部分，直接替换引用 gmtls、gmx509 即可
```

在代码清单 15-20 中，添加 ccenv 编译应用链码程序时，使用 TLS 单证书模式的 tags。

代码清单 15-20　core/chaincode/platforms/golang/platform.go

```
1.   //使用 ccenv 镜像，编译 Go 语言应用链码程序的脚本字符串
2.   //若使用单证书模式进行 TLS 连接，则这里在编译应用链码程序时，添加 -tags "single_cert"
3.   var buildScript=`...GO111MODULE=on go build -tags "single_cert" -v -mod=vendor...`
```

在代码清单 15-21 中，添加使用 TLS 单证书模式的 tags。

代码清单 15-21　Makefile

```
1.   //若使用单证书模式进行 TLS 连接，则针对国密 TLS 库，在编译各节点程序、镜像时，添加 single_cert
2.   //参见 ccs-gm/tls/gm_handshake_server_double.go 中的条件编译+build !single_cert
3.   GO_TAGS = single_cert
```

3. 第三方库改造

第三方库包括 vendor 目录下 hyperledger/fabric-chaincode-go 和 gRPC 两个库。前者是上层应用，直接将引用 crypto/x509、crypto/tls 库改为引用 css-gm/x509、ccs-gm/tls 库即可。gRPC 库（1.24 版本）的改造如代码清单 15-22 至代码清单 15-24 所示。

在代码清单 15-22 中，在 gRPC 创建 TLS 证书时，添加对国密 TLS 证书的支持[①]。

代码清单 15-22　vendor/.../grpc/credentials/credentials.go

```
1.   import( ".../Hyperledger-TWGC/ccs-gm/sm2"
2.    gmtls ".../Hyperledger-TWGC/ccs-gm/tls"
3.    gmx509 ".../Hyperledger-TWGC/ccs-gm/x509"
4.   )//添加替换引用国密库
5.   func NewTLS(c *gmtls.Config) TransportCredentials {
6.    tc := &tlsCreds{cloneTLSConfig(c)}
7.    tc.config.NextProtos = appendH2ToNextProtos(tc.config.NextProtos)
8.    if len(c.Certificates) > 0 { //服务端（或客户端）一端的证书，判断其是否是国密证书
9.     _, ok := c.Certificates[0].PrivateKey.(*sm2.PrivateKey)
10.    if ok { tc.config.GMSupport = &gmtls.GMSupport{} } //若是国密证书，则添加国密支持
11.   } else {//若服务端证书不存在，则根据证书判断是否是国密证书
12.    certs := c.RootCAs.GetCerts()
13.    if len(certs) > 0 { if _, ok := certs[0].PublicKey.(*sm2.PublicKey); ok {
14.        tc.config.GMSupport = &gmtls.GMSupport{}
15.    }
16.   }
17.   return tc
18.  }//创建一个 TLS 连接对象
19.  func NewClientTLSFromFile(certFile, serverNameOverride string) (...) {
20.   b, err := ioutil.ReadFile(certFile); if err != nil { return nil, err }
21.   cert, err := gmx509.Pem2Cert(b); if err != nil { return nil, err }
22.   cp := gmx509.NewCertPool(); cp.AddCert(cert)
23.   _, ok := cert.PublicKey.(*sm2.PublicKey)
24.   if ok {//若是国密证书，则为 TLS 配置添加国密支持
25.    return NewTLS(&gmtls.Config{ServerName: serverNameOverride, RootCAs: cp,
26.                       GMSupport: &gmtls.GMSupport{}}), nil
27.   } else {
28.    return NewTLS(&gmtls.Config{ServerName:serverNameOverride, RootCAs:cp}), nil
29.   }
30.  }//使用证书文件，创建一个客户端 TLS 连接对象
31.  func NewServerTLSFromCert(cert *gmtls.Certificate) TransportCredentials {
32.   if _, ok := cert.PrivateKey.(*sm2.PublicKey); ok {
33.    return NewTLS(&gmtls.Config{Certificates: []gmtls.Certificate{*cert},
34.                       GMSupport: &gmtls.GMSupport{}})
35.   }//若是国密证书，则为 TLS 配置添加国密支持
36.   return NewTLS(&gmtls.Config{Certificates: []gmtls.Certificate{*cert}})
37.  }//使用证书对象，创建一个服务端 TLS 连接对象
38.  func NewServerTLSFromFile(certFile, keyFile string) (TransportCredentials,...) {
39.   cert, err:=gmtls.LoadX509KeyPair(certFile,keyFile); if err!=nil{return nil,err}
40.   if _, ok := cert.PrivateKey.(*sm2.PrivateKey); ok {
41.    return NewTLS(&gmtls.Config{Certificates: []gmtls.Certificate{cert},
42.                       GMSupport: &gmtls.GMSupport{}}), nil
43.   }//若是国密证书，则为 TLS 配置添加国密支持
```

---

① 参考苏云龙在 Gitee 网站开源的 fabric-gm 项目中，对 gRPC 的国密改造。

```
44.    return NewTLS(&gmtls.Config{Certificates: []gmtls.Certificate{cert}}), nil
45. }//使用证书文件，创建一个服务端 TLS 连接对象
```

在代码清单 15-23 和代码清单 15-24 中，将 TLS 连接对象转为 ccs-gm/tls 库中的 TLS 连接对象。否则，编译时会报类型不匹配的错误。

代码清单 15-23　vendor/.../grpc/internal/transport/handler_server.go

```
1.  func (ht *serverHandlerTransport) HandleStreams(startStream..., traceCtx...){...
2.    if req.TLS != nil {
3.      //req.TLS 为标准库 crypto/tls 中的 ConnectionState，这里调用工具函数，将之转换为 gmtls
4.      //中的 ConnectionState。虽然两者本质相同，但编译器将它们视为不同类型的数据
5.      pr.AuthInfo = credentials.TLSInfo{State: *cloneConnectionState(req.TLS)} }
6.    ...
7.  }
```

代码清单 15-24　vendor/.../grpc/internal/transport/gmutil.go（新添加的文件）

```
1.  import (
2.    "crypto/tls"
3.    "crypto/x509"
4.    gmtls ".../Hyperledger-TWGC/ccs-gm/tls"
5.    gmx509 ".../Hyperledger-TWGC/ccs-gm/x509"
6.  )
7.  func cloneConnectionState(origin *tls.ConnectionState) *gmtls.ConnectionState {
8.    //单一的复制操作，将 origin 中的数据复制到 gmtls_cs 中并返回
9.    gmtls_cs := &gmtls.ConnectionState{} ...
10. }
```

4. 编译 peer、orderer、tools 节点的 Docker 镜像

将 Fabric 主体和第三方库改造完毕后，在 Fabric 项目根目录下，分别执行 make peer-docker、make orderer-docker、make tools-docker 命令，重新编译生成用于部署 Fabric 区块链网络节点的 Docker 镜像。

5. 整理应用链码依赖库

背书节点与应用链码之间也通过 gRPC 连接通信（底层为 TLS 连接）。以 fabric-samples/chaincode/abstore/go 下的应用链码为例，在 abstore/go 中执行如下操作，整理应用链码依赖库。

❏ 将 ccs-gm、修改后的 fabric-chaincode-go 和 gRPC 库放入 abstore/go 中。修改 go.mod，如代码清单 15-25 所示。

❏ 执行 GO111MODULE=on ... go mod vendor 命令，下载应用链码依赖库，以此为基础。

代码清单 15-25　fabric-samples/chaincode/abstore/go

```
1.  require (
2.    .../Hyperledger-TWGC/ccs-gm v0.0.0
3.    .../Hyperledger/fabric-chaincode-go v0.0.0
4.    .../grpc v1.24.0            //指定引用的 gRPC 库和版本
5.  )
6.  replace .../Hyperledger-TWGC/ccs-gm v0.0.0 => ./ccs-gm
7.  replace .../Hyperledger/fabric-chaincode-go v0.0.0 => ./fabric-chaincode-go
8.  replace .../grpc v1.24.0 => ./grpc  //引用本地修改过后的 gRPC 库
```

6. 编辑部署配置文件、脚本，并启动 Fabric 区块链网络

参见 13.4.2 节所述部署 Fabric 区块链网络的内容，使用上述编译的镜像、整理的应用链码，部署只包含 1 个 orderer 节点（solo 模式）、1 个 peer 节点的网络。然后执行创建通道、加入通道和管理链码生命周期等操作，对 Fabric 国密改造进行测试。

在本节中，我们从安全和合规的角度，叙述了 Fabric 区块链网络应用国密的重要性；然后，分析了对 Fabric 进行国密改造的难点和方向；最后，在开源和 TWGC 现有成果的基础上，对 Fabric 主体进行了国密改造。但这里的改造，单以实现国密功能为目的，只是实践性的，并不完善，也未涉及对 Fabric 架构的改造，如修改配置体系使其支持双证书模式，修改共识体系使其兼容多种加解密算法组（同一联盟中，一个组织使用了国密，另一个组织未使用；或多个联盟间，一个联盟使用了国密，另一个联盟未使用）。ccs-gm 库仍是低版本的，在之后迭代的过程中，对依之进行国密改造的具体实现会存在影响。

15.3　性能优化领域的国产化实践

随着版本的不断迭代，在易用性、实用性、安全性等方面，Fabric 已做出了较多的完善。但同时，Fabric 区块链网络的性能，仍远远不能和传统同级别的中心化架构服务的性能相比，这一直是其大规模商业化应用的障碍之一。当前阶段，超级账本社区开发者、TWGC 和各类研究人员，为了提升 Fabric 的性能，从不同方面对 Fabric 进行测试，提出了各种优化方案。

性能优化是一个涉及计算机体系各个方面的问题，如硬件、操作系统、网络、系统运行环境、编译器、编程语言、数据结构、算法、架构设计等。在这一节，我们只聚焦于 Fabric 自身，首先分析 Fabric 的性能模型，然后介绍一些官方或非官方的研究成果，来探讨 Fabric 在性能优化领域的国产化实践路线。

15.3.1　Fabric 性能模型分析

超级账本官方提供了一个区块链性能基准框架 Caliper，项目仓库为 hyperledger/caliper，目前支持 Fabric、Ethereum、FISCO BCOS 区块链平台。同时，针对 Fabric，官方使用测试示例 caliper-benchmarks，从应用链码接口调用的角度，提供了一部分测试报告，主要涉及背书交易环节读写操作的吞吐量方面的测试数据。

实际使用时，每个区块链运行的环境各不相同，我们可以使用 Caliper 测试自己的区块链网络性能。Caliper 提供 Docker 镜像、Node.js 包两种部署方式，可启动一个 Fabric 区块链网络并测试，也可单独测试已运行的 Fabric 区块链网络。这里以 Node.js 包部署方式为例，单独测试已运行的网络，基本操作如下。

（1）参见 13.4.2 节，部署 fabric-samples/first-network 的 byfn 网络，作为已运行的网络。其中，

可直接执行./byfn.sh up -a -n，启动一个包含 2 个 CA 节点、未部署应用链码的 byfn 网络。

（2）参见 12.2 节，在 byfn 的应用通道中，单独部署 fabric-samples/chaincode/marbles02/go 下的 marbles 链码。

（3）执行 apt-get install node-gyp python2，为了编译安装 Node.js 包，在系统中安装必要的软件。

（4）安装 nvm，再使用 nvm 安装 10.x LTS 版本的 Node.js 和对应的 npm 工具。

（5）访问 caliper-benchmarks 的项目仓库 hyperledger/caliper-benchmarks，下载官方测试用例 caliper-benchmarks v0.4.0。

（6）执行 mkdir caliper-workspace && cd caliper-workspace，创建 Caliper 测试工作基准目录，下面的操作均在此目录下进行。

（7）将 first-network 下的 channel-artifacts/channel.tx、crypto-config 复制到 caliper-workspace。

（8）将 caliper-benchmarks 下的 benchmarks/samples/fabric/marbles 复制到 caliper-workspace，作为待测试 marbles 链码读写接口的基准配置和测试脚本，供 Caliper 使用，如配置清单 15-2 所示。

（9）将 caliper-benchmarks 下的 networks/fabric/v2/v2.0.0/2org1peergoleveldb_raft/fabric-go-tls.yaml 复制到 caliper-workspace，作为待测试网络的配置，供 Caliper 使用。依据 byfn 网络修改相应内容，如配置清单 15-3 所示。

（10）执行 npm install --only=prod @Hyperledger/caliper-cli@0.4.0，安装 Caliper 工具[①]。

（11）执行 caliper bind --caliper-bind-sut fabric:2.0.0，将 Fabric 2.0 作为 SUT（System Under Test，被测系统），绑定至 Caliper。Caliper 会在本地自动下载 2.0 版本的 Fabric SDK 相关的 Node.js 包。

（12）执行 npx caliper launch manager --caliper-workspace ./ --caliper-benchconfig ./marbles/config.yaml --caliper-networkconfig ./fabric-go-tls.yaml --caliper-flow-only-test --caliper-fabric-gateway-enabled --caliper-fabric-gateway-discovery，执行测试。当前 0.4.0 版本的 Caliper，对于 Fabric 2.0，有两点限制，即未适配管理员相关的操作、只能使用 gateway 方式的操作，因此附加 --caliper-flow-only-test 和 --caliper-fabric-gateway-enabled 标志。

配置清单 15-2　caliper-workspace/marbles/config.yaml

```
1.  test: #参见 Caliper v0.4.2 官方文档的 bench-config 章节
2.    workers:
3.      number: 5            #形成测试负载的客户端数量
4.    rounds:                #每一轮测试的配置
5.    - label: init          #测试提交的交易，即调用 marbles 的交易
6.      txNumber: 500        #总交易数量
7.      rateControl:         #交易提交速率控制器
8.        type: fixed-rate   #控制器类型，这里是固定速率，表示每秒提交 25 笔交易
9.        opts:
10.         tps: 25
11.     workload:
12.       module: ./marbles/init.js #提交交易调用的脚本，其路径以 caliper-workspace 为基准
```

---

① 参见 Hyperledger Caliper 官方在线文档中 Installing and Running Caliper 部分。

```
13.          arguments: ...        #交易的参数，这里默认没有
14.    monitors:                   #用于收集各节点的资源（CPU、内存等）利用率，以及交易分析
15.      resource:                 #资源监控
16.      - module: docker          #监控的资源类型。其余还有 process、prometheus 两种
17.        options:
18.          interval: 5           #每隔 5 秒采集一次资源状态
19.          containers:           #模块的容器，这里监控两个背书节点
20.            - peer0.org1.example.com
21.      transaction:              #交易监控
22.      - module: logging         #使用日志监控。另一种是 prometheus，将指标推送至 prometheus
```

配置清单 15-3   caliper-workspace/fabric-go-tls.yaml

```
1.   caliper:
2.     blockchain: fabric
3.     command: ...    #用于启动、结束待测试网络的命令，针对 Fabric 2.0，不使用这里的命令
4.   info: ...          #待测试网络的基本信息
5.   clients:           #供 Caliper 使用的 Fabric SDK 客户端配置，用于向待测试网络发起交易
6.     client0.org1.example.com: ...
7.     client0.org2.example.com: ...
8.   channels:          #待测试网络的拓扑结果：有哪些通道，通道中有哪些节点、链码
9.     mychannel:...
10.  organizations:     #待测试网络的组织信息：组织中有哪些节点，组织 CA 是哪个节点，其管理员是哪个
11.    Org1:...
12.    Org2:...
13.  orderers: ...      #orderer 节点的信息，为上文 channels 下 orderer 节点的详细信息
14.  peers:...          #peer 节点的信息，为上文 channels 下 peer 节点的详细信息
15.  certificateAuthorities: #上文 organizations 下组织 CA 节点的详细信息
16.  ca-org1:...        #组织 org1 的 CA，名称要与 CA 节点容器中 $FABRIC_CA_SERVER_CA_NAME 指定的值一致
```

经测试，Caliper 会在 caliper-workspace 下生成测试报告 report.html，如图 15-3 所示。该报告简单地描述了调用 marbles 链码的 init 交易（initMarble 接口）的提交速率、交易延迟、交易吞吐量、背书节点资源利用率等关键处理和性能特征信息，可以为我们实际项目的设计、部署等提供数据支撑。

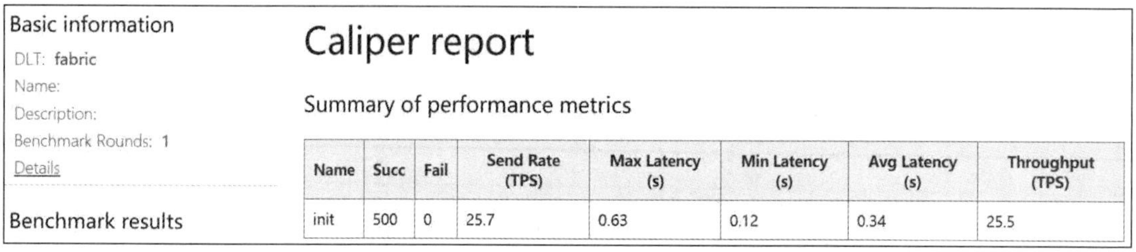

Basic information	Caliper report					
DLT: fabric Name: Description: Benchmark Rounds: 1 Details	Summary of performance metrics					
	Name	Succ	Fail	Send Rate (TPS)	Max Latency (s)	Min Latency (s)	Avg Latency (s)	Throughput (TPS)
Benchmark results	init	500	0	25.7	0.63	0.12	0.34	25.5

图 15-3   Caliper 测试 marbles 链码相关交易报告

当前阶段，Caliper 所提供的数据较为精简，主要偏向于应用链码的调用，未深入交易的具体流程中。但从中可以看出，在构建和分析 Fabric 区块链网络的性能模型时，我们需要重点关注如下指标[①]。

---

① 参见超级账本性能和规模化工作组发布的 "Hyperledger Blockchain Performance Metrics White Paper" 中，关于关键性能指标定义的内容。

❑ 交易吞吐量（transaction throughput），指一段时间内系统成功处理交易的数量，单位一般为 TPS，表示一秒内系统成功处理交易的数量。

❑ 交易延迟（transaction latency），指一笔交易从客户端发起至在系统中生效之间所耗费的时间。

❑ 资源利用率（resource utilization），指系统在处理交易时，对资源如 CPU、内存、网络 I/O、硬盘 I/O 的利用效率。通过分析资源利用率，可以获知资源是否被闲置，或者系统负载过高。

同时，对于 Fabric 区块链网络，交易流程主要分为 5 个阶段，即背书阶段、共识排序阶段、散播阶段、验证阶段和提交阶段。若结合交易流程来构建和分析性能模型，我们需关注如下指标。

❑ 队列长度（queue length），系统服务等待处理的任务数。例如共识排序服务中，正在排序的消息数；gossip 散播服务中，等待散播的缓存队列。

❑ 有效交易占比（valid transaction proportion），系统成功处理交易的比例。由于 Fabric 的交易是先执行，后验证（MVCC、幻读验证等）的，因此存在无效交易的可能。严格地讲，此指标应属于交易吞吐量指标，但因 Fabric 交易流程设计的特殊性，这里单独列出。

15.3.2　已做的性能优化

在 Fabric 2.0 中，相较于旧版本，在性能优化方面，已进行了众多优化，下面简要介绍其中的一部分。

❑ 缓存已反序列化并通过验证的有效身份对象。验证一个身份，需要一系列复杂计算，如反序列化、身份是否由指定 CA 颁发、身份证书 OU 是否符合角色配置等。在这一环节，参见 3.2 节和 msp/cache/cache.go，节点将 cachedMSP 对象作为本地 MSP，利用二次机会算法，将使用过的资源——反序列化的身份对象、验证有效的身份对象、符合指定 MSP 主体的身份对象——缓存起来。当本地 MSP 验证一个身份对象时，若该身份对象已存在于缓存中，则直接返回该身份有效。若一个身份对象被验证为无效，则修改身份对象内部成员 validated、validationErr，记录无效结果和无效原因。当本地 MSP 验证一个之前已验证过的身份对象时，直接返回上次验证的结果。当本地 MSP 反序列化一个身份对象，或验证一个身份对象是否符合指定 MSP 主体时，也会优先查看缓存中是否已有该身份对象。

❑ 定制专用数据结构。在 Fabric 的模块化设计框架下，为了通用性，许多数据以序列化的二进制格式呈现。当一个模块的数据到达另一模块后，必须要对数据进行解析。由于部分数据结构层级较多，同时在多个环节必须从中提取或补充部分数据，因此为了避免重复反序列化而消耗资源，Fabric 在部分环节定制了专用数据结构。典型地，参见 9.2 节所述背书服务和 core/endorser/msgvalidation.go 中的 UnpackedProposal，当背书节点收到背书申请后，会将后续频繁使用的字段从背书申请中解析出来，放至 UnpackedProposal 中。再如 core/common/ccprovider/ccprovider.go 中的 TransactionParams，在背书阶段所起的作用与 UnpackedProposal 相似。

- 应用链码作为独立的外部服务。以 Docker 方式进行链码生命周期管理时，背书节点的服务器，也必须负责运行应用链码。而在 peer 集群中，背书节点本就承担了较多的任务。应用链码与背书节点运行于同一服务器上，客观上加剧了两者在服务器硬件资源上的竞争，造成更大的延迟。因此，将应用链码作为独立的外部服务，除了在部署方式上松耦合，也减轻了背书节点的压力。

- 并行验证。参见代码清单 10-19，peer 节点在向本地账本提交一个区块前，需要串行地验证区块中每笔交易是否符合各级别的背书策略、交易读集中大量键级别的数据是否存在旧版本数据等。为了提高验证效率，Fabric 采取了并行验证的方式，使用多个协程，在保证串行化验证结果的前提下，同时验证同一区块中的多个交易。

以上性能优化的实现，遵循了如下常用的性能优化方法。

- 缓存已访问的资源，以"空间换时间"。通常，在系统服务中，刚被访问的资源，在短时间内很可能还会被访问，即时间的局部性，这也是缓存存在的意义。

- 批量处理。充分利用资源，成批地处理事务，以达到更高的效率。

- 数据结构和算法设计。通过设计更实用的数据结构和更高效的算法，提升处理性能。

但我们也可以看出，在既定的 Fabric 区块链网络架构和交易流程限制下，Fabric 中能够实施优化的点位和措施比较有限，多属于"小修小补"，在性能上无法实现跨数量级的提升。表 15-3 所示为 Fabric 官方性能测试报告的部分数据，展示了名为 fixed-asset 的链码的 createAsset 交易（负责一次写入）的性能数据。

表 15-3   LevelDB 状态数据库下 createAsset 交易的性能数据

交易数据大小/B	最大延迟时间/s	平均延迟时间/s	吞吐量/TPS
100	0.39	0.27	592.6
1000	0.40	0.28	571.5
4000	0.56	0.36	458.7

数据来源：超级账本 Caliper 性能测试报告官方网站。

15.3.3　打造高性能交易数据模型

Fabric 区块链网络"先执行，后验证"的交易流程设计存在两个问题：一、导致随着交易并发量的提高，在后续验证阶段，参见 10.2.3 节，交易因"双重支付问题""幻读问题"被标记为无效的概率也会提高；二、导致客户端的空等，而且等来的结果不一定是"交易已被成功处理"的好结果。

"双重支付问题""幻读问题"产生的根本原因在于并发的两笔交易读取同一键的值并用之参与了交易的计算，进而导致其中一笔交易必然被标记为无效。因此，在针对实际业务进行数据模型设计时，需要尽量降低在高并发状态下使用同一个键的概率。

在 fabric-samples 仓库中，应用链码 high-throughput 展示了高性能数据模型的设计思路，如代码清单 15-26 所示。

代码清单 15-26　fabric-samples/high-throughput/chaincode/high-throughput.go

```
1.  func (s *SmartContract) update(APIstub..., args []string) pb.Response {
2.    if len(args) != 3 {...}; name := args[0]; op := args[2]
3.    ,err :=strconv.ParseFloat(args[1],64); if err!=nil{...}//判断第二个参数是否为数字
4.    txid := APIstub.GetTxID(); compositeIndexName := "varName~op~value~txID"
5.    compositeKey,...:= ..CreateCompositeKey(...,...{name, op, args[1], txid})
6.    compositePutErr := APIstub.PutState(compositeKey, []byte{0x00})
7.  }
8.  func (s *SmartContract) prune(APIstub..., args []string) pb.Response {...}
```

在代码清单 15-26 中，第 2～3 行，获取 0 至 2 位置的 3 个参数，分别是变量名、增量值、增量操作符。

第 4～5 行，使用变量名、增量值、增量操作符、交易 ID，组成一个组合键。其中，由于交易 ID 的计算加入了随机数，因此理论上，每笔交易的 ID 都是唯一的，所组成的组合键也是唯一的。

第 6 行，使用唯一的组合键，写入空值。这里实际需存储的值较少，所以直接将值用键存储。

当每个键都是唯一的，在交易的后续验证阶段，将不存在交易因"双重支付问题"或"幻读问题"被标记为无效的情况。同时，以一定的格式将值作为键的一部分，而对应写入空值，可以提高状态数据库写入和检索的效率。

为了配合实现键的唯一性，若一个值的变化在时间上存在依赖性，当使用交易记录该值的状态时，可以记录该值每次变化的增量，而非该值变化后的全量。例如一个账户 A 的余额为 100元，并行发起 T1、T2 两笔交易，分别转出 10 元、20 元。若 T1 先于 T2 被系统处理，则 T2 必须依赖于 T1 的结果。此时，可以使用唯一的键，分别记录两笔交易的增量值-10 元、-20 元，而非全量值 90 元、80 元。

进一步地，为了配合实现记录增量值的数据模型设计，同时满足获取和使用全量值的需求，我们需要额外添加针对增量值的聚合、清理接口，如第 8 行的 prune 方法。可在不影响交易性能或系统服务空闲时，对增量数据执行"100+(-10)+(-20)"的聚合操作，然后删除-10、-20 这两条交易记录（可选）。

"键的唯一性+记录增量值"的数据模型设计，针对的是提高"有效交易占比"这项性能指标，适用于增量值较为单一且聚合较为容易的业务场景，如上述账户 A 余额的增、减。对于增量值结构较为分散、复杂的业务场景，需谨慎甄别该数据模型设计在性能提升、聚合消耗、扩展能力等方面的得与失。

15.3.4　性能优化的方向性实践

上文已经提到，在 Fabric 现有框架设计下所能实施优化的点位和措施较为有限。所以，下

面我们打破 Fabric 现有框架的限制，探讨性地叙述一些来自超级账本社区开发者、TWGC 和各类研究人员在 Fabric 区块链网络性能优化方面做出的实践。在这之前，我们需要明确 Fabric 的如下事实。

- Fabric 是区块链系统，但本质上也是一个分布式存储系统。两者间的关系类似于"晚生"和"前辈"的关系，界限比较模糊。也因此，对传统分布式数据库的性能优化技术，有应用于 Fabric 区块链网络的可能性。而事实也确实如此，很多 Fabric 性能优化方案中的技术，均来自传统的分布式数据库。

- Fabric 交易流程主要分为背书、共识排序、散播、验证、提交 5 个阶段。背书阶段，背书节点（peer 节点）接收来自客户端的背书申请，与链码、状态数据库通信，模拟执行交易，CPU、网络 I/O 负担较重；共识排序阶段，各个 orderer 节点间通信、将区块写入本地账本，网络 I/O、硬盘 I/O 负担较重；散播阶段，各个 peer 节点间通信，网络 I/O 负担较重；验证阶段，peer 节点读取状态数据库中的值，网络 I/O 或硬盘 I/O（分别对应 CouchDB、LevelDB 两种类型的状态数据库）负担较重，计算、比较数据，CPU 负担较重；提交阶段，peer 节点将交易数据写入本地账本，网络 I/O、硬盘 I/O 负担较重。其中，以共识排序服务阶段为"分水岭"，之后的阶段，因区块链数据结构的要求以及"先执行，后验证"的交易流程设计，均需保证交易的串行化处理或得到串行化的处理结果。

- Fabric 未针对性能的垂直、水平扩展进行设计。Fabric 架构和交易流程的设计，有利于在网络逻辑拓扑结构方面进行伸缩，如通道、组织、节点的增减，但不利于在网络性能方面进行垂直或水平扩展，如通过增加 peer 节点的 CPU、服务器数量，并不能使整个网络的处理能力得到持续地线性提升。在实际商用生产环境中，系统服务的垂直或水平伸缩能力非常重要，尤其是在一些服务需求的高峰、低谷"泾渭分明"的应用场景下。同时，单点系统的性能，无论如何优化，总会有上限，而且有时候，优化的成本往往比直接扩展服务的成本要高许多。

针对 Fabric 的这些事实，下面介绍几个可应用于 Fabric 区块链网络的性能优化方案。

1. 负载均衡（load balance）技术

在背书阶段，通过在客户端与背书节点之间搭建负载均衡组件，如 Nginx 服务器，在实现高可用的前提下，反向代理 Fabric 区块链网络中的背书节点，使用 Nginx 自有的负载均衡策略，实现分散处理客户端背书申请的目标，避免部分背书节点负载过大。客户端与 orderer 节点之间亦可如此，通过负载均衡，避免部分 orderer 节点负载过大。具体如图 15-4 所示。

2. 管道并行（pipeline parallelism）技术[①]

在验证阶段，为了能够充分利用 CPU 资源，避免串行验证导致的性能"洼地"，可以使用管

---

① 参考帕尔特·塔卡（Parth Thakkar）等人的论文 "Scaling Hyperledger Fabric Using Pipelined Execution and Sparse Peers"。

道并行技术，并行地执行验证，同时保证串行化的验证结果。如上文所述，Fabric 2.0 已经简单地通过 "goroutine+select+chan" 控制，在一个区块所含的多个交易之间，实现了并行验证。但在多个区块之间，仍然是串行验证的。因此，这里存在优化空间，即把并行方式的验证扩展到多个区块之间，如图 15-5 所示。

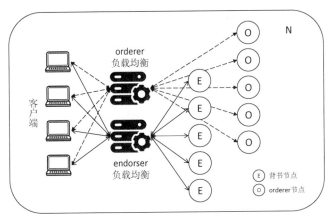

图 15-4　在 Fabric 区块链网络中使用负载均衡技术

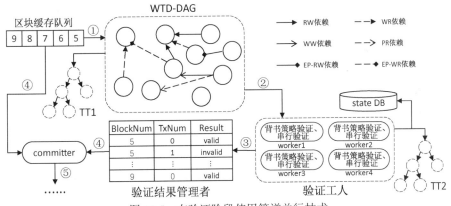

图 15-5　在验证阶段使用管道并行技术

在图 15-5 中，管道并行技术主要使用 3 个对象：待验证交易依赖有向无环图（Waiting Transaction Dependency Directed Acyclic Graph，WTD-DAG）、验证工人（worker1～worker4）、验证结果管理者。

WTD-DAG，使用一个有向无环图，用顶点（vertex）表示交易，用出边（out-edge）表示依赖关系，构建一个交易依赖关系网。这里设定有 T1、T2 两笔交易，T1 在 T2 之前（无论两笔交易是否在同一区块中）。当存在如下 6 种情况时，T2 必须在 T1 之后被处理，即 T2 对 T1 存在依赖关系。

❑ RW（read-write）依赖：同一个键，存在于 T2 的读集和 T1 的写集中，且前者的版本低于后者。

- ❑ WR（write-read）依赖：同一个键，存在于 T2 的写集和 T1 的读集中，且前者的版本高于后者。
- ❑ WW（write-write）依赖：同一个键，存在于 T2、T1 的写集中。
- ❑ PR（phantom-read）依赖：同一个键，存在于 T2 的读集和 T1 写集中，且前者的版本低于后者。
- ❑ EP（endorsement-policy）-RW 依赖：T2 调用了链码 CC，但 T1 在写集中更新了 CC 的背书策略。
- ❑ EP-WR 依赖：T2 在写集中更新了链码 CC 的背书策略，T1 调用了 CC。

在这些依赖关系中，当 T2 对 T1 存在 RW、PR、EP-RW 依赖时，若 T1 被验证有效，则无须对 T2 进行验证，T2 必定是无效交易。因此，我们也称这 3 种依赖为定数依赖（fate dependencies）。定数依赖也可算作变相的"预加载"技术（一种常用的性能优化方法），在还未开始验证 T2 和 T1 时，已经"预加载"了两者的因果关系，一旦 T1 有效，T2 即无效，这也提高了验证的效率。

当向 WTD-DAG 添加一笔新交易时，通过遍历 WTD-DAG 中的每个顶点，比较顶点与新交易的读写集，以确定新交易对现有顶点是否存在某种类型的依赖。其中，针对 PR 依赖，为了提高效率，WTD-DAG 使用一个字典树（trie tree）TT1，存储每个顶点的写集，当新交易的读集中存在范围查询时，会直接通过遍历 TT1 进行比较，查看 TT1 中是否存在新交易读集中的某个键。

WTD-DAG 对交易依赖的梳理，为并行验证但保证串行化的验证结果提供了算法的支撑。若一个顶点的出度为 0，则表示该顶点不依赖其他任何交易，随时可以被验证处理。在向 WTD-DAG 添加新交易和新依赖关系的过程中，由于新交易的入度一定是 0，因此 WTD-DAG 不可能产生环（cycle），造成遍历死循环的情况。

验证工人有多个，每个验证工人并行地运行，对交易进行背书策略验证、串行验证（serializability validate，即 MVCC 和幻读验证，以保证交易的串行化）。验证工人也维护了一个字典树 TT2，用于记录已通过验证的交易的写集。验证新交易时，会首先查询新交易的读集是否存在于 TT2，若不存在，再从状态数据库（state DB）中读取对应值，以比较两者的版本。

验证结果管理者用于记录每笔交易的验证结果。

具体执行时，第①步，从区块缓存队列中读取区块，并计算区块中每笔交易的依赖，放入 WTD-DAG 中。第②步，多个验证工人与第①步并行运行，当任一验证工人验证完上一笔交易后，即从 WTD-DAG 中获取一个出度为 0 的新交易，继续对新交易进行背书策略验证和串行验证。第③步，当验证工人验证一笔交易后，将验证结果交给验证结果管理者记录，并更新 WTD-DAG，将已验证的顶点从图中删除并直接处理对其有定数依赖的顶点。第④步，与第①步并行运行，committer 从区块缓存队列中读取区块，并向验证结果管理者索要区块中交易的验证结果，若未有结果，则阻塞等待。第⑤步，一旦 committer 获取了区块中交易的验证结果，则开始向本地账本提交交易数据。提交后，通知验证结果管理者和验证工人删除交易的验证结果和 TT2 中的写集。

在验证阶段，使用管道并行技术，可以充分利用 CPU 资源，提高验证的效率。这样的设计也使得 peer 节点在垂直扩展时能够获得相应的性能线性提升。而 WTD-DAG、字典树的应用，则是通过缓存、数据结构和算法设计的方式，提高验证的效率。

3. 松散对等节点（sparse peer）[①]

在 Fabric 区块链网络中，一个组织内的 peer 节点，除了角色，节点之间是完全对等的，每个 peer 节点收到一个区块后，均要执行验证、提交，并完整地记录所在通道账本的所有数据。但是，由于是同一组织的节点，默认彼此间相互信任，这就造成了节点验证、提交工作的冗余，浪费了节点的存储空间、CPU、硬盘 I/O 和网络 I/O 等资源。此外，由于现有网络的账本数据量可能非常巨大，造成新加入的节点耗费大量时间同步数据，这也限制了 peer 节点的水平扩展能力。

为了解决这两个问题，利用 "分而治之" 的思想和分布式数据库中的分片（sharding）技术，我们可以设计将完全对等节点（full peer）变为松散对等节点，每个松散对等节点使用各自的过滤器（filter），不重复地处理交易数据，处理后的数据和结果 "松散" 地分布于各个节点之间，并彼此共享，如图 15-6 所示。

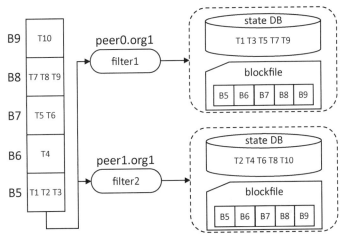

图 15-6　松散对等节点

在图 15-6 中，区块 B5 至 B9 中共有 T1 至 T10 共 10 笔交易，peer0.org1 节点使用过滤器 filter1，选择处理奇数交易，偶数交易被标记为 "未验证"（TxValidationCode_NOT_VALIDATED）；peer1.org1 节点使用过滤器 filter2，选择处理偶数交易，奇数交易被标记为 "未验证"。如此，可以避免同一组织内节点间的冗余工作，且水平扩展一个节点时，新 peer 节点只需同步 "感兴趣"

① 参考帕尔特·塔卡等人的论文 "Scaling Hyperledger Fabric Using Pipelined Execution and Sparse Peers"。

的账本数据即可。

　　设计松散对等节点时，很重要的一点是设计过滤器的过滤维度，需能保证分散且不重复地处理所有交易。以奇偶性作为过滤维度，并不实用。链码 ID 在通道中，作为状态数据的命名空间，容易识别、配置（可随提交链码定义的交易进行配置），可避免调用链码时跨节点读取状态数据，对链码实际的独立开发工作影响较小，也有利于松散对等节点的分离和合并操作，是更好的选择。例如，可以配置一个松散对等节点，只验证和提交调用链码 CC1、CC2 产生的交易。

　　具体执行时，松散对等节点在交易的验证、提交阶段，可结合管道并行技术，如图 15-7 所示。

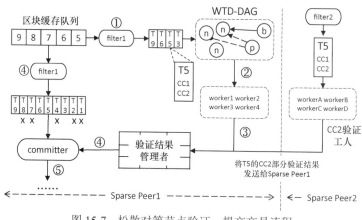

图 15-7　松散对等节点验证、提交交易流程

　　在图 15-7 中，存在两个松散对等节点 Sparse Peer1、Sparse Peer2。区块缓存队列中区块 5 至区块 9 中共包含 T1 至 T9 共 9 笔交易。T3、T6、T9 为调用链码 CC1 产生的交易，其读写集命名空间为 CC1。T1、T2、T4、T7、T8 为调用链码 CC2 产生的交易，其读写集命名空间为 CC2。T5 同时调用了 CC1、CC2，读写集命名空间包括 CC1、CC2。以 Sparse Peer1 为视角，其处理交易流程如下。

　　第①步，从区块缓存队列中读取区块，经过滤器 filter1 选择，只有 T3、T5、T6、T9 可以被添加至 WTG-DAG，等待被验证。同时，在 Sparse Peer2 中，T5 也将经过滤器 filter2 选择，并被验证。

　　第②、③步，松散对等节点只持有过滤范围内的状态数据，因此在验证时，若一个交易调用多个链码，则每个节点只验证自身过滤范围内的读写集，并将验证结果发送给其余节点。例如 T5，Sparse Peer1 只验证 T5 中 CC1 部分的读写集，Sparse Peer2 只验证 T5 中 CC2 部分的读写集，然后将验证结果发送给对方。这里，Sparse Peer1 验证 CC1 部分的读写集，并收到 CC2 的验证结果后，即可标记 T5 的验证结果。

　　针对 T5 这类需跨节点"分布式验证"（distributed validation）的交易，为尽量降低后续 committer 的等待延迟，有如下两种优化方法。

- 简单地对 WTG-DAG 中顶点的处理优先级进行标记，在出度为 0 的前提下，验证工人优先选择优先级最高的顶点进行验证。优先级递增地分为正常、阻塞、优先，分别标记为 normal（n）、blocked（b）、priority（p）。加入 WTG-DAG 的顶点首先被标记为 normal，当 committer 已阻塞并等待一个交易的验证结果时，将对应顶点标记为 blocked，当一个交易需跨节点验证时，则将对应顶点标记为 priority，优先验证。

- committer 不等待其他节点的验证结果，直接将交易标记为延期交易（deferred transaction）进行提交（此时，交易数据不写入状态数据库）。延期交易的验证结果单独记录，如存储至一个名为 Deferred_DB 的数据库中，当节点接收到其他节点的验证结果后，committer 再将延期交易的结果记录至 Deferred_DB 中，若交易有效，也将交易数据写入状态数据库。当查询一笔交易为延期交易时，则尝试从 Deferred_DB 中查询验证结果。

第④步，committer 从区块缓存队列中读取区块，经过滤器 filter1 选择，直接将不包含 CC1 命名空间的交易 T1、T2、T4、T7、T8 标记为"未验证"，其余交易则阻塞，等待验证结果。

上述实现分片技术的关键对象过滤器是在 peer 端实现的。我们也可以将过滤器移至 orderer 节点，在 orderer 端，直接将区块中松散对等节点"不感兴趣"的交易剔除，形成一个松散块（sparse block），再发送给对应的松散对等节点。例如 block5 包含 T1、T2、T3，则 Sparse Peer1 收到的松散块 SB1 中只包含 T3，Sparse Peer2 收到的松散块 SB2 中只包含 T1、T2。如此，可以有效地节约 orderer 节点和松散对等节点的网络 I/O、硬盘 I/O。但是，使用松散块，除了在网络水平伸缩操作时增加工作量，参见 7.3 节所述区块链数据结构的内容，剔除部分交易后，也将改变区块头部哈希值，影响块与块之间的哈希验证，因此需要在松散块中添加其他数据结构，以保证 SB1 与 SB2 之间能够相互验证，SB1、SB2 与各自前后块之间能够相互验证。

松散对等节点的应用，除了避免同组织节点间的冗余工作，还可以有效提高 peer 集群的水平伸缩能力，主要包含如下操作。

- 分离操作，对应网络的水平扩展，将一个完全对等或松散对等节点分离为若干个松散对等节点。

- 合并操作，对应网络的水平收缩，将若干个松散对等节点合并为一个松散对等或完全对等节点。

分离与合并是一个反向操作的过程，这里只叙述分离的实现，过程如下。

（1）启动一个新的分散对等节点 Sparse Peer1。

（2）Sparse Peer1 在 gossip 集群中，获取当前通道账本最新的高度，如为 100。

（3）Sparse Peer1 从一个完全对等节点 Full Peer1 处，索要指定区块和过滤器范围的状态数据，这里设定是 block10 至 block100 之间 CC1 命名空间下的状态数据，记录至本地状态数据库。完毕后，开始正常提供服务。

（4）Full Peer1 清除已分离出去的状态数据，自身也变为一个松散对等节点。

这里，第（3）步，为了实现快速伸缩，Sparse Peer1 只从 Full Peer1 中索要状态数据，未索要区块。Full Peer1 在向 Sparse Peer1 发送状态数据的过程中，需要注意被改变或删除的状态数据。由于 Full Peer1 在持续提供服务，Full Peer1 提交 block101，而 block101 中的新交易改变或删除了 Sparse Peer1 索要范围内的一个状态数据，这里设定为 Key1，此时，从 Full Peer1 的状态数据库中查询 Key1 的值，已被更新或已不存在。

因此，参见 7.10.2 节，可在 Full Peer1 的历史状态数据库中，以"链码 ID～blockNum～tranNum"格式为键，以"[{key1, isDelete}, {key2, isDelete}, ...]"为值，记录每笔交易的写集信息，并简单标识每个键是否被删除。Full Peer1 依据 Sparse Peer1 的索要范围，从历史状态数据库中获取范围内所有交易的键，略过已被删除的键，然后依次从状态数据库中读取键的值。若获取 Key1 的值为空，说明在此过程中，Full Peer1 提交的新交易已将 Key1 删除，则借助索引数据库记录的 Key1 所在交易的位置信息，从 blockfile 中获取 Key1 的值。

当 Full Peer1 获取 Sparse Peer1 索要的所有状态数据（其中一个是 Key1）后，再次检索历史状态数据库，查看是否存在如"CC1~block101~0"之类的新数据，若存在，说明 Full Peer1 已提交了 CC1 的新交易，则查看新交易的写集中是否存在 Key1，若存在且 isDelete 值为 false，说明 Full Peer1 获取的 Key1 可能是更新后的值，则依旧从 blockfile 中重新获取 Key1 的值。

为了更高效地实现 peer 集群的水平扩展，当 peer 集群中有多个完全对等节点时，我们可以设计再次应用分片技术，并行且不重复地从多个完全对等节点上各自索要一部分状态数据，实现更快速的分离操作，处理过程与从一个完全对等节点分离松散对等节点的过程类似。

最后，需要注意，松散对等节点的应用，使得账本数据（主要是状态数据）松散地分布于各个节点之间，彼此间不重复，也会带来一些新问题。首先，这本身就导致了数据、服务的碎片化问题，增加了网络维护、管理的复杂度。其次，造成了单点问题，每个松散对等节点都是一个单点，一旦宕机，整个 Fabric 区块链网络将无法提供与对应命名空间相关的背书、验证和提交服务，若服务无法重启，状态数据也会丢失。因此，为了保证网络的高可用，可使用如下方法，解决单点问题。

- ❏ 在网络中始终保留多于一个的完全对等节点。
- ❏ 为每个松散对等节点实现账本数据的同步复制，备份账本数据。
- ❏ 为每个松散对等节点维护多个副本，其中，只有一个副本执行松散对等节点的验证、提交工作，其余副本只复制已提交的交易数据。

4．优化 gossip 算法[①]

通道账本区块和所包含的交易数据，最终提交至每个 peer 节点本地，需要通过 gossip 服务的散播。参见代码清单 9-63，gossip 散播的核心算法为：从成员关系列表中随机选择 N 个节点，

---

① 来源于 "Fair and Efficient Gossip in Hyperledger Fabric"。

推送区块，接收节点对同一区块只继续散播一次。

以 block10 为例，这种随机性的散播方式在小型网络中不会造成过高的延迟，但在大型网络中，节点众多，散播效率递减，尤其在散播后段，由于绝大部分节点已接收了 block10，继续散播 block10 的节点从成员关系列表中随机选出 N 个节点，恰好选中未接收过 block10 的节点的概率很低，造成大量无用的重复散播，浪费了 peer 节点网络 I/O，也容易出现不完整的散播（整个网络散播 block10 的活动停止后，仍存在未收到 block10 的节点，需从其他节点主动拉取）。

同时，低效的散播反向地影响着交易的背书和验证。由于最新的交易数据无法快速散播并提交至每个节点，加大了背书时使用旧版本状态数据的可能性，因此在验证阶段，交易被标记为无效的概率也会提高。

为了提高 Fabric 2.0 中 gossip 服务的散播效率，这里介绍一种改进的 gossip 算法，仍以散播 block10 为例，分为两个散播阶段，前一阶段散播 block10，后一阶段散播 block10 的哈希。具体描述如下。

- 设定一个节点数 N，一个节点随机选择 N 个节点，散播 block10，被视作散播一轮。
- 设定一个散播轮数 R_A。为 block10 添加一个计数器 C1（初始值为 0），随机向 N 个节点散播 block10。每一个节点接收到 block10，将 C1 增 1，然后继续散播 block10，直至计数器等于 R_A，停止散播。
- 设定一个散播轮数 R_B。当一个节点接收到 block10 且 C1 等于 R_A 时，则计算 block10 的哈希值 block10_hash，并为 block10_hash 添加一个计数器 C2（初始值为 0），然后开始随机向 N 个节点散播 block10_hash。每一个节点接收到 block10_hash 后，在自己还未收到 block10 的情况下主动去拉取它，同时，将 C2 增 1，继续散播 block10_hash，直至 C2 等于 R_B，停止散播。
- 取消 gossip 服务的缓存队列，避免节点在一个轮次内将多个单位数据（区块或区块哈希）同时散播给同一个节点。当存在缓存队列时，可能同时缓存 C1 值为 1 的 block10 和 C1 值为 2 的 block10，然后两个 block10 同时被散播至相同的节点，即两个 block10 走了同样的散播路径，这实际上剥夺了 C1 值为 2 的 block10 的"选择权"，而这个"选择权"是存在选中未接收过 block10 节点的可能性的。因此，在这里所述的散播方式下，缓存队列的存在会降低散播的效率。
- 取消定时主动拉取的协程。这里所述的传播方式，经论文作者尼古拉·贝伦亚（Nicolae Berendea）等人的数学计算，存在不完美散播的概率极低，如设置 $N=4$、$R_{(A 或 B)}=9$ 或 $N=2$、$R_{(A 或 B)}=19$ 时，不完美散播的概率小于 10^{-6}。因此，定时主动拉取区块的协程已没有存在的必要。极限情况下，若发生了不完美散播，只需重启未被散播的 peer 节点，重启后，gossip 会依据通道中节点的账本高度，主动拉取一次区块，即可解决不完美散播的情况。

一般情况下，block10_hash 要比 block10 小许多，因此可将 R_A 的值设置得偏小些，R_B 的值设置得偏大些，这样可以减少节点的网络 I/O 消耗。在尼古拉·贝伦德亚等人的实验中，具有 100 个 peer 节点的集群，使用上述改进的 gossip 算法，两套配置方案——$N=4$、$R_A=2$、$R_B=9$ 和 $N=2$、$R_A=3$、$R_B=19$，散播效率提升了 10 倍，网络 I/O 消耗减少了 40%，无效交易的概率也下降了 17% 至 36%。

5. 链码直接访问状态数据库

参见图 9-1 所示的背书服务流程，链码读取状态数据时，需调用 ChaincodeStub 接口，通过 gRPC 与 peer 节点通信，由 peer 节点通过 gRPC 从状态数据库（CouchDB）读取状态数据后，返回给链码。如此，消耗了 peer 节点的网络 I/O，也增加了背书阶段的延迟，尤其是在链码作为独立的外部服务，与背书节点不在同一节点运行的情况下。

当状态数据库为 CouchDB 类型时，我们可以通过修改链码侧 ChaincodeStub 的接口，添加原属于 peer 节点的交易模拟器对象和访问状态数据库的配置、功能，实现链码直接访问状态数据库。链码依据自身的业务逻辑，从状态数据库读取状态数据，执行计算，形成模拟交易结果，并返回给 peer 节点。peer 节点只负责调用链码，对链码返回的模拟交易结果进行签名背书。如此，可以减少 peer 节点网络 I/O 消耗和降低背书延迟。

在本节中，我们先分析了 Fabric 区块链网络的性能模型、Fabric 2.0 中已实现的性能优化，然后叙述了一种高性能交易数据模型的设计思路，最后探讨性地介绍了几种性能优化方案。在这个过程中，并未明确指出 Fabric 区块链网络的性能瓶颈。拜比特币等区块链网络给我们留下的印象所赐，我们普遍认为，共识算法是性能瓶颈。但在 Fabric 模块化和分阶段共识的设计下，因测试的标准、方案、环境、目标的不同，往往会得出不一样的性能瓶颈结果。此外，如上文所述，性能优化是一个系统性的复杂问题，远非几个方案就能解决的，最重要的是方案能够落地实现。单就 Fabric 项目本身来说，还需要考虑 Fabric SDK 的配合优化、Fabric 版本之间如何兼容、优化技术依赖的相应工具是否完善等问题。

第**16**章
BaaS 平台的应用实践

本章的内容将围绕区块链即服务 (Blockchain as a Service, BaaS) 平台技术展开，先叙述 BaaS 平台应具备的特性，以及适用的应用场景，使读者对 BaaS 平台有整体的初步认识。在此基础上，深入内部，结合 BaaS 平台的特性，讲述 BaaS 平台一般的架构设计，以及架构涉及的一些分布式技术。最后，遵循此架构，我们从部署和代码入手，对 BaaS 平台进行实践性的开发。

在区块链技术应用中，BaaS 是一个十分重要的细分领域。BaaS 的概念衍生自 PaaS，类似于我们想做一盘薄荷牛肉卷，BaaS 平台会将所需的厨房、天燃气、厨具、"锅碗瓢盆"等"硬件"，还有焯好的牛腱子肉、薄荷叶、柠檬汁、葱姜蒜末儿、各种调味品等"软件"，全部准备好，而我们只需根据自己的饭量和口味，动手卷出一盘薄荷牛肉卷即可。

BaaS 平台的角色是区块链网络的管理者，主要目的是屏蔽底层各类冗杂的区块链技术特征和操作细节，为上层客户或运维人员提供一个界面互动友好、操作简单、展示直观的基于区块链网络的业务管理服务。

而与 BaaS 平台相关的技术，更多涉及前端技术、中台技术、分布式技术等，在这些方面，国内的技术积累非常成熟。区块链相关的企业，无论规模大小，大多拥有自研 BaaS 平台的能力。尤其是互联网巨头推出的 BaaS 平台，无论是技术能力、性能、适用场景，还是所支持各类主流区块链的范围，均已远远超过一些开源的 BaaS 项目，如超级账本下的 Cello 子项目。可以说，BaaS 平台技术方面，不存在难以通过国产化实现自主可控的问题。

16.1　BaaS 平台的特性与应用场景

依据使用对象的不同，BaaS 平台可分为两类：企业商用业务 BaaS 平台和企业运维 BaaS 平台。两者基于不同的服务定位，侧重的功能和特性也不一样，如表 16-1 所示。

表 16-1　BaaS 平台的分类

平台类型	操作人员	用户画像
企业商用业务 BaaS 平台	普通用户	一般为传统行业且存在转向数字化运营需求的企业用户。例如一家大型连锁超市，需为自身供应链体系制定一套以区块链网络为底层的业务系统，以简化供应链数据流转，提高协同效率，降低运营成本
企业运维 BaaS 平台	运维人员	一般以区块链企业为主。例如一家区块链企业自身运行着一个大型区块链网络，需要一个对该网络进行运维管理的平台，以快速响应，提高工作效率

　　企业商用业务 BaaS 平台更加关注业务应用端，侧重于在 BaaS 平台搭建基于区块链技术的业务模型的能力。针对不同的行业和具体业务，又可划分出不同的子类型，如供应链 BaaS 平台、溯源 BaaS 平台、资产交易 BaaS 平台、版权保护 BaaS 平台等。平台所面对的企业用户，一般来说，其区块链技术能力有限，但熟知其所提供的业务逻辑。因此，BaaS 平台可以忽略更多的技术细节，但需要提供更专业化的业务模型和业务化的界面语言、更简单直接的互动操作。

　　相反，企业运维 BaaS 平台的用户一般是区块链企业，其自身拥有区块链技术研发和运维能力。企业运维 BaaS 平台一般为企业自行研发，以方便管理自家的区块链网络。因此，企业运维 BaaS 平台无商用业务逻辑要求，只关注各类区块链底层技术和网络维护的细节，对于区块链网络管理的参数定义得更加精细。

　　从实现的角度讲，如图 16-1 所示，企业商用业务 BaaS 平台与企业运维 BaaS 平台在功能上存在一定的重叠，如都需要部署和启动网络节点、智能合约等，因此两者可以共用一部分接口。除公用接口外，前者需要额外实现自己的业务接口，后者需要额外实现自己的运维接口。在此基础上，两者存在兼容的可能，可以模糊两者的差别，实现一个既支持业务功能又支持运维功能的 BaaS 平台。

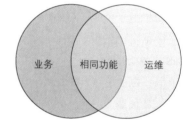

图 16-1　BaaS 平台

<figure>
注意

　　由于企业运维 BaaS 平台一般由区块链企业自行研发，并在自己企业内部使用，各自的实现千差万别，功能也较为单一，因此下文叙述的 BaaS 平台的特性与应用场景，针对企业商用业务 BaaS 平台，或兼具业务和运维功能的 BaaS 平台。
</figure>

1. 易用性

　　BaaS 平台的角色定位决定了其必须具备易用性，旨在降低操作人员使用平台的学习成本。BaaS 平台的操作人员往往不具备任何区块链技术的概念、知识，平台易用性显得尤为重要。BaaS 平台直接呈现于用户的操作载体一般是网页页面，因而易用性主要是指 BaaS 平台前端操作页面的易用性，主要涉及如下方面。

- 隐藏或转换区块链技术的概念。操作者可能并不十分清楚区块链底层的各种技术概念，如 Fabric 中的共识排序服务、Ethereum 中的 Gas，而且区块链技术不断发展，新的概念也在不断涌现，如 Ethereum 2.0 中出现的信标链（Beacon Chain）。因此，在操作页面中隐藏或转化区块链技术的概念十分必要。例如在 BaaS 平台的操作页面中，共识排序服务与上层业务毫无关系，可直接隐藏与 orderer 节点相关的管理操作；Gas 可直接转换为"交易成本"；信标链可直接转换为"以太坊网络"。

- 隐藏技术细节。同样，在操作者并不十分清楚区块链底层各种技术概念的情况下，BaaS 平台应尽量隐藏技术细节。例如 BaaS 平台的操作者不会关心底层所运行的 Fabric 区块链网络中 peer 节点服务的兼容能力、锚节点、状态数据库类型等配置，因此这些技术细节必须隐藏起来。

- 减少操作步骤。无论是企业商用业务 BaaS 平台，还是企业运维 BaaS 平台，减少不必要的操作步骤，尽量呈现"所见即所得""傻瓜式"的操作，都可以大大提高平台的易用性。我们需要依据具体的需求，在用户自定义和"一键操作"之间找到良好的平衡点。

- 友好的交互性操作。在 BaaS 平台页面实际交互操作时，操作的顺序应该符合业务逻辑的预期。例如在供应链 BaaS 平台上，制造商将自己的智能合约部署后，页面需要引导操作者去通知其他参与方（仓储企业、配送企业、渠道经销商等）对智能合约进行背书确认。当制造商将生产的一个商品信息记录至区块链账本后，页面需要引导操作者去查看当前的库存信息、订单信息等。这些引导均符合供应链业务逻辑的预期。

由于 BaaS 平台的后端在执行前端的操作命令时，如启动一个应用链码服务时，可能需要耗费较长的时间，操作结果一般通过异步通知机制告之前端页面，此时，操作页面适当地提示等待或异步呈现操作结果，将会是更为友好的交互选择。另外，BaaS 平台可额外提供搜索功能，以方便操作者快速查找、跳转至指定的操作页面，进行操作。

2. 安全性与稳定性

BaaS 平台作为一种商业服务，安全性与稳定性是基本要求。同时，BaaS 平台也是一种云计算服务。依据我国《信息安全技术 网络安全等级保护安全设计技术要求》（GB/T 25070-2019），对云安全计算环境进行设计时，要求包含用户身份鉴别、安全审计、恶意代码防范、入侵防范等方面。

BaaS 平台需要建立完备的数据备份、容灾切换等高可用技术机制，以保障平台服务的连续性、稳定性。在一般的服务等级协议（Service-Level Agreement，SLA）中，一般要求企业级设备服务的稳定性达到在一年内平均 99.99% 的时间服务处于可用状态的水平。

3．开放性与隐私性

开放性方面，针对区块链技术，当前国内应用较为广泛、与技术服务相关的开源区块链技术有 Fabric、Ethereum，这也是 BaaS 平台普遍支持的开源区块链技术，形成"Fabric+Ethereum+自研区块链技术"的支持体系。针对业务需求，各行业业务逻辑千差万别，用户对平台的需求也不尽相同，如用户可能需要完整的区块链网络，也可能只需要其中一个可以运行智能合约的节点即可。BaaS 平台应该通过合理的架构、接口设计，对各类区块链技术、各类业务应用场景、各类平台需求保持开放性。

隐私性方面，在 BaaS 平台中，用户隐私性涉及与用户有关的一切资源，包括用户自身信息、用户的数字信息（如证书、上传文件）、部署信息、交易信息等。依据我国《信息安全技术 网络安全等级保护安全设计技术要求》（GB/T 25070-2019），对云安全计算环境进行设计时，要求包含用户账号保护、数据保密性保护等方面。在可能的情况下，需要通过技术措施，对用户与用户之间的数据进行隔离存储。

4．弹性与并发性

BaaS 平台对自身的弹性有较高的要求，弹性包括水平扩展和收缩两方面。例如在可用的服务器节点接近或已经用完，新启动一个服务器节点后，能够迅速在新节点上部署、启动相关服务，为 BaaS 平台提供支持；在服务器节点冗余，关闭冗余服务器节点后，不会影响 BaaS 平台的正常服务，实现迅速收缩。

在实现用户的业务功能时，BaaS 平台主要实现对底层资源的编排和使用。这些资源包括物理机服务器、虚拟机、容器运行时等，也包含一系列辅助 BaaS 平台执行任务的组件、微服务，如缓存、数据库、加解密组件等。在大型 BaaS 平台中，这些资源往往需要采用分布式部署的方式，使资源能够方便地得到水平扩展和收缩，进而增强 BaaS 平台的弹性。

相较于对弹性的较高要求，BaaS 平台对并发性的要求需要依据功能和规模的不同而区别对待。运维方面的功能，如用户启动一个背书节点、部署一个智能合约，一般不会是高并发的操作。而业务方面的功能，如执行交易、查询交易等，可能是高并发的操作。在大型 BaaS 平台中，可能需要同时处理多个用户的运维、业务请求，也需考虑处理并发问题。

此外，弹性与并发性存在部分关联，实现上述弹性的要求，有助于解决 BaaS 平台的并发问题。

5．应用场景

BaaS 平台的应用场景与区块链技术的应用场景高度重叠，在此基础上，为用户提供了身份管理、节点或网络管理、合约管理等运维功能。这里我们简单地以食品溯源为方向，选取"燕窝"来描述 BaaS 平台的应用场景。

燕窝是一种附加值较高的滋补单品，随着国内燕窝消费市场的不断扩大，各种品牌的燕窝产品涌入市场，燕窝的品质也是良莠不齐。同时，国内燕窝消费主体趋向年轻化，而年轻人对产品质量的要求高于对价格等其他因素的要求。国内头部燕窝生产企业 Bird，市场占有率第一，在供应链中处于强势地位。出于产品质量控制、品牌保护、消除"劣币"对"良币"带来的负面影响等方面的考虑，Bird 需要对自家生产的燕窝产品进行有效的追溯。

　　燕窝生产企业 Bird 的操作人员通过 BaaS 平台，在 Fabric 区块链网络中部署了 3 个背书节点、1 个溯源业务智能合约，如图 16-2 所示。除自己使用的国内生产节点外，Bird 还将贸易商节点开放给自己的贸易商合作伙伴，将原料商节点开放给自己在印度尼西亚的原料商合作伙伴。同时，将燕窝产品信息查询功能作为公共 API，开放给消费者。

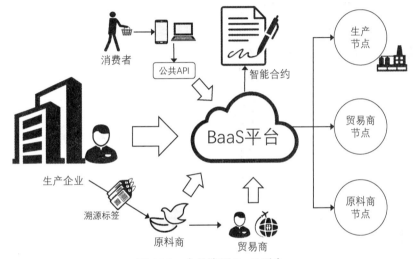

图 16-2　食品溯源 BaaS 平台

　　Bird 采用一盏燕窝对应唯一编码标签的方式，对燕窝进行溯源，标签的状态可简单地分为未使用、已使用、已检验并购入、已生产、已售出。Bird 负责向位于印度尼西亚的原料商合作伙伴发放产地燕窝编码标签，如 Label001，并通过 BaaS 平台的智能合约，将发放的标签以"未使用"的状态上链。

　　原料商采摘燕窝后，为其中一盏原产地的燕窝附带编码标签 Label001，然后通过 BaaS 平台的智能合约，将 Label001 以"已使用"的状态上链。非 Bird 发放的标签，将无法成功上链。当 Label001 上链后，原料商可将对应的燕窝送至贸易商。

　　Bird 向贸易商合作伙伴处派驻质量检验人员，对贸易商购入的 Label001 燕窝的产地、品质进行检验，如检查燕窝的原产地证书、燕角比例、杂质度等。若合格，则通过 BaaS 平台的智能合约，将 Label001 以"已检验并购入"的状态上链。非 Bird 发放的标签，或非"已使用"状态的标签，将无法成功上链。当 Label001 上链后，贸易商可将 Label001 燕窝发往 Bird 的国内工厂。

　　当燕窝进入 Bird 的国内工厂时，Bird 对燕窝的标签进行验证。非 Bird 发放的标签，或非"已检验并购入"状态的标签，对应的燕窝不允许进入工厂，做退货处理。当 Label001 燕窝用于生产燕窝产品后，Bird 通过 BaaS 平台的智能合约，将 Label001 以"已生产"的状态上链。后续，当以 Label001 燕窝生产的燕窝产品售出后，将 Label001 以"已售出"的状态上链。

在围绕记录编码标签以实现燕窝溯源的每个环节中，上链的信息除了标签状态，还可以依据实际需求附加各类与燕窝相关的细节信息，如时间、位置、品质、操作人员等。

当消费者购买燕窝产品后，可通过手机 APP 或网页，访问 BaaS 平台的公共 API，查询燕窝产品的溯源信息。

16.2　BaaS 平台架构设计实践

当面对一个服务平台的架构设计时，我们可以简单地使用倒推法——从目标倒推实现。通过分析服务平台所处理的业务，即要达到的目标，我们可以得到服务平台必须拥有的特性，然后在这些特性中确定复杂度来源。依据复杂度来源，可以确定难点。依据难点，可以筛选出各种技术进行组合，对难点进行解构，化繁为简，形成一个或多个可选的平台架构设计。最后，考虑成本、项目计划、团队结构等现实因素，从中选择一种架构设计。

在 16.1 节中，实际上遵循了这样的思路。我们简单分析了 BaaS 平台所要处理的核心业务，包括两类：商用业务功能和运维功能。然后依据业务在常态下的特征，确定了 BaaS 平台必须具备的易用性、安全性、稳定性、开放性、隐私性、弹性、并发性等特性。

对 BaaS 平台来说，在这些特性中，架构的复杂度主要来自弹性和开放性，其次是并发性。易用性主要体现在前端页面操作设计。安全性、隐私性的实现分散于各个服务节点，功能实现较为独立，对架构复杂度影响较小。而平台对弹性和开放性的要求，则直接影响 BaaS 平台的分层结构、技术选择、部署方式等，也会影响其他特性的实现，如在平台不具有良好弹性的情况下，稳定性会变差，实现并发性一般也只能依靠单点并发；而在平台拥有良好弹性的情况下，稳定性会变好，也可借助负载均衡技术，实现多点并发。

现在，我们就可以聚焦于 BaaS 平台复杂度的主要来源——弹性和开放性，确定架构设计的难点，并筛选可解决难点的技术。实现弹性的难点在于如何高效地管理（扩展和收缩）分布式资源。实现开放性的难点在于如何灵活地兼容、扩展各种业务场景和技术。

对于如何高效地管理分布式资源，我们很容易就联想到了 Kubernetes、Docker Swarm 等分布式容器应用管理工具。Kubernetes 是一个很好的标杆，我们可以直接使用它，也可以参考其概念和架构，如主从模式、接口访问控制组件 API Server、资源调度组件 Scheduler 等，来完善我们的 BaaS 平台。

对于如何灵活地兼容、扩展各种业务场景和技术，我们需要对 BaaS 平台进行合理的分层，实现业务、功能、实现之间的松耦合。独立性强的技术或服务，如数据库、日志、监控等功能，可以以微服务的形式单独运行。在用面向对象编程实现底层功能时，要合理运用各类设计模式，如工厂模式、访问者模式。

这里我们给出一个 BaaS 平台的架构示例，如图 16-3 所示①，将 BaaS 平台共划分为 5 层，即业务层、负载均衡层、接口层、资源编排层和执行层。

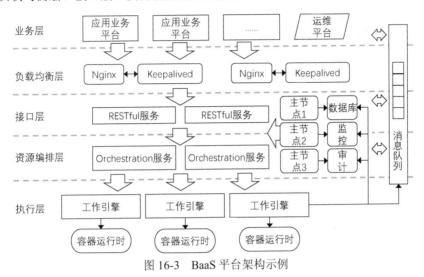

图 16-3　BaaS 平台架构示例

□ 业务层。直接面向用户，针对各种应用场景，如商品溯源、供应链管理、版权保护、金融资产流转等，为用户提供业务交易、运维的操作入口，可以是专业的 PaaS 应用业务平台，也可以是通用的网页操作页面，或移动端 APP。该层应通过设计，重点实现 BaaS 平台的易用性。

□ 负载均衡层。负载均衡技术是任何大型商用服务平台都会使用到的技术，通过将业务层的请求均匀地分发给接口层的不同节点，避免单点负载过高，可以提高 BaaS 平台的稳定性和并发性。当前，可实现负载均衡技术的主流组件是 Nginx，通过反向代理，可以实现轮询、加权轮询、源地址哈希等负载均衡策略。同时，为了实现高可用，一般会运行多个 Nginx，配合使用 Keepalived 组件，将其中一个 Nginx 作为主节点，其余 Nginx 作为从节点，或 Nginx 之间互为主从节点。当一个 Nginx 节点宕机后，其服务将被其他节点接管。

□ 接口层。为上层应用业务的功能提供 RESTful 接口。主要的功能是接收和分发请求，并可承担上层平台、用户的安全验证任务。同样，为了实现高可用，一般部署多个 RESTful 接口服务端（RESTful 服务）。主流的编程语言中，都有优秀的 RESTful 框架可供选择，如 Node.js 的 Express、Go 的 Iris。

□ 资源编排层。借鉴了 Kubernetes 的主从模式（分为 Master 和 Worker）和资源调度组件 Scheduler 的角色，将组织、调度 BaaS 平台底层分布式资源的功能单独作为一层，与功能

① 部分参考了 Hyperledger Cello 项目架构。

的具体执行相分离。分布式资源，如服务器节点、服务器上的容器、编排工具、数据库、微服务、消息队列等，一般较为繁杂，将资源的编排与具体执行分离，各自职责更为单一和明确，降低了耦合度，有助于提升 BaaS 平台的开放性。相对于执行层的工作引擎，资源编排层的 Orchestration 服务是 Master，对工作引擎"发号施令"，在部署时，Master 相对稳定，可以只对工作引擎进行扩展和收缩，如此，BaaS 平台将拥有良好的弹性。

❑ 执行层。作为工作引擎，负责 BaaS 平台功能的具体执行，一般与本地的容器运行时（container runtime）通信，如部署并启动一个 Docker 容器、发起一笔上链交易。

在 BaaS 平台中，一些独立性较强、备选技术类型较多的组件或功能，如数据库、监控节点和服务的状态、BaaS 平台数据的汇总审计等，都可以从 BaaS 平台中剥离，以微服务的形式运行，以降低平台的耦合度，提高开放性。以数据库服务为例，Orchestration 服务无须关心数据库的类型、配置和具体实现，只使用数据库服务提供的写入接口，即可完成对数据的存储。而数据库服务自身可独立开发，在底层兼容不同类型的数据库。

BaaS 平台采用 5 层的架构设计，处理请求的路径较长，且对运维功能来说，如启动一个容器，执行时一般需耗费较长的时间。如此，采用执行结果异步通知的模式较为合理。这里使用独立的消息队列服务，在 BaaS 各层之间收发消息，实现异步通知。在图 16-4 中，当 Orchestration 服务向工作引擎发布一项任务后，开始主动索要或被动监听消息队列的消息（前一种方式 Orchestration 服务压力大，后一种方式消息队列的压力大）。工作引擎收到任务请求后，当即返回应答，但此应答仅代表工作引擎已收到任务请求，不代表执行结

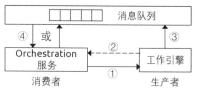

图 16-4　BaaS 平台的异步通知

果（图中第②步，为虚线箭头）。当工作引擎将任务执行完毕后，将执行结果发送至消息队列，消息队列负责将结果告知 Orchestration 服务，完成异步通知。对于消息队列，可以自己实现，可选的技术也很多，如 RabbitMQ、ActiveMQ、Kafka 等。

16.3　BaaS 平台开发实践

在本节中，我们依据 16.2 节设计的架构，从部署和代码层面，实践性地开发一个 BaaS 平台的框架。需要明确的是，这里只呈现一个框架示例，不实现业务层，不考虑安全性方面的要求，也会省略许多实现的细节。对于省略或可扩展的代码，将以 TODO 标签注释。

编程实现时，在语言方面，选择 Go 语言；在组件之间相互调用服务方面，选择 gRPC 框架。这里只以部署 Fabric 区块链网络节点的功能为例，对应/operation/deploy 接口。BaaS 平台后台，即接口层、资源编排层、执行层的源码目录如图 16-5 所示。

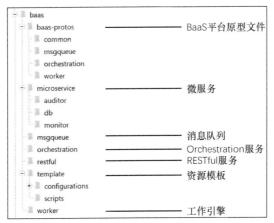

图 16-5　BaaS 平台后台源码目录

我们使用 3 个服务器节点部署 BaaS 平台，如表 16-2 所示。

表 16-2　服务器节点

主机名	IP 地址	系统	运行服务
master	192.168.1.10	Ubuntu Server 18.04	Nginx，Keepalived，LVS，RESTful 服务，Orchestration 服务
node01	192.168.1.11	Ubuntu Server 18.04	Nginx，Keepalived，LVS，RESTful 服务，Orchestration 服务
node02	192.168.1.12	Ubuntu Server 18.04	工作引擎，Docker，消息队列

16.3.1　部署负载均衡层

我们使用 "Nginx+Keepalived+LVS" 的技术组合，简单地部署一个负载均衡层。实际上，要实现高可用的负载均衡层一般需要更复杂的配置，如对 Keepalived 进行互为主从节点的配置，这里则略过。在 master、node01 上分别执行 apt-get install -y keepalived nginx ipvsadm，安装 Nginx、Keepalived、LVS[①]。安装后，首先配置 master、node01 上的 Nginx，如配置清单 16-1 所示。

配置清单 16-1　/etc/nginx/nginx.conf

```
1.  http{
2.      include /etc/nginx/api_gateway.conf;  #添加导入 api_gateway.conf 的配置
3.  }
```

Nginx 需要将业务层的请求负载均衡至 RESTful 服务，这里单独为 RESTful 服务创建负载均衡配置文件 api_gateway.conf，然后导入 Nginx 的配置文件 nginx.conf。api_gateway.conf 如配置清单 16-2 所示。

配置清单 16-2　/etc/nginx/api_gateway.conf

```
1.  include /etc/nginx/api_backends.conf;          #导入 RESTful 服务的服务组
```

---

① 参见 Nginx、Keepalived 官方在线文档中关于安装、部署的内容。

```
2.  server {
3.      access_log /var/log/nginx/api_access.log;  #设置 RESTful 服务负载均衡日志文件
4.      listen 8870;                               #RESTful 服务负载均衡服务监听的端口
5.      server_name api.baas.com;                  #服务域名
6.      #这里可以添加 TLS 连接相关配置，此处省略
7.      include /etc/nginx/api_conf.d/*.conf;  #导入 api_conf.d 下所有以 .conf 为扩展名的配置
8.      error_page 404 = @400;                 #无效接口路径被视为 Bad Requests
9.      default_type application/json;         #默认的 Content-Type 格式
10. }
```

在配置清单 16-2 中，第 1 行，单独为 RESTful 服务的服务组创建配置文件 api_backends.conf，可依据业务层的不同业务，划分不同的服务组，如配置清单 16-3 所示。第 7 行，单独将 RESTful 服务的各类接口路径放至 api_config.d 目录下，以溯源 BaaS 平台的接口配置 trace.conf 为例，如配置清单 16-4 所示。

配置清单 16-3　/etc/nginx/api_backends.conf

```
1.  upstream baas_trace_api {  #溯源 BaaS 平台 RESTful 服务的服务组
2.      server 192.168.1.10: 8880;  #RESTful 服务监听的 endpoint
3.      server 192.168.1.11: 8880;
4.  }
5.  upstream baas_scm_api {  #供应链 BaaS 平台 RESTful 服务的服务组
6.      server 192.168.1.133:80;
7.      server 192.168.1.124:80;
8.  }
```

配置清单 16-4　/etc/nginx/api_config.d/trace.conf

```
1.  location / { #URI 导航
2.      access_log /var/log/nginx/fabric_api.log; #单独设置日志存储位置
3.      location /operation/deploy { #运维功能：部署接口
4.          proxy_pass BAAS_TRACE_API; #代理至下文定义的溯源 BaaS 平台 RESTful 服务的服务组
5.          proxy_http_version 1.1;
6.          proxy_set_header Host $host;
7.          proxy_set_header X-Real-Ip $remote_addr;
8.          proxy_set_header X-Forwarded-For $proxy_add_x_forwarded_for;
9.          proxy_set_header X-Forwarded-Proto $scheme;
10.         proxy_redirect off;
11.     }
12.     location /business/record_trace_code { #业务功能：记录溯源标签编码接口
13.         proxy_pass BAAS_TRACE_API; #HTTP 协议网址格式
14.         ...
15.     }
16. }
```

配置后，执行 service nginx reload，重启 Nginx。然后，继续配置 master、node01 上的 Keepalived，如配置清单 16-5 所示。配置后，执行 service keepalived restart，重启 Keepalived。

配置清单 16-5　/etc/keepalived/keepalived.conf

```
1.  ! Configuration File for keepalived
2.  global_defs { #全局定义
3.      ...
4.      router_id BaaS_Master #运行 Keepalived 的服务器节点标识，需全局唯一
5.  }
6.  vrrp_instance VI_1 { #配置 VRRP 实例
```

```
7.     state MASTER #Keepalived 采用主从模式, 一个节点配置为 MASTER, 其余节点配置为 BACKUP
8.     interface ens33 #通过执行 ifconfig 确定网卡 ID
9.     virtual_router_id 88 #路由器标识, MASTER 和 BACKUP 必须是一致的
10.    #优先级。数字越大, 优先级越高, 同一个 VRRP 实例下, MASTER 的优先级必须
11.    #大于 BACKUP 的优先级。
12.    priority 100
13.    advert_int 1
14.    authentication { #主从服务器之间的验证
15.      auth_type PASS
16.      auth_pass 123456
17.    }
18.    virtual_ipaddress { #虚拟 IP 地址, 一般为 LVS 的主机 IP 地址
19.      192.168.88.88/24 dev ens33 #格式: IP 地址/掩码 dev 网卡 ID
20.    }
21. }
22. virtual_server 192.168.88.88 80 { #虚拟 IP 地址
23.    delay_loop 6
24.    lb_algo rr
25.    lb_kind DR #设置 LVS 实现负载的机制, 有 NAT、TUN、DR 这 3 个模式
26.    nat_mask 255.255.255.0
27.    persistence_timeout 0
28.    protocol TCP
29.    real_server 192.168.1.10 80 {  #虚拟 IP 地址绑定的真实 IP 地址
30.      weight 3 #配置节点权值, 数字越大权重越高
31.      TCP_CHECK {
32.        connect_timeout 10
33.        nb_get_retry 3
34.        delay_before_retry 3
35.        connect_port 80
36.      }
37.    }
38.    real_server 192.168.1.11 80 {
39.      ...
40.    }
41. }
```

16.3.2　接口层

RESTful 服务主要使用第三方库 kataras / iris, 实现 RESTful 风格的框架服务。监听 8880 端口, 主要实现如代码清单 16-1 所示。

代码清单 16-1　restful/main.go

```go
1.  import (
2.    ".../kataras/iris/v12"
3.    ".../gRPC"
4.  )
5.  func main() {
6.    //TODO: 使用 iris/middleware 下的 secure、basicauth 库, 实现安全连接和基础认证
7.    //TODO: 使用 iris/ middleware/logger 或其他库, 配合审计指标, 实现日志记录
8.    //TODO: 建立 RESTful 服务的配置体系, 替代 "硬编码", 如连接超时时间等
9.    //TODO: 添加健康状态检测接口
10.   app := iris.New()
11.   //根路径
12.   app.Handle("GET", "/", func(ctx iris.Context) {
13.     ctx.HTML("<h1>Welcome to Our BaaS Platform</h1>")
```

```
14.    })
15.    app.Post("/operation/deploy", deployFunc) //部署接口
16.    app.Post("/createchannel", createChannelFunc)
17.    //启动 RESTful 服务，监听 8880 端口
18.    app.Run(iris.Addr(":8880"), iris.WithoutServerError(iris.ErrServerClosed))
19. }
```

在代码清单 16-1 中，第 11 行，注册部署接口/operation/deploy，对应执行 deployFunc 函数，接收来自业务层用户的部署数据，将之转为资源编排层使用的配置对象，然后调用资源编排层对应的 Deploy 接口，主要实现如代码清单 16-2 所示。

代码清单 16-2   restful/deploy.go

```
1.    import (
2.        //导入 baas-protos/common，部署公用数据结构和 gRPC 服务
3.        //导入 baas-protos/orchestration，部署资源编排层的 gRPC 服务
4.    )
5.    func deployFunc(ctx iris.Context) {
6.        //1.解析客户端的 JSON，DeployInfo 为业务层提供的部署信息
7.        di := &common.DeployInfo{}; if err := ctx.ReadJSON(di); err != nil {return}
8.        //2.组装为 common.Channel，Channel 为资源编排层使用的部署信息
9.        var channel common.Channel; channel.Name = di.Consortium
10.       channel.Consortium = &common.Consortium{ Name: di.Consortium }
11.       ...
12.       //3.将部署信息发送给 Orchestration Server
13.       //TODO：从数据库微服务中获取可用 Orchestration 服务地址、TLS 证书
14.       //TODO：配置 gRPC 的 TLS 选项
15.       addr := "192.168.1.10:8900" //Orchestration 服务监听地址
16.       var opts []gRPC.DialOption; opts = append(opts, gRPC.WithInsecure())//非安全连接
17.       conn, err := gRPC.Dial(addr, opts...); if err != nil {return}
18.       defer conn.Close()
19.       client := orchestration.NewBuildClient(conn) //建立资源编排层的 gRPC 客户端
20.       timeout, cancel := context.WithTimeout(context.Background(), 10*time.Second)
21.       defer cancel()
22.       resp, err:= client.Deploy(timeout,&channel)//向 Orchestration 服务发送部署请求
23.       if err != nil || resp.Status != 0 {...}
24.       //4.返回结果
25.       ctx.JSON(resp)
26. }
```

16.3.3　资源编排层

资源编排层的 gRPC 服务定义如代码清单 16-3 所示，定义了/operation/deploy 接口对应的资源编排服务 Deploy，负责启动一个区块链网络。另外，由于资源编排层作为消费者，需要被动地接收异步通知，因此额外定义了一个被通知接口 Notified，供消息队列调用。

定义后，执行 protoc --go_out=plugins=gRPC:$GOPATH/src orchestration.proto，将在 baas-protos/orchestration 下生成 orchestration.pb.go 源码文件。

代码清单 16-3   baas-protos/orchestration/orchestration.proto

```
1.    syntax = "proto3";
2.    option go_package = "/baas-protos/orchestration";
3.    package orchestration;
```

```
4.    import "common/fabric.proto"; //导入公用数据结构和 gRPC 服务
5.    import "msgqueue/msgqueue.proto";
6.    service Build {
7.      rpc Deploy(common.Channel) returns (common.Response) {};        //启动网络
8.      rpc CreateChannel(common.Channel) returns (common.Response) {}; //创建、加入通道
9.      rpc Notified(msgqueue.Msg) returns (common.Response) {};        //被异步通知
10.   }
```

在代码清单 16-3 中，第 4 行，导入公用数据结构和 gRPC 服务，如公用的应答 Response，或
Fabric、以太坊相关配置的数据结构。其中，Fabric 的配置可以参考 fabric-protos 仓库的 common
中的 proto 文件。

资源编排层的实现如代码清单 16-4 和代码清单 16-5 所示。监听端口为 8900，服务端对象为
FabricOrchestrationServer，负责 Fabric 区块链网络的资源编排。FabricOrchestrationServer 接收来
自接口层的请求，为每一个任务分配唯一的任务 ID，以 Deploy 接口为例，利用数据库、template
目录下的脚本或配置模板等，如用于生成联盟组织证书的 crypto-config.yaml 文件、用于生成通道
配置的 configtx.yaml 文件，对掌握的资源进行编排，然后将编排好的清单发送至 Worker Engine，
并通过 Notified 接口，监听来自消息队列的执行结果通知。

代码清单 16-4　orchestration/main.go

```
1.    import (
2.      "/baas-protos/orchestration"
3.      "/baas-protos/msgqueue" //消息队列的 gRPC 服务
4.      "/baas-protos/common"
5.      "/baas-protos/woker"
6.      "...gRPC"
7.    )
8.    func main(){
9.      //TODO: 建立 Orchestration 服务的配置体系、TLS 连接，替换"硬编码"
10.     addr := "192.168.1.10:8900"
11.     lis, err := net.Listen("tcp", addr); if err != nil { panic(err) }
12.     var opts []gRPC.ServerOption
13.     gRPCServer := gRPC.NewServer(opts...)
14.     //TODO: 使用工厂服务端，如此可以兼容以太坊和 Fabric
15.     fos := FabricOrchestrationServer{
16.       notify: make(map[int32]chan *msgqueue.Msg),
17.       size: int32(10), mutex: sync.Mutex{},
18.     }
19.     orchestration.RegisterBuildServer(gRPCServer, &fos)
20.     gRPCServer.Serve(lis)
21.   }
```

代码清单 16-5　orchestration/orchestration.go

```
1.    //TODO:将以太坊和 Fabric 两者的资源编排简单地用工厂模式统一
2.    //TODO:实现健康状态检测接口
3.    type FabricOrchestrationServer struct { //Fabric 资源编排服务对象
4.       notify map[int32]chan *msgqueue.Msg
5.       size int32; mutex sync.Mutex
6.    }
7.    func (fos *FabricOrchestrationServer) Deploy(ctx context.Context, channel *
      common.Channel) (*common.Response, error) {
8.       //1.TODO: 使用 Channel 中的数据，编排部署文件，如 crypto-config.yaml、
```

```
9.    // configtx.yaml、容器配置等
10.   af := common.ArtifactFiles{Configtx: []byte("ab"), CryptoConfig: []byte("cd")}
11.   df := common.DockerFile{ File: []byte("12") } //这里是假数据
12.   //2.向工作引擎发起任务。TODO: 增加选择执行任务工作引擎的策略
13.   addr := "192.168.1.10:8910"
14.   var opts []gRPC.DialOption; opts = append(opts, gRPC.WithInsecure())//非安全连接
15.   conn, err := gRPC.Dial(addr, opts...)
16.   if err != nil { return &common.Response{Status: 400, Msg: "Dial err"}, err }
17.   defer conn.Close()
18.   client := woker.NewDeployWorkClient(conn) //创建工作引擎客户端
19.   timeout, cancel := context.WithTimeout(context.Background(), 10*time.Second)
20.   defer cancel()
21.   if af.TaskID = fos.generateTaskID(); af.TaskID < 0 { //生成任务 ID
22.       return &common.Response{Status: -1, Msg: "task is full"}, nil
23.   }
24.   resp, err := client.GenerateArtifacts(timeout,&af)//向工作引擎发起生成配置材料的任务
25.   if err != nil || resp.Status != 0 { return resp, err }
26.   msg := fos.waitTaskID(af.TaskID, 10*time.Second)  //等待任务完成
27.   if msg == nil || msg.Status != 0 { return msg, fmt.Errorf("...") }
28.   if df.TaskID = fos.generateTaskID(); df.TaskID < 0 { return ... }//生成任务 ID
29.   resp, err = client.LaunchNetwork(timeout, &df)//向工作引擎发起启动网络的任务
30.   if err != nil || resp.Status != 0 { return resp, err }
31.   msg = fos.waitTaskID(df.TaskID, 10)//等待任务完成
32.   if msg == nil || msg.Status != 0 { return msg, fmt.Errorf("...") }
33.   return common.Response{Status: 200, Msg: "Network has been Launched"}, nil
34. }
35. func (fos *FabricOrchestrationServer) Notified(ctx context.Context, msg *
    msgqueue.Msg) (*common.Response, error) {
36.   ch, ok := fos.notify[msg.TaskID]
37.   if !ok {return &common.Response{Status: -1, Msg: "Task ID don't exit"}, nil }
38.   //TODO: 通知业务层交易已经执行完毕，让其更新相应页面显示
39.   //或者越过 Orchestration 服务，直接由消息队列通知业务层
40.   select{
41.   case ch <- msg:
42.       return &common.Response{Status: 0, Msg: "done"}, nil//返回给消息队列服务
43.   case <-time.After(2*time.Second):
44.       return &common.Response{Status: -1, Msg: "falied"}, nil
45.   }
46. }
47. func (fos *FabricOrchestrationServer) generateTaskID() int32 {
48.   fos.mutex.Lock(); defer fos.mutex.Unlock()
49.   taskid := int32(0) //最简单的策略: 轮流发放任务 ID
50.   for ;taskid < fos.size; taskid++{ _,exit:= fos.notify[taskid]; if !exit{break}}
51.   if taskid == fos.size { return -1 } //缓存已满
52.   ch := make(chan * msgqueue.Msg); fos.notify[taskid] = ch //注册任务的等待通道
53.   return taskid
54. }
55.
56. func (fos *FabricOrchestrationServer) waitTaskID(taskid, timeout int32) *
    msgqueue.Msg {
57.   ch, ok := fos.notify[taskid];  if !ok { return nil }
58.   select {
59.   case msg := <-ch:
60.       fos.mutex.Lock(); defer fos.mutex.Unlock()
61.       delete(fos.notify, taskid) //从缓存中清除任务的等待通道
62.       return msg
63.   case <-time.After(time.Duration(timeout)*time.Second):
```

```
64.        return   &msgqueue.Msg{TaskID: taskid, Status: -1, Msg: "timeout"}
65.    }
66. }
```

16.3.4　执行层

执行层 Worker 的 gRPC 服务定义如代码清单 16-6 所示，定义了属于运维功能的两个接口 GenerateArtifacts 和 LaunchNetwork，前者负责生成启动网络所需的材料，如通道配置、节点证书 等；后者负责启动区块链网络。

代码清单 16-6　baas-protos/worker/worker.proto

```
1.   syntax = "proto3";
2.   option go_package = "/baas-protos/worker";
3.   package worker;
4.   import "common/fabric.proto";
5.   import "msgqueue/msgqueue.proto";
6.   service Work { //TODO: 也可以考虑使用 Pipeline 技术
7.     rpc GenerateArtifacts(common.ArtifactFiles) returns (common.Response) {};
8.     rpc LaunchNetwork(common.DockerFile) returns (common.Response) {};
9.   }
```

Worker 的实现如代码清单 16-7 和代码清单 16-8 所示。监听端口为 8910，服务端对象为 FabricWorkServer，负责 Fabric 区块链网络的操作。FabricWorkServer 作为从节点，接收资源编排 层 Orchestration 服务的任务请求，利用 template 目录下的配置、脚本模板，异步执行任务。执行 后，将执行结果发送至消息队列。

代码清单 16-7　worker/main.go

```
1.   package main
2.   import(
3.     ".../gRPC"
4.     "/baas-protos/common"
5.     "/baas-protos/msgqueue"
6.     "/baas-protos/worker"
7.   )
8.   func main(){
9.     //TODO: 建立配置体系、安全体系，替换"硬编码"
10.    addr := "192.168.1.10:8910"
11.    lis, err := net.Listen("tcp", addr); if err != nil { panic(err) }
12.    var opts []gRPC.ServerOption
13.    gRPCServer := gRPC.NewServer(opts...)
14.    fws := FabricDeployWorkServer{}
15.    worker.RegisterDeployWorkServer(gRPCServer, &fws)
16.    gRPCServer.Serve(lis)
17. }
```

代码清单 16-8　worker/worker.go

```
1.   type EthereumWorkServer struct {}//TODO: 扩展实现以太坊
2.   type FabricWorkServer struct {}  //工作引擎服务端对象
3.   func (fws *FabricWorkServer) GenerateArtifacts(ctx context.Context, af *common.
       ArtifactFiles) (*common.Response, error) {
4.     //1.TODO: 解析配置文件
5.     fmt.Println(string(af.Configtx))
```

```
6.    fmt.Println(string(af.CryptoConfig))
7.    //2.TODO: 使用数据库微服务，将必要文件存储至数据库
8.    go func(){
9.      //3.TODO: 本地异步执行任务
10.     fmt.Println("doing..."); time.Sleep(2*time.Second)
11.     fmt.Println("GenerateArtifacts is done")
12.     //4.使用消息队列异步通知 Orchestration 服务
13.     fws.ProduceToMsgQueue("192.168.1.12:9010", af.TaskID)//消息队列服务节点
14.   }()
15.   return &common.Response{Status: 0, Msg: "I accepted the task"}, nil
16. }
17. func (fws *FabricWorkServer) LaunchNetwork(ctx context.Context, df *common.
    DockerFile) (*common.Response, error) {
18.   fmt.Println(string(df.File))
19.   go func(){
20.     fmt.Println("doing..."); time.Sleep(2*time.Second)
21.     fmt.Println("LaunchNetwork is done")
22.     fws.ProduceToMsgQueue("192.168.1.12:9010", df.TaskID)
23.   }()
24.   return &common.Response{Status: 0, Msg: "success"}, nil
25. }
26. func (fws *FabricWorkServer) ProduceToMsgQueue(endpoint string, taskid int32) {
27.   //TODO: 动态选择消息队列服务节点、缓存客户端
28.   var opts []gRPC.DialOption; opts = append(opts, gRPC.WithInsecure())//非安全连接
29.   conn, err := gRPC.Dial(endpoint, opts...); if err != nil { return }
30.   defer conn.Close()
31.   client := msgqueue.NewMessageQueueClient(conn)
32.   timeout, cancel := context.WithTimeout(context.Background(), 3*time.Second)
33.   defer cancel()
34.   msg := msgqueue.Msg{
35.     Type: &msgqueue.Msg_NOTIFICATION{},
36.     FromEndpoint: "192.168.1.10:8900",//Orchestration 服务的地址
37.     ToEndpoint: "192.168.1.10:8900",  //Orchestration 服务的地址
38.     Status: 0,
39.     TaskID: taskid,
40.     Msg: fmt.Sprintf("the task has bee done by %d", taskid),
41.   }
42.   //TODO: 当通知消息队列服务失败时，对消息进行缓存
43.   client.Produce(timeout, &msg) //生产通知消息
44. }
```

16.3.5　消息队列

在图 16-4 中，消息队列的消费者接收异步通知的方式有两种：主动索要和被动监听。这里我们选择第二种方式。消息队列的 gRPC 服务定义如代码清单 16-9 所示，由于消费者以被动的方式监听异步通知，因此消息队列只定义了生产消息的接口 Produce，未定义消费消息的接口 Consume。

代码清单 16-9　baas-protos/msgqueue/msgqueue.proto

```
1.   syntax = "proto3";
2.   option go_package = "/baas-protos/msgqueue"; //生成 pb.go 时放入库的路径
3.   package msgqueue;
4.   message Msg { //消息队列处理的消息
```

```
5.        oneof Type { //消息类型
6.            int32 NOTIFICATION = 1;
7.            int32 CONFIG = 2;
8.        }
9.        int32 taskID = 3; //任务 ID
10.       string from_endpoint = 4; //消息来源的 endpoint
11.       string to_endpoint = 5;    //消息目的地的 endpoint
12.       int32  status = 6;
13.       string msg = 7;
14.       string data = 8;
15.   }
16.   service MessageQueue {
17.       rpc Produce(Msg) returns (Response) {}; //生产消息
18.   }
```

消息队列的实现如代码清单 16-10 和代码清单 16-11 所示。监听端口为 9010，这里我们使用"map+chan+互斥锁"简单地实现一个消息队列，服务端对象为 MessageQueueServer。MessageQueueServer 将生产者生产的消息放入 map 缓存，然后另起一个处理缓存的协程，根据消息中的来源地址，将消息主动发送给消费者。

代码清单 16-10　msgqueue/main.go

```
1.    package main
2.    import(
3.        ".../gRPC"
4.        "/baas-protos/common"
5.        "/baas-protos/orchestration"
6.        "/baas-protos/msgqueue"
7.    )
8.    func main(){
9.        //TODO: 建立配置体系、安全体系，替换"硬编码"
10.       addr := "192.168.1.12:9010"; var opts []gRPC.ServerOption
11.       lis, err := net.Listen("tcp", addr); if err != nil { panic(err) }
12.       gRPCServer := gRPC.NewServer(opts...)
13.       mqs := MessageQueueServer{
14.         queue: make(chan *msgqueue.Msg, 10),
15.         stop : make(chan int), size: 10,//队列长度
16.       }
17.       go func(){//启动处理队列消息的协程
18.         for {
19.           select{
20.           case <-mqs.stop:
21.             return
22.           default:
23.             mqs.Pop()//弹出一个消息
24.           }
25.         }
26.       }()
27.       defer func(){ mqs.stop <- 0 }()
28.       msgqueue.RegisterMessageQueueServer(gRPCServer, &mqs)
29.       gRPCServer.Serve(lis)
30.   }
```

代码清单 16-11　msgqueue/msgqueue.go

```
1.    type MessageQueueServer struct {
```

```
2.     queue chan *msgqueue.Msg; stop chan int; size int
3.  }
4.  func (mqs *MessageQueueServer) Produce(ctx context.Context, msg *msgqueue.Msg)
    (*common.Response, error) { //生产队列消息
5.     err := mqs.Push(msg); if err != nil {return &common.Response{Status:-1}, err}
6.     return &common.Response{Status: 0, Msg: "success"}, nil
7.  }
8.  func (mqs *MessageQueueServer) Push(msg *msgqueue.Msg) error {
9.     if len(mqs.queue) == mqs.size { return fmt.Errorf("queue is full") }
10.    mqs.queue <- msg
11.    return nil
12. }
13. func (mqs *MessageQueueServer) Pop() error {
14.    select {
15.    case msg := <-mqs.queue:
16.       //TODO:对客户端做缓存优化
17.       var opts []gRPC.DialOption; opts= append(opts, gRPC.WithInsecure())//非安全连接
18.       conn, err := gRPC.Dial(msg.ToEndpoint, opts...)//消息的来源地址
19.       if err != nil { return err }; defer conn.Close()
20.       client := orchestration.NewBuildClient(conn) //创建 Orchestration 服务客户端
21.       timeout, cancel := context.WithTimeout(context.Background(), 3*time.Second)
22.       defer cancel()
23.       _, err = client.Notified(timeout, msg)//通知 Orchestration 服务
24.       //TODO: 依据 respone.Status 的值，判断是否需要再次发送。如任务 ID 不存在，就不用重复发送
25.       if err != nil { time.Sleep(1*time.Second); mqs.Push(msg) }//重复发送
26.    }
27.    return nil
28. }
29. //TODO:实现不同技术的消息队列，如 type RabbitMQServer struct {}
```

实际上，这里实现的消息队列十分“简陋”，而消息队列又扮演着 BaaS 平台各层间任务协同的重要角色，因此我们应尽量使用现有成熟的消息队列技术，如 RabbitMQ、ActiveMQ、Kafka 等，这些技术在可靠性、容错性、性能、分布式等方面都十分优秀。

第**17**章

当 Fabric 遇上树莓派

本章实践性地尝试将 Fabric 区块链网络与物联网进行融合，以树莓派开发板作为物联网设备，参与到 Fabric 区块链网络中。首先，分析物联网设备的特点。然后，据此设计物联网设备参与 Fabric 区块链网络的方式，并详述操作和部署的步骤。最后，描述"Fabric+物联网"的一些应用场景，希望由此可以延展我们的想象，扩展 Fabric 的应用边界。

17.1 区块链与物联网发展的融合

1. 国内物联网发展

近年来，物联网（Internet of Things，IoT）在我国保持持续高速发展态势，"十三五"期间，我国的物联网产业规模保持 20%的年均增长，2020 年，已突破 1.7 万亿。2019 年我国物联网连接数达 36.3 亿，占据全球连接数的 30%，到 2025 年，预计将达 80.1 亿[①]。

国内电信运营商、行业联盟、互联网巨头，针对物联网，从供给侧的不同方面，纷纷推出各自的物联网平台、物联网解决方案、物联网设备，如中国移动 One 系列的开放平台、连接协议、操作系统等，小米公司的 MIIOT，华为公司的 Hilink。以此为基础，在市场的推动下，各个物联网生态圈、物联网设备又在不断融合，实现跨品类的设备互联，生态圈共荣。

同时，随着各种新技术的出现，如 5G、边缘计算、人工智能、区块链技术等，物联网在不断地与其他技术进行融合，拓展着产业边界和应用场景，促进了如"窄带物联网""边缘计算物联网""人工智能+物联网""区块链+物联网"等新技术融合下的物联网分支的发展。

而能够直接体现物联网发展的物联网终端产品，其品类和应用实体也在发生着深刻的变化，从工业互联网领域不断扩展至其他领域，如消费领域，以智能手机、无人机、智能家居、可穿戴设备为典型代表。这些终端产品数量更加庞大，种类更加繁杂，硬件标准、接口标准等参差不齐。

---

① 数据来源：中国信息通信研究院。

2．5G 的促进

5G 作为新一代无线通信技术，正在我国加速发展，在政府和"新基建"大潮的推动下，我国已建成了全球最大的 5G 网络，至 2020 年底，基站数预计可达 70 万[①]。

4G 技术促进了互联网技术和入口由传统 PC 向移动端转移，也部分促进了物联网的发展。而 5G 的高速、稳定、高容量、低延时、低功耗、泛在性等底层技术特性，可以使物联网设备间的"互联"彻底摆脱限制，已经让物联网形成大规模稳定应用成为可能，也进一步拓展了物联网设备的可用场景。可以说，在 5G 的加持下，物联网已处于蓄势待发状态。

3．物联网的部分需求和缺陷

物联网产业形成大规模的落地应用，核心在于"联"。"联"既表示连接，又表示彼此之间的联系和互动，同时又说明，物联网设备不是孤立存在的，而是组织化的。因此，物联网设备在与云端、管理平台、其他设备间连接和互动时，必然存在身份认证和共享数据的需求。

身份认证方面，当前物联网设备普遍使用传统公/私钥加解密技术、ID 芯片、模块标识+网络认证等方案，从软件或硬件角度，实现物联网设备间的身份认证。但这存在两点缺陷。首先，这不便于动态扩展，在设备集群中增、删、屏蔽一个物联网设备的身份，一般需要预先将身份材料固化至物联网设备中，并借助一个管理平台集中管理。其次，绝大部分设备的身份只用于单一的认证，浪费了一个身份在一个集群网络中可以利用的空间和价值，如角色和权限治理。

共享数据方面，工业互联网、边缘计算的发展，使得在数据方面，平台化的物联网设备均需实现及时地去中心化存储和共享，这又要求物联网设备之间能够保证数据防篡改、一致性。而当前绝大部分物联网设备在数据的分布式存储和防篡改、一致性方面的能力较弱。

4．物联网与 Fabric 区块链相互赋能

在很多方面，物联网与 Fabric 区块链具有天然可融合的可能和需求。两者的相互融合，除了技术上的互补，也是对各自网络边界的扩展，对各自应用场景的丰富。

物联网设备容易集成硬件加解密相关的固件和各类传感器，可对 Fabric 区块链的计算和身份认证体系进行赋能。具体地，参见第 4 章所述 Fabric 所使用的加密服务提供者 BCCSP，其中一类即硬件方式的实现。以加解密芯片为例，广义概念上的加解密芯片的实现方式更加丰富多样。传统的实现方式，可以实现 PKI 体系的加解密认证；拓展的实现方式，可以实现地理位置、指纹、脸部、虹膜等数据的加解密认证，这为丰富 Fabric 区块链的加解密技术和身份认证体系提供了可能的途径。

物联网设备容易接近原始数据的源头，可对 Fabric 区块链数据的真实性进行赋能。区块链上的数据是否可信，其实取决于两方面：一、数据自身真实有效；二、数据存储于链上后，无法被

---

① 数据来源：中华人民共和国工业和信息化部。

篡改。Fabric 区块链自身的各种技术，如身份认证体系、共识算法等，只能保障第二点，无法保证数据自身的真实性。而物联网设备可搭载各类传感器，如定位模块、光感识别器件、温感模块、AI 模块等，由硬件直接产生数据，很大程度地屏蔽人为干扰因素，可以有效提高 Fabric 区块链上数据的真实性和可信性。

　　Fabric 区块链的分布式存储、数据防篡改、共识算法、身份认证等技术，可为物联网设备赋能。物联网设备之间相互连接，在便捷性与安全性这两方面，往往会产生互斥。同时，如上文所述，物联网在不断地融合新技术，平台化的物联网设备需要在身份认证和数据共享等方面做出进一步的改善。Fabric 区块链自身拥有的技术特性，可以较妥善地弥补物联网设备的这些不足。

17.2　树莓派参与的 Fabric 区块链网络架构

1. 物联网设备的特点

　　针对不同的应用场景和具体需求，物联网设备之间千差万别，可以是简单到只有单一依据电平模拟布尔值的逻辑单元，也可以是复杂到可运行各类操作系统的，CPU、MCU（Multipoint Control Unit，多点控制器）、FPGA（Field Programmable Gate Array，现场可编程门阵列）、电源控制芯片、加解密芯片、图形计算芯片、温感感应模块、距感感应模块、重力感应模块、无线模块、蓝牙、以太网卡、5G 模块等齐全的高集成电路板。随着人工智能、边缘计算的发展，人工智能芯片、神经网络学习模块也出现在了物联网设备上。

　　但在实际应用中，对于物联网设备普遍的技术需求，集中在小体积、高性能、持续服务、低延时、低功耗等方面，这些也是各类物联网设备极尽所能所追求的，自然也制约了物联网设备在计算、续航、存储、数据吞吐等方面的能力，较传统 PC 或服务器，不可相提并论。

2. 物联网操作系统

　　如同 Windows、Linux 等传统 PC 运行的操作系统，物联网操作系统在其所运行的物联网设备中的地位也至关重要。它衔接了物联网设备的底层硬件和上层软件，对能否有效地利用硬件资源，能否安全、快速、稳定地执行应用层的命令和服务，有重大影响。

　　针对不同的应用场景和物联网设备，物联网操作系统也千差万别，基本上均需要依据实际需求，进行有侧重的定制开发。国内外布局物联网、研发物联网设备的厂商，均推出和使用自家平台的物联网操作系统。如谷歌公司的 Android Wear，针对可穿戴设备；特斯拉公司的车载操作系统，针对汽车驾驶功能；国产的开源系统 RT-Thread，侧重于任务执行的硬实时性；阿里巴巴集团的 AliOS Things，侧重于云端一体化。

　　一般情况下，我们可以通过使用传统的 Linux 发行版或现有的嵌入式系统，对其功能进行裁剪、优化，然后编译成自用系统。

3. 树莓派 4B 开发板

本章旨在对区块链与物联网的相互融合进行探讨和尝试，因此对于物联网方面的开发技术，不涉及过深层次。例如针对一个具体型号的开发板的 GPIO（General Purpose Input Output，通用输入输出）编程和使用仿真器烧制程序到开发板 Flash 中，只是将开发板作为一个物联网设备实体，参与到 Fabric 区块链网络中。这就需要开发板能够支持 Linux 系统，Linux 系统也能够运行 Fabric 区块链网络节点。

树莓派（Raspberry Pi）4B 开发板拥有较为完善的模块组合，小巧、易用、全面，类似于一个"迷你"电脑，非常适合作为一款入门学习的嵌入式开发板[①]。之所以将树莓派 4B 开发板作为物联网设备示例，只是以易于上手为标准，减少嵌入式编程方面的障碍。而在实际的应用中，物联网设备对应的开发板往往需要依据功能、性能、功耗等要求进行定制设计。

在图 17-1 中，树莓派 4B 开发板提供了如下关键模块。

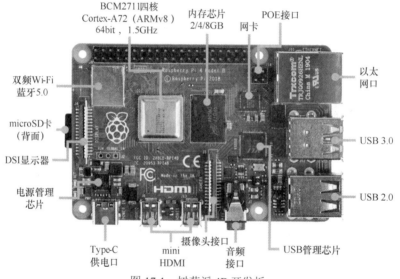

图 17-1　树莓派 4B 开发板

- ❑ Type-C 供电口，为整个开发板提供电源。
- ❑ ARMv8 架构的 64bit 四核处理器，可以顺利编译、运行支持 Fabric 区块链网络的底层工具，如 Go、Docker、gRPC 等。
- ❑ mini HDMI 或 DSI 显示输出接口，依据显示器接口类型，如 HDMI、DVI 或 VGA 接口，使用不同的转换线，连接该接口和显示器，展示系统运行界面。
- ❑ USB 接口，可以方便地提供鼠标、键盘等设备的输入能力。

---

① 参见树莓派官方网站在线文档。

❑ 以太网口或 Wi-Fi 模块，可以方便地提供联网通信能力。

❑ microSD 卡，可以方便地提供存储能力，可以在 microSD 卡上划分主分区和逻辑分区，分别用于安装操作系统和文件系统，等同于一个可插拔的"硬盘"。

此外，树莓派官方提供了功能完备的开发板操作系统，如 Raspberry Pi OS with desktop、Raspberry Pi OS Lite，同时也兼容主流的第三方操作系统，如 Ubuntu Server、Windows 10 IoT Core。拥有这些条件，可以省略手动烧录 Bootloader、编译操作系统和挂载文件系统等嵌入式底层操作，直接以类似于使用传统服务器操作系统的方式，执行部署工作。

4. 树莓派参与 Fabric 区块链网络

Fabric 区块链网络基础设施若想拓展到物联网中，就必须考虑性能、功耗、数据吞吐量、稳定性等方面的问题，以适应物联网设备的特征。因此，并不是所有 Fabric 区块链网络基础设施都适合运行在物联网设备上。例如，orderer 节点作为负责共识排序服务的核心节点，自身所使用的共识算法在性能上已存在制约，若再添加硬件上的限制，则会加剧整个区块链网络性能的下降；peer 节点提供了背书、gossip 散播和记录账本副本等服务，这对物联网设备的存储、通信能力、数据吞吐能力来说，也是不小的考验。

因此，针对物联网设备和树莓派 4B 开发板的特点，这里提供如下 3 种树莓派作为物联网设备参与 Fabric 区块链网络的方案。

（1）树莓派单独运行 Fabric SDK。Java、Node.js、Go、Python 语言，均兼容 ARMv8 架构。Fabric SDK 作为客户端，贴近于应用，职责单一，比较适合运行物联网设备。

（2）树莓派单独运行智能合约。智能合约体积小、职责单一，只与 peer 节点交互，进行交易逻辑实现，对存储、通信量、性能等要求较小，适合作为独立的外部服务，运行于物联网设备。

（3）树莓派运行 peer 节点和智能合约。但 peer 节点记录账本数据所使用的文件系统，通过 NFS（Network File System，网络文件系统）工具，外挂至传统服务器或云端。理想情况下，物联网应该作为一个"移动版"的背书节点，如此，物联网设备被赋予 Fabric 区块链网络身份的特性，有了身份，就可以有更大的发挥空间。物联网设备与 Fabric 区块链网络可以相互赋能，同一联盟组织的设备之间可以互信和排他，设备产生的数据可以互通、互信、容错，Fabric 区块链网络也可以拥有更智能、更丰富、更真实的数据。

两种技术的融合，必定是一个体系层面的复杂问题，上述方案只是简单的"入门级"示例，并不完美。在实际应用中，物联网设备以无线方式进行通信，通常是以流量计费的，因此如何精简流量消耗，以节约运营成本，是一个很重要的问题。我们并未对 Fabric 进行剪裁，Fabric 或具体到 peer 节点提供的服务中，多通道架构、迭代性质的代码、以 Docker 方式与链码交互的部分、Operation 服务等，都可以根据实际需要进行剪裁。再如，第一、三种方案，更容易使 Fabric 区块链网络遭遇并发性能的瓶颈。第二种方案，物联网设备单独运行智能合约，必要性又不是太强。第三种方案，也容易遭遇网络通信稳定性、数据吞吐量的瓶颈，NFS 也非最适合的远程存储工具。

以第三种方案为例，其呈现的 Fabric 区块链网络拓扑结构如图 17-2 所示。

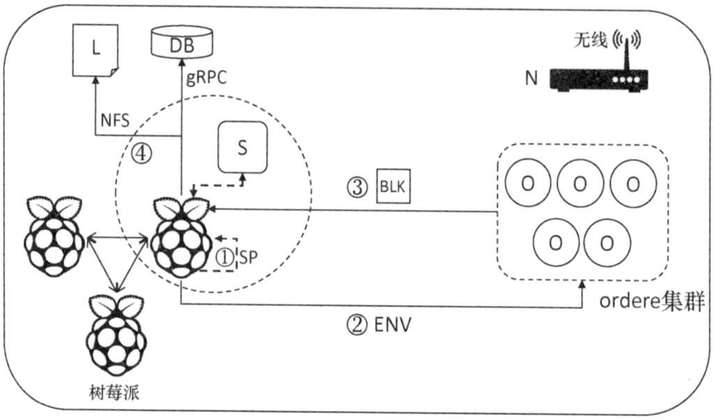

图 17-2　树莓派参与 Fabric 区块链网络

在图 17-2 中，N 为 Fabric 区块链网络。树莓派是 N 的客户端，由自身的硬件模块或运行的应用，如温感、北斗导航芯片、图片（如条形码）处理应用等，产生原始数据，并创建背书申请 SP。然后依据背书策略，发送给必要的背书节点。背书节点是树莓派自身或其他物联网设备。

树莓派作为背书节点，运行智能合约 S。树莓派依据 SP，调用 S，产生交易模拟结果，并对交易模拟结果进行背书，作为背书应答返回给客户端。

树莓派作为客户端，收集背书应答，将背书结果整理为一笔交易 ENV，发送至运行在传统服务器的 orderer 集群，进行共识排序。

树莓派作为 gossip 集群 leader 节点，从 orderer 集群获取包含 ENV 的区块（BLK）。通过 NFS 将区块存储至账本 L，通过 gRPC 网络将 ENV 中的写集数据存储至状态数据库 DB。

树莓派作为 gossip 集群 leader 节点，在其他物联网设备间散播区块。

17.3　搭建树莓派参与的 Fabric 开发环境

1. 搭建局域网

树莓派、orderer、NFS、状态数据库节点通过无线或有线连接，需处于同一局域网或公网中，相互之间才能够正常通信。图 17-2 中以支持有线（模拟传统网络）、无线连接（模拟 5G 网络）方式的普通家用路由器提供的一个局域网 N 为例，节点分配如表 17-1 所示。

表 17-1　树莓派参与 Fabric 区块链网络的节点分配

主机名	IP 地址	系统架构	运行	连接方式
node01	192.168.1.10	Ubuntu Server x86_64/amd64	orderer	有线
node02	192.168.1.11	Ubuntu Server x86_64/amd64	CouchDB、NFS Server	有线
node03	192.168.1.100	Ubuntu Server arm64	peer、chaincode、NFS Client	无线

2．树莓派加入局域网

（1）下载和烧录树莓派系统。由于当前树莓派官方系统镜像均为 32 位的，不符合要求，因此这里选择第三方系统。访问 Ubuntu 官方网站，选择下载适配 Raspberry Pi 4 的 64 位 Ubuntu Server 系统镜像。然后使用 Win32 磁盘映像工具，将该系统烧录至树莓派 4B 开发板的 microSD 卡中，如图 17-3 所示。

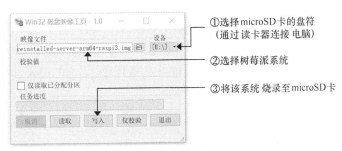

图 17-3　烧录树莓派系统

（2）启动树莓派。烧录树莓派系统后，将 microSD 卡插回树莓派 4B 开发板，通过 Type-C 供电口接通电源，启动树莓派，树莓派将自动读取 microSD 卡上的系统并运行，一般会运行至系统的登录界面。

（3）远程登录树莓派系统。树莓派正常启动后，我们需要先确定树莓派的 IP 地址，然后使用远程登录工具，如 Telnet、Xshell，根据 IP 地址，远程登录树莓派系统，方便后续执行部署操作。确定树莓派的 IP 地址，有如下 3 种方法。

- ❑ 通过 mini HDMI 或 DSI 显示输出接口，连接显示器。通过 USB 接口，连接鼠标、键盘。通过以太网口，连接路由器。通过鼠标和键盘，在登录界面输入默认用户名和密码，均为 ubuntu，正常地登录系统。然后在命令行输入 ifconfig 命令，获取树莓派的 IP 地址。
- ❑ 通过以太网口，连接路由器。通过路由器管理后台，查看树莓派分配的 IP 地址。
- ❑ 一台运行 Windows 系统的笔记本电脑，以无线的方式连接局域网。打开"控制面板→网络和 Internet→网络和共享中心→更改适配器设置"，用鼠标右键单击"无线网卡"，选择"属性"菜单，选择"共享"标签，单击"允许其他网络用户...来连接（N）"选项框，在下拉菜单中选择"以太网卡"，单击"确定"按钮，将无线网络共享给以太网卡。使用网线，连接树莓派和笔记本电脑的以太网口，然后使用笔记本电脑打开命令行终端，输入 ipconfig，查看笔记本电脑的无线网卡 IP 地址，如 192.168.43.11；再输入 arp -a，查看 Windows 系统当前缓存的无线网络中已知设备的 IP 地址，筛选其中 192.168.43.×网段的 IP 地址，通过一一尝试登录的方式，确定树莓派的 IP 地址。

（4）启用树莓派无线连接。在远程登录树莓派系统后，我们需要执行如下命令，启用树莓派的无线模块，以无线方式连接至 N 提供的名称为 fabric-wireless 的无线网络，如图 17-4 所示。

❏ 执行 apt-get install network-manager，安装网络管理工具。

❏ 执行 nmcli r wifi on，启用树莓派的 Wi-Fi 模块。

❏ 执行 nmcli r，查看当前 Wi-Fi 模块的状态，所有状态值必须全为 enabled。

❏ 执行 nmcli d wifi list，查看已监测到的无线网络，如存在 fabric-wireless。

❏ 执行 nmcli d wifi connect fabric-wireless password ×××，连接至 fabric-wireless，其中×
××为密码。

连接后，再执行 ifconfig 命令，查看 fabric-wireless 给树莓派的无线网卡（默认为 wlan0）分配的 IP 地址，如 192.168.1.100。我们使用此新 IP 地址，通过无线网络，再次远程登录树莓派系统。之后，不再需要使用树莓派的以太网口。树莓派重启后，若 fabric-wireless 存在，树莓派将自动连接。

```
root@ubuntu:/home/ubuntu# nmcli d wifi connect fabric-wireless password ideamylife
Device 'wlan0' successfully activated with 'cd23f51d-6961-4b6c-b5b7-d333f82cad71'.
root@ubuntu:/home/ubuntu#
root@ubuntu:/home/ubuntu# nmcli d
DEVICE        TYPE      STATE        CONNECTION
wlan0         wifi      connected    fabric-wireless
```

图 17-4　树莓派以无线方式连接至 Fabric 区块链网络

3. 将其他节点加入网络

节点 node01、node02 以传统有线方式加入 Fabric 区块链网络 N。

4. 部署准备

节点 node01、node02 分别运行 orderer、CouchDB、NFS Server，其部署准备过程如第 13 章所述。这里只讲述 node03 节点，即树莓派的部署准备工作。

（1）安装必要软件。在树莓派中，需要安装如下软件。

❏ Go 语言编译环境。访问 Go 官方网站，依据官方文档，下载并安装 ARMv8 架构的
go1.14.13.Linux-arm64.tar.gz，并配置 Go 语言相关的环境变量。

❏ make。执行 apt-get install make，安装 make 工具。

❏ nfs-common。执行 apt-get install nfs-common，安装 NFS Client。

（2）编译 peer、chaincode。在树莓派中，peer、chaincode 不再运行于 Docker 容器内，需直接编译 arm64 架构的 peer、chaincode 程序，过程如下。其中，参见 12.2.6 节，链码以 fabric-samples/chaincode/fabcar/external 为例。

❏ 访问 Fabric 的项目仓库，下载 Fabric 2.0.0 源码，放至$GOPATH/src/.../ hyperledger/fabric
目录下，并切换到该目录。

❏ 执行 make peer，编译 arm64 架构的 peer 程序。编译后，peer 程序被放至同目录的 build/bin
中。然后执行 mv build/bin/peer /usr/local/bin。

- 访问 fabric-samples 的项目仓库，下载 fabric-samples（2.0.0 版本），将其中的 fabric-samples/chaincode/fabcar/external 放至 $GOPATH/src/.../hyperledger/chaincode/fabcar 下，并切换至该目录。
- 修改 go.mod，将 fabcar 的 module 值改为 module .../hyperledger/chaincode/fabcar。
- 执行 GO111MODULE=on ...,direct go get -v ./...，下载 fabcar 源码依赖的第三方库。然后执行 go install -v ./...，编译 arm64 架构的 chaincode 程序，名为 fabcar。编译后，fabcar 被放至 $GOPATH/bin 中。执行 mv $GOPATH/bin/fabcar /usr/local/bin。

17.4　部署树莓派参与的 Fabric 区块链网络

同样，这里重点叙述 node03，即树莓派部署运行 peer、chaincode 的过程。节点 node01、node02 部署运行 orderer、CouchDB、NFS Server 的过程已在 13.4 节详述。其中，需在 node02 上创建并设置可供 node03 访问的 NFS 共享目录 /var/node03/production。

为了节约性能，我们需要丢弃 Docker，直接在树莓派系统中运行 peer、chaincode 程序，并且利用 Linux 系统工具 Systemd，将两者作为系统服务，随树莓派开机，先后自动启动运行。

1. 环境准备

在树莓派系统中，执行如下操作，进行环境准备工作。

- 执行 mkdir -p /etc/hyperledger/fabric，创建 peer 节点使用的配置路径（$FABRIC_CFG_PATH）。
- 执行 mkdir -p /var/hyperledger/production，创建 peer 节点挂载 NFS 共享目录的位置。
- 在 /etc/hyperledger/fabric 目录下，放入 core.yaml，peer 节点使用的 msp、tls 目录。
- 在 /etc/hyperledger/fabric 目录下，参见 12.2.6 节，编写 peer 节点构建 fabcar 外部服务的脚本目录 bin（包含 detect、build、release 脚本），并对应修改 core.yaml 中的 chaincode.externalBuilders 项。
- 在 /etc/hyperledger/fabric 下，编辑 peer 节点启动时所用环境变量文件，如配置清单 17-1 所示。
- 执行 mkdir -p /etc/hyperledger/fabric/chaincode/fabcar，创建 peer 节点用于构建外部服务的目录。
- 在 /etc/hyperledger/fabric/chaincode/fabcar 下，参见 12.2.6 节，编辑 connection.json、metadata.json 文件，并按规则将两个文件打包进 fabcar.tar.gz，作为 fabcar 的链码安装包。
- 在 /etc/hyperledger/fabric/chaincode/fabcar 下，编辑 chaincode 启动时所用环境变量文件，如配置清单 17-2 所示。

配置清单 17-1　/etc/hyperledger/fabric/peer.environment
```
1.  NFS_SHARE=192.168.1.11:/var/node03/production #node02 节点的 NFS 共享目录
```

```
2.  FABRIC_CFG_PATH=/etc/hyperledger/fabric
3.  FABRIC_LOGGING_SPEC=INFO
4.  #如下 CORE_×××系列的环境变量，也可直接写入 core.yaml 中对应的配置项
5.  CORE_PEER_MSPCONFIGPATH=/etc/hyperledger/fabric/msp
6.  CORE_PEER_LOCALMSPID=Org1MSP
7.  CORE_LEDGER_STATE_STATEDATABASE=CouchDB
8.  ...
9.  CORE_PEER_TLS_ENABLED=true
```

配置清单 17-2 　/etc/hyperledger/fabric/chaincode/fabcar/fabcar.environment

```
1.  CHAINCODE_SERVER_ADDRESS=localhost:9999 #chaincode 作为服务端，监听 peer 节点请求的地址
2.  CHAINCODE_ID=fabcar_1.0:4ca4bde5d7...7b06f7108
```

在配置清单 17-2 中，第 2 行，作为自动启动的 chaincode 服务的环境变量，我们需要提前计算 fabcar 链码 ID。执行 sha256sum fabcar.tar.gz，计算链码安装包的 SHA-256 哈希值，并以"链码名_版本号:安装包 SHA-256 哈希值"格式，作为链码 ID。

2．配置 peer、chaincode 服务

作为系统服务的启动项，peer、chaincode 使用了系统的网络、NFS Client 等服务，而 Systemd 又以并行的方式启动系统服务，因此我们需要分析树莓派系统启动项之间的依赖关系。执行 systemd-analyze plot > rpi-boot.svg，获取当次树莓派系统服务启动的甘特图，然后可以用浏览器打开 rpi-boot.svg，其中部分启动项如图 17-5 所示。

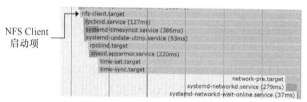

图 17-5　NFS Client 服务启动

这里以 peer 服务为例，依据系统服务启动的甘特图分析，在/lib/systemd/system 下，编写 fabric-rpi-peer.service，如配置清单 17-3 所示。

配置清单 17-3 　/lib/systemd/system/fabric-rpi-peer.service

```
1.  [Unit] #配置启动项之间的顺序与依赖关系
2.  Description=fabric rpi peer #服务说明
3.  #在系统的网络、NFS Client、链码服务之后启动
4.  After=network-online.target nfs-client.target fabric-rpi-fabcar.service
5.  Wants=chaincode.fabcar.service #弱依赖，fabcar 链码服务宕机后，不影响 peer
6.  [Service] #配置 peer 服务
7.  #peer 服务使用的环境变量文件，下面的配置可以引用该文件中的环境变量
8.  EnvironmentFile=/etc/hyperledger/fabric/peer.environment
9.  #执行 peer 服务前执行的服务，这里用于挂载 NFS 共享目录
10. ExecStartPre=/bin/mount -t nfs $NFS_SHARE /var/hyperledger/production
11. ExecStart=/usr/local/bin/peer node start #启动 peer 服务时执行的命令
12. ExecReload=/usr/local/bin/peer node start #重启 peer 服务时执行的命令
13. Type=simple #启动类型，默认类型即可
14. RemainAfterExit=yes #peer 服务退出后，服务仍然保持执行状态
```

```
KillMode=control-group #peer 服务退出后，“杀死”进程组的所有子进程
Restart=on-failure #在 peer 服务退出失败的情况下，重启
RestartSec=30s #重启等待时间
[Install] #配置服务启动方式
WantedBy=multi-user.target #peer 服务属于多用户服务组
Alias=rpi-peer.service #服务别名
```

最后，对 fabric-rpi-peer.service 执行如下操作，使 peer 服务生效。

- 执行 ln -s /lib/systemd/system/fabric-rpi-peer.service /etc/systemd/system，在/etc/systemd/system 下，创建 peer 服务的软链接。
- 执行 systemctl enable fabric-rpi-peer.service，使能 peer 服务，使之随系统启动。
- 重启树莓派，执行 systemctl status fabric-rpi-peer.service，查看 peer 服务状态。

以同样的方式，可以创建和配置 fabcar 链码服务。配置后，peer、fabcar 链码服务正常启动，如图 17-6 所示。然后，在 node01、node02、node03 之间，可按 13.4.2 节所述步骤，执行创建通道、加入通道、更新通道、安装 fabcar、批准 fabcar 定义、提交 fabcar 定义等操作，部署 Fabric 区块链网络。

```
root@ubuntu:~# systemctl status fabric-rpi-peer.service
• fabric-rpi-peer.service - fabric rpi peer
   Loaded: loaded (/lib/systemd/system/fabric-rpi-peer.service; enabled; vendor preset: enabled)
   Active: active (running) since Tue 2020-12-29 09:07:21 UTC; 15s ago
  Process: 1879 ExecStartPre=/bin/mount -t nfs $NFS_SHARE /var/hyperledger/production (code=exited, status=0/SUCCESS)
 Main PID: 1922 (peer)
    Tasks: 9 (limit: 744)
   CGroup: /system.slice/fabric-rpi-peer.service
           └─1922 /usr/local/bin/peer node start

Dec 29 09:07:25 ubuntu peer[1922]: 2020-12-29 09:07:25.037 UTC [sccapi] DeploySysCC -> INFO 012 deploying system chaincode '_lifecycle'
Dec 29 09:07:25 ubuntu peer[1922]: 2020-12-29 09:07:25.037 UTC [nodeCmd] serve -> INFO 013 Deployed system chaincodes
Dec 29 09:07:25 ubuntu peer[1922]: 2020-12-29 09:07:25.042 UTC [discovery] NewService -> INFO 014 Created with config TLS: true,
Dec 29 09:07:25 ubuntu peer[1922]: 2020-12-29 09:07:25.043 UTC [nodeCmd] registerDiscoveryService -> INFO 015 Discovery service activated
root@ubuntu:~#
root@ubuntu:~# systemctl status fabric-rpi-fabcar.service
• fabric-rpi-fabcar.service - fabric rpi fabcar
   Loaded: loaded (/lib/systemd/system/fabric-rpi-fabcar.service; enabled; vendor preset: enabled)
   Active: active (running) since Tue 2020-12-29 09:55:16 UTC; 6min ago
 Main PID: 1875 (fabcar)
    Tasks: 7 (limit: 744)
   CGroup: /system.slice/fabric-rpi-fabcar.service
           └─1875 /usr/local/bin/fabcar
```

图 17-6 peer、fabcar 链码服务随树莓派系统启动

17.5 Fabric+物联网的应用场景

1. 供应链生态管理

经济的全球化、区域化，以及当前不同国家和地区不同的发展阶段、不同的资源分布情况，造成了各自不同的优势和产业分工，也使得国内巨头，尤其是制造业巨头，逐步进行全球化布局。随之而来的，是更复杂的跨地域生产和供应链管理问题，如供应链供应能力与产能规划、市场不协调，供应链抗风险能力弱，供应链资金、劳动力等资源效率配置低，供应链库存管理混乱等。

Fabric 区块链网络，融合移动性更强的物联网设备，并借助开放型或自行搭建的产品电子代码信息服务（Economic Product Code Information Service，EPCIS）[①]，可以构建更加实时、精细、高效、健康的供应链管理系统，增加商业交易参与者之间信任度，降低供应链的管理成本，提高

① 参见国际物品编码组织发布的“EPCIS and CBV Implementation Guideline”。

抗风险能力。

EPCIS 是一套标准，其要达成的目标之一，是通过商业级的标准接口和可见性事件数据模型，使商业交易中的所有参与者，以伙伴的关系，彼此之间获得更加可见的供应链信息。类似于一个包裹，发出者和接收者均可以实时地通过运单号码查询该包裹一站站的转运信息。而供应链信息，则在此基础上进行了延展，包括包裹中的商品在生产企业的生产、运输信息，零售商接收、销售信息，也包括生产企业上游原材料、组件的生产、运输、接收信息。EPCIS 的这些特性，适用于 Fabric 区块链技术，并可以赋予由 Fabric 区块链构建的供应链管理系统更强的互操作性、接入和扩展能力。

可见性事件数据模型，用于描述关于物品（或数字对象）在商业流程中所发生的基本情况，以"是什么、在哪里、何时和为什么"为描述维度。"是什么"用于标识物品，如产品电子代码（Economic Product Code，EPC）、全球贸易项目编号（Global Trade Item Number，GTIN）和序列号的组合标识。"在哪里"用于标识事件发生的位置。"何时"用于标识事件发生的时间，如活动时间、时区。"为什么"用于标识事件发生的上下文，如步骤、处置条件、相关业务列表。

在图 17-7 中，展示了一个关于液晶显示器供应链的可见性数据简化示例，从 P1 至 P9，每一个环节通过记录 4 个维度的数据，可以描述供应链中一个物品所处的状态。例如 P4，记录了液晶显示器制造商在 2020 年 12 月 15 日，从元器件供货商处购入一批彩色滤光片基板模块，货物编号为 0135，放至制造工厂中，此时组件处于购入状态，合同编号为 M13700。

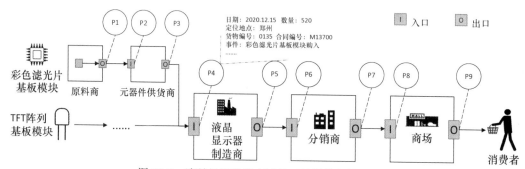

图 17-7 液晶显示器供应链的可见性数据简化示例

下面我们截取 P4 至 P9 的环节，描述融合了物联网技术的 Fabric 区块链网络 FN 在供应链的模拟应用场景，主要有如下参与主体。

- ❑ 液晶显示器制造商，标记为 M，负责研发或从上游元器件供货商（标记为 CP）处采购液晶显示器元器件，组装生产液晶显示器成品。
- ❑ 分销商，标记为 DC，负责代理液晶显示器销售渠道，从液晶显示器制造商处批量购进液晶显示器，向商场或其他零售商出售。
- ❑ 商场，标记为 RS，负责从分销商处购入液晶显示器，向普通消费者出售。

❏ 消费者，标记为 C，从商场购入液晶显示器

以液晶显示器制造商 M1 为视角，M1 在全球布局了 10 家制造工厂，其中一家制造工厂 F1 位于东南亚地区。F1 的元器件采购、生产、供货、库存、本地销售、转运回国内市场销售的成品，通过各类物联网设备，遵循 EPCIS 标准，以公开或私有数据的形式上链，如图 17-8 所示。

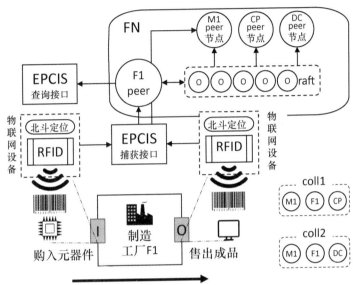

图 17-8　液晶显示器制造工厂参与 Fabric 区块链网络

P4 环节。当制造工厂 F1 购入一批元器件，通过包含北斗定位和射频识别（RFID）功能的物联网设备，对元器件进行扫码，通过 EPCIS 捕获接口，将 EPCIS 事件 EE1——2020 年 12 月 15 日，F1 从元器件供货商 CP 处购入一批彩色滤光片基板模块，作为生产液晶显示器的组件，货物编号为 0135，并涉及相关单据列表——作为背书申请，发送至制造工厂 F1 peer 节点、国内总部 M1 peer 节点。两个节点独立依据生产管理模型，如产能、资金、库存、销售等数据，决定是否允许购入。

国内总部需要对异地制造工厂进行一定的监管。通过设定背书策略，只有 F1 peer、M1 peer 节点均成功背书时，才允许 EE1 成功上链。后续可设定其他限制，如在生产线上设置类似的物联网设备，通过 EPCIS 查询接口，查询成功上链的 EPCIS 事件，并只允许被批准的元器件进入生产线。

P5 环节。经生产和销售，液晶显示器成品出厂时，使用同样的物联网设备，经类似的过程，将液晶显示器成品出厂的 EPCIS 事件 EE2 作为背书申请，经 F1 peer、M1 peer 节点背书批准后成功上链。

EE1 上链（成功或失败）后，经 Fabric 区块链网络，将自动同步至私有数据集合 coll1 的成员节点，包括国内总部 M1 peer 节点、制造工厂 F1 peer 节点、元器件供货商 CP peer 节点。EE2

上链（成功或失败）后，经 Fabric 区块链网络，将自动同步至私有数据集合 coll2 的成员节点，包括国内总部 M1 peer 节点、制造工厂 F1 peer 节点、分销商 DC peer 节点。

EE1、EE2 中不涉及商业机密的基础数据，或其他共享数据，可以以公开数据的方式，在 FN 中上链，共享至整个供应链的所有合作伙伴。

以这些数据为基础，国内总部可在全球范围内开展更精准的生产、资源分配等工作，实现对不同地域制造工厂更高效地监管，降低跨地域供应链管理成本。上游元器件供应商也可以相应调整自己的生产和供货计划，优化自身的资源配置。分销商可以实时监控订购商品的状态，优化自己的库存和下游供货计划，即 P6 和 P7 环节。

以商场 RS1 和消费者 C1 为视角，RS1 从分销商 DC 处购入一台由液晶显示器制造商 M1 生产的液晶显示器，经销售，最终由 C1 购买。RS1 的采购记录、销售记录，通过各类物联网设备，遵循 EPCIS 标准，以公开或私有数据的形式上链，消费者也可以通过手机 APP 扫码的方式，经 EPCIS 查询接口，查询购买商品的整个供应链的公开信息，如图 17-9 所示。

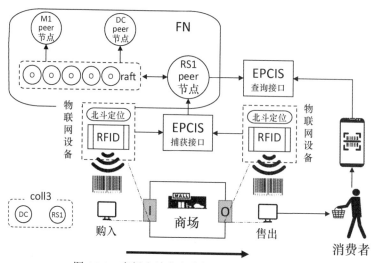

图 17-9　商场和消费者参与 Fabric 区块链网络

P8 环节。当商场 RS1 购入一批液晶显示器，通过物联网射频识别设备，对液晶显示器进行扫码，通过 EPCIS 捕获接口，将 EPCIS 事件 EE3——2021 年 2 月 4 日，RS1 从分销商 DC 处购入一批液晶显示器，货物编号为 00065432100021，并涉及相关单据列表——作为背书申请，发送至商场 RS1 peer 节点。节点独立依据库存阈值、上游元器件供应商或制造工厂召回记录等数据，决定是否允许入库。

P9 环节。销售时，使用同样的物联网设备，经类似的过程，将液晶显示器售出的 EPCIS 事件 EE4 作为背书申请，发送至商场 RS1 peer 节点。商场 RS1 peer 节点依据现有订单、召回记录等数据，决定是否批准出售。

EE3、EE4 上链（成功或失败）后，经 Fabric 区块链网络，将自动同步至私有数据集合 coll3 的成员节点，包括分销商 DC peer 节点、商场 RS1 peer 节点。EE3、EE4 中不涉及商业机密的基础数据，或其他共享数据，也可以以公开数据的方式，在 FN 中上链，共享至整个供应链的所有合作伙伴，如 M1 peer 节点。

以这些数据为基础，分销商可以及时与商场发起结算，调整备货、发货计划，减少库存积压，降低成本。商场可以及时避免销售已售出或已在召回目录下的产品，调整备货计划。消费者可以自主查询到关于液晶显示器更真实的数据，以辨别成品的关键组件型号、制造商等信息是否与宣传相符。通过这些透明信息的展示，可以增加供应链伙伴之间、消费者与商家甚至是供应链上游之间的信任关系，营造更健康、可信的商业交易环境。

2. 疫苗的流通和追溯

疫苗的品质直接关系到每个受种人的生命健康，我国也对疫苗实行非常严格的管理制度，要求疫苗在生产、配送、接种过程中，必须做到安全第一、风险管理、全程管控。因此，每支疫苗的流通过程具有极高的管理和追溯价值。

Fabric 区块链网络拥有联盟、多通道架构、MSP 成员关系管理、私有数据集合等逻辑设计，以及分布式账本存储、共识算法等技术特征，可以融合生产线、运输线、接种单位末端的各类物联网设备，在实时性、真实性等方面，对每支疫苗实现有效地追溯、预警，降低疫苗生产、流通、管理成本，同时也可以满足多方的监管需求和公众可查询的透明度需求，保障受种人的生命健康。图 17-10 简要展示了疫苗从生产到最终接种的整个流通过程。

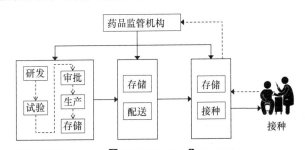

图 17-10　疫苗流通过程

在图 17-10 中，将疫苗流通大致分为 3 个主要环节：生产、配送、接种。在每个环节中，均需要对每支疫苗建立真实、可追溯的记录。每个环节可记录如下关键信息。

❑ 生产环节，记录生产批次、审批许可、疫苗编号、有效期、存储、库存、销售等信息。

❑ 配送环节，记录运送路线、冷链温度、时长等信息。

❑ 接种环节，记录接种单位、疫苗编号、接种人、受种人、接种反应等信息。

上述 3 个环节中，主要有如下参与主体。

- ❏ 药品监管机构，标记为 MPA，负责监管疫苗的质量和流通。
- ❏ 疫苗生产企业，标记为 COM，负责依据采购合同，研发、生产符合质量要求的疫苗。
- ❏ 疫苗配送企业，标记为 TRAN，负责依据运输合同，提供有效的存储条件，将疫苗及时运输至指定地点。
- ❏ 接种单位，标记为 HOS，负责提供有效的存储条件，向受种者接种正规的疫苗，反馈接种反应。

下面我们分别从生产、配送、接种 3 个环节，描述融合了物联网技术的 Fabric 区块链网络 FN 在疫苗流通和追溯领域的模拟应用场景。

在生产环节，每支疫苗的生产过程应受疫苗生产企业和药品监管机构共同监管，并各有侧重。疫苗生产企业 COM1 研发的疫苗 V1 经药品监管机构验收，符合规定，企业 COM1 获得 V1 生产和上市的审批许可，如图 17-11 所示。在每条 V1 生产线末端的固定位置，存在一台用于扫描每支疫苗信息的物联网设备，该设备同时包含北斗定位模块，运行属于 COM1 的 peer 节点。当一支疫苗试剂在生产线上经过时，物联网射频识别设备扫描此疫苗身份编码，连同疫苗审批许可信息、器材信息、设备位时信息，作为背书申请，直接向企业节点、监管节点发送背书交易。

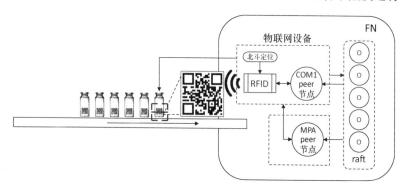

图 17-11　生产环节的追溯场景

企业节点，即 COM1 peer 节点，依据现有库存阈值、销售计划、召回记录、不良事件监控记录等，验证当前背书申请中的疫苗信息，进而决定是否允许该支疫苗进入生产线的下一个环节。

监管节点，即 MPA peer 节点，依据审批许可记录、召回记录、不良事件监控记录等，验证当前背书申请中的疫苗信息，进而决定是否允许该支疫苗进入生产线的下一个环节。

通过设定背书策略，只有企业节点、监管节点均成功背书时，才允许该支疫苗信息成功上链。物联网设备将背书应答整理为一笔交易，发送至 FN 的共识排序服务，并监听落块事件，当该支疫苗信息成功上链时，设备向生产线发送允许其进入生产线下一个环节的命令。否则，发送拒绝命令。

这种情况下，在疫苗流通的后续环节中，能从 FN 中查询到的疫苗信息，均已通过疫苗生产企业和药品监管机构共同批准，由经授权的企业生产线生产。成功或失败的上链疫苗信息也能自动同步至监管节点，供药品监管机构抽检核查，并作为疫苗后续管理的基础数据。

在配送环节，由于疫苗对于存储条件有较多严苛的要求，其中之一即必须维持一定的温度范围，如 2℃至 8℃，否则将严重影响疫苗质量。因此，需要对整个运送疫苗的冷链环境的温度进行监测，若发生环境温度不达标等情况，将当批次疫苗标记为异常。

疫苗配送企业 TRAN1 负责将一批疫苗运送至指定接种单位，运输车辆安装有车载物联网温控设备，该设备包含北斗定位模块、定时器、温感芯片，同时运行属于 TRAN1 的 peer 节点，如图 17-12 所示。每个固定时间，定时器触发任务，将温感芯片中感知的车厢温度数据，连同车辆信息、器材信息、设备位时信息、疫苗信息，作为背书申请，直接向 TRAN1 peer 节点、MPA peer 节点发送背书交易。两者独立依据疫苗存储标准，判断当次监测车载环境是否正常。

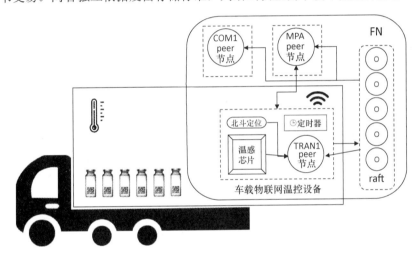

图 17-12 配送环节的追溯场景

通过设定背书策略，只有 TRAN1 peer 节点、MPA peer 节点均成功背书时，才允许当次监测温度数据成功上链。车载物联网温控设备将背书应答整理为一笔交易，发送至 FN 的共识排序服务。之后，交易将同步至两个节点中。药品监管机构以此为基础数据，可开展其他监管工作。

当运输车辆车厢温度连续出现异常，依据疫苗存储条件已足以影响疫苗质量时，车载物联网温控设备将自动发出告警，并发起背书交易，将当批次疫苗标记为异常。

当 MPA peer 节点未收到车载物联网温控设备发起的背书申请的时间已超过阈值，或持续收到异常温度数据时，也可独立发起背书交易，将当批次疫苗标记为异常。

这种情况下，接种单位可实时查询运输过程中的冷链温度采集信息，以及当批次疫苗是否仍为正常状态，增强库存管理和应对供应链中断的能力。若发生疫苗被标记为异常的情况，异常数据也将同步至疫苗生产企业 COM1 peer 节点，疫苗生产企业可主动发起召回，或落实责任主体。

在接种环节，此时疫苗已被分发配送至指定的接种单位。接种单位也需提供相应的存储条件，实时监控，并在接种时，将每支疫苗的使用信息同受种人身份信息绑定。疫苗接种完成后接种单位应做好回访工作，若出现不良反应或意外事件，需及时向药品监管机构、疫苗生产企业反馈。

指定接种单位 HOS1 将接收的疫苗放入冷库存储，冷库中安装有物联网温控设备，其功能与图 17-12 中车载物联网温控设备功能相同，定时采集冷库环境温度，与 MPA peer 节点共同背书，记录疫苗的存储温度，在发生异常情况时，主动标记疫苗异常状态，并触发告警，如图 17-13 所示。

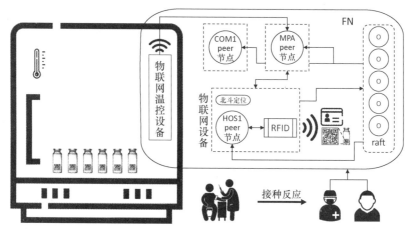

图 17-13   接种环节的追溯场景

当进行接种时，首先使用物联网射频识别设备，扫描疫苗信息、受种人身份信息，与位时信息、接种人等信息绑定，作为接种记录，直接向设备内运行的 HOS1 peer 节点和 MPA peer 节点发起背书申请。两者独立依据审批许可记录、疫苗状态、召回记录、不良事件监控记录、受种人个人信息（年龄、病史）等，判断是否允许接种。

通过设定背书策略，只有 HOS1 peer 节点、MPA peer 节点均成功背书时，才允许当次接种数据成功上链，即允许当次接种行为。物联网温控设备将背书应答整理为一笔交易，发送至 FN 的共识排序服务。之后，交易将同步至 COM1 peer 节点、MPA peer 节点中。以此为基础数据，疫苗生产企业可实时查看自家疫苗的使用情况，为后续生产、供货做好准备；药品监管机构可开展其他监管工作。

接种后，接种单位工作人员通过回访工作，或由受种人主动报告，均可向 MPA peer 节点发起背书交易，反馈接种反应。若出现受种人对疫苗产生异常反应的情况，则标记该批次疫苗为异常，及时中断该批次疫苗的任何接种行为，同时，异常数据被自动同步至 COM1 peer 节点、其他接种单位 peer 节点。以此为基础数据，企业可以实时监测自家疫苗的不良事件，并实施准备召回工作，停止生产等工作；接种单位接种时，因接种记录无法成功背书，将停止接种工作；药品监管机构可展开审查，追溯该批次疫苗从生产到接种的整个流通过程，落实责任主体。